高等学校信息工程类专业系列教材

数字通信原理与技术

(第五版)

主　编　王兴亮

参　编　寇媛媛

西安电子科技大学出版社

内 容 简 介

本书全面、系统地介绍了现代数字通信原理和通信技术。全书共10章，内容包括绪论、模拟信号的调制与解调、模拟信号的数字传输、多路复用与数字复接、准同步与同步数字传输体系、数字信号的基带传输、数字信号的频带传输、同步原理、差错控制编码、伪随机序列及应用。

本书兼顾信息技术高等教育的特点，系统性强，内容编排连贯；注重基本概念、基本原理的阐述，对系统基本性能的物理意义解释明确；强调通信新技术在实际通信系统中的应用；注意知识的归纳、总结，并附有适量的思考与练习题。本书的参考学时为60～80学时。

本书可作为信息类本科通信工程、计算机通信、信息技术和其他相近专业的教材，也可供相关的科技人员阅读和参考。

图书在版编目(CIP)数据

数字通信原理与技术/ 王兴亮主编. —5版. —西安：西安电子科技大学出版社，2022.7(2025.1重印)
ISBN 978-7-5606-6500-9

Ⅰ. ①数… Ⅱ. ①王… Ⅲ. ①数字通信—通信原理 Ⅳ. ①TN914.3

中国版本图书馆CIP数据核字(2022)第087194号

责任编辑 马乐惠 吴祯娥
出版发行 西安电子科技大学出版社(西安市太白南路2号)
电　　话 (029)88202421 88201467 邮　　编 710071
网　　址 www.xduph.com 电子邮箱 xdupfxb001@163.com
经　　销 新华书店
印刷单位 陕西天意印务有限责任公司
版　　次 2022年7月第5版 2025年1月第2次印刷
开　　本 787毫米×1092毫米 1/16 印张 21
字　　数 496千字
定　　价 49.00元
ISBN 978-7-5606-6500-9
XDUP 6802005-2

前　言

本书自1999年出版以来，经历了20多年的时间，已先后再版了四次，受到了广大教师和学生的青睐，同时也收到了大家提出的中肯意见和建议，几次修订与完善使本书具有相当规模的读者群。应广大教师和学生的要求，本书在第四版的基础上进行修订，此次修订主要是删除一些陈旧的、不适用的知识，力争使本书适应新时期通信及信息技术发展的需要，为学生未来就业打好坚实的基础。

在此，感谢广大教师和学生对本书的信任和支持，欢迎大家不断关注本书的再版，一如既往地保持沟通与联系，不断提出改进意见和建议。

本次修订由王兴亮教授担任主编，寇媛媛副教授参与了编写。感谢所有为本书付出辛勤劳动的老师，同时感谢西安电子科技大学出版社的老师们为本书出版付出的心血。

主编联系方式：QQ:935363445，E-mail:935363445@qq.com。

编者

2022年3月

第一版前言

在当今和未来的信息化社会中，数字通信已成为信息传输的重要手段。随着全球数字化已成为当今社会的主要潮流，数字通信新设备不断涌现，人们已经越来越离不开数字通信，并且越来越期望了解和掌握数字通信技术。

本书以数字通信技术为主线，对信源编码、信道编码、时分复用原理、模拟信号的数字传输、基带传输、频带传输、同步系统等主要技术进行了全面系统的论述，同时对一些较新的调制解调技术做了介绍，特别介绍了数字通信系统及一些数字通信技术的新的应用。本书既适应当前通信领域发展的现状，又反映了这一领域的最新进展。

全书共分为 9 章，参考学时数为 80 学时。

第 1 章　绪论，主要介绍通信系统的基本组成和基本概念，重点介绍数字通信的主要性能指标。

第 2 章　信道与噪声，介绍信道的基本概念和特性，以及通信中可能存在的各种噪声，论述了不同信道对所传信号的影响和改善信道特性的方法，最后提出了信道容量的概念。

第 3 章　模拟信号的数字传输，重点介绍了 PCM 和 ΔM 原理与应用，同时还对时分复用和数字复接技术做了论述。

第 4 章　数字信号的基带传输，介绍了基带传输信号的基本码型，重点是差分码、AMI 码 及 HDB3 码的编/译码规则，论述了码间串扰和系统无码间串扰的传输特性，以及眼图、时域均衡和部分响应的概念。

第 5 章　数字信号的频带传输，也就是数字信号的调制解调技术，主要介绍了二进制和多进制形式的 ASK、FSK 及 PSK(DPSK)等调制解调技术，并对各自的调制解调系统性能做了分析和比较，最后主要围绕窄带调制介绍了一些新的调制解调技术。

第 6 章　同步系统，讲述了同步技术在数字通信中的作用和意义，介绍了载波同步、位同步及群同步的实现方法及其性能指标，重点是位同步技术。

第 7 章　差错控制编码，讲述了差错控制编码的机理及常用检错码和纠错码的概念，重点分析了线性分组码和卷积码的构成原理及解码方法，同时还介绍了网格编码调制(TCM)新技术。

第 8 章　伪随机序列——m序列，着重介绍了伪随机序列的产生、性质及应用情况，主要以扩展频谱通信、保密通信等应用作为重点应用内容。

第 9 章　现代数字通信系统介绍，主要介绍了几种当今新的数字通信系统的组成、工作原理及其技术指标等，如 VSAT 卫星通信网、数字蜂窝移动通信系统(如 GSM 蜂窝系统)、无线寻呼系统、数字微波通信系统、数字光纤通信系统。

本书的特点是系统性强，内容编排连贯，突出基本概念、基本原理，减少不必要的数学推导和计算；注重通信技术在实际通信系统中的应用，注意吸收新技术和新的通信系统；注重知识的归纳、总结并给出适量的课后练习；语言简练、通俗易懂、深入浅出，适应对象广泛。为便于读者深入学习，同时考虑到知识的完整性，本书适当编写了一些参考性内容，这些部分已在书中用"*"号标出，可选择性学习。在教学实施过程中，尚需一定数量的示教和实验来配合教学。

本书由王兴亮担任主编，达新宇任副主编，主审张辉，责任编委王喜成。达新宇编写第 1、2、9 章，林家薇编写第 3、4 章，王兴亮编写第 5、6 章，王瑜编写第 7、8 章。王兴亮统稿全书。

限于编者水平，缺点错误在所难免，欢迎各界读者批评指正。

编　者

1999 年 10 月 20 日于西安

目 录

第1章　绪　　论

【教学要点】

- 通信的概念：通信的定义、分类和工作方式。
- 通信系统：通信系统的模型、模拟通信系统、数字通信系统。
- 信息论基础：信息的度量及信息量的计算。
- 通信系统的性能指标：有效性指标及可靠性指标。
- 通信信道的基本特性：信道的概念、噪声及信道容量。

通信在现代社会中发挥着极其重要的作用，人们难以想象离开了通信世界将会是什么样。信息社会的主要特征是信息已经成为一种重要的社会资源，成为人类生存及社会进步的重要推动力。信息的开发和利用已成为社会生产力发展的重要标志。

本章主要介绍通信的定义、分类和工作方式，通信系统的性能指标以及通信信道的基本特性，重点讲述衡量通信系统的主要性能指标。

1.1　通信的发展

1.1.1　通信发展简史

远古时代的人类用表情和动作进行信息交流，这是最原始的通信方式。后来，人类在漫长的生活中创造了语言和文字，进一步实现了语言和文字的消息交流。除此之外，人类还创造了许多消息传递方式，如古代的烽火台、金鼓、旗帜和航行用的信号灯等，这些都是解决远距离消息传递的方式。

进入19世纪后，人们开始试图用电信号进行通信。表1-1中列出了一些与通信相关的历史事件，读者可从中清晰地掌握通信发展的概貌。

表1-1　与通信相关的历史事件

年　代	经历时间	相关事件
1826—1897	71年	欧姆定律、有线电报、电磁辐射方程、电话、麦克斯韦理论、无线电报等
1904—1940	36年	二极管、空中辐射传输声音信号、信号放大器、有线电话传输、超外差无线接收机、抽样定律、电传机、频率调制、调频无线电广播、脉冲编码调制(PCM)、电视广播

续表

年　代	经历时间	相关事件
1940—1960	20 年	雷达和微波系统、晶体三极管、香农的《通信的数学理论》、通信统计理论、时分多路通信、越洋电话电缆
1960—1970	10 年	激光、第一颗通信卫星、PCM 实验、激光通信、集成电路(IC)、数字信号处理(DSP)、探月电视实况转播、高速数字计算机
1970—1980	10 年	商用接力卫星通信(音频和数字)、Gbit 数字传输速率、大规模集成电路(LSIC)、通信集成电路、陆地间的计算机通信网络、低损耗光纤、光通信系统、分组交换数字数据系统、星际间大型漫游发射、微处理器、计算机断层成像、超级计算机
1980—1990	10 年	卫星"空间接线总机"、移动/蜂窝电话系统、多功能数字显示、每秒20 亿取样数字示波、桌面印刷系统、可编程数字信号处理器、自动扫描数字调音接收机、芯片加密技术、单片数字编码器和解码器、红外数据/控制链、音频播放压缩盘、200 000 字光存储媒体、以太网、远距离贝尔系统、数字信号处理器
1990 年至今	30 多年	全球定位系统(GPS)、高分辨率电视(HDTV)、甚小天线口径卫星(VSAT)、全球蜂窝卫星系统、综合业务数字网(ISDN)、蜂窝电话、商用因特网

通过以上事件我们可以发现，通信的发展是如此迅猛，发展的速度是如此之快，特别是最近 30 多年，通信网络和信息化基础建设得到了极大的发展，给公众带来了丰厚的利益，使人们的生活发生了翻天覆地的变化。

1.1.2 通信技术的发展与展望

通信技术的发展主要体现在电缆通信、微波中继通信、光纤通信、卫星通信、移动通信等几个方面。下面通过分析现代通信技术的现状来看看未来通信的发展趋势。

电缆通信是最早发展起来的通信手段，其用于长途通信已有超过 60 年的历史，在通信中占有突出地位。在光纤通信和移动通信发展之前，电话、传真、电报等各用户终端与交换机的连接全靠市话电缆。电缆还曾是长途通信和国际通信的主要手段，大西洋、太平洋均有大容量的越洋电缆。据 1982 年统计，我国公用网长途线路总长为 18 万余千米，其中 90%为明线。目前，同轴电缆所占的比例已上升到 1/3 左右。电缆通信主要采用模拟单边带调制和频分多路复用(SSB/FDM)技术。由于光纤通信的发展，同轴电缆逐渐被光纤电缆所取代。

微波中继通信始于 20 世纪 60 年代，它弥补了电缆通信的缺点，较一般电缆通信具有易架设，建设周期短等优点。它是目前通信的主要手段之一，主要用于传输长途电话和电视节目，目前模拟电话微波通信容量每频道可达 6000 路，其调制主要采用 SSB/FM/FDM 等方式。

随着数字通信的发展，数字微波成为微波中继通信的主要发展方向。早期的数字微波大都采用 BPSK、QPSK 调制，为了提高频谱利用率，增加容量，现已出现 256QAM、1024QAM 等超多电平调制的数字微波。采用多电平调制，在 40 MHz 的标准频道间隔内可传送 1920～7680 路脉冲编码调制数字电话，赶上并超过模拟微波通信容量。

光纤通信是以光导纤维(简称光纤)为传输媒质、以光波为载波的通信方式。光纤通信具有容量大、频带宽、传输损耗小、抗电磁干扰能力强、通信质量高等优点，且成本低，与同轴电缆相比可以节约大量有色金属和能源。光纤通信已成为各种通信干线的主要传输手段。

目前，单波长光通信系统速率已达 10 Gb/s，其潜力已不大，采用密集波分复用(DWDM)技术来扩容是当前实现超大容量光传输的重要技术。近年来，DWDM 技术取得了较大的进展，美国 AT&T 实验室等机构已成功地完成了 Tb/s 的传输实验。

光传送网是通信网未来的发展方向，它可以处理高速率的光信号，摆脱电子瓶颈，实现灵活、动态的光层联网，透明地支持各种格式的信号以及实现快速网络恢复。因此，世界上许多国家纷纷进行研究、试验，验证由波分复用、光交叉连接设备及色散位移光纤组成的高容量通信网的可行性。光纤通信的主要发展方向是单模长波长光纤通信、大容量数字传输技术和相干光通信。

卫星通信的特点是通信距离远，覆盖面积大，不受地形条件限制，传输容量大，建设周期短，可靠性高。自 1965 年第一颗国际通信卫星投入商用以来，卫星通信得到迅速发展，现在第七代国际通信卫星已投入使用。目前，卫星通信的使用范围已遍及全球，仅国际卫星通信组织就拥有数十万条话路，80%的洲际通信业务和 100%的远距离电视传输业务均采用卫星通信，卫星通信已成为国际通信的主要手段。同时，卫星通信已进入国内通信领域，许多发达国家和发展中国家均拥有国内卫星通信系统。

卫星通信中目前大量使用的是模拟调制及频分多路和频分多址技术。如同其他通信方式一样，其发展方向也是数字调制、时分多路和时分多址。卫星通信正向更高频段发展，采用多波束卫星和星上处理等新技术，地面系统的主要发展趋势是小型化。近年来蓬勃发展的 VSAT(甚小口径终端)小站技术集中反映了调制/解调、纠错编码/译码、数字信号处理、通信专用超大规模集成电路、固态功放和低噪声接收、小口径低旁瓣天线等多项新技术的进步。

数字蜂窝移动通信系统是将通信范围分为若干相距一定距离的小区，移动用户可以从一个小区运动到另一个小区，依靠终端对基站的跟踪，使通信不中断。移动用户还可以从一个城市漫游到另一个城市，甚至到另一个国家与原注册地的用户终端通话，数字蜂窝移动通信系统主要由三部分组成：控制交换中心、若干基站、诸多移动终端，通过控制交换中心进入公用有线电话网，从而实现移动电话与固定电话、移动电话与移动电话之间的通信。

1. 第二代移动通信系统

21 世纪以后广泛应用的是第二代移动通信系统，采用窄带时分多址(TDMA)和窄带码分多址(CDMA)数字接入技术，已形成的国家和地区标准有欧洲的 GSM 系统、美国的 IS－95 系统、日本的 PDC 系统。我国主要采用欧洲的 GSM 系统。

第二代移动通信系统实现了区域内制式的统一，覆盖了大中小城市，为人们的信息交流提供了极大的便利。随着移动通信终端的普及，移动用户数量成倍地增长，第二代移动通信系统的缺陷也逐渐显现出来，如全球漫游问题、系统容量问题、频谱资源问题、支持宽带业务问题等。

2. 第三代移动通信系统

为了克服第二代移动通信系统的缺陷，从20世纪90年代中期开始，各国和世界组织又开展了对第三代移动通信系统的研究，它包括地面系统和卫星系统，移动终端既可以连接到地面的网络，也可以连接到卫星的网络。第三代移动通信系统工作在2000 MHz频段，国际电信联盟正式将其命名为IMT-2000。IMT-2000的目标和要求是：统一频段，统一标准，达到全球无缝隙覆盖，提供多媒体业务，传输速率最高应达到2 Mb/s(其中，车载为144 kb/s、步行为384 kb/s、室内为2 Mb/s)，频谱利用率高，服务质量高，保密性能好；易于向第二代系统过渡和演进；终端价格低。目前，第三代移动通信系统有多个标准，我国所提出的TD-SCDMA标准就是其中之一。这充分体现了我国在移动通信领域的研究已达到国际领先水平。

第三代移动通信系统(简称3G)已于21世纪10年代末广泛得到应用。它有三种方案比较成熟，即日本提出的W-CDMA系统、美国提出的CDMA2000系统和中国提出的TD-SCDMA系统。

第三代移动通信系统涉及很多新的关键技术，主要有：

(1) 自适应智能化无线传输技术；

(2) 智能接收技术；

(3) 智能业务接入；

(4) 同步CDMA的同步方式、跟踪范围以及多媒体同步技术，尤其是不同媒体之间的同步(同步模型)研究，以及在移动信道下传输所带来的影响和解决方法的研究；

(5) 新的高效信源编码和信道编译码技术的研究；

(6) 越区切换技术研究(软切换、硬切换以及W-CDMA中激励切换技术)，与地面各类网、卫星网互联及信令变换的研究；

(7) 信道传播特性的研究(包括更高工作频段30～60 GHz)；

(8) 用于移动业务的多媒体终端；

(9) 更高速率、更高频段多媒体移动通信集成系统(第四代)方案的研究；

(10) 跟踪IMT-2000无线传输技术，卫星移动通信系统接入技术和相关技术研究。

3. 第四代移动通信系统

第四代移动通信系统(简称4G)的出现，是对3G移动通信系统的发展和超越，4G移动通信系统在3G移动通信系统技术的基础上更好地满足了人们的通信需求。

第四代移动通信系统以LTE-Advanced标准和Wireless-MAN-Advanced标准为准则。4G移动通信系统具备以下特点：

(1) 传输速度更高。4G移动通信系统的网络频宽高达2～8 GHz，是3G网络通用频宽的20倍。4G移动通信系统的上传、下载速度也大大超过了3G系统。4G系统的下载速度可达到100 Mb/s，而3G系统的下载速度仅为4G系统的2%；4G系统的上传速度上限为20 Mb/s，而3G系统的上传速度上限仅为4G系统的5%。

(2) 通信服务多元化。由于技术限制，第一、二代通信技术，甚至3G通信系统只能偏重于语音业务，而4G通信系统超高速的传播速度可以满足高清晰度图像以及会议电视等对宽带要求较高的业务需要。4G通信系统2～8 GHz的网络频宽可以更好地支持语音、数据以及影像等信息，真正实现多媒体通信。

(3) 智能化程度更高。4G通信技术的优势将为手机服务带来革命性变化。在4G技术支持下，除了传统的语音数据传输，4G手机将具备多媒体电脑的所有功能要素。此外，4G通信终端也不再局限于手机的形式，眼镜、手表、化妆盒、旅游鞋都有可能成为4G通信终端。除去通信终端设备外观以及操作的智能化设计，4G通信终端的功能也将变得更加智能化，例如，未来的4G手机将可以根据环境、时间以及其他因素来实时提醒手机主人。

(4) 良好的兼容性。由于采用大区域覆盖、接口开放技术，4G通信系统具有良好的兼容性，可以与3G、无线以及固定网络进行无缝连接，真正实现全球漫游的通信目标。此外，4G通信系统与3G通信系统的高兼容性，也极大地降低了现有通信用户的升级门槛，有利于4G通信技术的普及。4G通信技术的发展为现有通信行业带来革命性的变化。

第四代移动通信的关键技术有：

(1) 定位技术。定位是指移动终端位置的测量方法和计算方法。它主要分为基于移动终端定位、移动网络定位和混合定位三种方式。在4G移动通信系统中，移动终端可能在不同系统(平台)间进行移动通信。因此，对移动终端的定位和跟踪，是实现移动终端在不同系统(平台)间无缝连接和在系统中保持高速率、高质量的移动通信的前提和保障。

(2) 切换技术。切换技术适用于移动终端在不同移动小区之间、不同频率之间通信或者信号降低信道选择等情况。切换技术是未来移动终端在众多通信系统、移动小区之间建立可靠移动通信的基础和重要技术。切换技术主要有软切换和硬切换。在4G通信系统中，切换技术的适用范围更为广泛，并朝着软切换和硬切换相结合的方向发展。

(3) 软件无线电技术。在4G移动通信系统中，软件将会变得非常繁杂。为此，专家们提议引入软件无线电技术，将其作为第二代移动通信通向第三代和第四代移动通信的桥梁。软件无线电技术能够将模拟信号的数字化过程尽可能地接近天线，即将A/D和D/A转换器尽可能地靠近RF前端，利用DSP进行信道分离、调制解调和信道编译码等工作。它旨在建立一个无线电通信平台，在平台上运行各种软件系统，以实现多通路、多层次和多模式的无线通信。因此，应用软件无线电技术，一个移动终端就可以在不同系统和平台之间畅通无阻地使用。目前比较成熟的软件无线电技术是参数控制软件无线电系统。

(4) 智能天线技术。智能天线具有抑制噪声、自动跟踪信号、智能化时空处理算法形成数字波束等功能。

(5) 无线电在光纤中的传输技术。在未来的通信系统中，光纤网将发挥十分重要的作用。与其他传输媒介相比，利用光纤传送宽带无线电信号，损耗很小。还可以利用光纤传输包含多种业务的高频(60 GHz)无线电信号。因此，利用光纤传输无线电信号成为研究的一个重点。

(6) 网络协议与安全。未来移动网络包含许多类型的通信网络，采用以软件连接和控制为主的方法进行网络互连。因此，无线接口协议成为4G移动通信网络的关键技术之一。同时，随着网络的高速扩展，网络的安全问题也需高度重视。

(7) 传输技术。传输技术主要研究在高速率(＜20 Mb/s)条件下高速移动通信微波传输的性能，以及在高频段(如 60 GHz)室内信号多径传输的性能。雨天等恶劣条件下，亚毫米波段传输信号是信号传输技术研究的重点之一。

(8) 调制和信号传输技术。在高频段进行高速移动通信将面临严重的选频衰落(Frequency-selective Fading)。为提高信号性能，一方面，应研究和发展智能调制和解调技术，例如正交频分复用技术(OFDM)、自适应均衡器等；另一方面，采用 TPC、RAKE 扩频接收、跳频、FFC(如 AQR 和 Turbo 编码)等技术，来获取更好的信号能量噪声比(E_b/N_o)。

4. 第五代移动通信系统

第五代移动通信系统又被称为 5G 移动网络，是在已经普及的 4G 通信系统的基础上，全方位地提升技术水平，使用户获得更快速、更稳定的通信体验，从而实现商用目的。与 4G 相比，5G 具有更高的速率、更宽的带宽、更高的可靠性、更低的时延等，能够满足未来虚拟现实、超高清视频、智能制造、自动驾驶等用户和行业的应用需求。

1) *5G 发展现状*

当前，各国通信行业均将 5G 技术当作研发的重点，中国移动通信技术起步虽晚，但在 5G 的研发上正逐渐成为全球的领跑者。在第一代移动通信系统(1G)、第二代移动通信系统(2G)发展过程中，中国主要以应用为主，处于引进、跟随、模仿阶段。从 3G 开始，中国初步融入国际发展潮流，如大唐集团和西门子公司共同研发的 TD－SCDMA 技术成为全球三大标准之一。在 4G 时期，中国自主研发的 TD－LTE 系统成为全球 4G 的主流标准。面对即将到来的 5G 时代，中国政府、企业、科研机构等各方高度重视前沿布局，力争在全球 5G 标准制定上掌握话语权。中国 5G 标准化研究工作提案在 2016 世界电信标准化全会(WTSA16)第 6 次全会上已经获得批准，形成决议，这说明中国 5G 技术研发已走在全球前列。

政府层面，顶层前沿布局已逐步展开，明确了 5G 技术的突破方向。

(1) 中国从国家宏观层面明确了未来 5G 的发展目标和方向。

《中国制造 2025》提出全面突破 5G 技术，突破“未来网络”核心技术和体系架构；《“十三五”规划纲要》提出要积极推进 5G 发展，布局未来网络架构，到 2020 年启动 5G 商用。2013 年，工信部、发改委和科技部组织成立“IMT－2020(5G)推进组”(以下简称推进组)，推进组负责协调推进 5G 技术研发试验工作，与欧美日韩等国家建立 5G 交流与合作机制，推动全球 5G 的标准化及产业化。推进组陆续发布了《5G 愿景与需求白皮书》《5G 概念白皮书》等研究成果，明确了 5G 的技术场景、潜在技术、关键性能指标等，部分指标被 ITU 纳入到制定的 5G 需求报告中。

(2) 依托国家重大专项等方式，积极组织推动 5G 核心技术的突破。

国家“973”计划早在 2011 年就开始布局下一代移动通信系统。2014 年国家“863”计划启动了“实施 5G 移动通信系统先期研究”重大项目，围绕 5G 核心关键性技术，先后部署设立了 11 个子课题。

企业层面，国内领军企业已赢得先发优势。华为、中兴、大唐等国内领军通信设备企业高度重视对 5G 技术的研发布局，在标准制定和产业应用等方面已获得业界认可。例如，中兴早在 2014 年就联合中国移动在深圳完成全球首个 TD－LTE 3D/Massive MIMO 基站的预商用测试，2016 年开始大规模部署，在全球建设了 10 个商用网络。大唐在 2011 年启动5G的预研，2013年提出5G关键能力指标和取值，被ITU纳入5G愿景和框架建议书的技术指标当中。此外，中国移动等电信运营商也积极布局未来5G产业，如中国移动发布《中国移动愿景2020＋白皮书》，希望与各方一起，实现“连接无限可能”的愿景。华为已经在5G新空口技术、组网架构、虚拟化接入技术和新射频技术等方面取得重大突破。2016年11月19日，在美国内华达州里诺召开的3GPP RAN1 87次会议上，国际移动通信标准化组织3GPP确定了华为polar码方案成为5G国际标准码方案，虽然只是5G标准的初级阶段，但极大地提振了我国5G标准研发的信心。

2) 5G未来发展趋势

5G网络不仅带来了高速率大宽带、低延时高可靠、低功耗大连接的网络环境，更有助于传统工业、制造业的改造，并使海量的机器通信实现“万物互联”。5G将深刻影响到娱乐、制造、汽车、能源、医疗、交通、教育、养老等各个行业。

(1) 产品技术逐步聚焦四大应用场景。未来5G应用主要集中在4个场景：高铁、地铁等连续广域覆盖场景；住宅区、办公区、露天集会等热点高容量场景；智慧城市、环境监测、智能农业等低功耗大连接场景；车联网、工业控制、虚拟现实、可穿戴设备等低时延高可靠场景。因此，5G技术与产品开发也应重点围绕这4个场景展开，及时做好前沿技术与产品开发。

(2) 5G技术将激发新的消费需求。5G的一个重要特征就是可以实现“人与人、人与物、物与物之间的连接”，形成万物互联，并融合在工作学习、休闲娱乐、社交互动、工业生产等各方面。逐步丰富的消费形态将促进用户体验需求的重大变革，进一步激发出新的产业、新的业态和新的模式。为此，要充分做好技术与产品储备，及时跟踪技术与产品的动态变化，尽早布局颠覆性技术与产品。

(3) 产业融合变革加速。基于5G技术的支撑，跨行业的融合发展进一步加强，新型信息化和工业化将深度融合，引发产业领域的深层次变革。移动物联网场景等5G技术将渗透到消费、生产、销售、服务等各行业，推动研发、设计、营销、服务等环节进一步向数字化、智能化、协同化方向发展，实现工业领域全生命周期、全价值链的智能化管理。

(4) 自动驾驶。5G自动驾驶被认为是最具前景的5G应用。自谷歌2012年5月获得美国首个自动驾驶车辆许可证，自动驾驶迅速风靡全世界，传统车企、互联网巨头相继布局。然而，自动驾驶的发展过程始终伴随着“安全风险大”的诟病，特别是不久之前Uber的无人驾驶车辆事故，更让人对其产生了几分担忧。而5G通信技术具备庞大的带宽容量和接近零时延的特性，正在让自动驾驶照进现实。当前，已有不少企业推出5G自动驾驶应用方案。

(5) 智能电网。5G作为新一轮移动通信技术的发展方向，可以更好地满足电网业务的安全性、可靠性和灵活性需求，实现差异化服务保障，进一步提升电网企业对自身业务的自主可控能力。用5G网络切片来承载电网业务是一种新的尝试，将运营商的网络资源以相互隔离的逻辑网络切片，按需提供给电网公司使用，满足电网不同业务对通信网络能力的差异化需求；同时兼顾高性能、高可靠、隔离和低成本，成为智能配电网的有效解决方案。

(6) 无人机高清视频传输。5G无人机可实现高清视频的传输，应用前景广阔。2018年，中国电信与华为合作，在深圳完成5G无人机首飞试验及巡检业务演示。这是国内第一个基于端到端5G网络的专业无人机测试飞行，成功实现了无人机360度全景4K高清视频的实时5G网络传输。在这次试验中，远端操控人员获得第一视角VR体验，通过毫秒级低时延5G网络，进行无人机远程敏捷控制，顺利完成巡检任务。

(7) 超级救护车。医学上挽救生命必须分秒必争，未来5G带来的毫秒级速度无疑是医疗救援的强心剂。5G的高速率传输节省了急救的关键时间，也为更好利用“紧急窗口”给出了创新思路。CT、X射线扫描仪等医疗影像仪器，不仅可以被运用到救护车的院前急救中，还可以搭载上高速率传输的人工智能系统，辅助医生判断患者病情，在一定程度上缓解急救压力。以5G急救车为基础，配合人工智能、AR、VR和无人机等应用，打造全方位医疗急救体系。

未来5G的全面普及势必会令人们日常生活发生巨大的变化。对于物联网来说，其未来发展也需要适配更加先进的网络技术，5G正是满足这一需求的重要条件。

2021年1月，工信部发布《工业互联网创新发展行动计划(2021—2023年)》，提出到2023年，我国将在10个重点行业打造30个5G全连接工厂。《工业互联网专项工作组2021年工作计划》中提出打造3～5个5G全连接工厂示范标杆；而《工业互联网专项工作组2022年工作计划》(简称《计划》)的目标则是打造10个5G全连接工厂标杆。由此可见，5G全连接工厂的建设已成为工业互联网发展的重要目标之一。

《计划》还提出，培育推广“5G＋工业互联网”典型应用场景，推动5G由生产外围环节向内部环节拓展，推广已有的20个典型场景，挖掘产线级、车间级典型应用场景。

5G应用于工业互联网已是必然趋势。一方面，工业互联网的发展离不开5G的支持。5G的特性能够满足工业互联网连接多样性、性能差异化、通信多样化的需求和工业场景下高速率数据采集、远程控制、稳定可靠的数据传输、业务连续性等要求。另一方面，工业互联网是未来5G技术落地的重要应用场景之一，应用于工业互联网才能更好地体现5G的价值。

在国家政策的支持下，“5G＋工业互联网”行业应用水平不断提升，赋能效应日益显现。最新数据显示，我国“5G＋工业互联网”在建项目总数达到2400个，创新应用水平处于全球第一梯队。

“5G＋工业互联网”逐步落地生花，在钢铁、矿业、家电、水泥、港口、电力等领域的应用已呈现蓬勃发展之势，形成协同研发设计、远程设备操控、设备协同作业、柔性生产制造、现场辅助装配、机器视觉质检、设备故障诊断、厂区智能物流、无人智能巡检、生产现场监测等典型应用场景，有力促进了实体经济提质、增效、降本、绿色、安全发展。

3) 影响全球5G网络发展的核心要素

(1) 全球政治因素：逆全球化。数字经济是未来数十年世界各国的核心驱动力，也是国家竞争的主战场。美国为了减缓甚至扼杀中国崛起，以网络安全等为理由，对中国核心厂商，如华为、中兴等进行制裁。在需求侧，推动“清洁网络计划”，将中国供应商排除出相关国家5G网络供应商名单，并且要求对存量设备进行替代。在供给侧，在高技术元器件、核心软件等方面，限制向中国厂商供应。

物美价廉且服务好的中国厂商不能参与新网络建设，并且还需要将存量设备移出，即便有政府补贴，也会让运营商减慢网络部署或缩小规模。

(2) 新冠疫情：数字化的加速器与基础建设的减速器。对于数字化而言，新冠是加速器，因为减少人与人接触的价值得到普遍认可，并且在降本、增效与创新中，在萎缩的经济中获得生存空间；而对于5G网络等基础设施建设而言，新冠是减速器，因为它延缓了基站等产品的交付，也延缓了工程建设，尤其是涉及跨境的行为。

(3) 5G网络及相关技术演进：落实场景化应用。5G网络R16版本已经冻结，三大业务场景均获得相应技术支撑；R17正在制定当中，预期毫米波、空天地一体化网络等将被写入标准，同时工业互联网、车联网等垂直场景将得到细化满足。

在完成R17版本后，按路径图，5G网络标准制定到位，后续随之而来的是5.5G、6G标准的研发和制定工作。对此，业界已经在进行探讨，例如，华为提出了"1+N"5G目标网，"1"指的是1张普遍覆盖的宽管道基础网，核心是中频大带宽结合Massive MIMO；"N维"指的是多个维度的能力，主要包括低时延、感知、高可靠、大上行、V2X、高精度定位等，核心是简化部署，以满足各类场景化需要。

不仅仅5G网络技术，人工智能、区块链、云计算、大数据、边缘计算、物联传感等技术也将同步发展，为5G网络提供应用填充，并支撑运营。

(4) 5G产业链协同：生态型产业放大。参考2G/3G/4G等前代移动网络，以及韩国等5G发展较早地区的经验，5G网络是生态协同的过程。核心流程是：基础设施规模化—终端降价与用户规模化—内容与应用生态放大—5G产业巩固。

因此，未来能否顺利达到既定目标，基础设施建设应放在首要位置，这需要运营商和政府联手打造，但目前众多国家建设缓慢，将可能成为阻碍产业链放大的重要因素。

4) 5G网络全球发展趋势判断

基于对5G发展现状和影响因素的分析，形成对5G网络全球发展趋势判断。

(1) 整体产业规模：持续放大，带动经济增长。根据全球移动通信系统协会(GSMA)的预测，到2025年，全球5G用户将达到18亿，占比为20%，而爱立信的预测数值则为28亿和31%。并且，在2020—2035年之间，全球范围内5G对经济的直接贡献为每年2000亿美元左右，合计达到3.5万亿美元，提供总计2200万就业岗位(IHS预测)。其中，对中国GDP的直接贡献从2020年的0.1万亿将增长到2030年的2.9万亿，年均复合增长率为41%；对GDP的间接贡献从2020年的0.4万亿将增长到2030年的3.6万亿，年均复合增长率为24%(信通院预测)。

(2) 网络建设速度：预期先缓后快。现阶段，由于美国等逆全球化的影响，全球5G设备商市场格局发生了调整，导致建设速度放缓。预计在2～3年内，新市场格局将逐渐形成。新冠疫情则是短期有影响，长期无影响。

与此同时，各个国家地区以及相关运营商，基于提升产业竞争力等方面的考虑，势必在相关时间节点(如2025年)之前，实现5G基站的目标值。尤其是当各国认识到5G对社会经济的赋能作用，建设规模与速度会进一步提升，例如，2020年6月，日本内务和通信省宣布到2023年底前完成21万个基站建设，比原目标提升了3倍。

(3) 网络商用的地区差异：分批规模化发展的格局明显，各国家和地区分批化发展的态势明显。第一，从国家和地区角度而言，东亚地区将会领先5G网络建设；中东等较有实力开展数字基建的国家和地区，将会紧跟规模化发展；欧美等讲求网络实用性的地区，会逐步推进；而南亚、非洲、拉丁美洲则相对滞后。第二，从内部建设部署情况看，由于5G网络需要更多数量的基站，因此都均将从人口密集的重点地区开始建设，但最终能否达到全面覆盖，则有所差异。韩国等人口相对密集且均匀分布的国家，能够实现全面覆盖；中国等强调普遍服务的国家和地区，能够基本实现；而美国等人口分布不均，且强调经济价值的国家，预期仍将集中覆盖。

(4) 网络商业价值实现：新生产力平台提供创新空间。5G 网络提供了新生产力平台，当前是在将 4G 时代的内容和应用迁移到 5G 网络当中，人们对 5G 新生产力平台的价值感知有限。但是在未来，随着创新的深入，只有新生产力平台才能够承载的业务出现，其价值将得到发挥。

目前，一些前瞻性业务已经出现，比如云手机，未来演进将是让本地存储与计算能力持续弱化，厂商仅需要在显示上不断下功夫即可，更超轻薄的终端形态可能出现。在政企市场，5G 正在赋能千行百业，例如，一些危险的驾驶场景可以通过 5G 网络进行远程操控。

尽管面临逆全球化、新冠疫情等障碍，但在新技术的引领下，在日益成熟产业链的推动下，全球 5G 网络将得到逐步建设，产业规模将逐步放大，成为数字经济的核心推动力量。

1.2 通信的概念

1.2.1 通信的定义

一般意义上的通信(Communication)是指由一地向另一地进行消息的有效传递。满足此定义的例子很多，如打电话，它是利用电话(系统)来传递消息；两个人之间的对话，亦是利用声音来传递消息，不过只是通信距离非常短而已；古代“消息树”“烽火台”和现代仍使用的“信号灯”等也是利用不同方式传递消息的，理应归属通信之列。

然而，随着社会生产力的发展，人们对传递消息的要求也越来越高。在各种各样的通信方式中，利用“电”来传递消息的通信方法称为电信(Telecommunication)，这种通信具有迅速、准确、可靠等特点，而且几乎不受时间、地点、空间、距离的限制，因而得到了飞速发展和广泛应用。如今，在自然科学中，“通信”与“电信”几乎是同义词了。本书中所说的通信，均指电信。这里不妨对通信重新定义：把利用电子等技术手段，借助电信号(含光信号)实现消息从一地向另一地的有效传递和交换称为通信。

通信从本质上讲就是实现信息传递功能的一门科学技术，它要将大量有用的信息无失真、高效率地进行传输，同时还要在传输过程中将无用信息和有害信息抑制掉。当今的通信不仅要有效地传递信息，而且还应具有存储、处理、采集及显示等功能。通信已成为信息科学技术的一个重要组成部分。

1.2.2 通信的分类

常用的通信分类方法有以下几种。

1. 按传输媒质分

按消息由一地向另一地传递时传输媒质的不同，通信可分为有线通信和无线通信。所谓有线通信，是指传输媒质导线、电缆、光缆、波导等的通信形式，其特点是媒质能看得见，摸得着。导线可以是架空明线、电缆、光缆及波导等。所谓无线通信，是指传输媒质为看不见、摸不着(如电磁波)的一种通信形式。

通常，有线通信亦可进一步再分类，如明线通信、电缆通信、光缆通信等。无线通信常见的形式有微波通信、短波通信、移动通信、卫星通信、散射通信等。

2. 按信道中所传信号分

信道是传输信号的通路。通常信道中传送的信号可分为数字信号和模拟信号，由此，通信亦可分为数字通信和模拟通信。

信号的某一参量(如连续波的振幅、频率、相位，脉冲波的振幅、宽度、位置等)可以取无限多个数值，且直接与消息相对应的信号称为模拟信号。模拟信号有时也称为连续信号，这个连续是指信号的某一参量可以连续变化(即可以取无限多个值)，而不一定在时间上也连续，例如第3章介绍的各种脉冲调制，经过调制后，已调信号脉冲的某一参量是可以连续变化的，但在时间上是不连续的。这里所说的某一参量是指我们关心的并作为研究对象的那一参量，绝不是指时间参量。当然，对于参量连续变化、时间上也连续变化的信号一定是模拟信号，如强弱连续变化的语言信号、亮度连续变化的电视图像信号等都是模拟信号。

信号的某一参量只能取有限个数值，且常常不直接与消息相对应的信号称为数字信号。数字信号有时也称为离散信号，这个离散是指信号的某一参量是离散(不连续)变化的，而不一定在时间上也离散。

3. 按工作频段分

根据通信设备的工作频率不同，通信通常可分为长波通信、中波通信、短波通信、微波通信等。为了比较全面地对通信中所使用的频段有所了解，下面把通信使用的频段及说明列入表1-2中，仅作为参考。

表1-2　通信使用的频段及主要用途

频率范围(f)	波长(λ)	符号	常用传输媒介	用　途
3 Hz～30 kHz	10^8～10^4 m	甚低频 VLF	有线线对 长波无线电	音频、电话、数据终端、长距离导航、时标
30～300 kHz	10^4～10^3 m	低频 LF	有线线对 长波无线电	导航、信标、电力线通信
300 kHz～3 MHz	10^3～10^2 m	中频 MF	同轴电缆 中波无线电	调幅广播、移动陆地通信、业余无线电
3～30 MHz	10^2～10 m	高频 HF	同轴电缆 短波无线电	移动无线电话、短波广播、定点军用通信、业余无线电
30～300 MHz	10～1 m	甚高频 VHF	同轴电缆 米波无线电	电视、调频广播、空中管制、车辆通信、导航、集群通信、无线寻呼
300 MHz～3 GHz	100～10 cm	特高频 UHF	波导 分米波无线电	电视、空间遥测、雷达导航、点对点通信、移动通信
3～30 GHz	10～1 cm	超高频 SHF	波导 厘米波无线电	微波接力、卫星和空间通信、雷达
30～300 GHz	10～1 mm	极高频 EHF	波导 毫米波无线电	雷达、微波接力、射电天文学
10^5～10^7 GHz	3×10^{-4}～ 3×10^{-6} cm	紫外、可见光、红外	光纤 激光空间传播	光通信

通信中工作频率和工作波长可互换，公式为

$$\lambda=\frac{c}{f} \tag{1-1}$$

式中，λ 为工作波长；f 为工作频率；c 为电波在自由空间中的传播速度，通常认为 $c=3\times10^8$ m/s。

4. 按调制方式分

根据消息在送到信道之前是否采用调制，通信可分为基带传输和频带传输。所谓基带传输，是指信号没有经过调制而直接送到信道中传输的一种方式；而频带传输是指信号经过调制后再送到信道中传输，接收端有相应解调措施的通信系统。表 1-3 列出了一些常用的调制方式，供读者参考。

表 1-3 常用的调制方式

<table>
<tr><th colspan="3">调制方式</th><th>用　途</th></tr>
<tr><td rowspan="10">连续波调制</td><td rowspan="4">线性调制</td><td>常规双边带调幅 AM</td><td>广播</td></tr>
<tr><td>抑制载波双边带调幅 DSB</td><td>立体声广播</td></tr>
<tr><td>单边带调幅 SSB</td><td>载波通信、无线电台、数据传输</td></tr>
<tr><td>残留边带调幅 VSB</td><td>电视广播、数据传输、传真</td></tr>
<tr><td rowspan="2">非线性调制</td><td>频率调制 FM</td><td>微波中继、卫星通信、广播</td></tr>
<tr><td>相位调制 PM</td><td>中间调制方式</td></tr>
<tr><td rowspan="4">数字调制</td><td>幅度键控 ASK</td><td>数据传输</td></tr>
<tr><td>频率键控 FSK</td><td>数据传输</td></tr>
<tr><td>相位键控 PSK、DPSK、QPSK 等</td><td>数据传输、数字微波、空间通信</td></tr>
<tr><td>其他高效数字调制 QAM、MSK 等</td><td>数字微波、空间通信</td></tr>
<tr><td rowspan="7">脉冲调制</td><td rowspan="3">脉冲模拟调制</td><td>脉幅调制 PAM</td><td>中间调制方式、遥测</td></tr>
<tr><td>脉宽调制 PDM</td><td>中间调制方式</td></tr>
<tr><td>脉位调制 PPM</td><td>遥测、光纤传输</td></tr>
<tr><td rowspan="4">脉冲数字调制</td><td>脉码调制 PCM</td><td>市话、卫星、空间通信</td></tr>
<tr><td>增量调制 DM</td><td>军用、民用电话</td></tr>
<tr><td>差分脉码调制 DPCM</td><td>电视电话、图像编码</td></tr>
<tr><td>其他语言编码方式 ADPCM、APC、LPC</td><td>中低速数字电话</td></tr>
</table>

1.2.3 通信方式

通信的工作方式通常有以下几种分类方法。

1. 按消息传送的方向与时间分

通常，如果通信仅在点对点之间进行，或一点对多点之间进行，那么，按消息传送的方向与时间不同，通信的工作方式可分为单工通信、半双工通信及全双工通信。

所谓单工通信，是指消息只能单方向进行传输的一种通信方式，如图 1－1(*a*)所示。单工通信的例子有很多，如广播、遥控、无线寻呼等，这里，信号(消息)只从广播发射台、遥控器和无线寻呼中心分别传到收音机、遥控对象和BB机上。

所谓半双工通信，是指通信双方都能收发消息，但不能同时进行收和发的一种通信形式，如图 1－1(*b*)所示。例如对讲机、收发报机等都是这种通信方式。

所谓全双工通信，是指通信双方可同时进行双向传输消息的一种通信方式，如图 1－1(*c*)所示。这种方式，双方都可同时进行收发消息。很明显，全双工通信的信道必须是双向信道。生活中全双工通信的例子非常多，如普通电话、各种手机等。

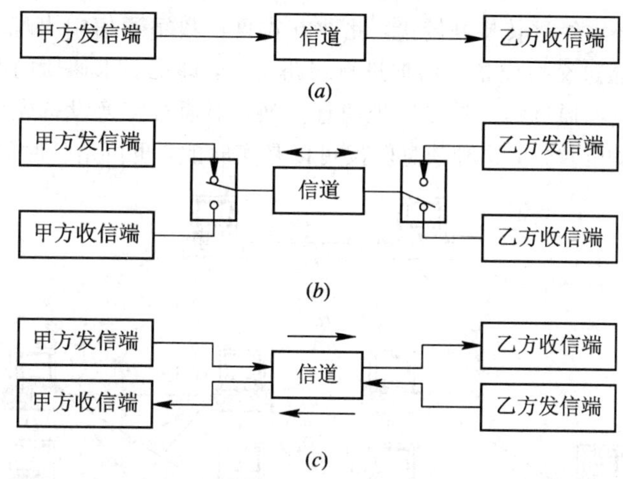

图 1－1 按消息传送的方向和时间划分的通信方式
(*a*) 单工通信方式；(*b*) 半双工通信方式；(*c*) 全双工通信方式

2. 按数字信号排序分

在数字通信中，按照数字信号排列的顺序不同，可将通信方式分为串序传输和并序传输。

所谓串序传输，是将代表信息的数字信号序列按时间顺序一个接一个地在信道中传输的一种通信方式，如图 1－2(*a*)所示。如果将代表信息的数字信号序列分割成两路或两路以上的数字信号序列同时在信道上传输，则称该通信方式为并序传输通信方式，如图 1－2(*b*)所示。

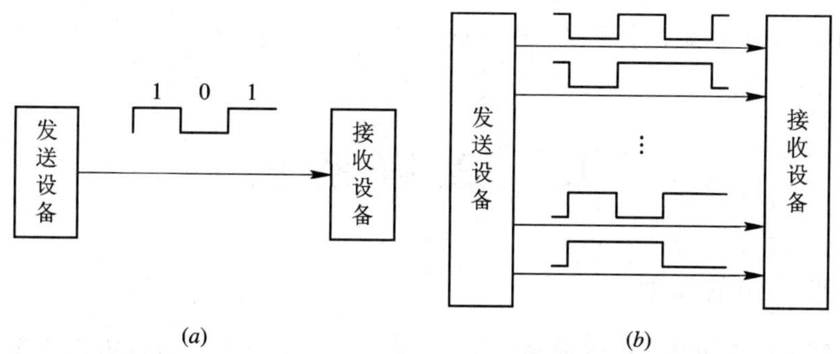

图 1－2 按数字信号排序划分的通信方式
(*a*) 串序传输方式；(*b*) 并序传输方式

一般的数字通信方式大都采用串序传输，这种方式只需占用一条通路，缺点是占用时间相对较长；并序传输方式在通信中也时有用到，它需要占用多条通路，优点是传输时间较短。

3. 按通信网络形式分

通信的网络形式通常可分为三种：点到点通信方式、点到多点通信(分支)方式和多点到多点通信(交换)方式，它们的示意图如图 1－3 所示。点到点通信方式是通信网络中最为简单的一种形式，终端 A 与终端 B 之间的线路是专用的；在点到多点通信(分支)方式中，它的每一个终端(A，B，C，…，N)经过同一信道与转接站相互连接，此时，终端之间不能直通信息，而必须经过转接站转接，此种方式只在数字通信中出现；多点到多点通信(交换)是终端之间通过交换设备灵活地进行线路交换，即把要求通信的两终端之间的线路接通(自动接通)，或者通过程序控制实现消息交换，即通过交换设备先把发方来的消息存储起来，然后再转发至收方，这种消息转发可以是实时的，也可是延时的。

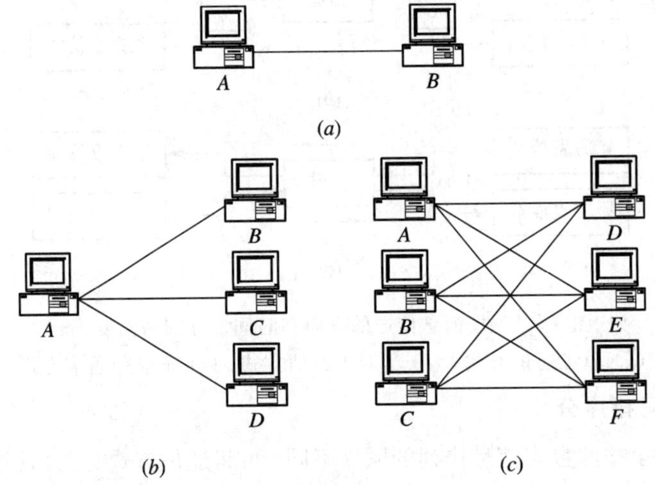

图 1－3　按通信网络形式划分的通信方式

(a) 点到点通信方式；(b) 点到多点通信方式；(c) 多点到多点通信方式

点到多点通信方式及多点到多点通信方式均属通信网络的范畴。它们和点与点通信方式相比，还有特殊的一面。例如，通信网中有一套具体的线路交换与消息交换的规定、协议等；通信网中既有信息控制问题，也有网同步问题等。尽管如此，点与点通信方式仍是通信网络的基础。

1.3 通 信 系 统

1.3.1 通信系统的模型

通信的任务是完成消息的传递和交换。以点对点通信为例，可以看出要实现消息从一地向另一地的传递，必须有三个部分：一是发送端，二是接收端，三是收发两端之间的信道，如图 1－4 所示。

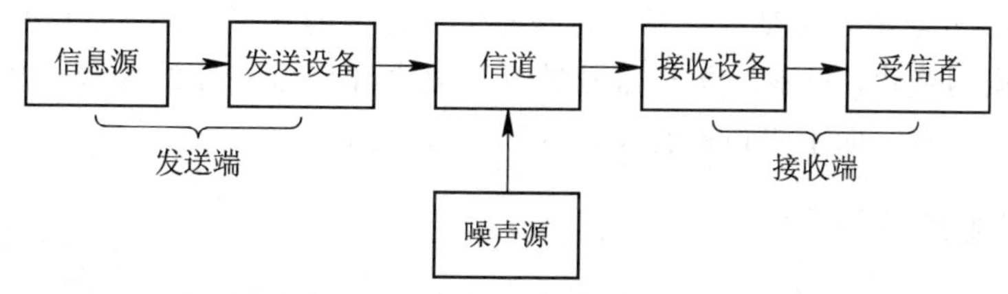

图 1-4 通信系统模型

这里，信息源(简称信源)的作用是把待传输的消息转换成原始电信号，如电话系统中电话机可看成是信源，信源输出的信号称为基带信号。所谓基带信号，是指没有经过调制(频率搬移)的原始信号，其特点是频率较低。基带信号可分为数字基带信号和模拟基带信号。为了使原始信号(基带信号)适合在信道中传输，由发送设备对基带信号进行某种变换或处理，使之适应信道的传输特性要求。发送设备是一个总体概念，它可能包括许多具体的电路与系统，通过以后的学习，这点体会将会更深。信道是信号传输的通路，信道中自然会叠加上噪声。在接收端，接收设备的功能正好相反于发送设备，它从收到的信号中恢复出相应的原始信号。受信者(也称信宿或收终端)是将复原的原始信号转换成相应的消息，如电话机将对方传来的电信号还原成了声音。图 1-4 中，噪声源是信道中的所有噪声以及分散在通信系统中其他各处噪声的集合。图中这种表示并非指通信中一定要有一个噪声源，而是为了在分析和讨论问题时便于理解而人为设置的。

按照信道中所传信号的形式不同，通信可以分为模拟通信和数字通信，为了进一步了解它们的组成，下面分别加以论述。

1.3.2 模拟通信系统

我们把信道中传输模拟信号的系统称为模拟通信系统。模拟通信系统的组成(通常也称为模型)可由一般通信系统模型略加改变而成，如图 1-5 所示。

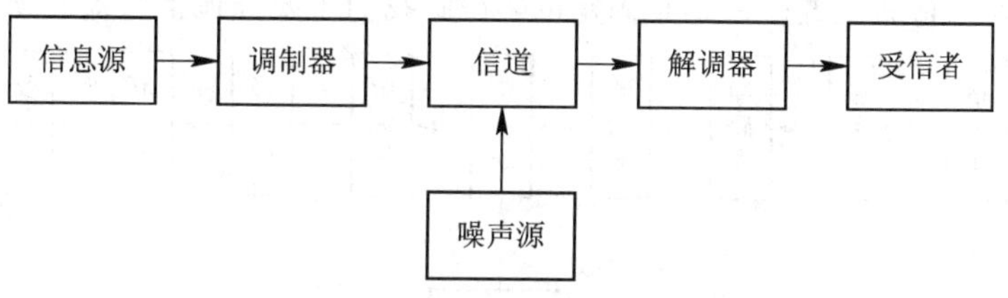

图 1-5 模拟通信系统模型

对于模拟通信系统，它主要包含两种重要变换。一种变换是把连续消息变换成电信号(发端信息源完成)和把电信号恢复成最初的连续消息(收端受信者完成)。由信源输出的电信号(基带信号)具有频率较低的频谱分量，一般不能直接作为传输信号而送到信道中去。因此，模拟通信系统里常有第二种变换，即将基带信号转换成其频带适合信道传输的信号，这种变换由调制器完成；在接收端同样需经相反的变换，它由解调器完成。经过调制后的信号通常称为已调信号。已调信号有三个基本特性：一是携带有消息，二是适合在信道中传输，三是具有较高频率成分。

必须指出，从消息的发送到消息的恢复，事实上并非仅有以上两种变换，通常在一个通信系统里可能还有滤波、放大、天线辐射与接收、控制等过程。对信号传输而言，由于上面两种变换对信号起决定性变化，因而它是通信过程中的重要方面。而其他过程对信号来说，没有发生质的变化，只不过是对信号进行了放大和信号特性的改善，因此，这些过程我们认为都是理想的，而不去讨论它。

1.3.3 数字通信系统

信道中传输数字信号的系统称为数字通信系统。数字通信系统可进一步细分为数字频带传输通信系统、数字基带传输通信系统和模拟信号数字化传输通信系统。下面分别加以说明。

1. 数字频带传输通信系统

数字通信的基本特征是，它的消息或信号具有“离散”或“数字”的特性，从而使数字通信具有许多特殊的问题。例如，前面提到的第二种变换，在模拟通信中强调变换的线性特性，即强调已调参量与代表消息的模拟信号之间的比例特性；而在数字通信中，则强调已调参量与代表消息的数字信号之间的一一对应关系。

另外，数字通信中还存在以下突出问题：第一，数字信号传输时，信道噪声或干扰所造成的差错，原则上是可以控制的。这是通过所谓的差错控制编码来实现的。于是，就需要在发送端增加一个编码器，而在接收端相应需要一个解码器。第二，当需要实现保密通信时，可对数字基带信号进行“扰乱”(加密)，此时在接收端就必须进行解密。第三，由于数字通信传输是一个接一个按一定节拍传送的数字信号，因而接收端必须有一个与发送端相同的节拍，否则就会因收发步调不一致而造成混乱。另外，为了表述消息内容，基带信号都是按消息特征进行编组的，于是，在收发之间一组组的编码的规律也必须一致，否则接收时消息的真正内容将无法恢复。在数字通信中，称节拍一致为“位同步”或“码元同步”，而称编组一致为“群同步”或“帧同步”，故数字通信中还必须有“同步”这个重要问题。

综上所述，点对点的数字频带传输通信系统模型如图 1-6 所示。图中，同步环节没有示意出，这是因为它的位置往往不是固定的，在此我们主要强调信号流程所经过的部分。

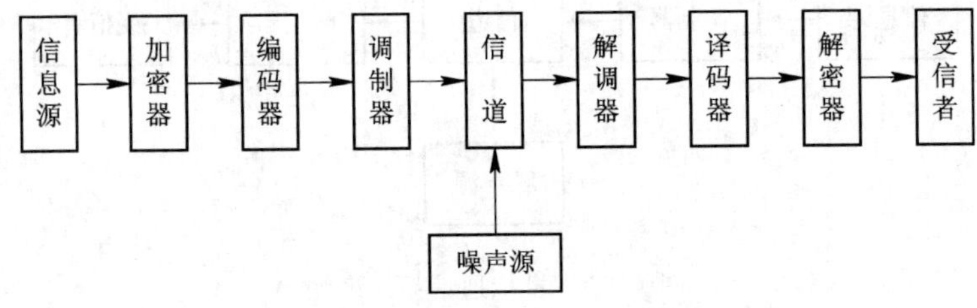

图 1-6　数字频带传输通信系统模型

需要说明的是，图 1-6 中调制器/解调器、加密器/解密器、编码器/译码器等环节在具体通信系统中是否全部采用，这要取决于具体设计条件和要求。但在一个系统中，如果发送端有调制/加密/编码，则接收端必须有解调/解密/译码。通常把有调制器/解调器的数字通信系统称为数字频带传输通信系统。

2. 数字基带传输通信系统

与数字频带传输通信系统相对应，我们把没有调制器/解调器的数字通信系统称为数字基带传输通信系统，如图 1-7 所示。

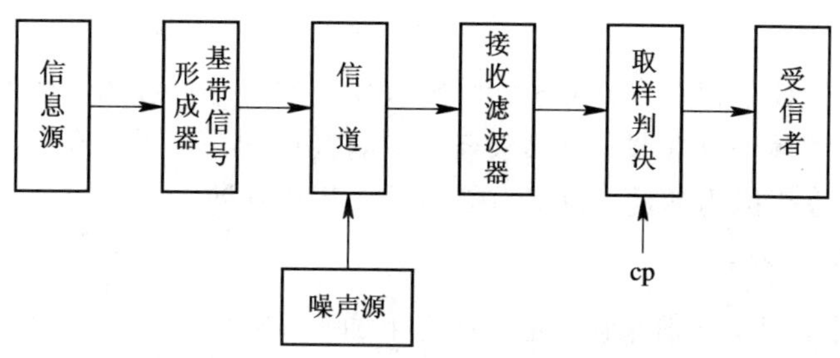

图 1－7 数字基带传输通信系统模型

图中基带信号形成器可能包括编码器、加密器以及波形变换等，接收滤波器也可能包括译码器、解密器等。这些具体内容将在第 7 章详细讨论。

3. 模拟信号数字化传输通信系统

上面论述的数字通信系统中，信源输出的信号均为数字基带信号。实际上，在日常生活中大部分信号(如语音信号)为连续变化的模拟信号。如果要实现模拟信号在数字系统中的传输，则必须在发送端将模拟信号数字化，即 A/D 转换；在接收端需进行相反的转换，即 D/A 转换。实现模拟信号数字化传输的通信系统如图 1－8 所示。

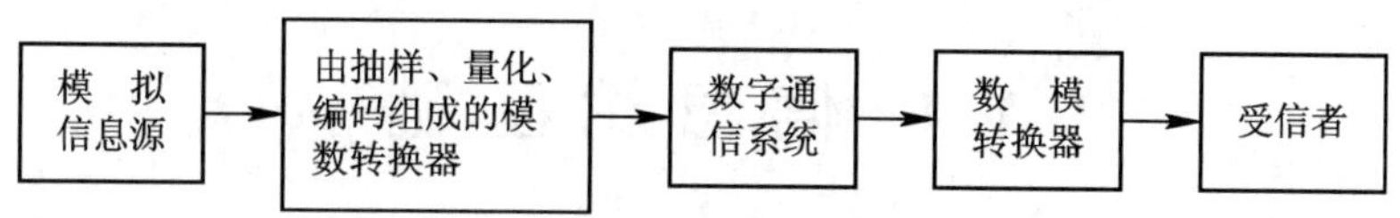

图 1－8 模拟信号数字化传输通信系统模型

1.3.4 数字通信的主要优缺点

前面介绍了几种具体的数字通信系统的组成，下面我们讨论数字通信的优、缺点。值得指出的是，数字通信的优、缺点都是相对于模拟通信而言的。

1. 数字通信的主要优点

(1) 抗干扰、抗噪声性能好。因为在数字通信系统中，传输的信号是数字信号。以二进制为例，信号的取值只有两个，这样发送端传输的和接收端需要接收和判决的电平也只有两个值，若“1”码时取值为 1，“0”码时取值为 0，传输过程中由于信道噪声的影响，必然会使波形失真。在接收端恢复信号时，首先对其进行抽样判决，才能确定是“1”码还是“0”码，然后生成“1”或“0”码的波形。因此只要不影响判决的正确性，即使波形有失真也不会影响再生后的信号波形。而在模拟通信中，如果模拟信号叠加上噪声后，即使噪声很小，也很难消除它。

数字通信抗噪声性能好，还表现在微波中继(接力)通信时，它可以消除噪声积累。这是因为数字信号在每次再生后，只要不发生错码，它仍然像信源中发出的信号一样，没有噪声叠加在上面。因此就算中继站再多，数字通信仍具有良好的通信质量；而模拟通信中继时，只能增加信号能量(对信号放大)，而不能消除噪声。

(2) 差错可控。数字信号在传输过程中出现的错误(差错)可通过纠错编码技术来控制。

(3) 易加密。与模拟信号相比，数字信号更容易加密和解密。因此，数字通信保密性好。

(4) 易于与现代技术相结合。由于计算机技术、数字存储技术、数字交换技术以及数字处理技术等现代技术飞速发展,许多设备、终端接口均采用数字信号,因此极易与数字通信系统相连接。也正因为如此,数字通信才得以高速发展。

2. 数字通信的缺点

数字通信相对于模拟通信来说,主要有以下两个缺点:

(1) 频带利用率不高。数字通信中,数字信号占用的频带宽。以电话为例,一路数字电话一般要占用约 20～60 kHz 的带宽,而一路模拟电话仅占用约 4 kHz 的带宽。如果系统传输带宽一定的话,模拟电话的频带利用率要高出数字电话的 5～15 倍。

(2) 需要严格的同步系统。数字通信中,要准确地恢复信号,必须要求接收端和发送端保持严格同步。因此,数字通信系统及设备一般都比较复杂,体积较大。

数字通信因要求有严格的同步系统,故设备复杂、体积较大。随着数字集成技术的发展,各种中、大规模集成器件的体积不断减小,加上数字压缩技术的不断完善,数字通信设备的体积将会越来越小。随着科学技术的不断发展,数字通信的两个缺点也越来越显得不重要了。实践表明,数字通信是现代通信的发展方向。

1.4 信息论基础

1.4.1 信息及其量度

"信息"(Information)一词在概念上与消息(Message)的意义相似,但它的含义却更具普遍性、抽象性。信息可被理解为消息中包含的有意义的内容;消息可以有各种各样的形式,但消息的内容可统一用信息来表述。传输信息的多少可直观地使用"信息量"进行衡量。

传递的消息都有其量值的概念。在一切有意义的通信中,虽然消息的传递意味着信息的传递,但对接收者而言,某些消息比另外一些消息具有更多的信息。例如,甲方告诉乙方一件非常可能发生的事情,"明天中午 12 时正常开饭",那么比起告诉乙方一件极不可能发生的事情,"明天 12 时有地震"来说,前一消息包含的信息显然要比后者少些。因为对乙方(接收者)来说,前一事情很可能(必然)发生,不足为奇,而后一事情却极少发生,听后会使人惊奇。这表明消息确实有量值的意义,而且,对接收者来说,事件愈不可能发生,愈会使人感到意外和惊奇,因此信息量就愈大。正如已经指出的,消息是多种多样的,因此,量度消息中所含的信息量值,必须能够用来估计任何消息的信息量,且与消息种类无关。另外,消息中所含信息的多少也应和消息的重要程度无关。

由概率论可知,事件的不确定程度,可用事件出现的概率来描述,事件出现(发生)的可能性越小,则概率越小;反之,概率越大。基于这种认识,我们得到:消息中的信息量与消息发生的概率紧密相关。消息出现的概率越小,则消息中包含的信息量就越大。当概率为零时(不可能发生事件),信息量为无穷大;当概率为 1 时(必然事件),信息量为 0。

综上所述,可以得出消息中所含信息量与消息出现的概率之间的关系应反映如下规律:

(1) 消息中所含的信息量 I 是消息出现的概率 $P(x)$ 的函数，即

$$I = I[P(x)] \tag{1-2}$$

(2) 消息出现的概率愈小，它所含的信息量就愈大；反之信息量就愈小，且

$$P = 1 \text{时}, \quad I = 0$$

$$P = 0 \text{时}, \quad I = \infty$$

(3) 若干个互相独立事件构成的消息，所含信息量等于各独立事件信息量的和，即

$$I[P_1(x)P_2(x) \cdots] = I[P_1(x)] + I[P_2(x)] + \cdots$$

可以看出 I 与 $P(x)$ 间应满足以上三点，则它们有如下关系式：

$$I = \log_a \frac{1}{P(x)} = -\log_a P(x) \tag{1-3}$$

信息量 I 的单位与对数的底数 a 有关：

当 $a=2$ 时，单位为比特(bit，简写为 b)；

当 $a=\mathrm{e}$ 时，单位为奈特(nat，简写为 n)；

当 $a=10$ 时，单位为笛特(det)或称为十进制单位；

当 $a=M$ 时，单位称为 M 进制单位。

通常使用的单位为比特。

下面我们以举例的形式说明简单信息量的计算。

例 1-1 试计算二进制符号等概率和多进制(M 进制)等概率时每个符号的信息量。

解 二进制等概率时，有

$$P(1) = P(0) = \frac{1}{2}$$

$$I(1) = I(0) = -\mathrm{lb}\,\frac{1}{2} = 1 \text{ (bit)}$$

M 进制等概率时，有

$$P(1) = P(2) = \cdots = P(M) = \frac{1}{M}$$

$$I(1) = I(2) = \cdots = I(M) = -\log_M \frac{1}{M} = 1 \quad (M\text{ 进制单位})$$

$$= \mathrm{lb}M \quad \text{(bit)}$$

例 1-2 试计算二进制符号不等概率时的信息量(设 $P(1)=P$)。

解

$$P(1)=P, \quad P(0)=1-P$$

$$I(1)=-\mathrm{lb}\,P(1)=-\mathrm{lb}\,P \quad \text{(bit)}$$

$$I(0)=-\mathrm{lb}\,P(0)=-\mathrm{lb}\,(1-P) \quad \text{(bit)}$$

可见，不等概率时，每个符号的信息量不同。下面引入平均信息量的概念。

1.4.2 平均信息量

平均信息量 $\bar{I}$ 等于各个符号的信息量乘以各自出现的概率再相加。

二进制时：

$$\bar{I} = -P(1)\,\mathrm{lb}\,P(1) - P(0)\,\mathrm{lb}\,P(0) \tag{1-4}$$

把 $P(1)=P$ 代入，则

$$\bar{I} = -P\ \mathrm{lb}\ P - (1-P)\ \mathrm{lb}\ (1-P)$$
$$= -P\ \mathrm{lb}\ P + (P-1)\ \mathrm{lb}\ (1-P) \quad (\text{bit/symbol})$$

对于多个信息符号的平均信息量的计算：

设各符号出现的概率为

$$\begin{bmatrix} x_1, & x_1, & \cdots, & x_n \\ P(x_1), & P(x_2), & \cdots, & P(x_n) \end{bmatrix} \quad 且 \quad \sum_{i=1}^{n} P(x_i) = 1$$

则每个符号所含信息的平均值(平均信息量)为

$$\bar{I} = P(x_1)[-\mathrm{lb}P(x_1)] + P(x_2)[-\mathrm{lb}P(x_2)] + \cdots + P(x_n)[-\mathrm{lb}P(x_n)]$$
$$= \sum_{i=1}^{n} P(x_i)[-\mathrm{lb}P(x_i)] \tag{1-5}$$

由于平均信息量同热力学中的熵形式相似，故通常又称其为信息源的熵，平均信息量 $\bar{I}$ 的单位为 bit。

当离散信息源中每个符号等概率出现，而且各符号的出现为统计独立时，该信息源的信息量最大。此时最大熵(平均信息量)为

$$\bar{I}_{\max} = \sum_{i=1}^{n} P(x_i)[-\mathrm{lb}P(x_i)] = -\sum_{i=1}^{n} \frac{1}{N}\left[\mathrm{lb}\ \frac{1}{N}\right] = \mathrm{lb}N \quad (n = N) \tag{1-6}$$

1.4.3 条件熵的计算

已知有两个离散信息符号集 $\{x\}$ 和 $\{y\}$，符号集 $\{x\}$ 的平均信息量为 $H(X)$，符号集 $\{y\}$ 的平均信息量为 $H(Y)$，平均互信息量为 $I(X,Y)$，那么条件熵即为 $H(Y|X)$ 和 $H(X|Y)$。它们之间的关系为

$$H(Y \mid X) = -\sum_{i=1}^{2}\sum_{j=1}^{2} P(x_i)P(y_j \mid x_i)\ \mathrm{lb}P(y_j \mid x_i)$$

或

$$H(X \mid Y) = -\sum_{i=1}^{2}\sum_{j=1}^{2} P(y_i)P(x_j \mid y_i)\ \mathrm{lb}P(x_j \mid y_i)$$
$$I(X,Y) = H(Y) - H(Y \mid X)$$

或

$$I(X,Y) = H(X) - H(X \mid Y)$$

1.5 通信系统的性能指标

衡量、比较和评价一个通信系统的好坏，必然要涉及系统的主要性能指标。无论是模拟通信还是数字、数据通信，虽然业务类型和质量要求各异，但它们都有一个总的质量指标要求，即通信系统的性能指标。

1.5.1 一般通信系统的性能指标

通信系统的性能指标有：有效性、可靠性、适应性、保密性、标准性、维修性、工艺性等。从信息传输的角度来看，通信的有效性和可靠性是通信系统最主要的两个性能指标。

通信系统的有效性与系统高效率地传输消息相关联。即通信系统怎样以最合理、最经济的方法传输最大数量的消息。

通信系统的可靠性与系统可靠地传输消息相关联。可靠性是一种量度，用来表示收到消息与发出消息的符合程度。因此，可靠性取决于系统抵抗干扰的性能。

一般情况下，要增加系统的有效性，就要降低系统的可靠性，反之亦然。在实际应用中，常常依据系统的实际要求采取相对统一的办法，即在满足一定可靠性指标下，尽量提高消息的传输速率，即有效性；或者，在维持一定有效性条件下，尽可能提高系统的可靠性。

1.5.2 通信系统的有效性指标

模拟通信系统中，每一路模拟信号都需占用一定的信道带宽，要在信道具有一定带宽时充分利用它的传输能力，可有几个方面的措施。其中有两个主要方面：一是多路信号通过频率分割复用，即频分复用(FDM)，以复用路数多少来体现其有效性。例如，同轴电缆最高可容纳 10 800 路 4 kHz 的模拟话音信号；目前使用的无线频段为 10^5～10^{12} Hz 范围的自由空间，更是利用多种频分复用方式实现了各种无线通信。另一方面，提高模拟通信有效性是指根据业务性质减少信号带宽，如话音信号的调幅单边带(SSB)为 4 kHz，就比调频信号带宽小了数倍，但其可靠性较差。

数字通信的有效性主要体现在单个信道通过的信息速率。对于基带数字信号，可以采用时分复用(TDM)以充分利用信道带宽。对于数字信号频带传输，可以采用多元调制来提高有效性。

数字通信系统的有效性可用传输速率来衡量。传输速率越高，系统的有效性就越好。通常可从以下三个不同的角度来定义传输速率。

1. 码元传输速率 R_B

码元传输速率通常又可称为码元速率、数码率、传码率、码率、信号速率或波形速率，用符号 R_B 来表示。码元速率是指单位时间(每秒)内传输码元的数目，单位为波特(Baud)，常用符号“B”表示(注意，不能用小写字母)。例如，某系统在 2 s 内共传送 4800 个码元，则系统的传码率为 2400 B。

数字信号一般有二进制与多进制之分，但码元速率 R_B 与信号的进制数无关，只与码元宽度 T_b 有关，且

$$R_B = \frac{1}{T_b} \tag{1-7}$$

通常在给出系统码元速率时，有必要说明码元的进制。在保证系统信息速率不变的情况下，多进制(M)码元速率 R_{BM}与二进制码元速率 R_{B2} 可相互转换，转换关系式为

$$R_{B2} = R_{BM} \cdot \text{lb}\, M \quad (\text{B}) \tag{1-8}$$

式中，$M=2^k$，$k=2$，3，4 …

2. 信息传输速率 R_b

信息传输速率简称信息速率，又可称为传信率、比特率等。信息传输速率用符号 R_b 表示。R_b 是指单位时间(每秒)内传送的信息量，单位为比特/秒(bit/s)，简记为 b/s。例如，若某信源在 1 s 内传送 1200 个符号，且每一个符号的平均信息量为 1 bit，则该信源的 R_b

为 1200 b/s。

因为信息量与信号进制数 M 有关，所以，R_b 也与 M 有关。

3. R_b 与 R_B 之间的互换

在二进制中，码元速率 R_{B2} 与信息速率 R_{b2} 在数值上相等，但单位不同。

在多进制中，R_{BM} 与 R_{bM} 之间数值不同，单位也不同。它们之间在数值上有如下关系式：

$$R_{bM} = R_{BM} \cdot \text{lb}\, M \tag{1-9}$$

在码元速率保持不变的条件下，二进制信息速率 R_{b2} 与多进制信息速率 R_{bM} 之间的关系为

$$R_{b2} = \frac{R_{bM}}{\text{lb}\, M} \tag{1-10}$$

4. 频带利用率 η

频带利用率指的是传输效率问题。也就是说，我们不仅关心通信系统的传输速率，还要看在这样的传输速率下所占用的信道频带宽度是多少。如果频带利用率高，说明通信系统的传输效率高，否则相反。

频带利用率的定义是单位频带内码元传输速率的大小，即

$$\eta = \frac{R_B}{B} \quad (\text{B/Hz}) \tag{1-11}$$

频带宽度 B 的大小取决于码元速率 R_B，而码元速率 R_B 与信息速率有确定的关系。因此，频带利用率还可用信息速率 R_b 的形式来定义，以便比较不同系统的传输效率，即

$$\eta = \frac{R_b}{B} \quad (\text{b/(s} \cdot \text{Hz))} \tag{1-12}$$

1.5.3 通信系统的可靠性指标

对于模拟通信系统，可靠性通常以整个系统的输出信噪比来衡量。信噪比是信号的平均功率与噪声的平均功率之比。信噪比越高，说明噪声对信号的影响越小，信号的质量越好。例如，在卫星通信系统中，发送信号功率总是有一定限量的，而信道噪声(主要是热噪声)则随传输距离而增加，其功率也不断累积，并以相加的形式来干扰信号，所以信号加噪声的混合波形与原信号相比具有一定程度的失真。模拟通信的输出信噪比越高，通信质量就越好。例如，公共电话(商用)信噪比在 40 dB 以上为优良质量；电视节目信噪比至少应为 50 dB；优质电视接收的信噪比应在 60 dB 以上；公务通信可以降低质量要求，但信噪比也需在 20 dB 以上。当然，衡量信号质量还可以用均方误差，它是衡量发送的模拟信号与接收端恢复的模拟信号之间误差程度的质量指标。均方误差越小，说明恢复的信号越逼真。

衡量数字通信系统可靠性的指标，具体可用信号在传输过程中出错的概率来表述，即用差错率来衡量。差错率越大，表明系统可靠性愈差。差错率通常有两种表示方法。

1. 码元差错率 P_e

码元差错率 P_e 简称误码率，它是指接收错误的码元数在传送总码元数中所占的比例，更确切地说，误码率就是码元在传输系统中被传错的概率，用表达式可表示成

$$P_e = \frac{\text{单位时间内接收的错误码元数}}{\text{单位时间内系统传输的总码元数(正确码元数 + 错误码元数)}} \tag{1-13}$$

2. 信息差错率 P_b

信息差错率 P_b 简称误信率，或误比特率，它是指接收的错误信息量在传送信息总量中所占的比例，或者说，它是码元的信息量在传输系统中被丢失的概率，用表达式可表示成

$$P_b = \frac{\text{单位时间内系统接收的错误比特数(错误信息量)}}{\text{单位时间内系统传输的总比特数(总信息量)}} \tag{1-14}$$

3. P_e 与 P_b 的关系

对于二进制信号而言，误码率和误比特率显然相等。而 M 进制信号的每个码元含有 $n=\text{lb}M$ 比特信息，并且一个特定的错误码元可以有 $M-1$ 种不同的错误样式。当 M 较大时，误比特率为

$$P_b \approx \frac{1}{2}P_e \tag{1-15}$$

1.6 通信信道的基本特性

信道是通信系统必不可少的组成部分，信道特性的好坏直接影响到系统的总特性。信号在信道中传输时，噪声作用于所传输的信号，接收端所接收的信号是传输信号与噪声的混合信号。

1.6.1 信道的概念

1. 信道的定义

笼统地说，信道是指以传输媒介(质)为基础的信号通路。具体地说，信道是指由有线或无线电线路提供的信号通路。信道的作用是传输信号，它提供一段频带让信号通过，同时又给信号加以限制和损害。信道大体可分成两类：狭义信道和广义信道。

狭义信道通常按具体媒质类型的不同可分为有线信道和无线信道。所谓有线信道，是指传输媒质为明线、对称电缆、同轴电缆、光缆及波导等一类能够看得见的媒质。有线信道是现代通信网中最常用的信道之一。如对称电缆(又称电话电缆)广泛应用于近程(市内)传输。无线信道的传输媒质比较多，包括短波电离层、对流层散射等。可以这样认为，凡不属有线信道的媒质均为无线信道的媒质。虽然无线信道的传输特性没有有线信道的传输特性稳定和可靠，但是无线信道具有方便、灵活、通信者可移动等优点。

广义信道通常也可分成调制信道和编码信道两种。调制信道是从研究调制与解调的基本问题出发而定义的，它的范围是从调制器输出端到解调器输入端。从调制和解调的角度来看，由调制器输出端到解调器输入端的所有转换器及传输媒质只是把已调信号进行了某种变换，即只需关心变换的最终结果，而无需关心形成这个最终结果的详细过程。因此，研究调制与解调问题时，定义一个调制信道是方便和恰当的。调制信道常常用在模拟通信中。

在数字通信系统中，如果仅着眼于编码和译码问题，则可得到另一种广义信道——编码信道。这是因为，从编码和译码的角度看，编码器的输出仍是一数字序列，而译码器的输入同样也是一数字序列，它们在一般情况下是相同的。因此，从编码器输出端到译码器输入端的所有转换器及传输媒质可用一个完成数字序列变换的方框加以概括，此方框称为

编码信道。

调制信道和编码信道的示意图如图 1 - 9 所示。另外，根据研究对象和关心问题的不同，也可以定义其他形式的广义信道。

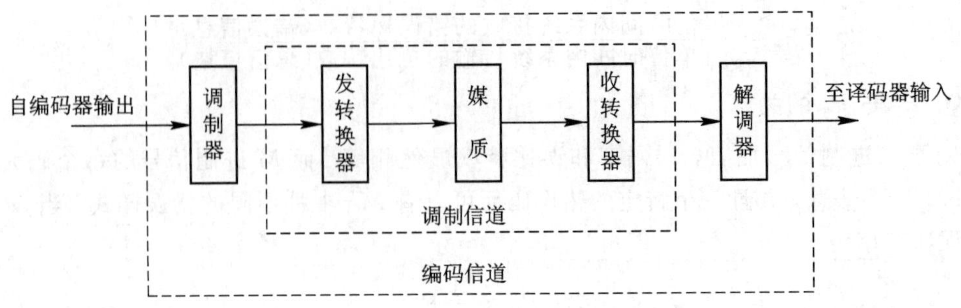

图 1 - 9 调制信道与编码信道的示意图

2. 信道的模型

通常，为了方便表述信道的一般特性，可引入信道的模型：调制信道模型和编码信道模型。

1）调制信道模型

在频带传输系统中，已调信号离开调制器便进入调制信道。对于调制和解调而言，通常可以不管调制信道包括什么样的转换器，也不管选用了什么样的传输媒质，以及发生了怎样的传输过程，仅关心已调信号通过调制信道后的最终结果。因此，把调制信道概括成一个模型是可行的。

调制信道有如下主要特性：

① 若有一对(或多对)输入端，则必然有一对(或多对)输出端；

② 绝大部分信道是线性的，即满足叠加原理；

③ 信号通过信道需要一定的迟延时间；

④ 信道对信号有损耗(固定损耗或时变损耗)；

⑤ 即使没有信号输入，在信道的输出端仍可能有一定的功率输出(噪声)。

由此看来，可用一个二对端(或多对端)的时变线性网络表示调制信道。这个网络称为调制信道模型，如图 1 - 10 所示。

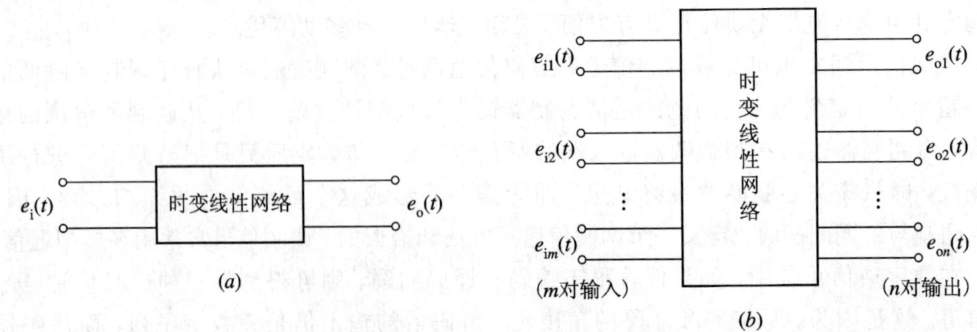

图 1 - 10 调制信道模型

(*a*) 二对端网络；(*b*) 多对端网络

对于二对端的信道模型来说，它的输入和输出之间的关系式可表示为

$$e_o(t) = f[e_i(t)] + n(t) \tag{1-16}$$

式中，$e_i(t)$为输入的已调信号；$e_o(t)$为调制信道总输出波形；$n(t)$为信道噪声(或称信道干扰)；$f[e_i(t)]$为信道对信号影响(变换)的某种函数关系。

由于 $f[e_i(t)]$形式是个高度概括的结果，为了进一步理解信道对信号的影响，我们把$f[e_i(t)]$假设成为形式 $k(t)\cdot e_i(t)$。因此，式(1-16)可写成

$$e_o(t) = k(t)\cdot e_i(t) + n(t) \tag{1-17}$$

式中，$k(t)$称为乘性干扰，它依赖于网络的特性，对信号 $e_i(t)$影响较大；$n(t)$则称为加性干扰(噪声)。

由以上分析可见，信道对信号的影响可归纳为两点：一是乘性干扰 $k(t)$的影响，二是加性干扰$n(t)$的影响。若了解了 $k(t)$和 $n(t)$的特性，则信道对信号的具体影响就能确定。不同特性的信道，仅反映信道模型有不同的 $k(t)$及 $n(t)$。

我们期望的信道(理想信道)应是 $k(t)$=常数，$n(t)=0$，即

$$e_o(t) = k\cdot e_i(t) \tag{1-18}$$

实际中，乘性干扰 $k(t)$一般是一个复杂函数，它可能包括各种线性畸变、非线性畸变、交调畸变、衰落畸变等。同时 $k(t)$往往只能用随机过程加以表述，这是由于网络的迟延特性和损耗特性随时间作随机变化。但是，经大量观察表明，有些信道的 $k(t)$基本不随时间变化，或者信道对信号的影响是固定的或变化极为缓慢的；但有的信道却不然，它们的 $k(t)$ 是随机快变化的。因此，在分析研究乘性干扰 $k(t)$时，可把调制信道粗略地分为两大类：一类称为恒参信道，即 $k(t)$不随时间变化或变化极为缓慢的一类信道；另一类则称为随参信道(或称变参信道)，它是非恒参信道的统称，其中 $k(t)$是随时间随机变化的。一般情况下，人们认为有线信道绝大部分为恒参信道，而无线信道大部分为随参信道。

2）编码信道模型

编码信道是包括调制信道及调制器、解调器在内的信道。它与调制信道有明显的不同，即调制信道对信号的影响是通过 $k(t)$和 $n(t)$使调制信号发生“模拟”变化，而编码信道对信号的影响则是一种数字序列的变换，即把一种数字序列变成另一种数字序列。故有时把编码信道看成是一种数字信道，而把调制信道看成是一种模拟信道。

由于编码信道包含调制信道，因而它同样要受到调制信道的影响。但是，从编/译码的角度看，以上这个影响已反映在解调器的最终结果里——使解调器输出数字序列以某种概率发生差错。显然，如果调制信道越差，即特性越不理想和加性噪声越严重，则发生错误的概率将会越大。因此，编码信道的模型可用数字信号的转移概率来描述。例如，在最常见的二进制数字传输系统中，一个简单的编码信道模型如图 1-11 所示。之所以说这个模型是“简单的”，是因为在这里假设解调器输出的每个数字码元发生差错是相互独立的。用编码的术语来说，这种信道是无记忆的(当前码元的差错与其前后码元的差错没有依赖关系)。

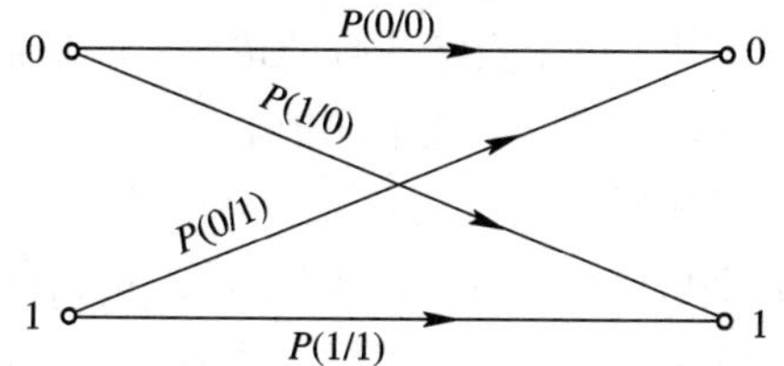

图 1-11　二进制编码信道模型

在这个模型里，把 $P(0/0)$、$P(1/0)$、$P(0/1)$、$P(1/1)$称为信道转移概率。具体地，我们把 $P(0/0)$和 $P(1/1)$称为正确转移概率，而把 $P(1/0)$和$P(0/1)$称为错误转移概率。根据概率性质可知

$$P(0/0)+P(1/0)=1 \tag{1-19}$$

$$P(1/1)+P(0/1)=1 \tag{1-20}$$

转移概率完全由编码信道的特性决定，一个特定的编码信道就会有相应确定的转移概率。应该指出，编码信道的转移概率一般需要对实际编码信道做大量的统计分析才能得到。

编码信道可细分为无记忆编码信道和有记忆编码信道。有记忆编码信道是指信道中码元发生差错的事件不是独立的，即当前码元的差错与其前后码元的差错是有联系的。

1.6.2 传输信道

传输信道可分为有线信道和无线信道，有线信道主要有各种线缆和光缆，无线信道主要指的是可以传输无线电波和光波的空间或大气。下面介绍几种常用的传输媒质。

1. 有线信道

常用的有线信道传输媒质有：双绞线、同轴电缆、光纤、架空明线、多芯电缆。下面只对前三种进行详细讨论。

1) 双绞线

双绞线又称为双扭线，它是由若干对且每对由两条相互绝缘的铜导线按一定规则绞合而成的。采用这种绞合结构可以减少对临近线对的电磁干扰。根据双绞线是否外加屏蔽层还可以将其分为屏蔽双绞线和非屏蔽双绞线。双绞线既可以传输模拟信号，又可以传输数字信号，其通信距离一般为几千米到十几千米。导线越粗，通信距离越远，但导线价格越高。屏蔽双绞线传输质量较好，传输速率也高，但施工不便；非屏蔽双绞线虽然传输性能不如屏蔽双绞线，但施工方便，组网灵活，造价较低，因而较多采用。

2) 同轴电缆

同轴电缆以硬铜线为芯，外包一层绝缘材料。这层绝缘材料用密织的网状导体环绕，网外又覆盖一层保护性材料。金属屏蔽层能将磁场反射回中心导体，同时也使中心导体免受外界干扰，故同轴电缆比双绞线具有更宽的带宽和更好的噪声抑制特性。按特性阻抗数值的不同，同轴电缆可分为两种：一种为 50 Ω(指沿电缆导体各点的电磁电压与电流之比)同轴电缆，用于数字信号的传输，即基带同轴电缆；另一种为 75 Ω 同轴电缆，用于宽带模拟信号的传输，即宽带同轴电缆。

基带同轴电缆只支持一个信道，传输带宽为 10 Mb/s。它能够以 10 Mb/s 的速率把基带数字信号传输 1～1.2 km，在局域网中广泛使用。宽带同轴电缆支持的带宽为 300～450 MHz，可用于宽带模拟信号的传输，传输距离可达 100 km。

3) 光纤

光导纤维是一种软而细且利用内部全反射原理来传导光束的传输媒质。由于可见光的频率非常高，约为 10^8 MHz 的数量级，因此，一个光纤通信系统的传输带宽远远大于其他各种传输媒质的带宽。

光纤为圆柱状，由纤芯、包层和护套组成。纤芯是光纤最中心的部分，由一条或多条非常细的玻璃或塑料纤维线构成，每根纤维线都有自己的包层。由于这一玻璃或塑料封套涂层的折射率比纤芯低，因此可使光波保持在芯线内。最外层的护套为的是防止外部的潮湿气体侵入，并可防止磨损或挤压等伤害。

根据光纤传输模式的不同，有单模光纤和多模光纤之分。单模光纤指的是光在光纤中的传播只有单一模式，纤芯比较细；多模光纤指的是可能有多条从不同角度射入的光线在同一条光纤中同时传播，纤芯比较粗。

与同轴电缆比较，光纤可提供极宽的频带且功率损耗小、传输距离远(2 km 以上)、传输率高(可达数千兆比特每秒)、抗干扰性强(不会受到电子监听)，是构建安全网络的理想选择。

2. 无线信道

无线信道的传输载体主要是无线电波和光波。频率不同，电波传播的特性也不同。根据频率、媒质以及媒质分界面对电波传播产生的不同影响，可将电波传播方式分为：地表传播、天波传播、视距传播、散射传播、对流层电波传播和电离层电波传播。

(1) 地表传播。沿着地球表面传播的电波就叫地波，也叫表面波。表面波的特点是信号比较稳定。但电波频率愈高，表面波随距离的增加衰减就愈快。因此，这种传播方式主要适用于长波和中波通信。

(2) 天波传播。在大气层中，从几十千米至几百千米的高空有几层"电离层"，形成了一种天然的反射体，就像一只悬空的金属盖，电波射到"电离层"就会被反射回来，这一形式的电波称为天波或反射波。这种传播方式主要适用于短波通信。

(3) 视距传播。若收、发天线离地面的高度远大于波长，电波直接从发信天线传到收信地点(有时有地面反射波)的方式称为视距传播。这种传播方式仅限于视线距离以内。

(4) 散射传播。散射传播是利用对流层或电离层中媒质的不均匀性或流星通过大气时的电离余迹对电磁波的散射作用来实现超视距传播的。这种传播方式主要用于超短波和微波远距离通信。

(5) 对流层电波传播。无线电波在对流层与平流层中的传播，简称对流层电波传播。

(6) 电离层电波传播。这是指无线电波在电离层中的传播。

在实际通信中往往根据不同场合选择传播方式中的一种作为主要的传播途径，但也有多种传播方式并存的传播途径。一般情况下都是根据使用波段的特点，利用天线的方向性来确定一种主要的传播方式。

1.6.3 信道内的噪声

信道内噪声的来源有很多，噪声的性质也有所不同，表现的形式也多种多样。

根据噪声的来源不同，我们可以粗略地将噪声分为以下四类：

(1) 无线电噪声。它来源于各种用途的无线电发射机。这类噪声的频率范围很宽，从甚低频到特高频都可能有无线电干扰存在，并且干扰的强度有时很大。这类噪声的特点是干扰频率是固定的，因此可以预先设法防范。特别是在加强了无线电频率的管理工作后，无论在频率的稳定性、准确性以及谐波辐射等方面都有严格的规定，使得信道内信号受它的影响可减到最低程度。

(2) 工业噪声。它来源于各种电气设备，如电力线、点火系统、电车、电源开关、电力铁道、高频电炉等。这类干扰来源分布很广泛，无论是城市还是农村，内地还是边疆，各地都有工业干扰存在。尤其是在现代化社会里，各种电气设备越来越多，因此这类干扰的强度也就越来越大。这类噪声的特点是干扰频谱集中于较低的频率范围，例如几十兆赫兹以内。因此，高于这个频段工作的信道就可免受它的干扰。另外，我们也可以在干扰源方面设法消除或减小干扰，例如加强屏蔽和滤波等措施，以消除波形失真。

(3) 天电噪声。它来源于雷电、磁暴、太阳黑子以及宇宙射线等，是客观存在的。这类干扰所占的频谱范围也很宽，不像无线电干扰那样频率是固定的，因此对它的干扰影响很难防止。

(4) 内部噪声。它来源于信道本身所包含的各种电子器件、转换器以及天线或传输线等。例如，电阻及各种导体都会在分子热运动的影响下产生热噪声，电子管或晶体管等电子器件会由于电子发射不均匀等原因产生器件噪声。这类干扰是由无数个自由电子作不规则运动形成的，因此它的波形也是不规则变化的，在示波器上观察就像一堆杂乱无章的茅草，通常称之为起伏噪声。由于在数学上可以用随机过程来描述这类干扰，因此又可称为随机噪声，或者简称为噪声。

以上是从噪声的来源来分类的，比较直观。但是，从防止或减小噪声对信号传输影响的角度来分析，从噪声的性质来分类更为有利。从噪声的性质来分可有以下几种。

(1) 单频噪声。它主要指无线电干扰。因为电台发射的频谱集中在比较窄的频率范围内，因此可以近似地将其看作是单频性质的。另外，像电源交流电、反馈系统的自激振荡等也都属于单频干扰。它是一种连续波干扰，并且其频率是可以通过实测来确定的。因此在采取适当的措施后，这类干扰的影响是可以抑制的。

(2) 脉冲噪声。它包括工业干扰中的电火花、断续电流以及天电干扰中的雷电等。其特点是波形不连续，呈脉冲性质，并且发生这类干扰的时间很短，强度很大，而周期是随机的，因此它可以用随机的窄脉冲序列来表示。由于脉冲很窄，所以占用的频谱必然很宽。但是，随着频率的提高，频谱幅度逐渐减小，干扰影响也就减弱。因此，在适当选择工作频段的情况下，这类干扰的影响也是可以防止的。

(3) 起伏噪声。它主要指信道内部的热噪声和器件噪声以及来自空间的宇宙噪声。它们都是不规则的随机过程，只能采用大量统计的方法来寻求其统计特性。由于这类噪声来自信道本身，因此对信号传输的影响是不可避免的。

1.6.4 常见的几种噪声

下面介绍几种符合具体信道实际特性的噪声。

1. 白噪声

所谓白噪声，是指其功率谱密度函数在整个频率域($-\infty<\omega<+\infty$)内是常数，即服从均匀分布的噪声。之所以称它为白噪声，是因为它类似于光学中包括全部可见光频率在内的白光。凡是不符合上述条件的噪声称为有色噪声，这种噪声只包括可见光频谱的部分频率。但是，实际上完全理想的白噪声是不存在的，通常只要噪声功率谱密度函数均匀分布的频率范围超过通信系统工作频率范围很多时，就可近似认为是白噪声。例如，热噪声

的频率可以高到 10^{13} Hz，且功率谱密度函数在0～10^{13} Hz 内基本均匀分布，因此可以将它看作白噪声。

理想的白噪声功率谱密度通常被定义为

$$P_n(\omega)=\frac{n_0}{2}\qquad -\infty<\omega<+\infty \tag{1-21}$$

式中，n_0 的单位是 W/Hz。

白噪声的自相关函数是一个位于 $\tau=0$ 处的冲激函数，它的强度为 $n_0/2$。白噪声的 $P_n(\omega)$和 $R_n(\tau)$图形如图 1－12 所示。

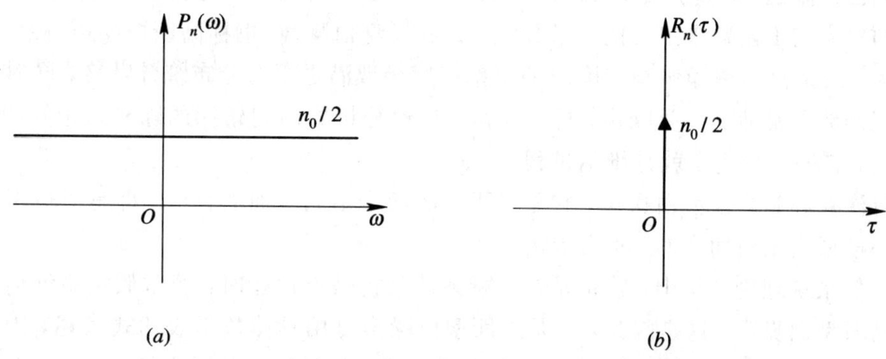

图 1－12 理想白噪声的功率谱密度和自相关函数

(a) 功率谱密度；(b) 自相关函数

2. 高斯噪声

所谓高斯(Gaussian)噪声，是指它的概率密度函数服从高斯分布(即正态分布)的一类噪声，可用数学表达式表示

$$p(x)=\frac{1}{\sqrt{2\pi}\sigma}\exp\left[-\frac{(x-a)^2}{2\sigma^2}\right] \tag{1-22}$$

式中，a 为噪声的数学期望值，也就是均值；σ^2 为噪声的方差；exp(x)是以 e 为底的指数函数。

现在再来看正态概率分布函数 $F(x)$，分布函数 $F(x)$常用来表示某种概率，这是因为

$$F(x)=\int_{-\infty}^{x}p(x)\mathrm{d}x \tag{1-23}$$

$$\begin{aligned}F(x)&=\int_{-\infty}^{x}\frac{1}{\sqrt{2\pi}\sigma}\exp\left[-\frac{(z-a)^2}{2\sigma^2}\right]\mathrm{d}z=\frac{1}{\sqrt{2\pi}\sigma}\int_{-\infty}^{x}\exp\left[-\frac{(z-a)^2}{2\sigma^2}\right]\mathrm{d}z\\&=\Phi\left(-\frac{x-a}{\sigma}\right)\end{aligned} \tag{1-24}$$

式中，$\Phi(x)$称为概率积分函数，简称概率积分，其定义为

$$\Phi(x)=\frac{1}{\sigma\sqrt{2\pi}}\int_{-\infty}^{x}\exp\left(-\frac{z^2}{2}\right)\mathrm{d}z \tag{1-25}$$

这个积分不易计算，但可借助于一般的积分表查出不同 x 值的近似值。

正态概率分布函数还经常表示成与误差函数相联系的形式。所谓误差函数，它的定义式为

$$\mathrm{erf}(x) = \frac{2}{\sqrt{\pi}}\int_0^x \mathrm{e}^{-z^2}\,\mathrm{d}z \tag{1-26}$$

互补误差函数为

$$\mathrm{erfc}(x) = 1 - \mathrm{erf}(x) = \frac{2}{\sqrt{\pi}}\int_x^{\infty} \mathrm{e}^{-z^2}\,\mathrm{d}z \tag{1-27}$$

式(1-26)和式(1-27)是在讨论通信系统抗噪声性能时常用到的基本公式。

3. 高斯型白噪声

我们已经知道，白噪声是根据噪声的功率谱密度是否均匀来定义的，而高斯噪声则是根据它的概率密度函数来定义的，那么什么是高斯型白噪声(也称高斯白噪声)呢？我们可这样认为，所谓高斯白噪声是指噪声的概率密度函数满足正态分布统计特性，同时它的功率谱密度函数是常数的一类噪声。这类噪声，理论分析要用到较深的随机理论知识，故不展开讨论，它的一个例子就是维纳过程。

值得注意的是高斯型白噪声，它是对噪声的两个不同方面而言的，即是对概率密度函数和功率谱密度函数而言的，不可混淆。

在通信系统理论分析中，特别是在分析系统的抗噪声性能时，经常假定系统信道中的噪声为高斯型白噪声。这是因为，一是高斯型白噪声可用具体数学表达式表述，因此便于推导分析和运算；二是高斯型白噪声确实也反映了具体信道中的噪声情况，比较真实地代表了信道噪声的特性。

4. 窄带高斯噪声

严格地说，通信系统中存在的噪声都是随机过程，很难用一个具体数学表达式表述。要详细了解噪声的特性，必须严格按随机过程的分析方法来研究噪声。这里我们不准备从随机过程的知识谈起，尽量避开其数学分析，仅给出易理解、更实用的结论。

当高斯噪声通过以 ω_c 为中心角频率的窄带系统时，就可形成窄带高斯噪声。所谓窄带系统是指系统的频带宽度 B 比中心频率小很多的通信系统，即 $B \ll f_c = \omega_c/(2\pi)$ 的系统。这是符合大多数信道的实际情况的，信号通过窄带系统后就形成窄带信号，它的特点是频谱局限在 $\pm\omega_c$ 附近很窄的频率范围内，其包络和相位都在作缓慢随机变化。

基于此，随机噪声通过窄带系统后，可表示为

$$n(t) = \rho(t)\cos[\omega_c t + \varphi(t)] \tag{1-28}$$

式中，$\varphi(t)$ 为噪声的随机相位；$\rho(t)$ 为噪声的随机包络。

1.6.5 信道容量

1. 信号带宽

带宽这个名称在通信系统中经常出现，而且常常代表不同的含义，因此在这里先对带宽这个名称作一些说明。从通信系统中信号传输过程来说，实际上遇到两种不同含义的带宽：一种是信号(包括噪声)的带宽，这是由信号(或噪声)能量谱密度 $G(\omega)$ 或功率谱密度 $P(\omega)$ 在频域的分布规律确定的，也就是本节要定义的带宽；另一种是信道的带宽，这是由传输电路的传输特性决定的。信号带宽和信道带宽的符号都用 B 表示，单位为 Hz。本书中在用到带宽时将说明是信号带宽，还是信道带宽。

从理论上讲，除了极个别的信号外，信号的频谱都是无穷宽分布的。如果把凡是有信号频谱的范围都算作带宽，那么很多信号的带宽就变为无穷大了，显然这样定义带宽是不恰当的。一般的信号虽然频谱很宽，但绝大部分实用信号的主要能量(功率)都是集中在某一个频率范围以内的，因此通常根据信号能量(功率)集中的情况，恰当地定义信号的带宽。常用的定义有以下三种。

(1) 以集中一定百分比的能量(功率)来定义带宽。

对能量信号，可由

$$\frac{2\int_0^B |F(\omega)|^2 \mathrm{d}f}{E} = \gamma \tag{1-29}$$

求出 B。

带宽 B 是指正频率区域，不计负频率区域。如果信号是低频信号，那么能量(功率)集中在低频区域，$2\int_0^B |F(\omega)|^2 \mathrm{d}f$ 就是在 $0\rightarrow B$ 频率范围内的能量(功率)。

同样，对于功率信号，可由

$$\frac{2\int_0^B \left[\lim\limits_{T\to\infty}\frac{|F(\omega)|^2}{T}\right]\mathrm{d}f}{S} = \gamma \tag{1-30}$$

求出 B。

γ 的百分比可取 90%、95%或 99%等。

(2) 以能量谱(功率谱)密度下降 3 dB 时的频率间隔作为带宽。

对于频率轴上具有明显的单峰形状(或者一个明显的主峰)的能量谱(功率谱)密度的信号，且峰值位于 $f=0$ 处，则信号带宽为正频率轴上 $G(\omega)$ (或 $P(\omega)$)下降到 3 dB(半功率点)处的相应频率间隔，如图 1 - 13 所示。$G(\omega)-f$ 曲线中，由

$$G(2\pi f_1) = \frac{1}{2}G(0)$$

或

$$P(2\pi f_1) = \frac{1}{2}P(0)$$

得

$$B = f_1 \tag{1-31}$$

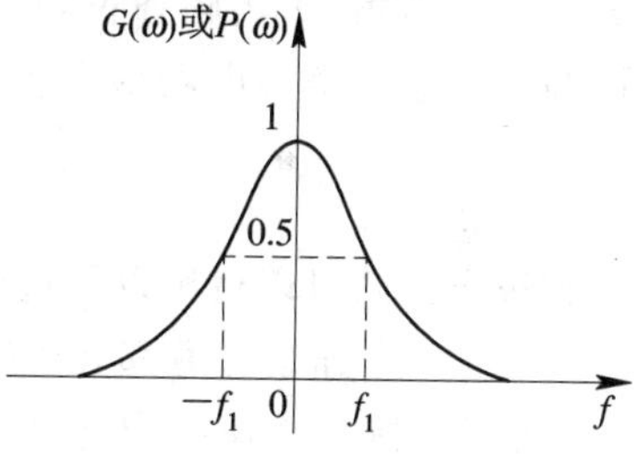

图 1 - 13 3 dB 带宽

(3) 等效矩形带宽。

用一个矩形的频谱代替信号的频谱，矩形频谱具有的能量与信号的能量相等，矩形频谱的幅度为信号频谱 $f=0$ 时的幅度，如图 1 - 14 所示。

由

$$2BG(0) = \int_{-\infty}^{\infty} G(\omega)\mathrm{d}f$$

或

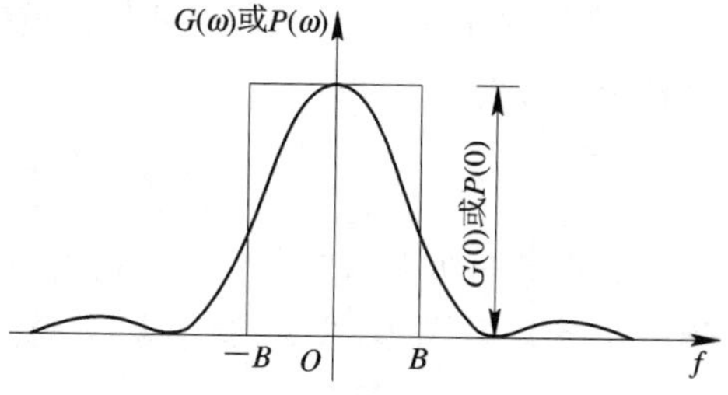

图 1 - 14 等效矩形带宽

$$2BP(0) = \int_{-\infty}^{\infty} P(\omega)\mathrm{d}f$$

得

$$B = \frac{\int_{-\infty}^{\infty} G(\omega)\mathrm{d}f}{2G(0)} \tag{1-32}$$

或

$$B = \frac{\int_{-\infty}^{\infty} P(\omega)\mathrm{d}f}{2P(0)} \tag{1-33}$$

2. 信道容量的计算

从信息论的观点来看，各种信道可以概括为两大类，即离散信道和连续信道。所谓离散信道就是输入与输出信号都是取值离散的时间函数；而连续信道是指输入和输出信号都是取值连续的。信道容量是指信道无差错传输信息的最大信息速率。这里仅给出连续信道的信道容量。

在实际的有扰连续信道中，当信道受到加性高斯噪声的干扰，且信道传输信号的功率和信道的带宽受限时，可依据高斯噪声下关于信道容量的香农(Shannon)公式计算信道容量。这个结论不仅在理论上有特殊的贡献，而且在实践意义上也有一定的指导价值。

设连续信道(或调制信道)的输入端加入单边功率谱密度为 n_0(W/Hz)的加性高斯白噪声，信道的带宽为 B(Hz)，信号功率为 S(W)，则通过这种信道无差错传输的最大信息速率 C 为

$$C = B\,\mathrm{lb}\left(1+\frac{S}{n_0 B}\right) \quad (\mathrm{b/s}) \tag{1-34}$$

式中，C 值称为信道容量。

式(1-34)就是著名的香农信道容量公式，简称香农公式。

因为 $n_0 B$ 就是噪声的功率，令 $N=n_0 B$，故式(1-34)也可写为

$$C = B\,\mathrm{lb}\left(1+\frac{S}{N}\right) \quad (\mathrm{b/s}) \tag{1-35}$$

根据香农公式可以得出以下重要结论：

(1) 任何一个连续信道都有信道容量。在给定 B、S/N 的情况下，信道的极限传输能力为 C，如果实际传输速率 R 小于或等于信道容量 C，那么在理论上存在一种方法使信源的输出能以任意小的差错概率通过信道传输；如果 R 大于 C，则无差错传输在理论上是不可能的。因此，一般要求实际传输速率不能大于信道容量，除非允许存在一定的差错率。

(2) 增大信号功率 S 可以增加信道容量 C。若信号功率 S 趋于无穷大，则信道容量 C 也趋于无穷大，即

$$\lim_{S\to\infty} C = \lim_{S\to\infty} B\,\mathrm{lb}\left(1+\frac{S}{n_0 B}\right)\to\infty \tag{1-36}$$

减小噪声功率 N($N=n_0 B$，相当减小噪声功率谱密度 n_0)也可以增加信道容量 C。若噪声功率 N 趋于零(或 n_0 趋于零)，则信道容量趋于无穷大，即

$$\lim_{N\to 0} C = \lim_{N\to 0} B\,\mathrm{lb}\left(1+\frac{S}{N}\right)\to\infty \tag{1-37}$$

增大信道带宽 B 可以增加信道容量 C，但不能使信道容量 C 无限制地增加。当信道带

宽 B 趋于无穷大时，信道容量 C 的极限值为

$$\lim_{B\to\infty} C=\lim_{B\to\infty} B\ \mathrm{lb}\left(1+\frac{S}{n_0 B}\right)=\frac{S}{n_0}\lim_{B\to\infty}\frac{n_0 B}{S}\ \mathrm{lb}\left(1+\frac{S}{n_0 B}\right)$$

$$=\frac{S}{n_0}\ \mathrm{lb}\ \mathrm{e}\approx 1.44\ \frac{S}{n_0} \tag{1-38}$$

由此可见，当 S 和 n_0 一定时，虽然信道容量 C 随带宽 B 增大而增大，然而当 $B\to\infty$ 时，C 不会趋于无穷大，而是趋于常数 $1.44\ S/n_0$。

(3) 当信道容量保持不变时，信道带宽 B、信号噪声功率比 S/N 及传输时间 T 三者是可以互换的。若增加信道带宽，则可以换来信号噪声功率比的降低，反之亦然。如果信号噪声功率比不变，那么增加信道带宽可以换取传输时间的减少，反之亦然。

当信道容量 C 给定时，B_1、S_1/N_1 和 B_2、S_2/N_2 分别表示互换前后的带宽和信号噪声功率比，则有

$$B_1\ \mathrm{lb}\left(1+\frac{S_1}{N_1}\right)=B_2\ \mathrm{lb}\left(1+\frac{S_2}{N_2}\right) \tag{1-39}$$

当维持同样大小的信号噪声功率比 S/N 时，给定的信息量 $I=TB\ \mathrm{lb}(1+S/N)$ ($C=I/T$，T 为传输时间)可以用不同带宽 B 和传输时间 T 来互换。若 T_1、B_1 和 T_2、B_2 分别表示互换前后的传输时间和带宽，则有

$$T_1 B_1\ \mathrm{lb}\left(1+\frac{S}{N}\right)=T_2 B_2\ \mathrm{lb}\left(1+\frac{S}{N}\right) \tag{1-40}$$

通常把实现了极限信息速率传输(即达到信道容量值)且能做到任意小差错率的通信系统称为理想通信系统。香农公式只证明了理想通信系统的“存在性”，却没有指出具体的实现方法。因此，理想系统常常只作为实际系统的理论界限。

3. 离散信道的信道容量

广义信道中的编码信道就是一种离散信道。设 $P(x_i)$ 表示信源发送符号 x_i 的概率，$P(y_j)$ 表示接收端收到符号 y_j 的概率；$P(y_j|x_i)$ 表示在发送符号 x_i 的条件下收到符号 y_j 的条件概率，也称转移概率。

(1) 信源发送的平均信息量(熵)：

$$H(x)=-\sum_{i=1}^{n}P(x_i)\ \mathrm{lb}P(x_i) \tag{1-41}$$

(2) 因信道噪声而损失的平均信息量：

$$H(x\mid y)=-\sum_{j=1}^{m}P(y_j)\sum_{i=1}^{n}P(x_i\mid y_j)\ \mathrm{lb}P(x_i\mid y_j) \tag{1-42}$$

式中，$P(x_i|y_j)$ 表示接收端收到符号 y_j 后判断发送的是符号 x_i 的转移概率。

(3) 信息传输速率 R_b。因为 $H(x)$ 是发送符号的平均信息量，$H(x|y)$ 是传输过程中因信道噪声而损失的平均信息量(也称条件信息量)，故 $[H(x)-H(x|y)]$ 是接收端得到的平均信息量。

设信道每秒传输的符号数为 r(符号速率)，则信道每秒传输的平均信息量即信息传输速率 R_b 为

$$R_b=r[H(x)-H(x\mid y)]\quad (\mathrm{b/s})$$

(4) 信道容量。由信道容量定义可知，它是信道无差错传输时的信息传输速率的最大

值。因此，对一切可能的信源概率分布，求出信息传输速率 R_b 的最大值即可得出信道容量 C_1 的表示式，即

$$C_1 = \max_{P(x)}\{r[H(x) - H(x \mid y)]\} \quad (\text{b/s})$$

需要指出的是，离散信道的容量有两种不同的度量单位。一种是最大信息速率，即用单位时间(秒)内能够传输的平均信息量的最大值来表示信道容量 C_1；另一种是用每个符号能够传输的平均信息量的最大值来表示信道容量 C，即

$$C = \max_{P(x)}[H(x) - H(x \mid y)] \quad (\text{bit/symbol})$$

若知道信道每秒传输的符号数 r(符号速率)，则由 C 可得到 C_1。这两种表示方法在实质上是一样的，可以根据需要选用。

本 章 小 结

本章主要介绍了通信系统的概念，包括通信的定义、分类、方式、模型等。在信息论初步中，介绍了信息的度量方法和平均信息量的计算。通信系统性能指标有：有效性和可靠性。通信系统的性能指标是贯穿全书的指标体系，要求学习者掌握和运用好通信系统的性能指标。

1. 信息量与平均信息量

信息是消息中有意义的内容，信息量 I 与消息 x 出现的概率 $P(x)$有关。取二进制时 $I=-\mathrm{lb}P(x)$，单位为比特(bit)。消息出现的概率越小，其所含的信息量越大，反之所含的信息量越小。

平均信息量是指信源中每个符号所含信息量的统计平均值，$\bar{I} = \sum_{i=1}^{M} P(x_i)\,[-\mathrm{lb}P(x_i)]$，其单位为比特/符号(bit/symbol)。只有在信源中每个符号等概率出现时，平均信息量才取得最大值，$\bar{I}_{\max}=\mathrm{lb}N$。

在二进制运算中，M 个符号等概率出现时，每个符号的概率均为 $1/M$，这时消息 x 中的信息量和每个符号所含信息量的统计平均值就是一回事，即每个符号可以用 $\mathrm{lb}M$ 个比特(bit)来表示。

2. 波特率与比特率

波特率，即符号速率或码元速率，表示单位时间内传送的符号或码元的个数，用符号 R_B表示。它与码元进制数无关，仅与码元宽度 T_B有关，$R_B=1/T_B$，其单位是波特(Baud)，简记为 B。

比特率，即信息速率，表示单位时间内传送的平均信息量或比特数，用符号 R_b表示。它与码元进制数有关，单位为 bit/s，简记为 b/s。

用二进制与 M 进制相比较，当两者的码元宽度(符号宽度)T_B相同时，它们的码元速率应该是相等的。但是 M 进制的比特率应该是其码元速率的 $\mathrm{lb}M$ 倍，即 $R_{bM}=\mathrm{lb}M\times R_{BM}$(b/s)。因为 M 进制的一个符号内含有 $\mathrm{lb}M$ 个比特，所以 M 进制的信息速率是其码元速率的 $\mathrm{lb}M$ 倍。

3. 关系式 $R_{bM}=\mathrm{lb}M\times R_{BM}$(b/s)的物理意义解析

由比特率 R_b、波特率 R_B 和进制数 M 之间的关系式可知：

(1) 二进制($M=2$)时，$R_B=R_b$(数值相同，单位不同)；

(2) R_b 一定时，增加进制数 M，可以降低 R_B，从而减小信号带宽，节约频带资源，提高系统频带利用率；

(3) R_B 一定(即带宽一定)时，增加进制数 M，可以增大 R_b，从而在相同的带宽中传输更多的信息量。

总之，从传输的有效性考虑，多进制比二进制效率高；但从传输的可靠性考虑，二进制比多进制质量好。

$$R_b = r[H(x)-H(x\mid y)] \quad \text{(b/s)}$$

(4) 信道容量。由信道容量定义可知，它是信道无差错传输时的信息传输速率的最大值。因此，对一切可能的信源概率分布，求出信息传输速率 R_b 的最大值即可得出信道容量 C_1 的表示式，即

$$C_1 = \max_{P(x)}\{r[H(x)-H(x\mid y)]\} \quad \text{(b/s)}$$

需要指出的是，离散信道的容量有两种不同的度量单位。一种是最大信息速率，即用单位时间(秒)内能够传输的平均信息量的最大值来表示信道容量 C_1；另一种是用每个符号能够传输的平均信息量的最大值来表示信道容量 C，即

$$C = \max_{P(x)}[H(x)-H(x\mid y)] \quad \text{(bit/symbol)}$$

如果知道信道每秒传输的符号数 r(符号速率)，则由 C 可得到 C_1。这两种表示方法在实质上是一样的，可以根据需要选用。

4. 信道的概念及意义

从不同的研究角度，可以把信道分成不同的形式，如调制信道、编码信道、狭义信道、广义信道、无记忆信道、有记忆信道等。

调制信道中传输的是已调信号(带通信号)，已调信号可以是模拟的也可以是数字的。其目的是要研究调制器/解调器在通信系统中发挥的性能及作用，以便进行系统分析和调整。调制信道中并不包含调制器和解调器。

编码信道中传输的是编码后的数字信号，所以常把编码信道称为离散信道或数字信道。其目的是要研究编码器/解码器在通信系统中发挥的性能及作用，以便进行系统分析和调整。编码信道除了包含调制信道外，还可能包含调制器和解调器。所以，调制信道的特性对编码信道的通信质量有影响。这种影响的结果是使编码信道中传输的数字码元产生错误。

狭义信道只关心传输信号的有线或无线信道中的传输媒质，通过改善狭义信道而提高信号的传输质量。

广义信道指的就是调制信道和编码信道。引入调制信道的目的，就是在研究调制与解调问题时所关心的是已调信号经过信道后的结果，而不关心调制信道包括了什么样的转换器和选用了什么样的传输媒质，以及发生了怎样的传输过程。也就是说，只关心调制信道的输入与输出情况。同样，引入编码信道的目的，就是为研究编/译码问题带来方便，利用编码信道的数字转移概率，可以方便地计算数字信号经过信道传输后的差错情况，即误码

特性。广义信道中必定包含传输媒质(狭义信道)，或者说传输媒质是广义信道的一部分。所以，无论何种广义信道，其通信质量在很大程度上依赖于传输媒质的特性。

无记忆信道是指编码信道中的前后码元发生差错的事件彼此是独立的，是不相关的。也就是说，一个码元的错误和其前后码元是否发生错误无关。

有记忆信道是指编码信道中的前后码元发生差错的事件彼此不是独立的，是相互关联的。也就是说，一个码元发生的错误与其前后码元有依赖关系。

5. 香农公式的演变

当信道容量保持不变时，信道带宽 B、信号噪声功率比 S/N 及传输时间 T 三者是可以互换的。若增加信道带宽，则可以换来信号噪声功率比的降低，反之亦然；如果信号噪声功率比不变，那么增加信道带宽可以换取传输时间的减少，反之亦然。

当信道容量 C 给定时，B_1、S_1/N_1 和 B_2、S_2/N_2 分别表示互换前后的带宽和信号噪声比，则有

$$B_1\ \mathrm{lb}\left(1+\frac{S_1}{N_1}\right)=B_2\left(1+\frac{S_2}{N_2}\right)$$

当维持同样大小的信号噪声功率比 S/n_0 时，给定的信息量 $I=TB\ \mathrm{lb}(1+S/n_0B)$ $(C=I/T$，T 为传输时间)可以用不同带宽 B 和传输时间 T 来互换。若 T_1、B_1 和 T_2、B_2 分别表示互换前后的传输时间和带宽，则有

$$T_1B_1\ \mathrm{lb}\left(1+\frac{S}{n_0B_1}\right)=T_2B_2\left(1+\frac{S}{n_0B_2}\right)$$

根据香农公式可知，在 T_c 秒内，信道能够传输的最大平均信息量，记为

$$I_c=T_cC=B_cT_c\ \mathrm{lb}\left(1+\frac{S_c}{N_c}\right)=B_cT_cH_c$$

如果把 T_c、B_c、H_c 作为空间的三个坐标，则 I_c 代表三个信道参量相乘后的信道容积。当然，也可以利用相应的参数计算出信号的体积，即

$$I_s=B_sT_s\ \mathrm{lb}\left(1+\frac{S_s}{N_s}\right)=B_sT_sH_s$$

可以证明，要使信号能够通过信道，必须满足 $I_c>I_s$。因为在满足这个条件下，可以使信号体积的形状改变，实现信息的传输。

通常把实现了极限信息速率传输(即达到信道容量值)且能做到任意小差错率的通信系统称为理想通信系统。香农公式只证明了理想通信系统的“存在性”，却没有指出具体的实现方法。因此，理想系统常常只作为实际系统的理论界限。

思考与练习 1

1-1 什么是通信？通信中常见的通信方式有哪些？

1-2 通信系统是如何分类的？

1-3 何谓数字通信？数字通信的优缺点是什么？

1-4 试画出数字通信系统的模型，并简要说明各部分的作用。

1-5 衡量通信系统的主要性能指标是什么？数字通信具体用什么来表述？

1－6 设英文字母E出现的概率$P(E)=0.105$，X出现的概率为$P(X)=0.002$，试求E和X的信息量各为多少。

1－7 某信源的符号集由A、B、C、D、E、F组成，设每个符号独立出现，其概率分别为1/4、1/4、1/16、1/8、1/16、1/4，试求该信息源输出符号的平均信息量。

1－8 已知某四进制信源{0，1，2，3}，每个符号独立出现，对应的概率为P_0、P_1、P_2、P_3，且$P_0+P_1+P_2+P_3=1$。

(1) 试计算该信源的平均信息量。

(2) 指出每个符号的概率为多少时，平均信息量最大。

1－9 设一数字传输系统传送二进制信号，码元速率$R_{B2}=2400$ B，试求该系统的信息速率。若该系统改为十六进制信号，码元速率不变，则此时的系统信息速率为多少？

1－10 一个系统传输四电平脉冲码组，每个脉冲宽度为1 ms，高度分别为0、1、2、3 V，且等概率出现。每四个脉冲之后紧跟一个宽度为－1 V的同步脉冲将各组脉冲分开。计算该系统传输信息的平均速率。

1－11 某消息由S_1、S_2、S_3、S_4、S_5、S_6、S_7和S_8八个符号组成，它们的出现相互独立，对应的概率分别是1/128、1/128、1/64、1/32、1/16、1/8、1/4和1/2。试求：

(1) 每个单一符号的信息量；

(2) 消息的平均信息量。

1－12 在1200 b/s的电话线路上，经测试，在2 h内共有54 bit误码信息，试求系统误码率是多少。

1－13 在串行传输中，数据波形的时间长度$T=833\times10^{-6}$ s。试求当采用二进制和十六进制时，数据信号的速率(码元速率)和信息速率各为多少。

1－14 已知某数字传输系统传送八进制信号，信息速率为3600 b/s，试问码元速率应为多少。

1－15 已知二进制信号的传输速率为4800 b/s，试问变换成四进制和八进制数字信号时的传输速率各为多少(码元速率不变)。

1－16 已知某四进制数字信号传输系统的信息速率为2400 b/s，接收端在0.5 h内共收到216个错误码元，试计算该系统的P_e。

1－17 在强干扰环境下，某电台在5 min内共接收到正确信息量为355 Mb，假定系统信息速率为1200 kb/s。

(1) 试求系统误信率P_b。

(2) 若具体指出系统所传数字信号为四进制信号，P_b值是否改变？为什么？

(3) 若假定信号为四进制信号，系统传输速率为1200 kB，则P_b是多少？

1－18 某系统经长期测定，它的误码率$P_e=10^5$，系统码元速率为1200 B，在多长时间内可能收到360个错误码元？

1－19 黑白电视图像每幅含有3×10^5个像素，每个像素有16个等概率出现的亮度等级。要求每秒传输30帧图像。若信道输出信噪比为30 dB，计算传输该黑白电视图像所要求的信道最小带宽。

1－20 举例说明什么是狭义信道，什么是广义信道。

1－21 何谓调制信道？何谓编码信道？它们如何进一步分类？

1-22 试画出调制信道模型和二进制无记忆编码信道模型。

1-23 恒参信道的主要特性有哪些?对所传信号有何影响?如何改善?

1-24 变参信道的主要特性有哪些?对所传信号有何影响?如何改善?

1-25 什么是高斯型白噪声?它的概率密度函数、功率谱密度函数如何表示?

1-26 试画出四进制数字系统无记忆编码信道的模型图。

1-27 信道容量是如何定义的?香农公式有何意义?

1-28 根据香农公式,当系统的信号功率、噪声功率谱密度 n_0 为常数时,试分析系统容量 C 是如何随系统带宽变化的。

1-29 有扰连续信息的信道容量为 10^4 b/s,信道带宽为 3 kHz,如果要将信道带宽提高到 10 kHz,所需要的信号噪声比约为多少?

1-30 有一带宽为 B 的信息经调制后变为带宽为 B_T 的已调信息。如果把此已调信息送到一个理想解调器的输入端,信号功率和噪声功率分别为 S_i 和 N_i,解调器的输出带宽为 B,信噪比 SNR 为 S_o/N_o,如图 1-15 所示,证明:$S_o/N_o=\left(\frac{\gamma}{B_T/B}\right)^{B_T/B}$,$\gamma=\frac{S_i}{n_0 B}$。

S_i/N_i 带宽 B_T → 理想解调器 → S_o/N_o 带宽 B

图 1-15 题 1-30 图

1-31 已知一个平均功率受限的理想信道,带宽为 1 MHz,受高斯白噪声干扰,信噪比为 10。试求:

(1) 信道容量;

(2) 若信噪比降为 5,则在信道容量相同时的信道带宽;

(3) 若带宽降到 0.5 MHz,则保持同样信道容量时的信噪比。

1-32 计算机终端通过电话信道传输数据,电话信道带宽为 3.2 kHz,信道输出的信噪比 S/N=30 dB。该终端输出 256 个符号,且各符号相互独力,等概率出现。试求:

(1) 信道容量;

(2) 无误码传输时的最高符号速率。

第 2 章　模拟信号的调制与解调

【教学要点】

· 模拟信号的线性调制：AM、DSB－SC、SSB、VSB、模拟线性调制的一般模型、线性调制系统的抗噪声性能。

· 模拟信号的非线性调制：角度调制的基本概念、NBFM、WBFM、调频信号的产生与解调、调频系统的抗噪声性能。

· 模拟调制方式的性能比较。

模拟通信是数字通信的基础。模拟信号调制解调的目的就是要使基带信号经过调制后可以在有线信道上同时传输多路基带信号，同时也适合于在无线信道中实现频带信号的传输。调制解调的作用在于减小干扰，提高系统抗干扰能力，还可实现传输带宽与信噪比之间的互换。

在发射端把基带信号频谱搬移到给定信道带宽内的过程称为调制，而在接收端把已搬移到给定信道带内的频谱还原为基带信号频谱的过程称为解调。调制和解调在一个通信系统中总是同时出现的，因此，往往把调制和解调系统称为调制系统或调制方式。调制对通信系统的有效性和可靠性有很大的影响，采用什么样的调制方式将直接影响着通信系统的性能。本章将简要地介绍用取值连续的调制信号控制正弦波参数（如振幅、频率和相位等）的模拟调制技术。

2.1　模拟信号的线性调制

我们把输出已调信号 $s_c(t)$的频谱和调制信号 $x(t)$的频谱之间呈线性搬移关系的调制方式称为线性调制。如常规双边带调制（AM）、抑制载波双边带调幅（DSB－SC）、单边带调幅（SSB）及残留边带调幅（VSB）均属于线性调制。

2.1.1　常规双边带调制(AM)

常规双边带调制就是标准幅度调制，它用调制信号去控制高频载波的振幅，使已调波的振幅按照调制信号的振幅规律线性变化。AM 调制器模型如图 2－1 所示。

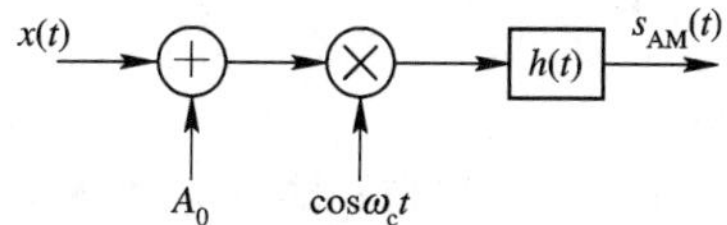

图 2－1　AM 调制器模型

设调制信号 $x(t)$的频谱为 $X(\omega)$，冲击响应 $h(t)=\delta(t)$，即滤波器特性 $H(\omega)=1$，是

全通网络，载波信号为 $c(t)=\cos\omega_c t$，调制信号 $x(t)$ 叠加直流 A_0 后与载波信号相乘，经过滤波器后就得到标准调幅(AM)信号，AM 信号的时域和频域表达式分别为

$$s_{AM}(t)=[A_0+x(t)]\cos\omega_c t=A(t)\cos\omega_c t=A_0\cos\omega_c t+x(t)\cos\omega_c t \quad (2-1)$$

$$S_{AM}(\omega)=\pi A_0[\delta(\omega+\omega_c)+\delta(\omega-\omega_c)]+\frac{1}{2}[X(\omega+\omega_c)+X(\omega-\omega_c)] \quad (2-2)$$

式(2-1)中，$A(t)=A_0+x(t)$，ω_c 为载波角频率。

AM 信号的波形和频谱如图 2-2 所示。

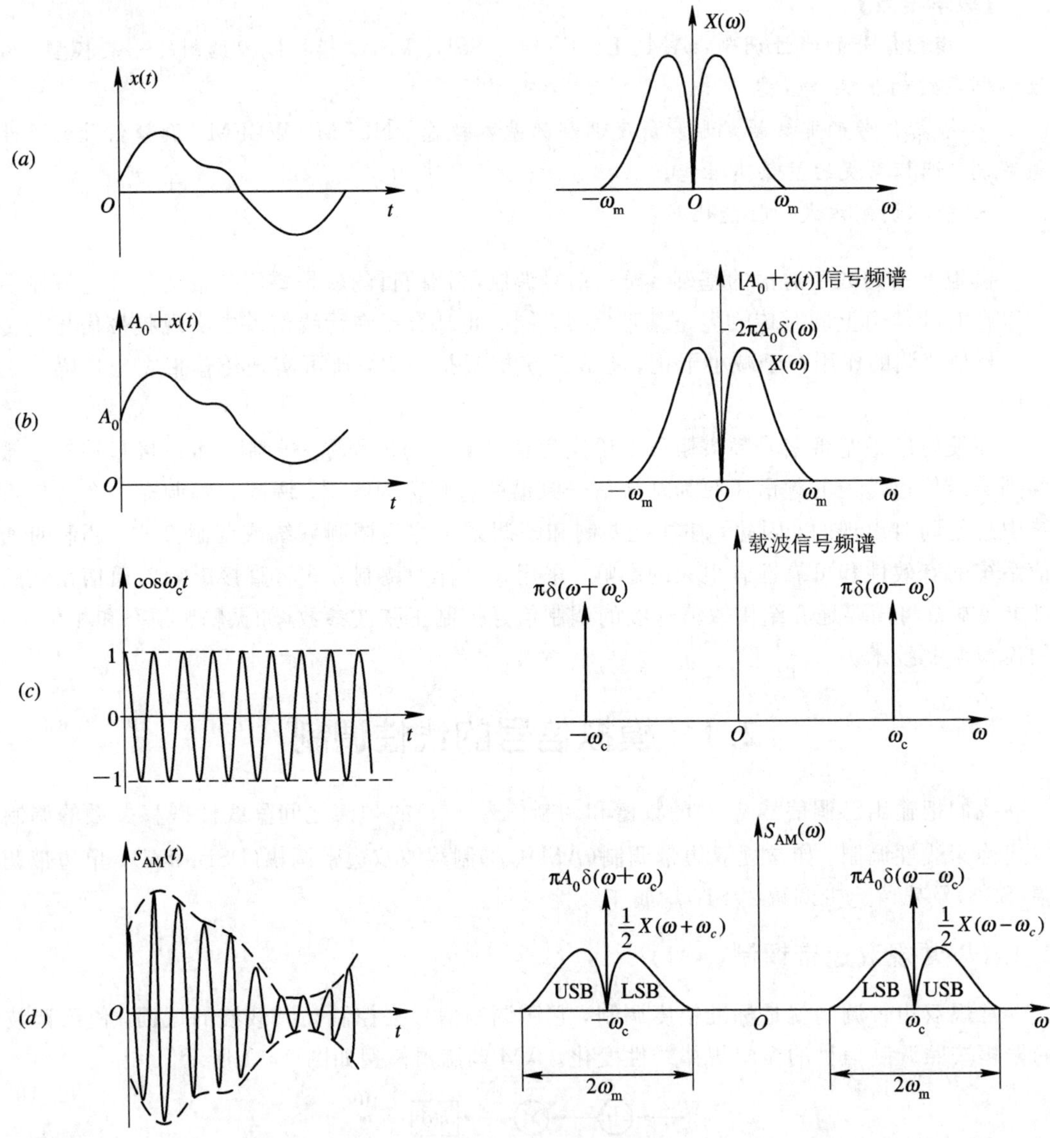

图 2-2　AM 信号的波形和频谱

(a) 调制信号；(b) 叠加直流的调制信号；(c) 载波信号；(d) 已调波信号

由图 2-2 可以看出：

(1) 调幅过程使原始频谱 $X(\omega)$搬移了$\pm\omega_c$，且频谱中包含载频分量 $\pi A_0[\delta(\omega+\omega_c)+\delta(\omega-\omega_c)]$和边带分量$(1/2)[X(\omega+\omega_c)+X(\omega-\omega_c)]$两部分。

(2) AM 波的幅度谱$|X(\omega)|$是对称的。在正频率区域，高于 ω_c 的频谱叫上边带(USB)，低于 ω_c 的频谱叫下边带(LSB)。又由于幅度谱对原点是偶对称的，所以在负频率区域，上边带应落在低于$-\omega_c$ 的频谱部分，下边带应落在高于$-\omega_c$ 的频谱部分。

(3) AM 波占用的带宽 B_{AM}(Hz)应是基带消息信号带宽 f_m($f_m=\omega_m/2\pi$)的两倍，即 $B_{AM}=2f_m$。

(4) 要使已调波不失真，必须在时域和频域满足以下条件。

在时域范围内，对于所有 t，必须

$$|x(t)|_{max}\leqslant A_0 \tag{2-3}$$

这就保证了 $A(t)=A_0+x(t)$总是正的。这时，调制后的载波相位不会改变，信息只包含在信号之中，已调波的包络和 $x(t)$的波形完全相同，因此，用包络检波的方法很容易恢复出原始的调制信号。否则，将会出现过调幅现象而产生包络失真。

在频域范围内，载波频率应远大于 $x(t)$的最高频谱分量，即

$$f_c\gg f_m \tag{2-4}$$

若不满足此条件，则会出现频谱交叠，此时的包络形状一定会产生失真。

振幅调制信号的一个重要参数是调幅度 m_a，其定义如下：

$$m_a=\frac{[A(t)]_{max}-[A(t)]_{min}}{[A(t)]_{max}+[A(t)]_{min}} \tag{2-5}$$

一般情况下 m_a 小于 1，只有 $A(t)$为负值时，出现“过调幅”现象，m_a 才大于 1。

AM 信号在 1 Ω 电阻上的平均功率 P_{AM}等于 $s_{AM}(t)$的均方值。当 $x(t)$为确知信号时，$s_{AM}(t)$的均方值等于其平方的时间平均，即

$$\begin{aligned}P_{AM}&=\overline{x_{AM}^2(t)}=\overline{[A_0+x(t)]^2\cos^2\omega_c t}\\&=\overline{A_0^2\cos^2\omega_c t}+\overline{x^2(t)\cos^2\omega_c t}+\overline{2A_0x(t)\cos^2\omega_c t}\end{aligned}$$

当调制信号无直流分量时，$\overline{x(t)}=0$，且当 $x(t)$是与载波无关的较为缓慢变化的信号时，有

$$P_{AM}=\frac{A_0^2}{2}+\frac{\overline{x^2(t)}}{2}=P_c+P_s \tag{2-6}$$

式中，$P_c=A_0^2/2$ 为载波功率；$P_s=\overline{x^2(t)}/2$ 为边带功率。

由式(2-6)可知，AM 信号的平均功率是由载波功率和边带功率组成的，而只有边带功率才与调制信号 $x(t)$有关。载波功率在 AM 信号中占有大部分能量，即使在“满调制”($m_a=1$)条件下，两个边带上的有用信号仍然只占很少的能量。因此，从功率上讲，AM 信号功率利用率比较低。

已调波的调制效率定义为边带功率与总平均功率之比，即

$$\eta_{AM}=\frac{P_s}{P_c+P_s}=\frac{\overline{x^2(t)}}{A_0^2+\overline{x^2(t)}}$$

对于调制信号为单频余弦信号的情况，$x(t)=A_m\cos(\omega_m t+\theta_m)$，$\overline{x^2(t)}=A_m^2/2$，此时

$$\eta_{AM}=\frac{\overline{x^2(t)}}{A_0^2+\overline{x^2(t)}}=\frac{A_m^2}{2A_0^2+A_m^2}=\frac{m_a^2}{2+m_a^2} \tag{2-7}$$

“满调制”($m_a=1$)时，调制效率达到最大值，此时 $\eta_{AM}=1/3$。

AM 信号的载波分量并不携带信息，但却占据了大部分功率，致使 AM 信号的调制效率降低。如果抑制载波分量传送，则可产生新的调制方式，这就是抑制载波双边带调幅(DSB-SC)。

2.1.2 抑制载波双边带调幅(DSB-SC)

为了提高调幅信号的效率，就需要抑制掉已调波中的载波分量。如果在 AM 调制器模型中将直流分量 A_0 去掉，即可得到一种高调制效率的调制方式——抑制载波双边带调幅(DSB-SC)，简称双边带调幅(DSB)。

DSB 信号的时域表达式为

$$s_{\mathrm{DSB}}(t) = x(t)\cos\omega_c t \tag{2-8}$$

当调制信号 $x(t)$为确知信号时，DSB 信号的频谱为

$$S_{\mathrm{DSB}}(\omega) = \frac{X(\omega-\omega_c)}{2} + \frac{X(\omega+\omega_c)}{2} \tag{2-9}$$

DSB 信号的波形和频谱如图 2-3 所示。

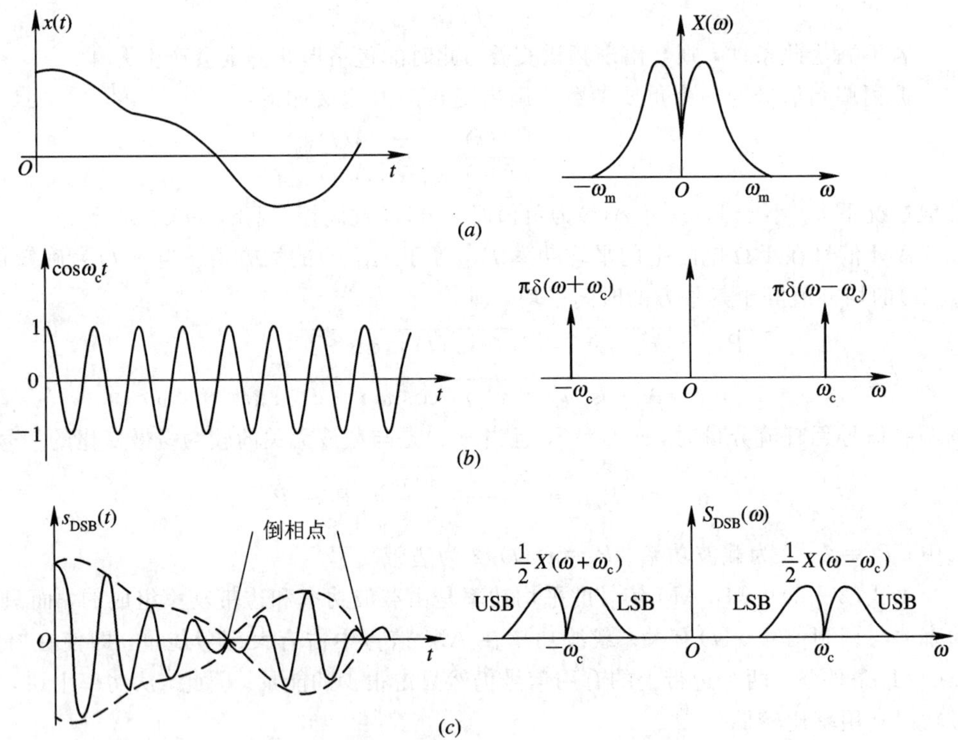

图 2-3 DSB 信号的波形和频谱

(a) 调制信号；(b) 载波信号；(c) 已调波信号

由于 DSB 信号的频谱中没有载波分量，即 $P_c=0$，因此，DSB 信号的全部功率都包含在边带上，即

$$P_{\mathrm{DSB}} = P_s = \frac{\overline{x^2(t)}}{2} \tag{2-10}$$

这就使得调制效率达到 100%，即 $\eta_{\mathrm{DSB}}=1$。

由图 2-3(*c*)DSB 信号的波形图可见，在 $x(t)$改变符号的时刻载波相位出现了倒相点，故 DSB 信号的包络不再与调制信号 $x(t)$形状一致，而是按$|x(t)|$的规律变化。这时调制信号的信息包含在振幅和相位之中。因此，在接收端必须同时提取振幅和相位信息，不能像 AM 信号那样采用简单的包络检波的方法来恢复调制信号，而必须采用相干解调法。

由图 2-3(*c*)DSB 信号的频谱图可知，DSB 信号虽然节省了载波功率，功率利用率提高了，但它的频带宽度仍然和 AM 信号的一样，也是调制信号带宽的两倍。

DSB 信号的频谱还有一个特点，即上、下两个边带完全对称，它们所携带的信息也相同，完全可以用一个边带来传输全部信息，进而提高系统的频带利用率，这就是单边带调幅所要解决的问题。

2.1.3　单边带调幅(SSB)

由图 2-3(*c*)DSB 信号的频谱图可知，在$\pm\omega_c$ 处出现了两个与 $X(\omega)$形状完全相同的频谱，要想实现单边带信号，就要将以$\pm\omega_c$ 为中心的频谱分成 USB 和 LSB 两部分，它们均包含了 $X(\omega)$的全部信息，因此，只传输两个 USB 或两个 LSB 就足够，因为它们都是 ω 的偶函数，都表示一个实际信号。我们把这种调制方式叫作单边带调制。

单边带信号的产生方法通常有滤波法和相移法两种。

1. 滤波法产生单边带信号

所谓滤波法，就是在双边带调制后接上一个边带滤波器，保留所需要的边带，滤除不需要的边带。边带滤波器可用高通滤波器产生 USB 边带信号，也可用低通滤波器产生 LSB 信号。图 2-4(*a*)是产生 SSB 信号的高通和低通滤波特性，图 2-4(*b*)是产生 SSB 信号的频谱特性。

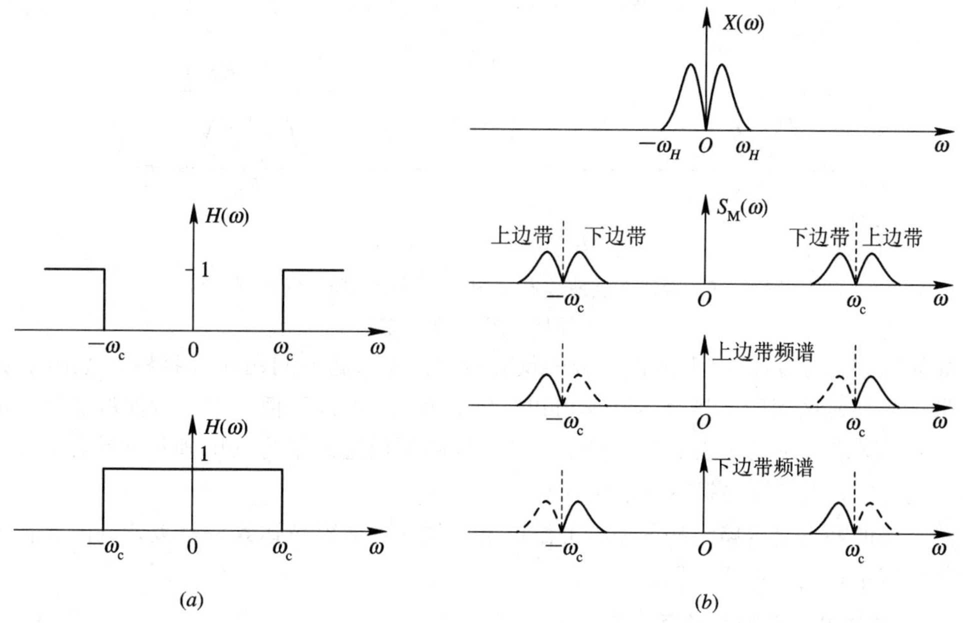

图 2-4　产生 SSB 信号的滤波和频谱特性

(*a*) 滤波特性；(*b*) 频谱特性

用滤波法产生 SSB 信号的原理框图如图 2-5 所示。图中乘法器是平衡调制器，滤波器是边带滤波器。从图 2-4(*b*)中频谱图可以看出，要产生单边带信号，就必须要求滤波器特性十分接近理想特性，即要求在 ω_c 处必须具有锐截止特性。这一点在低频段还可制作出较好的滤波器，但对于高频段就很难找到合乎特性要求的滤波器了。

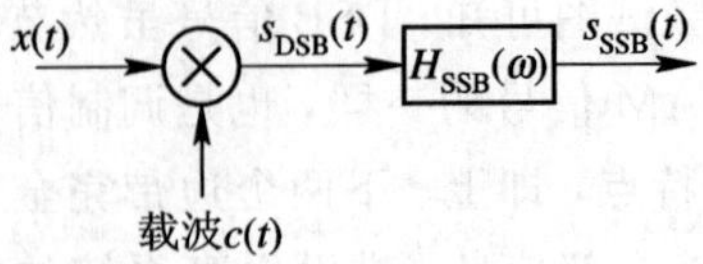

图 2-5　滤波法产生 SSB 信号的原理框图

通常解决高频段滤波器的办法是采用多级调制滤波，实现多级频率搬移。也就是说，先在低载频上形成单边带信号，然后通过变频将频谱搬移到更高的载频。频谱搬移可以连续分几步进行，直至达到所需的载频为止。图 2-6 是两级调制滤波器产生 SSB 信号的原理框图及频谱图。

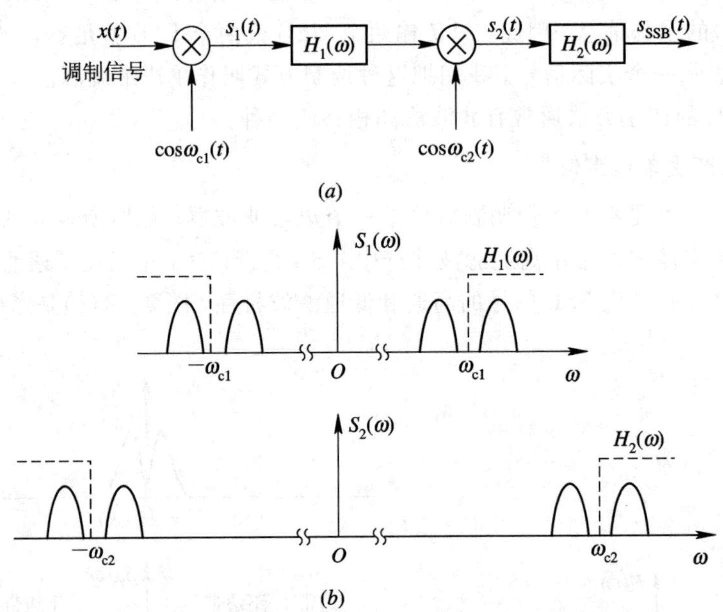

图 2-6　两级调制滤波产生 SSB 信号的原理框图及频谱图
(*a*) 原理框图；(*b*) 频谱图

如果调制信号 $x(t)$ 中不包含显著的低频分量，那么滤波问题比较容易。这是因为上、下边带之间过渡区间的频谱分量功率可以忽略，因此，可以降低对单边带滤波器特性的要求。如果调制信号 $x(t)$ 中有直流及低频分量，则必须用过渡带为 0 的理想滤波器将上、下边带分割开来，用滤波法就不可能实现。

滤波法的特点是电路结构简单，工作稳定可靠，质量容易达到设计要求，因此在短波通信等领域中得到了广泛应用。

2. 相移法产生单边带信号

任一调制基带信号可用 n 个余弦信号之和来表示，即

$$x(t) = \sum_{i=1}^{n} x_i \cos\omega_i t$$

经双边带调制得 DSB 信号的时域表达式为

$$s_{DSB}(t) = x(t)\cos\omega_c t = \sum_{i=1}^{n} x_i \cos\omega_i t \cos\omega_c t$$

如果通过上边带滤波器 $H_{USB}(\omega)$，则得到 USB 信号的时域表达式为

$$s_{USB}(t) = \sum_{i=1}^{n} \frac{1}{2} x_i \cos(\omega_i + \omega_c)t$$
$$= \frac{1}{2}x(t)\cos\omega_c t - \frac{1}{2}\hat{x}(t)\sin\omega_c t$$

如果通过下边带滤波器 $H_{LSB}(\omega)$，则得到 LSB 信号的时域表达式为

$$s_{LSB}(t) = \frac{1}{2}x(t)\cos\omega_c t + \frac{1}{2}\hat{x}(t)\sin\omega_c t$$

式中，$\hat{x}(t) = \sum_{i=1}^{n} x_i \sin\omega_i t$ 是将 $x(t)$ 中所有频率成分均移相 $\frac{\pi}{2}$ 后得到的。

把上、下边带信号合并起来，SSB 信号的时域表达式可写成

$$s_{SSB}(t) = \frac{1}{2}x(t)\cos\omega_c t \mp \frac{1}{2}\hat{x}(t)\sin\omega_c t \tag{2-11}$$

式中，“－”号表示上边带信号；“＋”号表示下边带信号。

根据式(2－11)可得到相移法产生单边带信号的原理框图如图 2－7 所示。

从图 2－7 可知，相移法单边带信号产生器有两个相乘器：第一个相乘器产生一般的双边带信号，第二个相乘器的输入信号需要移相 $-\frac{\pi}{2}$。单频移相比较容易实现，但对于宽频信号，需要一个宽带移相网络，而制作宽带移相网络是非常困难的。如果宽带移相网络做得不好，容易使单边带信号失真。

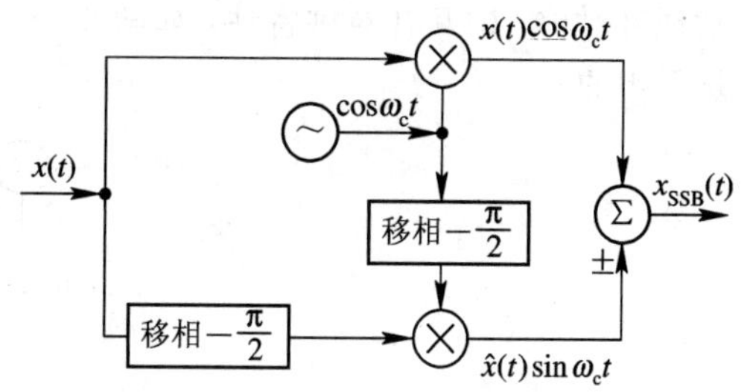

图 2－7　相移法产生单边带信号的原理图

总之，单边带调制方式的优点是：节省载波发射功率，同时频带利用率也高，它所占用的频带宽度仅是双边带的一半，和基带信号的频带宽度相同。

单边带信号的解调和双边带一样，不能采用简单的包络检波。因为它的包络不能直接反映调制信号的变化，所以仍然需要采用相干解调。

2.1.4　残留边带调幅(VSB)

当调制信号 $x(t)$ 的频谱具有丰富的低频分量时，如电视和电报信号，已调信号频谱中的上、下边带就很难分离，这时用单边带就不能很好地解决问题。残留边带调幅(VSB)是介于 SSB 和 DSB 之间的一种调制方法，它既改掉了 DSB 信号占用频带宽的缺点，又解决了 SSB 不易实现的难题。

在 VSB 中，不是对一个边带完全抑制，而是使它逐渐截止，使其残留一小部分。图 2－8 给出了调制信号、DSB 信号、SSB 信号及 VSB 信号的频谱结构。

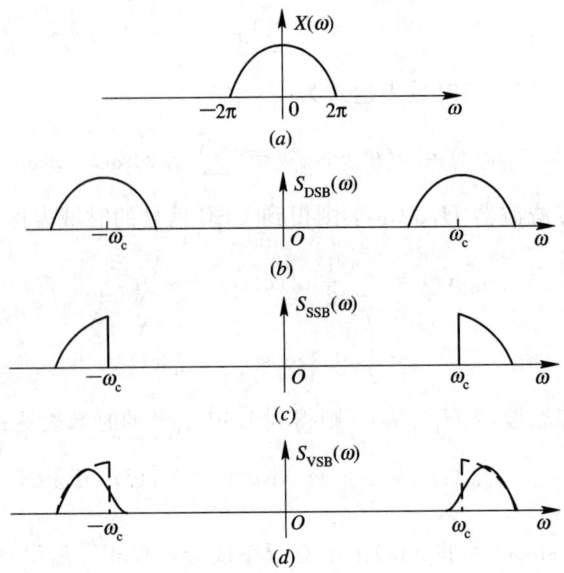

图 2-8 调制信号、DSB 信号、SSB 信号和 VSB 信号的频谱

(*a*) 调制信号；(*b*) DSB 信号；(*c*) SSB 信号；(*d*) VSB 信号

滤波法实现残留边带调制的原理如图 2-9(*a*)所示。图中 $H_{VSB}(\omega)$是残留边带滤波器传输特性，它的特点是在$\pm\omega_c$附近具有滚降特性，而且要求这段特性对于$|\omega_c|$上半幅度点呈现奇对称，即互补对称特性，如图 2-9(*b*)所示。在边带范围内其他各处的传输特性应当是平坦的。

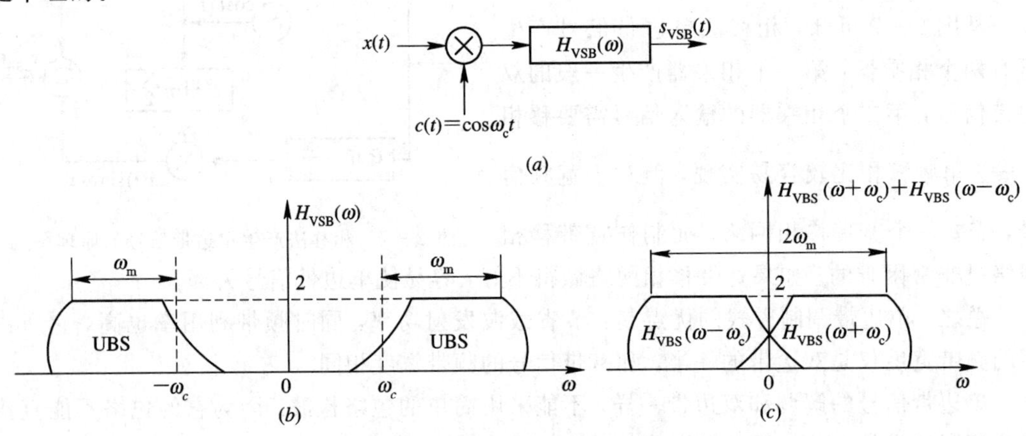

图 2-9 VSB 调制原理框图及滤波器特性

(*a*) 残留边带调制器；(*b*) 残留边带滤波器；(*c*) 残留边带滤波器的互补对称性

由于边带信号频谱具有偶对称性，因此，VSB 中的互补对称性就意味着将 $H_{VSB}(\omega)$分别移动$-\omega_c$和ω_c就可以到如图 2-9(*c*)所示的 $H_{VSB}(\omega+\omega_c)$和 $H_{VSB}(\omega-\omega_c)$，将两者叠加，即

$$H_{VSB}(\omega+\omega_c)+H_{VSB}(\omega-\omega_c)=\text{常数} \qquad |\omega|\leqslant\omega_m \tag{2-12}$$

式中，ω_m是调制信号的最高频率。

式(2-12)是无失真恢复原始信号 $x(t)$的必要条件，也是确定残留边带滤波器传输特

性 $H_{VSB}(\omega)$所必须遵循的条件。满足这个条件的滚降特性曲线并不是唯一的，只要残留边带滤波器的特性 $H_{VSB}(\omega)$在$\pm\omega_c$ 处具有互补对称(奇对称)特性，那么，采用相干解调残留边带信号就能够准确无失真地恢复出所需要的原始基带信号。

残留边带调制的优点是具有单边带系统相同的带宽，频带利用率高，且具有双边带良好的低频基带特性。因此，VSB 调制在电视信号以及要求有良好相位特性的信号，或低频分量的传输中，发挥了潜在的作用。

2.1.5 模拟线性调制的一般模型

1. 模拟线性调制信号产生的一般模型

模拟线性调制的一般模型如图 2 - 10 所示。

设调制信号 $x(t)$的频谱为 $X(\omega)$，冲激响应 $h(t)$的滤波器特性为 $H(\omega)$，则其输出已调信号的时域和频域表达式为

$$s_c(t) = [x(t)\ \cos\omega t] * h(t) \tag{2 - 13}$$

$$S_c(\omega) = \frac{1}{2}[X(\omega+\omega_c) + X(\omega-\omega_c)]\ H(\omega) \tag{2 - 14}$$

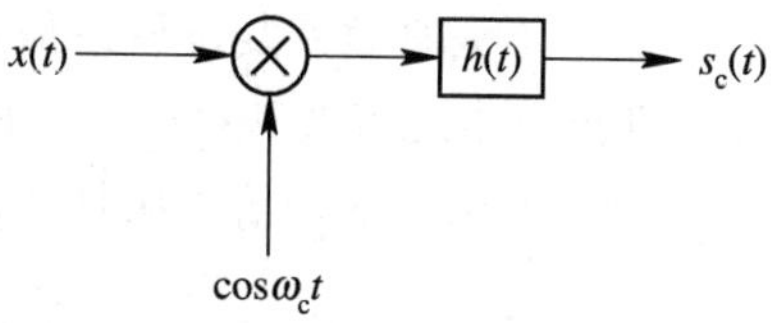

图 2 - 10　模拟线性调制的一般模型

式中，ω_c 为载波角频率；$H(\omega)\Leftrightarrow h(t)$。

如果将式(2 - 13)展开，就可得到另一种形式的时域表达式，即

$$s_c(t) = s_I(t)\ \cos\omega_c t + s_Q(t)\ \sin\omega_c t \tag{2 - 15}$$

式中，

$$s_I(t) = h_I(t) * x(t),\quad h_I(t) = h(t)\ \cos\omega_c t \tag{2 - 16}$$

$$s_Q(t) = h_Q(t) * x(t),\quad h_Q(t) = h(t)\ \sin\omega_c t \tag{2 - 17}$$

式(2 - 15)中第一项是载波为 $\cos\omega_c t$ 的双边带调制信号，与参考载波同相，称为同相分量；第二项是以 $\sin\omega_c t$ 为载波的双边带调制，与参考载波 $\cos\omega_c t$ 正交，称为正交分量。$s_I(t)$和$s_Q(t)$ 分别称为同相分量幅度和正交分量幅度。

相应的频域表达式为

$$S_c(\omega)=\frac{1}{2}[S_I(\omega+\omega_c)+S_I(\omega-\omega_c)]+\frac{j}{2}[S_Q(\omega+\omega_c)-S_Q(\omega-\omega_c)] \tag{2 - 18}$$

于是，模拟线性调制的一般模型可换成另一种形式，即模拟线性调制相移法的一般模型，如图 2 - 11 所示。这个模型适用于所有线性调制。

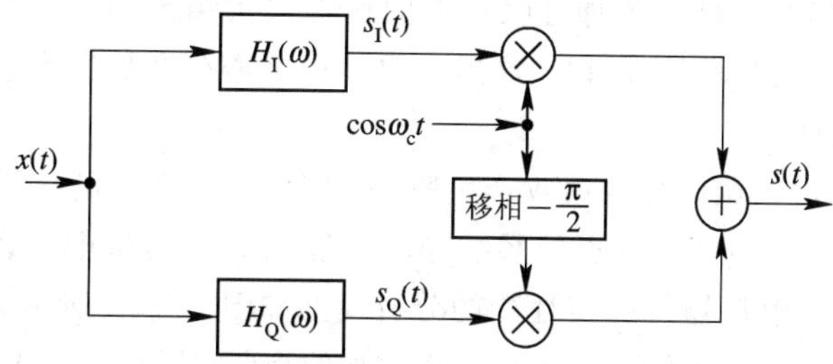

图 2 - 11　模拟线性调制相移法的一般模型

2. 模拟线性调制相干解调的一般模型

调制是一个频谱搬移的过程，它是将低频信号的频谱搬到载频位置；解调是调制的反过程，它是将已调信号的频谱中位于载频的信号频谱再搬回到低频上来。因此，解调的原理与调制的原理是类似的，均可用乘法器予以实现。模拟线性调制相干解调的一般模型如图 2－12 所示。

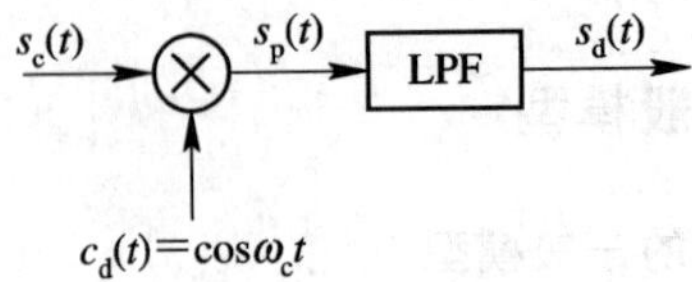

图 2－12　模拟线性调制相干解调的一般模型

为了不失真地恢复出原始信号，要求相干解调的本地载波和发送载波必须相干或者同步，即要求本地载波和接收信号的载波同频和同相。

相干解调的输入信号应是调制器的输出信号，这时相干解调的输入信号为

$$s_c(t) = s_I(t)\cos\omega_c t + s_Q(t)\sin\omega_c t$$

与同频同相的本地载波相乘后，得

$$s_p(t) = s_c(t)\cos\omega_c t = \frac{s_I(t)}{2} + \frac{1}{2}s_I(t)\cos 2\omega_c t + \frac{1}{2}s_Q(t)\sin 2\omega_c t \qquad (2-19)$$

经低通滤波器(LPF)后得

$$s_d(t) = \frac{s_I(t)}{2} \propto x(t) \qquad (2-20)$$

由此可见，输出信号与输入信号呈线性关系，这就是线性调制的结果。这说明相干解调适用于所有线性调制，即对 AM、DSB、SSB 以及 VSB 都是适用的。

调制信号的非相干解调涉及标准调幅 AM 信号的非相干解调，它包括包络检波和整流检波法，这两种方法都较为简单。同时，具有大载波单边带和残留边带信号的非相干解调一般都用到了包络检波和一些相应处理办法，限于篇幅，不再赘述。

2.1.6　线性调制系统的抗噪声性能

1. 分析模型

在实际系统中，噪声对系统的影响是不可避免的。最常见的噪声是加性噪声，加性噪声通常指接收到的已调信号叠加上一个干扰，而加性噪声中的起伏噪声对已调信号造成连续的影响，因此，通信系统把信道加性噪声中的这种起伏噪声作为研究对象。起伏噪声可视为各态历经平稳高斯白噪声，所以，这里主要讨论信道存在加性高斯白噪声时各种线性调制系统的抗噪声性能。

鉴于加性噪声只对已调信号的接收产生影响，因而调制系统的抗噪声性能可以用解调器的抗噪声性能来衡量。因而，在通信系统噪声性能的分析模型中，重点分析接收系统中解调器的抗噪声性能。解调器抗噪声性能的分析模型如图 2－13 所示。

图 2－13 中，$s_c(t)$为已调信号，$n(t)$为信道叠加的高斯白噪声，经过带通滤波器后到达解调器输入端的有用信号为 $s_i(t)$，噪声为 $n_i(t)$，解调器输出的有用信号为 $s_o(t)$，噪声为 $n_o(t)$。

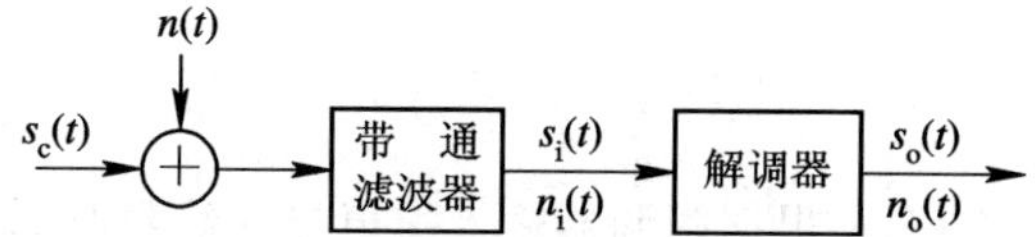

图 2-13　解调器抗噪声性能的分析模型

当带通滤波器带宽远小于中心频率 ω_c 时，可视带通滤波器为窄带滤波器，平稳高斯白噪声通过窄带滤波器后，可得到平稳高斯窄带噪声。于是 $n_i(t)$即为平稳高斯窄带噪声，其表达式为

$$n_i(t) = n_I(t)\cos\omega_c t - n_Q(t)\sin\omega_c t \tag{2-21}$$

或者

$$n_i(t) = V(t)\cos[\omega_c t + \theta(t)] \tag{2-22}$$

其中

$$V(t) = \sqrt{n_I^2(t) + n_Q^2(t)}$$

$$\theta(t) = \arctan\frac{n_Q(t)}{n_I(t)}$$

$V(t)$的一维概率密度为瑞利分布，$\theta(t)$的一维概率密度函数是平均分布。$n_i(t)$、$n_I(t)$和 $n_Q(t)$的均值均为零，但平均功率不为零且具有相同值，即

$$\overline{n_i^2(t)} = \overline{n_I^2(t)} = \overline{n_Q^2(t)} = N_i \tag{2-23}$$

式中，N_i 为输入噪声的平均功率。若白噪声的双边功率谱密度为 $n_0/2$，带通滤波器是高度为 1、带宽为 B 的理想矩形函数，则解调器的输入噪声功率为

$$N_i = n_0 B \tag{2-24}$$

这里的带宽 B 通常取已调信号的频带宽度，目的是使已调信号能无失真地进入解调器，同时又最大限度地抑制噪声。

模拟通信系统的可靠性指标就是系统的输出信噪比，其定义为

$$\frac{S_o}{N_o} = \frac{\text{解调器输出有用信号的平均功率}}{\text{解调器输出噪声的平均功率}}$$

当然，也有对应的输入信噪比，其定义为

$$\frac{S_i}{N_i} = \frac{\text{解调器输入有用信号的平均功率}}{\text{解调器输入噪声的平均功率}}$$

为了便于衡量同类调制系统采用不同解调器时对输入信噪比的影响，还可用输出信噪比和输入信噪比的比值 G 来度量解调器的抗噪声性能，比值 G 称为调制制度增益，定义为

$$G = \frac{S_o/N_o}{S_i/N_i} \tag{2-25}$$

显然，调制制度增益越大，表明解调器的抗噪声性能越好。

2. DSB 调制系统的性能

DSB 调制系统中的解调器是相干解调器，由乘法器和低通滤波器组成。由相干解调的一般模型可知，经低通滤波器输出后的信号与原始信号成正比例关系，见式(2-20)。因

此，解调器输出端的有用信号功率为

$$S_o = \overline{s_d^2(t)} = \frac{1}{4}\overline{n_I^2(t)} = \frac{1}{4}\overline{x^2(t)} \tag{2-26}$$

解调器输出端的噪声功率是根据解调器输入噪声与本地载波 $\cos\omega_c t$ 相干后，再经低通滤波器而得到输出噪声 $n_o(t)$的平均功率而推出的。因此，解调器最终的输出噪声为

$$n_o(t) = \frac{1}{2}n_I(t)$$

故输出噪声功率为

$$N_o = n_o^2(t) = \frac{1}{4}\overline{n_I^2(t)} \tag{2-27}$$

根据式(2-23)和式(2-24)，可得

$$N_o = \frac{1}{4}n_i^2(t) = \frac{1}{4}N_i = \frac{1}{4}n_0 B \tag{2-28}$$

对于 DSB，带宽 $B=2f_m$。

解调器输入信号平均功率为

$$S_i = \overline{s_i^2(t)} = \overline{[x(t)\cos\omega_c t]^2} = \frac{1}{2}\overline{x^2(t)} \tag{2-29}$$

这时，输入信噪比为

$$\frac{S_i}{N_i} = \frac{\overline{x^2(t)}/2}{n_0 B} \tag{2-30}$$

输出信噪比为

$$S_o/N_o = \frac{\overline{x^2(t)}/4}{N_i/4} = \frac{\overline{x^2(t)}}{n_0 B} \tag{2-31}$$

于是调制制度增益为

$$G_{DSB} = \frac{S_o/N_o}{S_i/N_i} = 2 \tag{2-32}$$

式(2-32)说明，DSB 调制系统的调制制度增益为 2。也就是说，DSB 调制使系统信噪比改善了一倍。

3. SSB 调制系统的性能

在 SSB 相干解调中，与 DSB 相比较，所不同的是 SSB 解调器之前的带通滤波器的带宽是 DSB 带宽的一半，即 $B=f_m$。这时，单边带解调器的输入信噪比为

$$\frac{S_i}{N_i} = \frac{\overline{x^2(t)}/4}{n_0 B} = \frac{\overline{x^2(t)}}{4n_0 B} \tag{2-33}$$

单边带解调器的输出信噪比为

$$\frac{S_o}{N_o} = \frac{\overline{x^2(t)}/16}{n_0 B/4} = \frac{\overline{x^2(t)}}{4n_0 B} \tag{2-34}$$

因此，SSB 的调制制度增益为

$$G_{SSB} = \frac{S_o/N_o}{S_i/N_i} = 1 \tag{2-35}$$

由上述讨论可知，$G_{DSB}=2G_{SSB}$，但并不能说明 DSB 系统的抗噪声性能好于 SSB 系统。这是因为双边带已调信号的平均功率是单边带信号的两倍，所以两者的输出信噪比是在不

同的输入信号功率情况下得到的。如果我们在相同的输入信号功率 S_i、相同的输入噪声功率谱密度 n_0、相同的基带信号宽带 f_m 条件下，对这两种调制方式作比较，可以发现它们的输出信噪比是相等的。由此我们可以说，DSB 和 SSB 两者的抗噪声性能是相同的，但 DSB 所需的传输带宽是 SSB 的两倍。

VSB 调制系统的抗噪声性能的分析与 DSB 和 SSB 是相似的。由于采用的残留边带滤波器的频率特性形状不同，因而其抗噪声性能的分析也相对复杂一些。当残留边带不是太大时，近似认为其抗噪性能与 SSB 的是相同的。

4. AM 系统的性能

AM 信号可采用相干解调和包络检波两种方式。相干解调时 AM 系统的性能分析与前面几个的分析方法相同，在此无需赘述。这里，仅就 AM 包络检波抗噪声性能作一分析，其分析模型如图 2 - 14 所示。

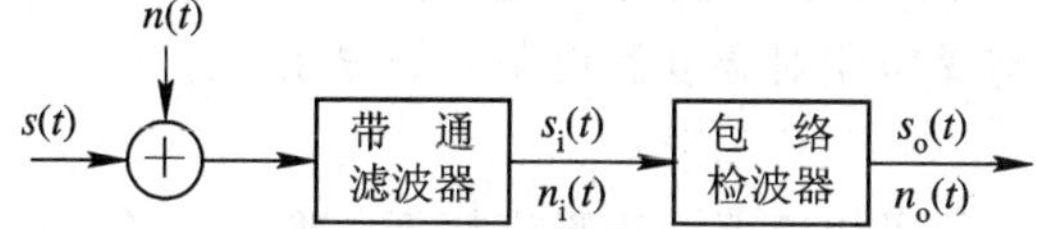

图 2 - 14　AM 包络检波抗噪声性能分析模型

设包络检波器的输入信号为

$$s_i(t) = [A_0 + x(t)]\cos\omega_c t \tag{2-36}$$

且假设 $x(t)$ 均值为零，$|x(t)|_{max} \leqslant A_0$。

包络检波器的输入噪声为

$$n_i(t) = n_I(t)\cos\omega_c t - n_Q(t)\sin\omega_c t \tag{2-37}$$

则包络检波器输入端的信噪比为

$$\frac{S_i}{N_i} = \frac{\overline{s_i^2(t)}}{\overline{n_i^2(t)}} = \frac{A_0^2 + \overline{x^2(t)}}{2n_0 B} \tag{2-38}$$

当包络检波器输入端的信号是有用信号和噪声的混合波形时，即

$$\begin{aligned} s_i(t) + n_i(t) &= [A_0 + x(t) + n_I(t)]\cos\omega_c t - n_Q(t)\sin\omega_c t \\ &= A(t)\cos[\omega_c t + \phi(t)] \end{aligned}$$

其中，合成包络为

$$A(t) = \sqrt{[A_0 + x(t) + n_I(t)]^2 + n_Q^2(t)} \tag{2-39}$$

合成相位为

$$\phi(t) = \arctan\left[\frac{n_Q(t)}{A_0 + x(t) + n_I(t)}\right] \tag{2-40}$$

包络检波的作用就是输出 $A(t)$ 中的有用信号。实际上，检波器输出的有用信号与噪声混合在一起，无法完全分开，因此，计算输出信噪比十分困难。这里，考虑两种特殊情况。

1）大信噪比情况

大信噪比指的是输入信号幅度远大于噪声幅度，即

$$[A_0 + x(t)] \gg \sqrt{n_I^2(t) + n_Q^2(t)}$$

这时，式(2 - 39)可简化为

$$A(t) \approx A_0 + x(t) + n_I(t) \tag{2-41}$$

由于 A_0 被电容器阻隔，有用信号与噪声独立分成两项，可类似前面的方法进行分析，得系统输出信噪比为

$$\frac{S_o}{N_o} = \frac{\overline{x^2(t)}}{\overline{n_I^2(t)}} = \frac{\overline{x^2(t)}}{n_0 B} \tag{2-42}$$

由式(2-38)和式(2-42)可得调制制度增益为

$$G_{AM} = \frac{S_o/N_o}{S_i/N_i} = \frac{2\overline{x^2(t)}}{A_0^2 + \overline{x^2(t)}} \tag{2-43}$$

式(2-43)表明，AM 信号的调制制度增益 G_{AM} 随 A_0 的减小而增大。由于 $|x(t)|_{max} \leqslant A_0$，所以 G_{AM} 总是小于 1，可见包络检波器对输入信噪比没有改善，而是恶化了。例如，对于 100％的调制，且 $x(t)$ 为单频正弦信号，这时 G_{AM} 最大值为 2/3。

值得一提的是，若采用同步检波法解调 AM 信号，可得到同样的结果，但同步解调的调制制度增益不受信号与噪声相对幅度假设条件的限制。

2) 小信噪比情况

小信噪比指的是输入信号幅度远小于噪声幅度，即

$$[A_0 + x(t)] \ll \sqrt{n_I^2(t) + n_Q^2(t)}$$

这时，式(2-39)变为

$$\begin{aligned} A(t) &\approx R(t)\left[1 + (A_0 + x(t))\,\frac{\cos\theta(t)}{R(t)}\right] \\ &= R(t) + [A_0 + x(t)]\,\cos\theta(t) \end{aligned} \tag{2-44}$$

式中，$R(t)$ 及 $\theta(t)$ 代表噪声 $n_i(t)$ 的包络和相位且

$$R(t) = \sqrt{n_I^2(t) + n_Q^2(t)}$$

$$\theta(t) = \arctan\frac{n_Q(t)}{n_I(t)}$$

$$\cos\theta(t) = \frac{n_I(t)}{R(t)}$$

由此可见，$A(t)$ 中没有与 $x(t)$ 成正比或单独的信号项，只有受 $\cos\theta(t)$ 调制的 $x(t)\cos\theta(t)$ 项。由于 $\cos\theta(t)$ 是随机噪声，因而 $x(t)$ 被噪声扰乱，结果 $x(t)\cos\theta(t)$ 仍然被视为噪声。这表明，在小信噪比情况下，信号不能通过包络检波器恢复出来。

有资料分析表明，小信噪比情况下，包络检波器的输出信噪比基本上与输入信噪比的平方成正比，即

$$\left(\frac{S_o}{N_o}\right)_{AM} \approx \left(\frac{S_i}{N_i}\right)^2 \qquad \left(\frac{S_i}{N_i} \ll 1\right) \tag{2-45}$$

因此，小信噪比情况下，包络检波器不能正常解调。

由于大信噪比条件下，包络检波器的输出信噪比 S_o/N_o 与输入信噪比 S_i/N_i 成正比，因此能够实现正常解调。可以预料，应该存在一个临界值，当输入信噪比大于此临界值时包络检波器能正常地工作；而小于此临界值时包络检波器不能正常工作。这个临界状态的输入信噪比叫作门限值。

门限值的意义表示，当 S_i/N_i 降到此值以下时，S_o/N_o 恶化的速度比 S_i/N_i 快得多。

包络检波器存在门限值这一现象叫作门限效应。门限效应是由包络检波器的非线性解调作用引起的，因此，所有非相干解调都存在着门限效应。门限效应在输入噪声功率接近载波功率时开始出现。在小信噪比情况下，包络检波器的性能较相干解调器差，因此在噪声条件恶劣下常采用相干解调。

2.2　模拟信号的非线性调制

在调制系统中，如果用调制信号去控制高频载波信号的频率和相位，使其按照调制信号的规律变化而保持振幅恒定，那么这种调制方式就称为频率调制(FM)和相位调制(PM)，分别简称为调频和调相，又可统称为角度调制。频率和相位的变化都可以看成是载波角度的变化。

之所以称载波角度的变化为非线性调制，是因为已调信号频谱不再是原调制信号频谱的线性搬移，而是频谱的非线性变化，会产生与频谱搬移不同的新的频率成分。

鉴于 FM 和 PM 之间存在着内在联系，即微分和积分的关系，它们之间可以相互转换，而且在实际应用中 FM 用得较多，因而只讨论 FM。

2.2.1　角度调制基本概念

角度调制信号的一般表达式为

$$s(t) = A\cos[\omega_c t + \phi(t)] \tag{2-46}$$

式中，A 是载波的恒定幅度；$[\omega_c t+\phi(t)]$是信号的瞬时相位 $\theta(t)$；$\phi(t)$称为相对于载波相位 $\omega_c t$ 的瞬时相位偏移；瞬时相位的导数 $\mathrm{d}[\omega_c t+\phi(t)]/\mathrm{d}t$ 就是瞬时频率；瞬时相位偏移的导数 $\mathrm{d}\phi(t)/\mathrm{d}t$ 就称为相对于载频 ω_c 的瞬时频偏。

所谓相位调制，就是指瞬时相位偏移随调制信号 $x(t)$作线性变化，相应的已调信号称为调相信号。当起始相位为零时，其时域表达式为

$$s_{\mathrm{PM}}(t) = A\cos[\omega_c t + K_p x(t)] \tag{2-47}$$

式中，K_p 为常数，称为相移常数。

所谓频率调制，就是指瞬时频率偏移随调制信号 $x(t)$作线性变化，相应的已调信号称为调频信号，调频信号的时域表达式为

$$s_{\mathrm{FM}}(t) = A\cos\left[\omega_c t + K_f\int_{-\infty}^{t} x(\tau)\,\mathrm{d}\tau\right] \tag{2-48}$$

式中，K_f 为常数，称为频偏常数。

因为

$$\frac{\mathrm{d}\phi(t)}{\mathrm{d}t} = K_f x(t) \tag{2-49}$$

所以

$$\phi(t) = K_f\int_{-\infty}^{t} x(\tau)\,\mathrm{d}\tau \tag{2-50}$$

由式(2-47)可知，如果将调制信号先微分，然后进行调频，则可得到调相信号，这种方法称为间接调相法，如图 2-15 所示；同样，也可用相位调制器来产生调频信号，这时调制信号必须先积分然后送入相位调制器，这种方法称为间接调频法，如图 2-16 所示。

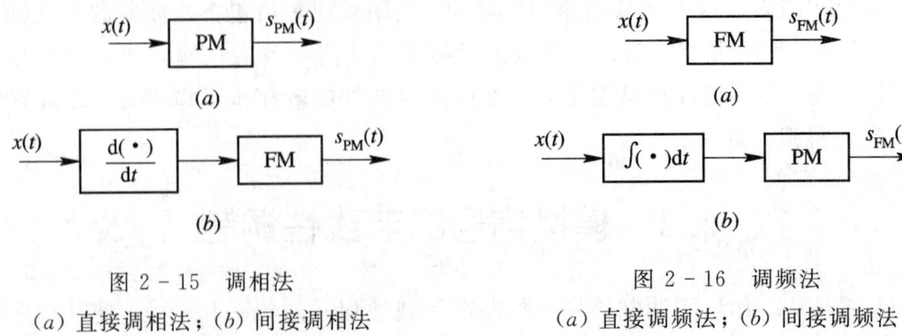

图 2-15　调相法
(a) 直接调相法；(b) 间接调相法

图 2-16　调频法
(a) 直接调频法；(b) 间接调频法

由于实际相位调制器的调制范围不会超出$(-\pi,\pi)$，因而直接调相和间接调频的方法仅适用于相位偏移和频率偏移不大的窄带调制情况，而直接调频和间接调相常用于宽带调制情况。

2.2.2　窄带调频(NBFM)

通常认为调频所引起的最大瞬时相位偏移远小于 30°，即

$$\left|K_{\mathrm{f}}\left[\int_{-\infty}^{t} x(\tau)\mathrm{d}\tau\right]\right| \ll \frac{\pi}{6} \tag{2-51}$$

称为窄带调频。

将调频信号的时域表达式展开，并将式(2-51)代入，可得

$$s_{\mathrm{NBFM}}(t) \approx A\cos\omega_{\mathrm{c}}t - \left[AK_{\mathrm{f}}\int_{-\infty}^{t} x(\tau)\,\mathrm{d}\tau\right]\sin\omega_{\mathrm{c}}t \tag{2-52}$$

利用傅氏变换公式，可将窄带调频信号的频域表示为

$$\begin{aligned} S_{\mathrm{NBFM}}(\omega) = & \pi A[\delta(\omega+\omega_{\mathrm{c}})+\delta(\omega-\omega_{\mathrm{c}})]+ \\ & \frac{AK_{\mathrm{f}}}{2}\left[\frac{X(\omega-\omega_{\mathrm{c}})}{\omega-\omega_{\mathrm{c}}}-\frac{X(\omega+\omega_{\mathrm{c}})}{\omega+\omega_{\mathrm{c}}}\right] \end{aligned} \tag{2-53}$$

其中

$$x(t) \Leftrightarrow X(\omega)$$

$$\cos\omega_{\mathrm{c}}t \Leftrightarrow \pi[\delta(\omega+\omega_{\mathrm{c}})+\delta(\omega-\omega_{\mathrm{c}})]$$

$$\sin\omega_{\mathrm{c}}t \Leftrightarrow \mathrm{j}\pi[\delta(\omega+\omega_{\mathrm{c}})-\delta(\omega-\omega_{\mathrm{c}})]$$

$$\int x(t)\,\mathrm{d}t \Leftrightarrow \frac{X(\omega)}{\mathrm{j}\omega}$$

$$\left[\int x(t)\,\mathrm{d}t\right]\sin\omega_{\mathrm{c}}t \Leftrightarrow \frac{1}{2}\left[\frac{X(\omega+\omega_{\mathrm{c}})}{\omega+\omega_{\mathrm{c}}}-\frac{X(\omega-\omega_{\mathrm{c}})}{\omega-\omega_{\mathrm{c}}}\right]$$

将 NBFM 频谱式(2-53)与 AM 频谱式(2-2)相比较，可以发现两者的相同点和不同点。相同点是两者均有载波分量，也有位于$\pm\omega_{\mathrm{c}}$处的两个边带，所以它们具有相同的带宽，都是调制信号最高频率的两倍。不同点是两者频谱之间存在原则性差异，即窄带调频时，两个边带分别乘上因式$1/(\omega+\omega_{\mathrm{c}})$和$1/(\omega-\omega_{\mathrm{c}})$，由于因式是频率的函数，相当于频率加权，加权的结果引起已调信号频谱的失真，同时还可看到，NBFM 的一个边带和 AM 的反相。

一般情况下，AM 信号中载波与上、下边频的合成矢量与载频同相，只发生幅度变化。

而在 NBFM 中，由于一个边频为负，两个边频的合成矢量与载波则是正交相加，因而 NBFM 存在相位变化 $\Delta\phi$，当最大相位偏移满足式(2-51)时，合成矢量的幅度基本不变，这样就形成了调频信号。AM 与 NBFM 的矢量表示如图 2-17 所示。

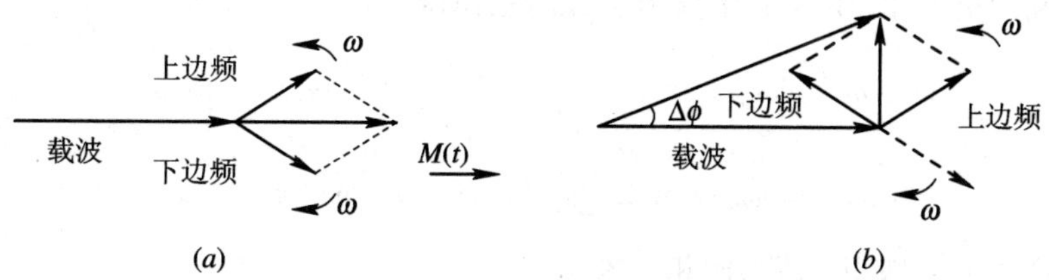

图 2-17　AM 与 NBFM 的矢量表示

(*a*) AM 的矢量表示；(*b*) NBFM 的矢量表示

对于窄带调相(NBPM)系统而言，只要调相所引起的最大瞬时相位偏移满足下式即可

$$|K_p x(t)|_{\max} \ll \frac{\pi}{6} \tag{2-54}$$

窄带调相信号可表示为

$$s_{\mathrm{NBFM}}(t) \approx A\cos\omega_c t - AK_f x(t)\sin\omega_c t \tag{2-55}$$

窄带调相信号的频谱为

$$S_{\mathrm{NBFM}}(\omega) = \pi A[\delta(\omega+\omega_c)+\delta(\omega-\omega_c)] + \left(\frac{\mathrm{j}AK_f}{2}\right)[X(\omega-\omega_c)-X(\omega+\omega_c)] \tag{2-56}$$

NBPM 信号与 AM 信号相似，频谱中包括载频 ω_c 和围绕 ω_c 的两个边带，因而两者的宽带相等。不同之处在于，窄带调相时搬移 ω_c 位置的 $X(\omega-\omega_c)$要移相 90°，而搬到 $-\omega_c$ 位置的 $X(\omega-\omega_c)$则移相 $-90°$。

2.2.3　宽带调频(WBFM)

当调频引起的最大相位偏移不满足式(2-51)时，调频信号为宽带调频，这时，调频信号的时域表示不能简化，因而宽带调频系统的频谱分析就显得困难一些。为使问题简化，我们只研究单音调制的情况，并将分析的结论推广到多音情况。

若单音调制信号为

$$x(t) = A_m\cos\omega_m t = A_m\cos 2\pi f_m t$$

则调频信号的瞬时相偏为

$$\begin{aligned}\phi(t) &= A_m K_f\int_{-\infty}^{t}\cos\omega_m\tau\,\mathrm{d}\tau = \left(\frac{A_m K_f}{\omega_m}\right)\sin\omega_m t \\ &= m_f\sin\omega_m t\end{aligned} \tag{2-57}$$

式中，$A_m K_f$ 为最大角频偏，记为 $\Delta\omega$；m_f 为调频指数，它表示为

$$m_f = \frac{A_m K_f}{\omega_m} = \frac{\Delta\omega}{\omega_m} = \frac{\Delta f}{f_m} \tag{2-58}$$

m_f 表示最大频率偏移 Δf 相对于调制信号的频率 f_m 的相对变化值。于是，单音宽带调频的时域表达式可写为

$$s_{FM}(t) = A\cos(\omega_c t + m_f \sin\omega_m t) \tag{2-59}$$

将式(2-59)用三角函数展开，则有

$$s_{FM}(t) = A\cos\omega_c t\cos(m_f\sin\omega_m t) - A\sin\omega_c t\sin(m_f\sin\omega_m t) \tag{2-60}$$

进一步利用贝塞尔(Bessel)函数为系数的三角函数，有

$$\cos(m_f\sin\omega_m t) = J_0(m_f) + 2\sum_{n=1}^{\infty} J_{2n}(m_f)\cos 2n\omega_m t \tag{2-61}$$

$$\sin(m_f\sin\omega_m t) = 2\sum_{n=1}^{\infty} J_{2n-1}(m_f)\cos(2n-1)\omega_m t \tag{2-62}$$

有关贝塞尔函数知识，请参阅相关参考书。

调频信号的级数展开式为

$$s_{FM}(t) = A\sum_{n=-\infty}^{\infty} J_n(m_f)\cos(\omega_c + n\omega_m)t \tag{2-63}$$

其相应的傅氏变换所得到的频谱为

$$S_{FM}(\omega) = \pi A\sum_{n=-\infty}^{\infty} J_n(m_f)\left[\delta(\omega-\omega_c-n\omega_m)+\delta(\omega+\omega_c+n\omega_m)\right] \tag{2-64}$$

从以上分析可以看出，调频波的频谱包含无穷多个分量，从理论上讲，它的频带宽度为无限宽。实际上，边频幅度 $J_n(m_f)$ 随着 n 的增大而逐渐减小，因此只要适当选取 n 值，使得边频分量减小到可以忽略的程度，调频信号的带宽可近似认为是有限频谱。

当 $m_f \geqslant 1$ 时，取边频数 $n=m_f+1$，这时 $n>m_f+1$ 以上的边频幅度 $J_n(m_f)$ 均小于 0.1，相应产生的功率均在总功率 2%以下，可以忽略不计。这时调频波的带宽为

$$B_{FM} \approx 2(m_f+1)f_m = 2(\Delta f + f_m) \tag{2-65}$$

式(2-65)说明，调频信号的带宽取决于最大频偏 Δf 和调制信号的频率 f_m。当 $m_f \ll 1$ 时，$B_{FM} \approx 2f_m$，这就是前面所讨论的窄带调频的带宽。当 $m_F \gg 1$ 时，$B_{FM} \approx 2\Delta f$，这就是大指数宽带调频的情况，带宽由最大频偏所决定。

根据式(2-65)，将其推广于任意信号调制的调频波，可得到任意限带信号调制时的调频信号带宽，实际应用的估计公式为

$$B_{FM} = 2(D+1)f_m \tag{2-66}$$

式中，f_m 是调制信号的最高频率；D 是最大频偏 Δf 与 f_m 的比值，D 通常大于 2。

对于宽带调相(WBPM)的情况，其分析方法同上，仍考虑单频调相。

PM 信号的时域表达式为

$$s_{PM}(t) = A\sum_{n=-\infty}^{\infty} J_n(m_p)\cos\left[(\omega_c + n\omega_m)t + \frac{n\pi}{2}\right] \tag{2-67}$$

式中，m_p 为调相指数，等于最大相移 $\Delta\theta$，即

$$m_p = AK_p = \Delta\theta \tag{2-68}$$

调相波的最大频偏为

$$\Delta\omega = m_p\omega_m \tag{2-69}$$

将式(2-67)进行傅氏变换，得到 PM 信号的频谱为

$$S_{PM}(\omega) = \pi A\sum_{n=-\infty}^{\infty} J_n(m_p)\left[e^{jn\pi/2}\delta(\omega-\omega_c-n\omega_m)+e^{-jn\pi/2}\delta(\omega+\omega_c+n\omega_m)\right] \tag{2-70}$$

由此可见，PM 和 FM 的表达式基本相同，所不同的是，PM 信号的不同频率分量具有不同的相位，它们都是 $\pi/2$ 的整数倍。PM 信号的带宽与 FM 的计算方法相同。

当 $m_p \ll 1$ 时，

$$B_{PM} = 2(m_p + 1)f_m = 2f_m \tag{2-71}$$

当 $m_p \gg 1$ 时，

$$B_{PM} = 2m_p f_m = 2\Delta\theta f_m \tag{2-72}$$

WBPM 与 WBFM 不同的是，在 WBFM 中，当 Δf 固定时，带宽 B_{FM} 为常数 $2\Delta f$，而与调制信号频率 f_m 无关；但在 WBPM 中，若固定 $\Delta\theta$，则带宽 B_{PM} 将随调制信号频率 f_m 的增大而增加。另一方面，若固定调制信号频率 f_m，则无论 FM 还是 PM，它们的带宽都随调制指数的增大而增加。

由此可见，在 FM 中，当 Δf 恒定时，B_{FM} 基本不变，系统可充分利用给定的传输信道带宽；在 PM 中，当 $\Delta\theta$ 恒定时，调制信号频率增加，B_{PM} 也增加，不能充分利用信道带宽。因此，当调制信号 $x(t)$ 包含许多频率分量时，采用 FM 比较有利，所以，FM 比 PM 应用更广泛。

2.2.4 调频信号的产生与解调

1. 调频信号的产生

产生调频信号的方法通常有两种：直接法和间接法。

直接法就是用调制信号直接控制振荡器的频率，使其按调制信号的规律线性变化。直接法产生调频信号的原理请读者参阅有关《高频电子线路》书籍。直接法的主要优点是在实现线性调频的要求下，可以得到较大的频偏；主要缺点是频率稳定度不高，因而需要附加稳频措施。

间接法是先对调制信号积分后再对载波进行相位调制，从而产生窄带调频（NBFM）信号，然后，利用倍频器把窄带调频（NBFM）信号变换成宽带调频（WBFM）信号，其原理图如图 2 - 18 所示。

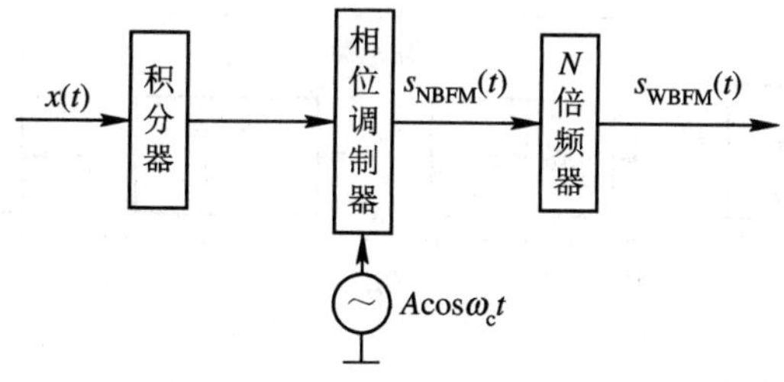

图 2 - 18　间接调频框图

由式(2 - 52)可知，NBFM 信号可看成由正交分量和同相分量合成，同相项为 $A\cos\omega_c t$，正交项为 $-\sin\omega_c t$，系数为 $\left[AK_f\int_{-\infty}^{t} x(\tau)\,d\tau\right]$，实现 NBFM 信号的原理框图如图 2 - 19 所示。

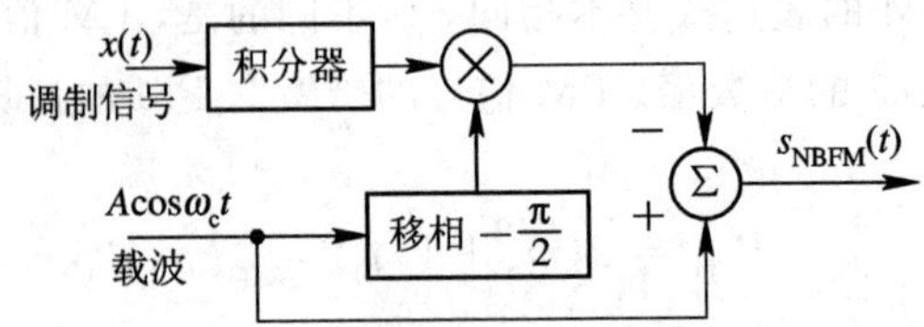

图 2-19 实现 NBFM 信号的原理框图

由 NBFM 向 WBFM 的变换只需用 N 倍频器即可实现。其目的是提高调频指数 m_f，经 N 次倍频后可以使调频信号的载频和调频指数增为 N 倍。

间接法的优点是频率稳定度好，缺点是需要多次倍频和混频，因而电路较为复杂。

2. 调频信号的解调

调频信号的解调方法很多，这里从非相干解调和相干解调两个方面介绍几个主要的解调法，供学习者参考。

1) 非相干解调

由于调频信号的特点是瞬时频率正比于调制信号的幅度，因此，调频信号的解调就是要产生一个与输入调频波的频率成线性关系的输出电压，完成这个频率一电压转换关系的器件就是频率解调器，它可以是斜率鉴频器、锁相环鉴频器、频率负反馈解调器等。

图 2-20 给出了理想鉴频特性和鉴频器的方框图。理想鉴频器可看成是带微分器的包络检波器，微分器输出为

$$s_d(t) = -A[\omega_c + K_f x(t)] \sin\left(\omega_c t + K_f \int_{-\infty}^{t} x(\tau)\, d\tau\right) \tag{2-73}$$

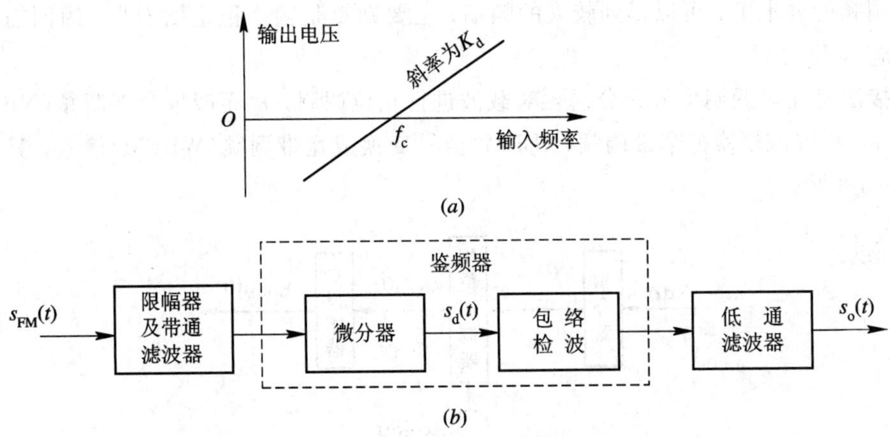

图 2-20 理想鉴频器特性和鉴频器的框图

(a) 理想鉴频特性；(b) 鉴频器的方框图

这是一个幅度、频率均被调制的调幅调频信号，用包络检波取出其幅度信号，并滤去直流成分，鉴频器的输出 $s_o(t)$ 与调制信号 $x(t)$ 成正比例关系，即

$$s_o(t) = K_d K_f x(t) \tag{2-74}$$

式中，K_d 为鉴频器灵敏度。

鉴频器中的微分器实际是一个调频到调幅的转换器，调制信号是用包络检测法得到的。它的缺点是包络检波器对于信道中噪声和其他原因引起的幅度起伏有反应，因而在使用中常在微分器之前加一个限幅器和带通滤波器。

2）相干解调

在 NBFM 中，NBFM 信号可分解成同相分量与正交分量之和，因而可以采用线性调制中相干解调法进行解调，其相干解调方框图如图 2 - 21 所示。如果不是 NBFM 信号解调，取掉图中微分器即可。

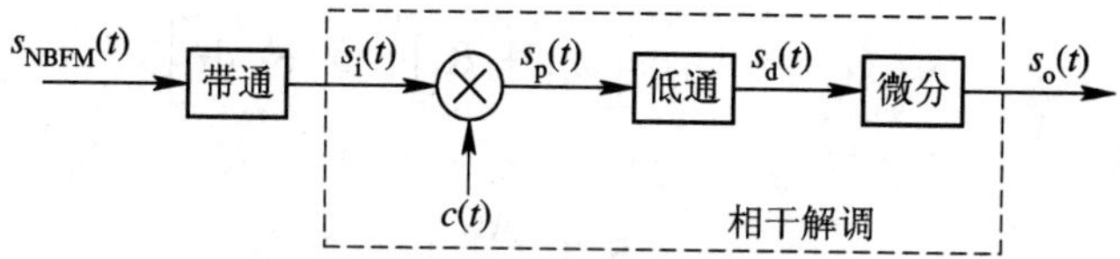

图 2 - 21　NBFM 信号的相干解调

设 NBFM 信号为

$$s_{NBFM}(t) = A\cos\omega_c t - A\left[K_f\int_{-\infty}^{t} x(\tau)\,d\tau\right]\sin\omega_c t$$

相乘器的相干载波为

$$c(t) = -\sin\omega_c t$$

相乘器的输出为

$$s_p(t) = -\frac{A}{2}\sin 2\omega_c t + \left[\frac{A}{2}K_f\int_{-\infty}^{t} x(\tau)\,d\tau\right](1-\cos 2\omega_c t)$$

经低通滤波器后，得

$$s_d(t) = \frac{A}{2}K_f\int_{-\infty}^{t} x(\tau)\,d\tau$$

经微分器后，输出信号为

$$s_o(t) = \frac{A}{2}K_f x(t) \tag{2 - 75}$$

可见，相干解调器的输出正比于调制信号 $x(t)$。

2.2.5　调频系统的抗噪声性能

1. 非相干解调的抗噪声性能

不论是窄带调制还是宽带调制都可采用非相干解调，非相干解调在实际应用中也非常广泛。

调频非相干解调抗噪声性能的分析模型如图 2 - 22 所示。图中带通滤波器的作用是抑制信号带宽以外的噪声；$n(t)$是均值为 0、单边功率谱密度为 n_0 的高斯白噪声，经过带通滤波器以后变为窄带高斯噪声；限幅器是为了消除接收信号在幅度上可能出现的畸变。

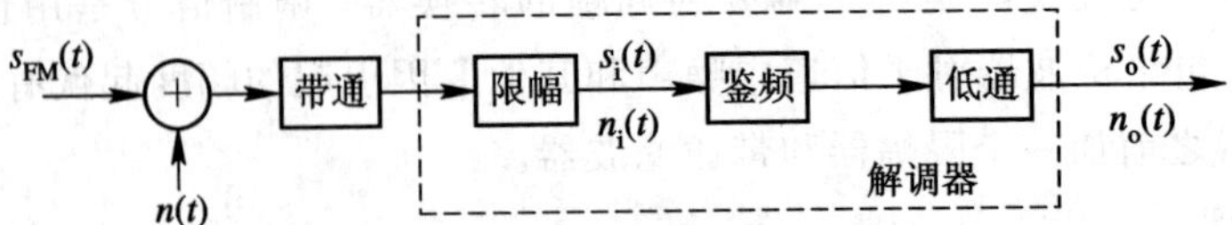

图 2-22 调频非相干解调抗噪声性能的分析模型

下面介绍解调器输入信噪比的方法。

设输入调频信号为

$$s_{FM}(t)=A\cos\left[\omega_c t+K_f\int_{-\infty}^{t}x(\tau)\,d\tau\right]$$

则输入信号功率为

$$S_i=\frac{A^2}{2} \tag{2-76}$$

输入噪声功率为

$$N_i=n_0B_{FM} \tag{2-77}$$

其中，理想带通滤波器的带宽与调频信号的带宽 B_{FM} 相同。于是，输入信噪比为

$$\frac{S_i}{N_i}=\frac{A^2}{2n_0B_{FM}} \tag{2-78}$$

输出信噪比的计算可分两种情况，即大信噪比情况和小信噪比情况。因为非相干解调不满足叠加性，所以无法分别计算出输出信号功率和噪声功率。

1) 大信噪比情况

在输入信噪比足够大的情况下，信号和噪声的相互作用可以忽略，这时，可以把信号和噪声分开来计算。

设输入噪声为零时，经鉴频器的微分和包络检波，再经低通滤波器的滤波后，输出信号为 $K_dK_fx(t)$，故输出信号平均功率为

$$S_o=\overline{s_o^2(t)}=(K_dK_f)^2\,\overline{x^2(t)} \tag{2-79}$$

不考虑信号的影响时，输出噪声功率为

$$N_o=8\pi^2K_d^2n_0\frac{f_m^3}{3A^2}$$

于是，得到解调器输出信噪比为

$$\frac{S_o}{N_o}=\frac{3A^2K_f^2\,\overline{x^2(t)}}{8\pi^2n_0f_m^3} \tag{2-80}$$

当输入信号 $x(t)$ 为单一频率余弦波，且振幅 $A_m=1$ 时($x(t)=\cos\omega_m t$)，可以得到输出信噪比

$$\frac{S_o}{N_o}=\frac{3A^2\Delta f^2}{4\pi^2n_0f_m^3} \tag{2-81}$$

而上式可以用 S_i/N_i 来表示，且考虑 $m_f=\Delta f/f_m$，$B_{FM}=2(m_f+1)f_m=2(\Delta f+f_m)$，可得解调器制度增益为

$$G_{FM}=\frac{S_o/N_o}{S_i/N_i}=3m_f^2(m_f+1) \tag{2-82}$$

当 FM 是 $m_f \gg 1$ 的宽带调频时

$$G_{FM} \approx 3m_f^3 \tag{2-83}$$

可见，大信噪比时宽带调频系统的制度增益是很高的，它与调制指数的立方成正比。由带宽公式 B_{FM} 可知，m_f 越大，G_{FM} 越大，但系统所需的带宽也越宽。这表明调频系统抗噪声性能的改善是以增加传输带宽而换来的。

2）小信噪比情况

当输入信噪比很小时，解调器的输出端信号与噪声混叠在一起，不存在单独的有用信号项，信号被噪声扰乱，因而输出信噪比急剧下降，它的计算也变得复杂起来。这时，调频信号的非相干解调和 AM 信号的非相干解调一样，存在着门限效应。当输入信噪比大于门限电平时，解调器的抗噪声性能较好；当输入信噪比小于门限电平时，输出信噪比急剧下降。

图 2－23(a)示出了以 m_f 为参量，单音调制时门限值附近的输出信噪比与输入信噪比的关系曲线图。由图可以看出：

(1) 曲线中存在着明显的门限值。当输入信噪比在门限值以上时，输出信噪比与输入信噪比成线性关系；当输入信噪比在门限值以下时，输出信噪比急剧恶化。

(2) 门限值与调频指数 m_f 有关。不同的调频指数，门限值不同，m_f 大的门限值高，m_f 小的门限值低。但门限值的变化范围不大，一般在 8～11 dB 范围内。门限值与 m_f 的关系曲线如图 2－23(b)所示。

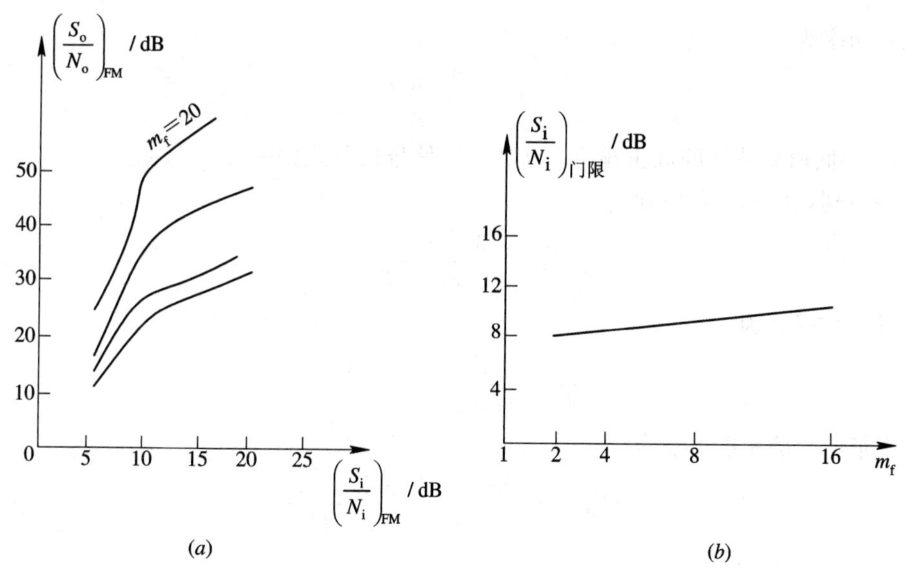

图 2－23　调频信号的门限值

(a) 门限值附近的输出信噪比与输入信噪比的关系；(b) 门限值与 m_f 的关系

在无线通信中，对鉴频器的门限效应总是要求越小越好，希望在接收到最小信号功率时仍能满意地工作，门限点应向低输入信噪比方向扩展。目前，使用较好的锁相环鉴频法和调频负反馈鉴频法可以改善门限效应。

2. 相干解调的抗噪声性能

相干解调仅用于窄带调频信号之中，其抗噪声性能的分析模型如图 2 - 24 所示。

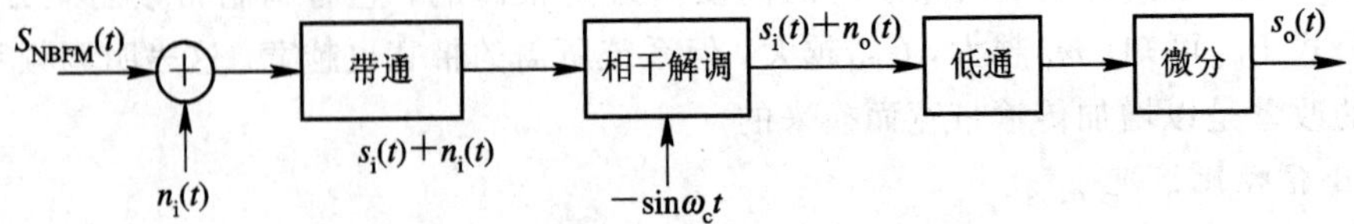

图 2 - 24　窄带调频相干解调抗噪声性能的模型

设经带通滤波器后加到相干解调器的信号为

$$s_i(t)+n_i(t)=s_{NBFM}(t)+n_I(t)\cos\omega_c t-n_Q(t)\sin\omega_c t$$
$$=[A+n_I(t)]\cos\omega_c t-\left[AK_f\int_{-\infty}^{t}x(\tau)\,d\tau+n_Q(t)\right]\sin\omega_c t \tag{2-84}$$

相干解调器的作用就是让 $s_i(t)+n_i(t)$ 与本地载波相乘，再通过低通滤波和微分，其输出为

$$s_o(t)+n_o(t)=\frac{1}{2}AK_f x(t)+\frac{1}{2}\frac{d}{dt}n_Q(t) \tag{2-85}$$

因此，可得输出信号功率为

$$S_o=\frac{A^2K_d^2\overline{x^2(t)}}{4} \tag{2-86}$$

输出噪声功率为

$$N_o=\frac{2n_0\pi^2 f_m^3}{3} \tag{2-87}$$

式中，f_m 为低通滤波器的截止频率，也是调制信号的截止频率。

于是得到系统输出信噪比为

$$\frac{S_o}{N_o}=\frac{3A^2K_f^2\overline{x^2(t)}}{8n_0\pi^2 f_m^3} \tag{2-88}$$

系统的输入信噪比为

$$\frac{S_i}{N_i}=\frac{A^2/2}{n_0B_{NBFM}}=\frac{A^2}{4n_0f_m} \tag{2-89}$$

因此，窄带调频的制度增益为

$$G_{NBFM}=\frac{S_o/N_o}{S_i/N_i}=\frac{3K_f^2\overline{x^2(t)}}{2\pi^2f_m^2} \tag{2-90}$$

由于最大角频偏为

$$\Delta\omega=K_f\,|x(t)|_{max}$$

所以

$$G_{NBFM}=6\left(\frac{\Delta\omega}{\omega}\right)^2\frac{\overline{x^2(t)}}{|x(t)|_{max}^2} \tag{2-91}$$

单频调制时

$$\frac{\overline{x^2(t)}}{|x(t)|_{max}^2}=\frac{1}{2}$$

由此可得

$$G_{NBFM} = 3 \tag{2-92}$$

与高调制指数的宽带调频相比较，G_{NBFM}很低，但与有相同带宽的调幅相比较，G_{NBFM}很高。最重要的是，窄带调频信号可采用相干解调来恢复信号，性能较好，不存在门限效应。

2.3　模拟调制方式的性能比较

通过前面的分析，我们已经了解和掌握了各种调制方式的特点和性能，现从几个方面综合比较一下各自性能，如表 2－1 所示。

表 2－1　模拟调制方式的性能比较

调制方式	时域特点	频域特点	信号带宽	制度增益	S_o/N_o	解调方式	设备复杂性	主要应用
AM	已调信号与 $x(t)$ 线性变化	有载频，双边带	$2f_m$	小于 2/3	$\frac{\overline{x^2(t)}}{n_0 B}$	相干或非相干	简单	中短波无线电广播
DSB	当调制信号与载波信号过零点同时有极性变化时，已调信号有相位跳变	无载频，双边带	$2f_m$	2	$\frac{\overline{x^2(t)}}{n_0 B}$	相干	较复杂	应用较少
SSB	非线性变化	无载频，单边带	f_m	1	$\frac{\overline{x^2(t)}}{4n_0 B}$	相干	复杂	短波无线电、话音频分复用、载波、数传通信等
VSB	非线性变化	无载频，近似单边带	略大于 f_m	近似 SSB	近似 SSB	相干	复杂	商用电视广播、数传、传真等
FM	幅度不变，信号过零点与 $x(t)$ 成比例	非线性	宽带：$2f_m(m_f+1)$；窄带：$2f_m$	宽带：$3m_f^2(m_f+1)$；窄带：3	$\frac{3m_f^2 S_i}{2n_0 f_m}$	宽带：相干或非相干 窄带：相干	中等	超短波小功率电台、微波中继（NBFM）、调频立体声广播（WBFM）
PM	幅度不变，信号过零点与 $dx(t)/dt$ 成比例	非线性	宽带：$2f_m\Delta\theta$；窄带：$2f_m$	类似 FM	类似 FM	类似 FM	中等	应用较少

总的来讲，WBFM 的抗噪声性能最好，SSB、DSB、VSB 的抗噪声性能次之，AM 的抗

噪声性能最差。NBFM 和 AM 的抗噪声性能接近。FM 信号的调频指数 m_f 越大，抗噪声性能越好，但所占用的频带就越宽，门限电平也就越高。

SSB 信号的带宽最窄，抗噪声性能也较好，频带利用率最高，在短波无线电通信及频分多路复用中应用较广。

AM 信号呈现抗噪声性能最差，但它的电路实现是最简单的，因而用于通信质量要求不高的场合，主要用在中波和短波的调幅广播中。

DSB 信号的优点是功率利用率高，但带宽与 AM 相同，接收要求同频解调，设备较复杂，可用于点对点的专用通信中。

VSB 调制部分抑制了发送边带，频带利用率较高，对包含有低频和直流分量的基带信号特别适合，因此，VSB 在商用电视广播、数传、传真等系统中得到广泛应用。

WBFM 的抗干扰能力强，可以实现带宽与信噪比的互换，因而 WBFM 广泛应用于长距离高质量的通信系统中，如空间卫星通信、调频立体声广播、超短波电台等。WBFM 的缺点是频带利用率低，存在门限效应。NBFM 对微波中继具有吸引力，因为 FM 波的幅度恒定不变，对非线性器件不甚敏感，给 FM 带来了抗快衰落能力，同时，利用自动增益控制和带通限幅还可以消除快衰落造成的幅度变化效应。在接收信号比较弱、干扰较大的情况下可采用 NBFM，通常小型通信机常采用 NBFM。

本 章 小 结

模拟信号的调制解调技术是数字通信技术的基础，它分为线性调制和非线性调制。所谓线性调制，是指已调信号的频谱与调制信号的频谱呈线性关系；非线性调制是指已调信号的频谱不再是调制信号频谱的线性搬移，而是频谱的非线性变化。

线性调制中，AM 信号的时域特征是在未满足调制条件下，已调信号的包络随调制信号作线性变化，在 DSB、SSB 和 VSB 中则没有这种线性变化。在 DSB 信号的过零点处，已调波出现了相位跳变。就频谱特性而言，AM 信号中具有载频分量，而其余几种则抑制了载波。AM 和 DSB 的频带宽度均为调制信号最高频率的两倍，即 $B=2f_m$。而 SSB 的频带宽度仅是 AM 和 DSB 的一半，都等于调制信号的最高频率，即 $B=f_m$。VSB 的带宽因需考虑低频和直流分量，因而形成残留边带，其带宽与 SSB 的带宽接近，略大于 SSB 的带宽。SSB 的频带利用率最高，AM 的制度增益最小，抗噪声性能也最差。

在非线性调制中，主要讲述了调频技术。调频信号的时域特征是已调信号的幅度恒定，信号过零点的密度与调制信号成正比例关系，调相信号的过零点密度与调制信号的斜率成正比例关系。而 WBFM 的抗干扰能力强，但其带宽与调频指数有关，调频指数越大，抗干扰能力越好，所占用的频带也越宽，门限电平也就越高。NBFM 的带宽与 AM 的相同，但其抗噪声性能比 AM 的抗噪声性能好，而且 NBFM 可以采用相干解调，因而不存在门限效应。

1. 功率利用率

功率利用率就是调制效率，定义为信号的有效信息传输功率与信号总功率的比值。通常可利用调制效率检验调制系统的频谱资源利用情况。

2. 门限效应

在非相干解调中，解调器中的包络检波器往往由整流和低通滤波器组成，其检出的信号中有用信号被噪声扰乱，解调器无法将信号和噪声分开处理，而输出信噪比不是按比例地随着输入信噪比下降，当输入信噪比低于一定数值时，解调器的输出信噪比急剧恶化，这就是门限效应。门限效应是由包络检波器的非线性解调作用引起的。相干解调不存在门限效应。

3. 非线性调制

角度调制分为调频和调相，它是载波的频率或相位随调制信号作变化的过程。由于角度调制信号的频谱不再是调制信号频谱的简单平移，而是非线性变换，因此称之为非线性调制。

(1) 调频(FM)信号的形成：调制信号 $x(t)$→积分→调相器→FM 信号。

(2) 调相(PM)信号的形成：调制信号 $x(t)$→微分→调频器→PM 信号。

思考与练习 2

2-1　调制在通信系统中的作用是什么？

2-2　SSB 信号的产生方法有哪几种？工作原理如何？各有什么优缺点？

2-3　VSB 滤波器的传输特性应满足什么条件？为什么？

2-4　DSB 与 SSB 调制系统的抗噪声性能是否相同？为什么？

2-5　什么是频率调制？什么是相位调制？两者存在什么关系？

2-6　为什么调频信号的抗噪声性能好于调幅信号？

2-7　为什么调频系统可进行带宽与信噪比的互换，而调幅不能？

2-8　为什么相干解调不存在“门限效应”，而非相干解调则有“门限效应”？

2-9　已知线性调制信号表达式如下：

(1) $\cos\Omega t \cos\omega_c t$；

(2) $(1+0.5\sin\Omega t)\cos\omega_c t$；

式中，$\omega_c=6\,\Omega$，试分别画出它们的波形图和频谱图。

2-10　已知调制信号 $x(t)=\cos(2000\pi t)$，载波为 $2\cos 10^4\pi t$，分别写出 AM、DSB、USB、LSB 信号的表达式，并画出频谱图。

2-11　根据图 2-25 所示的调制信号波形，试画出 DSB 和 AM 的波形图，并比较它们分别通过包络检波器后的波形差别。

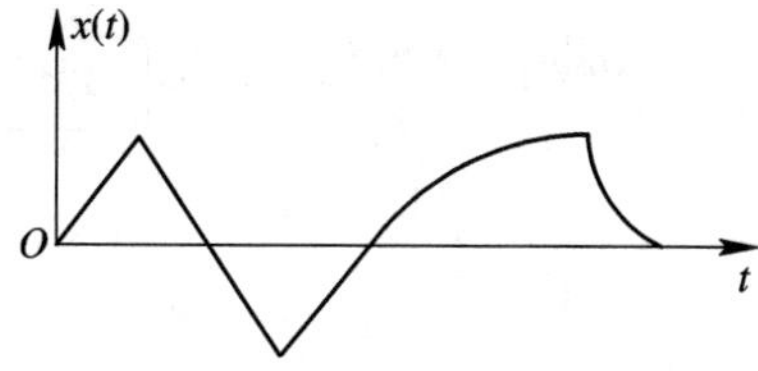

图 2-25　题 2-11 图

2-12　将调幅波通过残留边带滤波器产生残留边带信号，若此滤波器的传输函数

$H(f)$如图 2-26 所示，当调制信号 $x(t)=A(\sin100\pi t+\sin600\pi t)$ 时，试确定所得残留边带信号表达式。

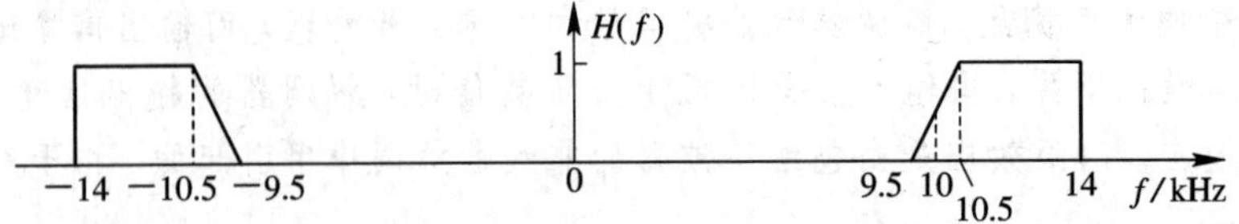

图 2-26 题 2-12 图

2-13 设某信道具有均匀的双边功率谱密度 $P_n(f)=0.5\times10^{-3}$ W/Hz，在该信道中传输 DSB-SC 信号，并设调制信号 $x(t)$的频带限制在 5 kHz，而载波为 100 kHz，已知信号的功率为 10 kW。若接收机的输入信号在加至解调器之前，先经过一理想的带通滤波器。

(1) 试问该理想带通滤波器应具有怎样的传输特性 $H(f)$？

(2) 求解调器输入端的信噪功率比。

(3) 求解调器输出端的信噪功率比。

(4) 求出解调器输出端的噪声功率谱密度，并用图形表示出来。

2-14 已知单频 FM 波的振幅是 10 V，瞬时频率为

$$f(t)=10^6+10^4\cos2\pi\times10^3 t\ \text{(Hz)}$$

(1) 写出 FM 波的表达式。

(2) 求 FM 波的频率偏移、调频指数和频带宽度。

(3) 当调制信号频率提高到 2×10^3 Hz，重新求(2)。

2-15 若频率为 10 Hz、振幅为 1 V 的正弦调制信号对频率 100 MHz 的载波进行频率调制，已知信号的最大频偏为 1 MHz，试确定此时调频波的近似带宽。如果调制信号的振幅加倍，试确定此时调频波的带宽为多少。若调制信号的频率也加倍，试确定此时的调频波带宽又为多少。

2-16 已知调制信号是 8 MHz 的单频余弦信号，若要求输出信噪比为 40 dB，试比较调制增益为 2/3 的 AM 系统和调频指数为 5 的 FM 系统的带宽和发射功率。设信道噪声单边功率谱密度 $n_0=5\times10^{-15}$ W/Hz，信道损耗为 60 dB。

2-17 某通信系统发送端框图如图 2-27 所示。已知 $x_1(t)$、$x_2(t)$均为模拟基带信号，其频谱限于 0～4 kHz。调幅载波 $\omega_{c1}=2\pi\times5\times10^3$ rad/s，调频载波 $\omega_{c2}=2\pi\times100\times10^3$ rad/s，调频灵敏度($k=\Delta f/|x(t)|_{\max}$)为 10×10^3 Hz/V，$s_{m1}(t)$的幅度分布于−1～1 V。

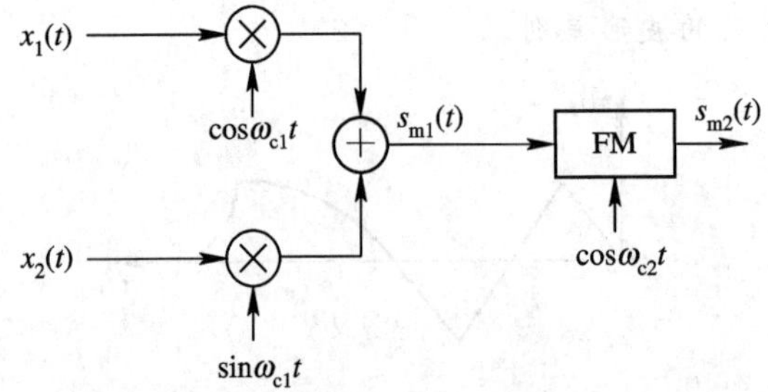

图 2-27 题 2-17 图

(1) 求 $s_{m1}(t)$的信号的最高频率和带宽。

(2) 求调频系统的 m_f 及 $s_{m2}(t)$的带宽。

(3) 画出一个由 $s_{m2}(t)$恢复 $x_1(t)$和 $x_2(t)$ 的原理框图。

2-18　已知窄带调频(NBFM)信号为

$$s(t)=A\cos\omega_0 t-m_f A\sin\omega_m t\sin\omega_0 t$$

试求：

(1) $s(t)$的瞬时包络最大幅度与最小幅度之比；

(2) $s(t)$的平均功率与未调载波功率之比；

(3) $s(t)$的瞬时频率。

2-19　设有一双边带信号 $x_c(t)=x(t)\cos\omega_c t$，为了恢复 $x(t)$，用信号 $\cos(\omega_c t+\theta)$去与 $x_c(t)$相乘。为了使恢复出的信号是其最大可能值的 90%，相位 θ 的最大允许值为多少？

2-20　用相干解调来接收双边带信号 $A\cos\omega_x t\cos\omega_c t$。已知 $f_x=2$ kHz，输入噪声的单边功率谱密度 $n_0=2\times10^{-8}$ W/Hz。要保证输出信噪功率比为 20 dB，要求 A 值为多少？

2-21　实际的调制器常常除了平均功率受限以外，还有峰值功率受限。假设 DSB 和 AM 调制的调制信号 $x(t)=0.8\cos200\pi t$，载频信号 $c(t)=10\cos2\pi f_c t(f_c\gg100\text{ Hz})$，调幅度为 0.8。试求：

(1) DSB 和 AM 已调信号的峰值功率；

(2) DSB 和 AM 已调信号的峰值功率和两个边带信号功率之和的比值，并比较它们的比值大小。

2-22　某角调波为 $s_m(t)=10\cos(2\times10^6\pi t+10\cos2000\pi t)$。

(1) 计算其最大频偏、最大相移和带宽。

(2) 试确定该信号是 FM 信号还是 PM 信号。

2-23　2 MHz 载波受 10 kHz 单频正弦调频，峰值频偏为 10 kHz。

(1) 试求调频信号的带宽。

(2) 当调制信号幅度加倍时，求调频信号的带宽。

(3) 当调制信号频率加倍时，求调频信号的带宽。

(4) 若峰值频偏减为 1 kHz，则再计算(1)、(2)、(3)。

2-24　已知调频信号 $s_{FM}(t)=10\cos[10^6\pi t+8\cos(10^3\pi t)]$，调制器的频偏常数 $k_f=2$。试求：

(1) 载频 f_c；

(2) 调频指数；

(3) 最大频偏；

(4) 调制信号 $x(t)$。

2-25　幅度为 3 V 的 1 MHz 载波受幅度为 1 V、频率为 500 Hz 的正弦信号调制，最大频偏为 1 kHz。当调制信号幅度增加为 5 V 且频率增至 2 kHz 时，写出新调频波的表达式。

第3章 模拟信号的数字传输

【教学要点】

· 抽样定律：概念、低通信号的抽样定理、带通信号的抽样定理。

· 模拟信号的脉冲调制：脉冲幅度调制(PAM)、脉冲宽度调制(PDM)、脉冲位置调制(PPM)。

· 脉冲编码调制：量化、编码和译码。

· 增量调制：简单增量调制、增量调制的过载特性与编码的动态范围。

· 差值脉冲编码调制：差值脉冲编码调制(DPCM)、自适应差值脉冲编码调制(ADPCM)。

模拟信号数字传输的关键是模数转换和数模转换，简记为 A/D 和 D/A 变换。本章将以语音编码为例，介绍模拟信号数字化的有关原理和技术。模拟信号数字化的方法有多种，目前采用最多的是信号波形的 A/D 变换方法(波形编码)。该方法直接把时域波形变换为数字序列，接收端恢复的信号质量好。此外，A/D 变换的方法还有参量编码，它利用信号处理技术，在频域或其他正交变换域中提取特征参量，再变换成数字代码，其比特率比波形编码低，但接收端恢复的信号质量不够好。这里主要介绍波形编码。

实用的波形编码方法有脉冲编码调制(PCM)和增量调制(ΔM)。本章在介绍抽样定理和脉冲幅度调制的基础上，重点讨论模拟数字化的两种方式，即 PCM 和 ΔM 的原理及性能。

3.1 抽样定理

3.1.1 抽样的概念

抽样是把时间上连续的模拟信号变成一系列时间上离散的抽样值的过程。相反，在接收端能否由此抽样值序列重建原信号，正是抽样定理所要解决的问题。

抽样定理的大致概念是，如果对一个频带有限的时间连续的模拟信号进行抽样，当抽样速率达到一定数值时，那么根据它的抽样值就能重建原信号。也就是说，若要传输模拟信号，不一定要传输模拟信号本身，只需传输按抽样定理得到的抽样值即可。因此，抽样定理是模拟信号数字化的理论依据。

根据信号是低通型的还是带通型的，抽样信号分为低通抽样和带通抽样；根据用来抽样的脉冲序列是等间隔的还是非等间隔的，抽样信号分为均匀抽样和非均匀抽样；根据抽样的脉冲序列是冲击序列还是非冲击序列，抽样信号又可分为理想抽样和实际抽样。

语音信号不仅在幅度取值上是连续的，而且在时间上也是连续的。设模拟信号的频率范围为 $f_0 \sim f_m$，带宽 $B=f_m-f_0$。如果 $f_0<B$，则称之为低通型信号，例如语音信号是低通型信号；若 $f_0 \geqslant B$，则称之为带通型信号，例如载波 12 路群信号(频率范围为 60～108 kHz)、载波 60 路群信号(频率范围为 312～552 kHz)等属于带通型信号。要使语音信号数字化，首先要在时间上对语音信号进行离散化处理，这一处理过程是由抽样来完成的。

所谓抽样就是每隔一定时间间隔 T，抽取模拟信号的一个瞬间幅度值(样值)。抽样是由抽样门来完成的，在抽样脉冲 $s(t)$的控制下，抽样门闭合或断开，其物理过程如图 3 - 1 所示。

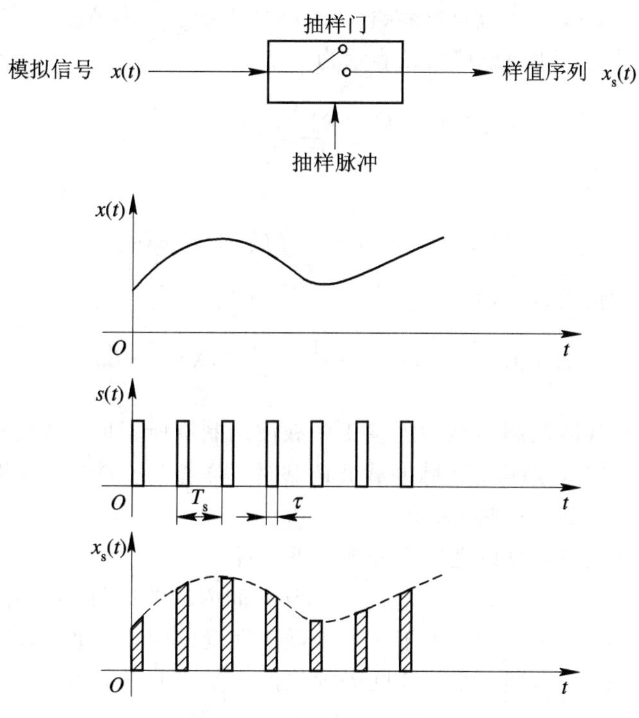

图 3 - 1　抽样的物理过程

当有抽样脉冲时，抽样门开关闭合，其输出为一个模拟信号的样值；当抽样脉冲幅度为零时，抽样门开关断开，其输出为零(假设抽样门等效为一个理想开关)。

图 3 - 1 中输入的低通信号用 $x(t)$表示，一般是连续信号；输出信号用 $x_s(t)$表示，是一个在时间上离散了的已抽样信号。设在抽样周期 T_s 时间内，抽样门开关闭合时间为 τ，断开时间为$(T_s-\tau)$。可见，$x_s(t)$是一个周期为 T_s、宽度为 τ 的脉冲序列，脉冲的幅度在开关接通的时间内正好与 $x(t)$的幅度相同。

$x_s(t)$与 $x(t)$的波形关系可以用如下数学式表示为

$$x_s(t) = x(t)s(t) \tag{3 - 1}$$

式(3 - 1)可以用图 3 - 2(a)所示的乘法器表示。式(3 - 1)中 $s(t)$是一个周期性开关函数，称为抽样函数，相当于线性调制乘法器中用的载波，这是一个非连续波，而且是脉冲波形，因此也称其为脉冲载波，其波形如图 3 - 2(b)所示。

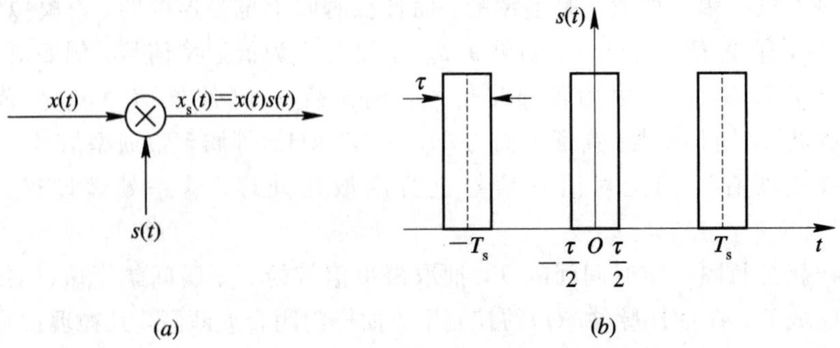

图 3-2　乘法器实现抽样过程

(a) 抽样器可看作乘法器；(b) 开关函数 $s(t)$的波形

采用开关抽样器时，脉冲载波可以表示为

$$s(t)=C_0+\sum_{k=1}^{\infty}C_k\cos k\omega_s t$$

已抽样信号可以表示为

$$x_s(t)=C_0x(t)+\sum_{k=1}^{\infty}C_kx(t)\cos k\omega_s t$$

相应的已抽样信号频谱可以表示为

$$X_s(\omega)=C_0X(\omega)+\frac{1}{2}\sum_{\substack{k=-\infty\\k\neq 0}}^{\infty}C_kX(\omega-k\omega_s)$$

由此可见，脉冲载波调制与线性连续正弦载波调制有所不同。线性连续正弦载波调制时，频谱 $X_s(\omega)$集中在 ω_s 两旁；而脉冲载波调制时，频谱 $X_s(\omega)$不只是集中在 ω_s 两旁，而是分布在 $k\omega_s(k=0,1,2,\cdots)$两旁。

按照抽样波形的特征，可以把抽样分为以下三种。

(1) 自然抽样。如图 3-1 所示，$x_s(t)$在抽样时间内的波形与 $x(t)$的波形完全一样，我们把这种抽样方式称为自然抽样。由于 $x(t)$是随时间变化的，因此 $x_s(t)$在抽样时间 t 内的波形也是随时间变化的，即同一个抽样间隔内幅度不是平直的，而是变化的，因此自然抽样也称为曲顶抽样，图 3-3(b)画出了自然抽样得到的波形。

(2) 平顶抽样。平顶抽样的抽样脉冲在抽样时间 τ 内幅度保持不变，抽样结果虽然在不同抽样时间间隔内的幅度不同，但在同一个抽样间隔内的幅度不变，是平直的，因此称为平顶抽样，其波形如图 3-3(c)所示。也有称平顶抽样为瞬时抽样的，后面会讲到平顶抽样实际上只是瞬时抽样的一个特例。

(3) 理想抽样。在原理上理想抽样和自然抽样差不多。只是此时抽样函数 $s(t)$用一个周期冲激函数代替，即 $s(t)=s_\delta(t)=\sum_{k=-\infty}^{\infty}\delta(t-kT_s)$，这里输出 $x_s(t)$可用 $x_\delta(t)$表示，是一个间隔为 T_s 的冲击脉冲序列。理想抽样是纯理论的，实际上是不能实现的。但引入理想抽样以后对分析问题带来很大的方便。另外理想抽样得出的一些结论，对于用周期窄脉冲(脉冲宽度 $\tau\ll T_s$)作为抽样函数 $s(t)$来说却是一个很好的近似。正因为这样，我们将把理想抽样作为重点加以讨论。图 3-3(d)画出了理想抽样得到的波形。

上面提到的抽样函数的周期 T_s 就是抽样周期，其倒数 $f_s=1/T_s$ 称为抽样频率，每秒

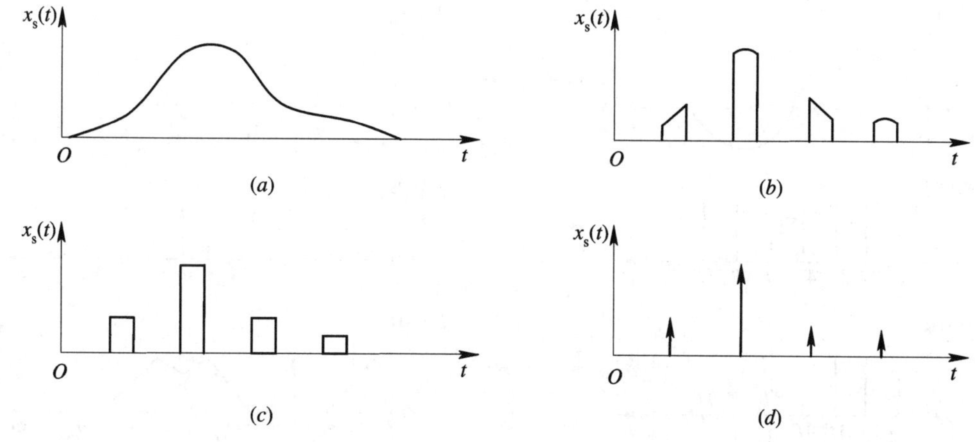

图 3-3　抽样信号的波形

(a) 未抽样的波形；(b) 自然抽样的波形；(c) 平顶抽样的波形；(d) 理想抽样的波形

抽样的次数称为抽样速率，其数值与 f_s 相同。但要注意，在这里抽样速率与码元速率不是一回事，因为在编码时一个抽样值可能编成好几位码。

用周期函数作为抽样函数时，抽样点在时间上必然是均匀分布的，因此这种抽样称为均匀抽样。

3.1.2　低通信号的抽样定理

关于模拟信号(连续波形)的时间离散化，早在20世纪初期到中期，已先后由著名的通信理论先驱奈奎斯特、香农和科捷尔尼可夫进行了研究，并建立了低通信号与带通信号的抽样定理。

低通信号的抽样定理在时域的表述为：对于带限为 f_m 的时间连续信号 $x(t)$，若以速率 $f_s \geqslant 2f_m$ 进行均匀抽样，则 $x(t)$将被所得到的抽样值完全地确定，或者说可以通过这些抽样值无失真地恢复原信号 $x(t)$。

低通信号的抽样定理告诉我们，若抽样速率 $f_s < 2f_m$ 就会产生失真，这种失真称为折叠(或混叠)失真。现从频域角度予以证明。

设抽样脉冲序列 $s_\delta(t)$是周期为 T_s 的单位冲击脉冲序列，抽样后输出信号可表示为 $x_s(t)$，信号的傅立叶变换对有 $x(t)\leftrightarrow X(\omega)$，$x_s(t)\leftrightarrow X_s(\omega)$，$s_\delta(t)\leftrightarrow S_\delta(\omega)$，根据 $x_s(t)=x(t)s_\delta(t)$的关系式，利用频域卷积公式，可以得到

$$X_s(\omega)=\frac{1}{2\pi}[X(\omega)*S_\delta(\omega)]=\frac{1}{T_s}\sum_{k=-\infty}^{\infty}X(\omega-k\omega_s) \tag{3-2}$$

式(3-2)表示，抽样后的样值序列频谱 $X_s(\omega)$由无限多个分布在 ω_s 各次谐波左右的上下边带组成，而其中位于 $n=0$ 处的频谱就是抽样前的语音信号频谱 $X(\omega)$的本身(只差一个系数 $1/T_s$)。图3-4给出了理想抽样的信号及其相应的频谱示意图。

由图3-4可知，样值序列的频谱被扩大了(即频率成分增多了)，但样值序列中含原始语音的信息，因此，对语音信号进行抽样处理是可行的。抽样处理后不仅便于量化、编码，还对语音信号进行了时域压缩，为时分复用创造了条件。在接收端，为了能恢复原始语音信号，要求位于 ω_s 处的下边带频谱能与语音信号频谱分开。

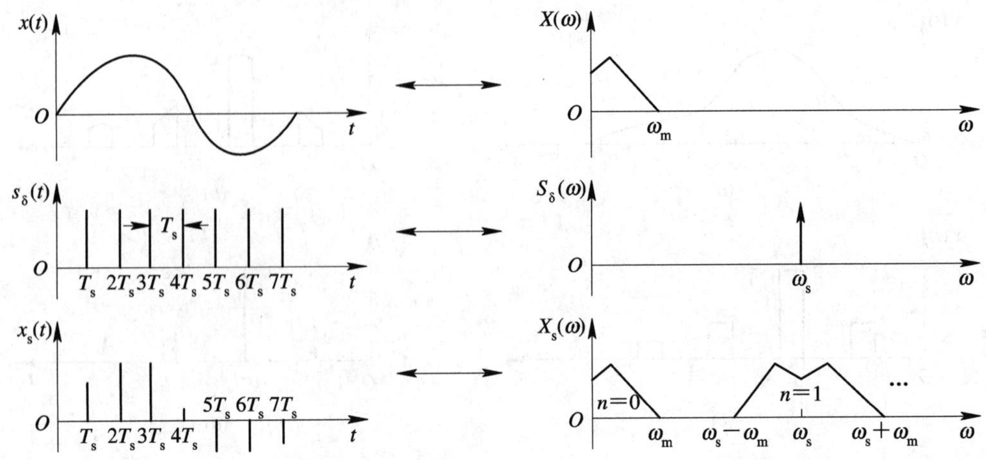

图 3-4　理想抽样信号和频谱图

设原始语音信号的频带限制在 $0\sim f_m$(f_m 为语音信号的最高频率)，由图 3-5(a)可知，在接收端只要用一个低通滤波器把原始语音信号(频带为 $0\sim f_m$)滤出，就可重建原始语音信号。但要获得语音信号的重建，必须使 f_m 与(f_s-f_m)之间有一定宽度的防卫带，如图 3-5(b)所示。否则，f_s 的下边带将与原始语音信号的频带发生重叠而产生失真，如图 3-5(c)所示。这种失真所产生的噪声称为折叠噪声。

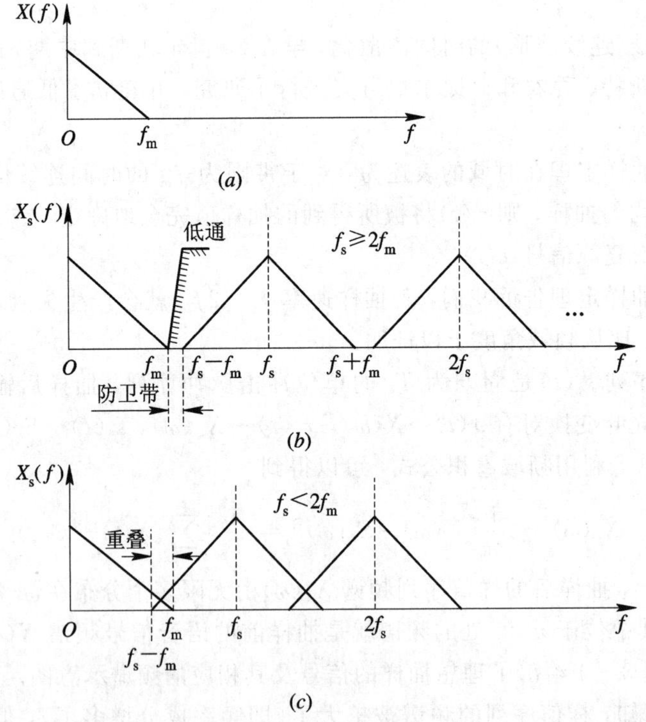

图 3-5　低通信号的抽样频谱图

(a) 信号频谱图；(b) $f_s\geqslant 2f_m$ 时的抽样信号频谱图；(c) $f_s<2f_m$ 时的抽样信号频谱图

这里归纳以下三条结论。

(1) 理想抽样得到的 $X_s(\omega)$ 具有无穷大的带宽。

(2) 只要抽样频率 $f_s \geqslant 2f_m$，$X_s(\omega)$ 中 k 值不同的频谱函数就不会出现重叠的现象。

(3) $X_s(\omega)$ 中 $k=0$ 时的成分是 $X(\omega)/T_s$，与 $X(\omega)$ 的频谱函数只差一个系数 $1/T_s$。因此，只要用一个带宽 B 满足 $f_m \leqslant B \leqslant f_s - f_m$ 的理想低通滤波器，就可以取出 $X(\omega)$ 的成分，不失真地恢复出 $x(t)$ 的波形。

理想抽样和信号恢复的全过程模型可用图 3－6 示出。

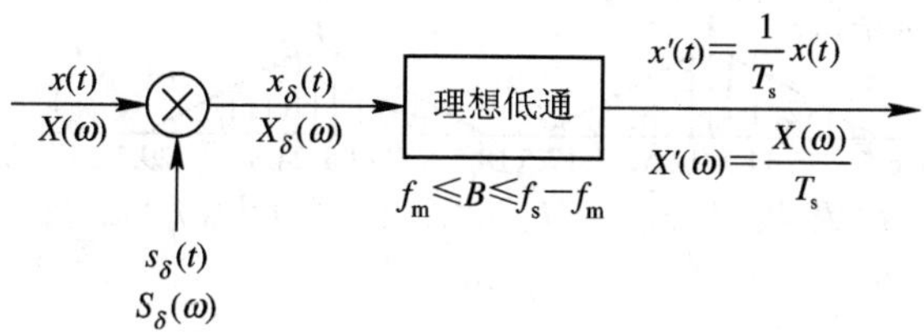

图 3－6　理想抽样和信号恢复的全过程模型

应当指出，抽样频率 f_s 不是越高越好。因为 f_s 太高时，将会降低信道的利用率，所以只要能满足 $f_s \geqslant 2f_m$，并有一定宽度的防卫带即可。

3.1.3　带通信号的抽样定理

实际中遇到的许多信号是带通信号。如果采用低通信号的抽样定理中的抽样速率 $f_s \geqslant 2f_m$，对频率限制在 f_0 与 f_m 之间的带通信号抽样，肯定能满足频谱不混叠的要求。但这样选择后 f_s 太高了，它会使 $0 \sim f_0$ 一大段频谱空隙得不到利用，降低了信道的利用率。为了提高信道利用率，同时又使抽样后的信号频谱不混叠，那么 f_s 到底怎样选择呢？带通信号的抽样定理将回答这个问题。带通均匀抽样定理可描述如下：

一个带通信号 $x(t)$，其频率限制在 f_0 与 f_m 之间，带宽为 $B=f_m-f_0$，则必需的最小抽样速率为

$$f_{s\,\min} = \frac{2f_m}{n+1} \tag{3-3}$$

式中，n 是一个不超过 f_0/B 的最大整数，$n=(f_0/B)_I$，即取 (f_0/B) 的整数。

一般情况下，抽样速率 f_s 应满足如下关系：

$$\frac{2f_m}{n+1} \leqslant f_s \leqslant \frac{2f_0}{n} \tag{3-4}$$

只要满足式(3－4)，就不会发生频谱重叠现象，$x(t)$ 可完全由其抽样值来确定。

如果进一步要求原始信号频带与其相邻频带之间的频带间隔相等，则可按如下公式选择抽样速率 f_s

$$f_s = \frac{2}{2n+1}(f_0 + f_m) \tag{3-5}$$

例 3－1　如某带通信号的频带为 12.5～17.5 kHz，$B=5$ kHz，试确定其抽样速率 f_s。

解　假定选取 $f_s=2f_m=35$ kHz，则带通信号样值序列的频谱不会发生重叠现象，如图 3－7(a)所示。但在频谱中的 $0 \sim f_0$ 频带有一段空隙，没有被充分利用，这样信道利用率不高。

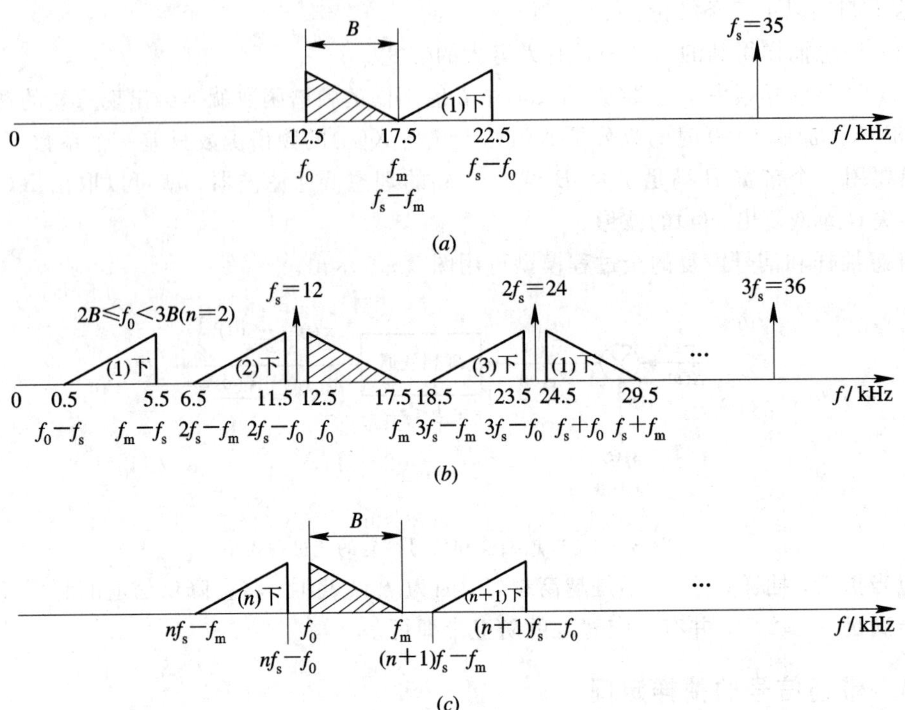

图 3 - 7　带通信号样值序列的频谱

(a) $f_s=2f_m=35$ kHz; (b) $f_s=12$ kHz; (c) $nB\leqslant f_0\leqslant(n+1)B$

为了提高信道利用率，当 $f_0\geqslant B$ 时，可将 n 次下边带$[nf_s-B]$移到 $0\sim f_0$ 频段的空隙内，这样既不会发生重叠现象，又能降低抽样频率，从而减少了信道的传输频带。图 3 - 7(b)的抽样频率 f_s 就是根据上述原则安排的(图中只画出了正频谱)。由图 3 - 7(b)可知，由于信号带宽 $B=5$ kHz，它满足了 $2B\leqslant f_0<3B$ 的条件，因此选择 $f_s=12$ kHz($<2f_m$)时，可在 $0\sim f_0$ 频段内安排两个下边带：一次下边带 $f_s-[B]=0.5\sim5.5$ kHz 和二次下边带 $2f_s-[B]=6.5\sim11.5$ kHz。原始信号频带($12.5\sim17.5$ kHz)的高频侧是三次下边带($18.5\sim23.5$ kHz)及一次上边带($24.5\sim29.5$ kHz)。由此可见，采用 $f_s<2f_m$ 也能有效避免信号频谱重叠的现象。

从图 3 - 7(b)中分析的结果，可归纳如下两点结论。

① 与原始信号($f_0\sim f_m$)可能重叠的频带都是下边带。

② 当 $nB\leqslant f_0<(n+1)B$ 时，在原始信号频带($f_0\sim f_m$)的低频侧，可能重叠的频带是 n 次下边带；在高频侧，可能重叠的频带为$(n+1)$次下边带。

图 3 - 7(c)是一般情况，从图中可知，为了不发生频带重叠，抽样频率 f_s 应满足下列条件：

$$nf_s-f_0\leqslant f_0 \quad 即\ f_{s\max}\leqslant\frac{2f_0}{n}$$

$$(n+1)f_s-f_m\geqslant f_m \quad 即\ f_{s\min}\geqslant\frac{2f_m}{n+1}$$

故

$$\frac{2f_m}{n+1} \leqslant f_s \leqslant \frac{2f_0}{n} \qquad nB \leqslant f_0 \leqslant (n+1)B \qquad (n \text{ 取 } f_0/B \text{ 的整数}) \tag{3-6}$$

式(3-6)即为带通均匀抽样定理的一般表达式。

例 3-2　试求载波 60 路群信号(312～552 kHz)的抽样频率。

解　信号带宽

$$B = f_m - f_0 = 552 - 312 = 240 \text{ kHz}$$

$$n = \left[\frac{f_0}{B}\right]_I = \left[\frac{312}{240}\right]_I = [1.3]_I = 1$$

$$f_{s\,min} \geqslant \frac{2f_m}{n+1} = 552 \text{ kHz}$$

$$f_{s\,max} \leqslant \frac{2f_0}{n} = 624 \text{ kHz}$$

当要求原始信号频带与其相邻频带之间的频带间隔相等时，有

$$f_s = \frac{2}{2n+1}(f_0 + f_m) = 566 \text{ kHz}$$

所以，60 路群信号的抽样频率应为 566 kHz。

图 3-8 是根据 $f_{s\,min} = \frac{2f_m}{n+1}$ 作出的曲线。可以看出：对带通信号来说，抽样速率的最小值在 $2B$ 和 $4B$ 之间，即

$$2B \leqslant f_{s\,min} \leqslant 4B \tag{3-7}$$

取值随 f_0/B 值的不同而不同。当 f_0/B 为整数时，$f_{s\,min}$ 为最低值 $2B$，其他情形均大于 $2B$，且当 f_0 远大于 B 时，无论 f_s 是否为 B 的整数倍，抽样速率均近似取 $2B$。

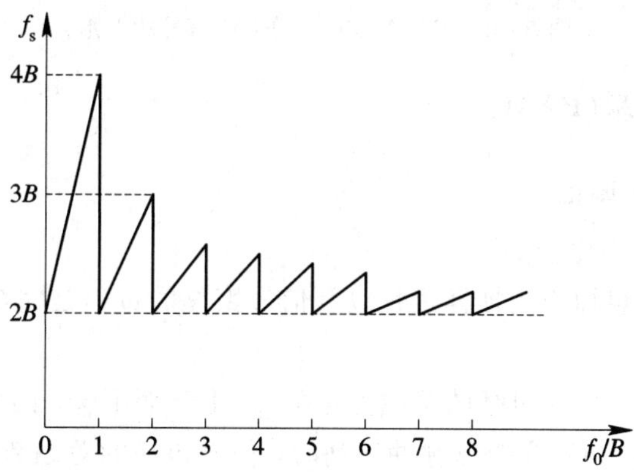

图 3-8　带通信号的最低抽样速率

3.2　模拟信号的脉冲调制

第 2 章中讨论的连续波调制是以连续振荡的正弦信号作为载波的。然而，正弦信号并

非是唯一的载波形式，利用时间上离散的脉冲序列作为载波，同样可获得已调信号，这就是模拟信号的脉冲调制。模拟信号的脉冲调制就是以时间上离散的脉冲序列作为载波，用模拟基带信号 $x(t)$去控制脉冲序列的某参数，使其按 $x(t)$的规律变化的调制方式。通常，按基带信号改变脉冲参量(幅度、宽度和位置)的不同，把模拟信号的脉冲调制分为脉冲振幅调制(PAM)、脉冲宽度调制(PDM)和脉冲位置调制(PPM)，波形如图 3 - 9 所示。虽然这三种信号在时间上都是离散的，但受调参量变化是连续的，因此也都属于模拟信号。

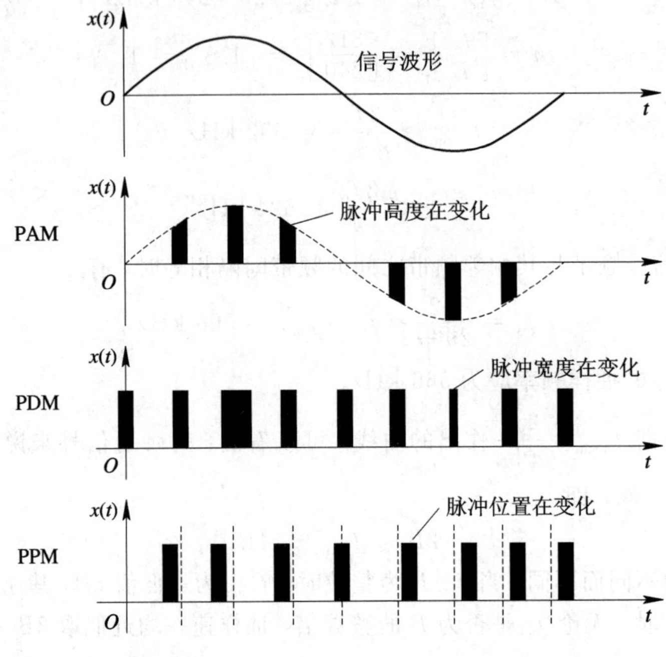

图 3 - 9 PAM、PDM、PPM 信号的波形

3.2.1 脉冲振幅调制(PAM)

1. 自然抽样的脉冲调幅

自然抽样与理想抽样比较如下。

(1) 自然抽样与理想抽样的抽样过程以及信号恢复的过程是完全相同的，差别只是使用的 $s(t)$不同。

(2) 自然抽样的 $X_s(\omega)$的包络的总趋势是随$|f|$上升而下降，因此带宽是有限的，而理想抽样的带宽是无限的。$s(t)$为矩形脉冲序列时，信号包络的总趋势按 Sa 曲线下降，带宽与 τ 有关。τ 越大，带宽越小；τ 越小，带宽越大。

(3) τ 的大小要兼顾通信中对带宽和脉冲宽度的要求。通信中一般对信号带宽的要求是越小越好，因此要求 τ 大。但通信中为了增加时分复用的路数，又要求 τ 小。显然，二者是矛盾的。

2. 平顶抽样的脉冲调幅

平顶抽样又叫瞬时抽样，它与自然抽样的不同之处在于抽样后信号中的脉冲均具有相同的形状——顶部平坦的矩形脉冲，矩形脉冲的幅度即为瞬时抽样值。

恢复原基带信号 $x(t)$，通常采用以下两种方式。

(1) 在脉冲形成电路之后加一修正网络，修正网络的传输函数在信号的频带范围内满足 $1/Q(\omega)$，修正后的信号通过低通滤波器便能无失真地恢复出原基带信号 $x(t)$，其原理方框图如图 3－10 所示。

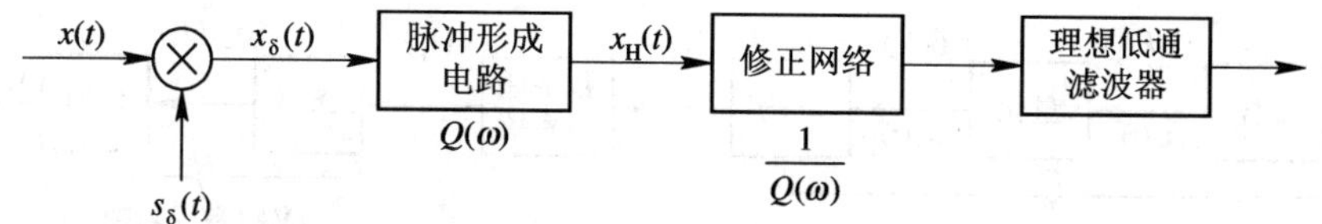

图 3－10　用修正网络恢复平顶抽样信号的原理方框图

(2) 在脉冲形成电路之后加一理想抽样，理想抽样后的信号可通过低通滤波器无失真地恢复出原基带信号 $x(t)$，其原理方框图如图 3－11 所示。

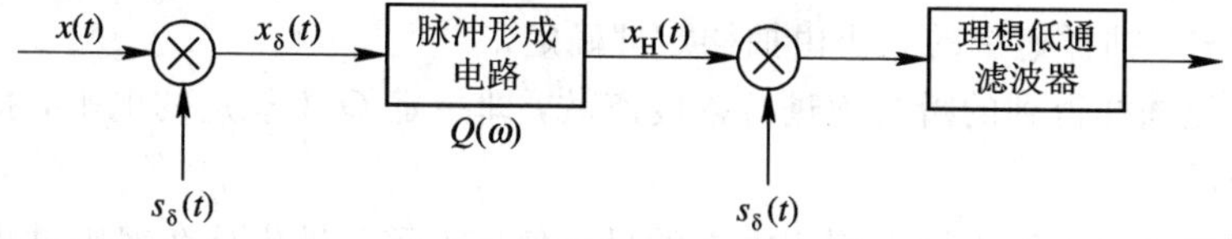

图 3－11　用理想抽样恢复平顶抽样信号的原理方框图

在实际应用中，恢复信号的低通滤波器也不可能是理想的，因此考虑到实际滤波器可能实现的特性，抽样速率 f_s 要比 $2f_m$ 选的大一些，一般 $f_s=(2.5\sim3)f_m$。例如，语音信号的频率一般为 300～3400 Hz，抽样速率 f_s 一般取 8000 Hz。

以上按自然抽样和平顶抽样均能构成 PAM 通信系统，也就是说，可以在信道中直接传输抽样后的信号。但由于它们抗干扰能力差，目前很少使用。

3.2.2　脉冲宽度调制(PDM)

脉冲宽度调制(PDM)简称脉宽调制，与 PAM 不同，它是等幅的脉冲序列，抽样时刻各 $x(kT_s)$ 的离散值与该载波脉冲序列对应位脉冲的宽度成正比。于是，宽度不同的、间隔为 T_s 的已调序列就荷载了相应的抽样值 $x(kT_s)$ 的信息。

当接收解调时，将各点的不同宽度简单地转为 PAM，然后进行低通滤波，恢复出原信号。

3.2.3　脉冲位置调制(PPM)

脉冲位置调制(PPM)简称脉位调制，它是以均匀间隔为信号抽样间隔的等幅脉冲序列作为载波，使各脉冲位置在不同方向移位的大小与信号样本值 $x(kT_s)$ 对应成正比。

PPM 信号实现方式与 PDM 没有本质差别。PPM 在光调制和光信号处理技术中已得到广泛应用。

3.3　脉冲编码调制(PCM)

脉冲编码调制(PCM)简称脉码调制，其系统原理框图如图 3－12 所示。首先，在发送端进行波形编码，有抽样、量化和编码三个基本过程，把模拟信号变换为二进制数码。通过数字通信系统进行传输后，在接收端进行相反的变换，由译码和低通滤波器完成，把数字信号恢复为原来的模拟信号。

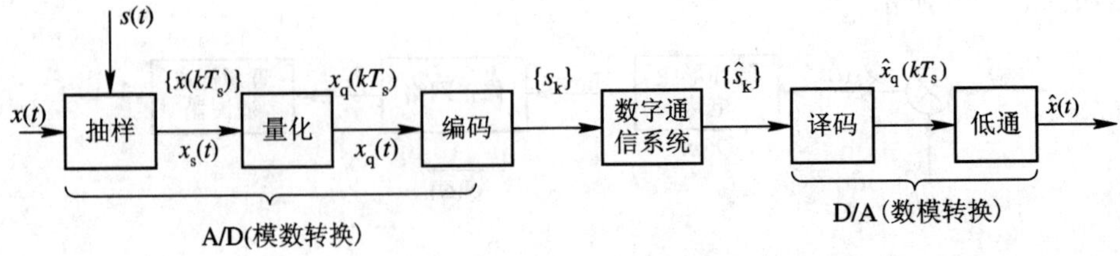

图 3-12　PCM 系统原理框图

抽样原理前面已经讲过，是对模拟信号进行周期性的扫描，把时间上连续的信号变成时间上离散的信号。我们要求经过抽样的信号应包含原信号的所有信息，即能无失真地恢复出原模拟信号。抽样速率的大小由抽样定理确定。

量化是把经抽样得到的瞬时值进行幅度离散，即指定 Q 个规定的电平，把抽样值用最接近的电平表示。

编码是用二进制码组表示有固定电平的量化值。实际上量化是在编码过程中同时完成的。图 3-13 是 PCM 单路抽样、量化、编码波形图。

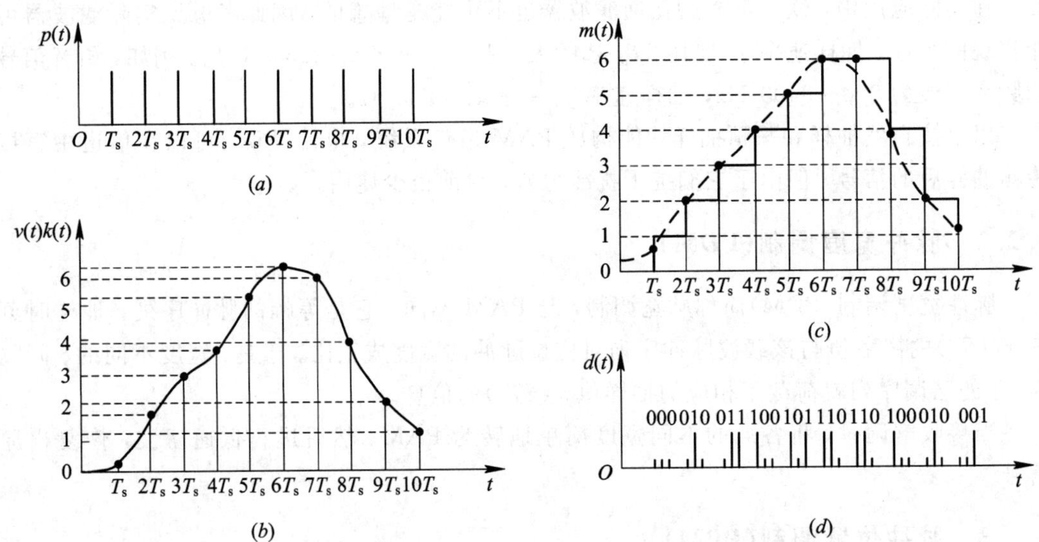

图 3-13　PCM 单路抽样、量化、编码波形图

(a) 抽样脉冲；(b) PCM 抽样波形图；(c) PCM 量化波形图；(d) PCM 编码波形图

3.3.1　量化

模拟信号经过抽样后，虽然在时间上离散了，但是，抽样值脉冲序列幅度仍然取决于输入模拟信号，即幅度取值是任意的、无限的(即连续的)，因此它仍然属于模拟信号，不能直接进行数字传输。为了实现这些抽样信号的数字传输，就必须对它在幅值上进行有限值变换，使其在幅度取值上离散化，并对其进行编码，这就是量化的目的。

量化的物理过程可通过图 3-14 表示的例子加以说明，其中 $x(t)$是模拟信号，抽样速率为 $f_s=1/T_s$，抽样值用“·”表示。第 k 个抽样值为 $x(kT_s)$，$m_1 \sim m_Q$ 表示 Q 个电平(这里 $Q=7$)，它们是预先规定好的，相邻电平间距离称为量化间隔，用“Δ”表示。x_i 表示第 i 个量化电平的终点电平，那么量化应该是

$$x_q(kT_s) = m_i \qquad x_{i-1} \leqslant x(kT_s) \leqslant x_i \tag{3-8}$$

例如图 3-14 中，$t=4T_s$ 时的抽样值 $x(4T_s)$在 x_5 和 x_6 之间，此时按规定量化值为 m_6。量化器输出是图 3-14 中的阶梯波形 $x_q(t)$，其中

$$x_q(t) = x_q(kT_s) \qquad kT_s \leqslant t \leqslant (k+1)T_s \tag{3-9}$$

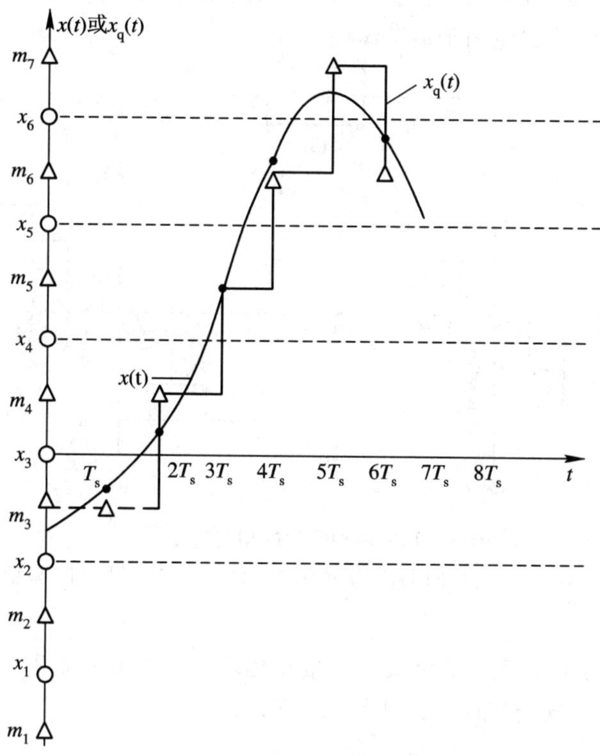

图 3-14　量化的物理过程

从上面结果可见，$x_q(t)$阶梯信号是用 Q 个电平去取代抽样值的一种近似，近似的原则就是量化原则。量化电平数越大，$x_q(t)$就越接近 $x(t)$。

$x_q(kT_s)$与 $x(kT_s)$的误差称为量化误差。根据量化原则，量化误差不超过$\pm\Delta/2$，而量化级数目越多，Δ 值越小，量化误差也就越小。量化误差一旦形成，在接收端无法去掉，它与传输距离、转发次数无关，又称为量化噪声。

衡量量化性能好坏的最常用指标是量化信噪功率比(S_q/N_q)，其中 S_q 表示 $x_q(kT_s)$产生的功率，N_q 表示由量化误差产生的功率。(S_q/N_q)越大，说明量化性能越好。

图 3-14 所表示的量化，其量化间隔是均匀的，这种量化称为均匀量化。还有一种量化间隔不均匀的量化，称为非均匀量化。非均匀量化克服了均匀量化的缺点，是语音信号实际应用的量化方式，下面分别加以讨论。

1. 均匀量化

量化间隔相等的量化称为均匀量化，图 3-14 即是均匀量化的例子。下面较为详细地讨论均匀量化的特性、量化误差功率和量化信噪比。

1) 量化特性

量化特性是指量化器的输入、输出特性。均匀量化的量化特性是等阶距的梯形曲线。图 3-15 中示出了两种常用的均匀量化特性，其中图 3-15(*b*)为“中间上升”型量化器特性，其原点出现在阶梯形函数上升部分中点；图 3-15(*c*)为“中间水平”型量化器特性，其原点出现在阶梯形函数水平部分中点。二者的区别仅在于输入为空闲噪声时输出电平有无变化，“中间上升”型量化器适用于语音编码。

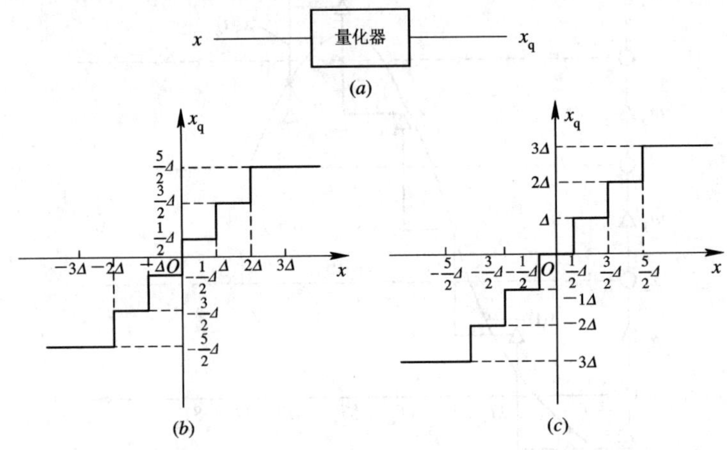

图 3-15 两种常用的均匀量化特性

(*a*) 量化器框图；(*b*) “中间上升”型量化器特性；(*c*) “中间水平”型量化器特性

2) 量化误差功率

(1) 量化误差。前已谈到，量化误差是量化器输入、输出的差别。在不同的输入工作区，误差显示出两种不同的特性，如图 3-16 所示。

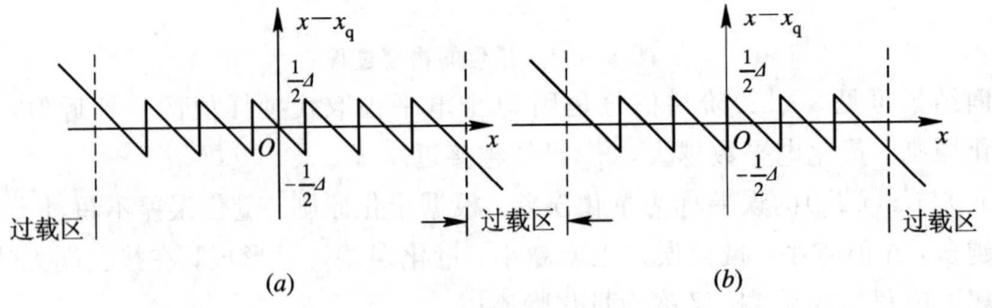

图 3-16 量化误差曲线

(*a*) 中间水平；(*b*) 中间上升

第一个工作区域是锯齿形特性的量化误差区。在这一区域内，量化误差受量化间隔大小的制约，这个区域由量化器的动态范围确定，通常也称为量化区或线性工作区。量化器的正确运用是设法调节输入信号，使其动态范围与量化器的动态范围相匹配，可由增益控制系统来完成。

第二个工作区域为非量化误差区。这个区域的误差特性是线性增长的，这个区也称为过载区或饱和区。这种误差比量化误差大，对重建信号有很坏的影响。

(2) 量化误差功率。量化误差功率应包括未过载噪声功率和过载量化噪声功率两部分，需分别加以计算。

对于随机输入信号来说，量化误差功率不仅与 Δ 有关，还与模拟输入信号概率分布有关。如果在某一量化间隔内，$x(kT_s)$ 出现的少，必然在此范围内出现的量化噪声功率小。由于落在某一量化间隔的模拟信号概率不同，所以应计算平均的量化噪声功率。

设输入模拟信号 x 的概率密度函数是 $f_x(x)$，x 的取值范围为 (a, b)，且假设不会出现过载量化，则量化误差功率 N_q 为

$$N_q = E\{(x-x_q)^2\} = \int_a^b (x-x_q)^2 f_x(x)\,dx$$

$$= \sum_{i=1}^{Q} \int_{x_{i-1}}^{x_i} (x-m_i)^2 f_x(x)\,dx \tag{3-10}$$

式中，Q 为量化电平数；m_i 为第 i 个电平，可表示为 $m_i=(x_{i-1}+x_i)/2$ $(i=1, 2, \cdots, Q)$；x_i 为第 i 个量化间隔的终点，可表示为 $x_i=a+i\Delta$。

一般来说，量化电平数 Q 很大，Δ 很小，因而可认为在量化间隔 Δ 内 $f_x(x)$ 不变，以 p_i 表示，且假设各层之间量化噪声相互独立，则 N_q 表示为

$$N_q = \sum_{i=1}^{Q} p_i \int_{x_{i-1}}^{x_i} (x-m_i)^2\,dx = \frac{\Delta^2}{12}\sum_{i=1}^{Q} p_i\Delta = \frac{\Delta^2}{12} \tag{3-11}$$

式中，p_i 代表第 i 个量化间隔概率密度；Δ 为均匀量化间隔。因假设不出现过载现象，故上式中 $\sum_{i=1}^{Q} p_i\Delta = 1$。

从式(3－11)可以看出，N_q 仅与 Δ 有关，而均匀量化间隔 Δ 是给定的，故无论抽样值大小如何，均匀量化误差功率 N_q 都是相同的。

3) 量化信噪比

量化信噪比是衡量量化性能好坏的指标(其中，式(3－10)给出量化噪声功率)。按照上面给出的条件，可得出量化信号功率 S_q 为

$$S_q = E(x_q^2) = \int_a^b x_q^2 f_x(x)\,dx = \sum_{i=1}^{Q}(m_i)^2 \int_{x_{i-1}}^{x_i} f_x(x)\,dx \tag{3-12}$$

由于 S_q/N_q 就是量化信噪比，因此，只要给出 $f_x(x)$，就可计算出信噪比值。

例 3－3　在测量时往往用正弦信号来判断量化信噪比。若设正弦信号为 $x(t)=A_m\cos\omega t$，则 $S_q=A_m^2/2$。若量化幅度范围为 $-V \sim +V$，且信号不过载(即 $A_m<V$)，则量化信噪比为

$$\frac{S_q}{N_q} = \frac{A_m^2/2}{\Delta^2/12} = \frac{V^2/2}{\Delta^2/12}\left(\frac{A_m}{V}\right)^2$$

把 $\Delta=2V/Q$ 代入上式，且设 Q 电平需 k 位二进制代码表示(即 $2^k=Q$)，则由上式得

$$\frac{S_q}{N_q} = \frac{3}{2}2^{2k}\left(\frac{A_m}{V}\right)^2 = 6k+1.7+20\lg\frac{A_m}{V}\quad(\text{dB}) \tag{3-13}$$

当 $A_m=V$ 时，得到正弦测试信号量化信噪比为

$$\left[\frac{S_q}{N_q}\right]_{max} = 6k + 1.7\ (\text{dB}) \tag{3-14}$$

由式(3－13)和式(3－14)可知，每增加一位编码，量化信噪比就提高 6 dB。

4) 均匀量化的缺点

如上所述，均匀量化时其量化信噪比随信号电平的减小而下降。产生这一现象的原因就是均匀量化时的量化间隔 Δ 为固定值，而量化误差不管输入信号的大小均在 $(-\Delta/2, \Delta/2)$ 内变化，故大信号时量化信噪比大，小信号时量化信噪比小。对于语音信号来说，小信号出现的概率要大于大信号出现的概率，这就使平均信噪比下降。同时，为了满足一定的信噪比输出要求，输入信号应有一定范围(即动态范围)，由于小信号信噪比明显下降，也使输入信号范围减小。要改善小信号量化信噪比，可以采用量化间隔非均匀的方法，即非均匀量化可改善小信号时的量化信噪比。

2. 非均匀量化

非均匀量化是一种在整个动态范围内量化间隔不相等的量化。在信号幅度小时，量化间隔划分得小；信号幅度大时，量化间隔也划分得大。为了提高小信号的信噪比，可适当减少大信号信噪比，使平均信噪比提高，获得较好的小信号接收效果。

实现非均匀量化的方法之一是采用压缩扩张技术，如图 3－17 所示。它的基本思想是在均匀量化之前先让信号经过一次压缩处理，对大信号进行压缩而对小信号进行较大的放大(如图 3－17(*b*)所示)。信号经过这种非线性压缩电路处理后，改变了大信号和小信号之间的比例关系，大信号的比例基本不变或变得较小，而小信号相应地按比例增大，即“压大补小”。这样，对经过压缩器处理的信号再进行均匀量化，量化的等效结果就是对原信号进行非均匀量化。接收端将收到的相应信号进行扩张，以恢复原始信号原来的相对关系。扩张特性与压缩特性相反，具有扩张特性的电路称为扩张器。

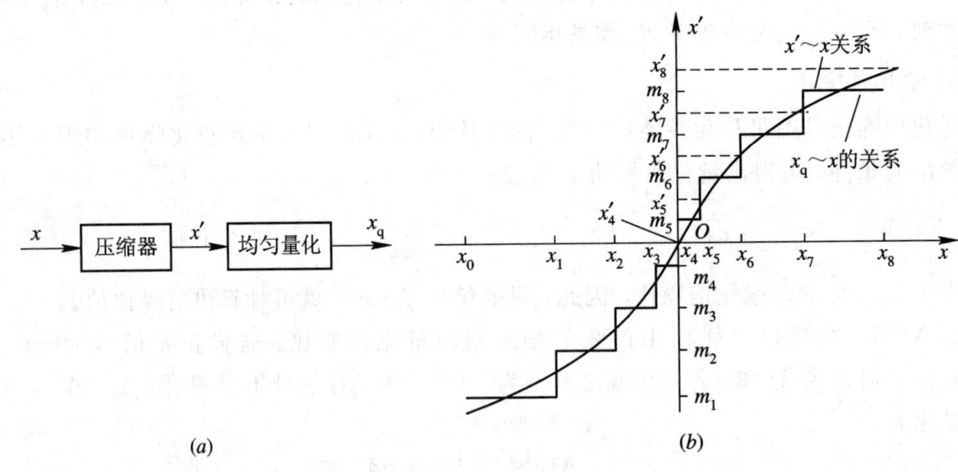

图 3－17　非均匀量化原理

(*a*) 原理框图；(*b*) 压扩曲线

在 PCM 技术的发展过程中，曾提出过许多压扩方法。目前数字通信系统中采用两种压扩特性：一种是以 μ 作为参数的压扩特性，称为 μ 律压扩特性；另一种是以 A 作为参数的压扩特性，称为 A 律压扩特性，下面进行介绍。

1) μ 律与 A 律压扩特性

μ 律和 A 律归一化压扩特性表示式分别为

μ 律：

$$y=\pm\frac{\ln(1+\mu|x|)}{\ln(1+\mu)}\quad -1\leqslant x\leqslant 1 \tag{3-15}$$

A 律：

$$y=\begin{cases}\dfrac{Ax}{1+\ln A} & 0\leqslant|x|\leqslant\dfrac{1}{A}\\ \pm\dfrac{1+\ln A|x|}{1+\ln A} & \dfrac{1}{A}<|x|\leqslant 1\end{cases} \tag{3-16}$$

式(3-15)和式(3-16)中，x 为归一化输入；y 为归一化输出；A、μ 为压扩系数。对 A 特性求导可得 $A=87.6$ 时的值为

$$\frac{dy}{dx}=\begin{cases}16 & 0\leqslant|x|<\dfrac{1}{A}\\ \dfrac{0.1827}{x} & \dfrac{1}{A}\leqslant|x|\leqslant 1\end{cases} \tag{3-17}$$

当 $x=1$ 时，放大量缩小为 0.1827，显然大信号比小信号下降很多，这样就起到了压扩的作用。对于 μ 律也有类似的结论。

以上特性早期是通过非线性元件来实现的，目前则广泛应用数字电路来实现压扩律。用数字电路来实现压扩特性的技术就是数字压扩技术。

2) 数字压扩技术

(1) 数字压扩技术。这是一种通过大量的数字电路形成若干段折线，并用这些折线来近似 A 律或 μ 律压扩特性，从而达到压扩目的的方法。

用折线作压扩特性，它既不同于均匀量化的直线，又不同于对数压扩特性的光滑曲线。虽然总的来说用折线作压扩特性是非均匀量化的，但它既有非均匀量化(不同折线有不同斜率)，又有均匀量化(在同一折线的小范围内)。有两种常用的数字压扩技术：一种是 13 折线 A 律压扩，它的特性近似 $A=87.6$ 的 A 律压扩特性；另一种是 15 折线 μ 律压扩，其特性近似 $\mu=255$ 的 μ 律压扩特性。13 折线 A 律主要用于英、法、德等欧洲各国的 PCM 30/32 路基群中，我国的 PCM 30/32 路基群也采用 13 折线 A 律。15 折线 μ 律主要用于美国、加拿大和日本等国的 PCM-24 路基群中。CCITT 建议 G.711 规定上述两种折线近似压扩律为国际标准，且在国际间数字系统相互连接时，要以 A 律为标准。因此这里仅介绍 13 折线 A 律压扩特性。

(2) 13 折线 A 律的产生。设在直角坐标系中，x 轴和 y 轴分别表示输入信号和输出信号，并假定输入信号和输出信号的取值范围为 $+1\sim-1$(已归一化)。

折线 A 律产生的具体方法是：在 x 轴 0～1 范围内，以 1/2 递减规律分成 8 个不均匀的段，其分段点为 1/2、1/4、1/8、1/16、1/32、1/64 和 1/128。形成的 8 个不均匀段由小到大依次为：1/128、1/128、1/64、1/32、1/16、1/8、1/4 和 1/2，其中，第一、第二两段长度相等，都是 1/128。上述 8 段之中，每一段都要再均匀地分成 16 等份，每一等份就是一个量化级。在每一段内这些等份(即 16 个量化级)的长度是相等的，但是，在不同的段内，这些量化级又是不相等的。因此，输入信号的取值范围 0～1 总共被划分为 128(16×8)个

不均匀的量化级。可见，用这种分段方法就可使输入信号形成一种不均匀量化分级。它对小信号的量化级分得细，最小量化级(第一、二段的量化级)为(1/128)×(1/16)＝1/2048；对大信号的量化级分得粗，最大量化级为1/(2×16)＝1/32。一般最小量化级为一个量化单位，用Δ表示，可以计算出输入信号的取值范围0～1总共被划分为2048Δ。把y轴也分成8段，不过是均匀地分成8段。y轴的每一段又被均匀地分成16等份，每一等份就是一个量化级。于是y轴的区间0～1就被分为128个均匀量化级，每个量化级均为1/128。图3－18给出了这一具体方法的示意。

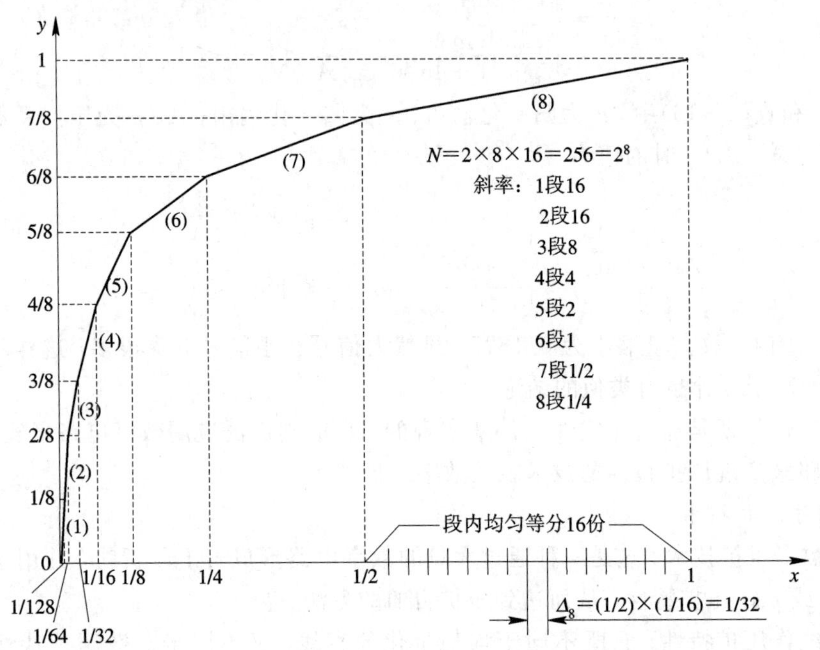

图3－18　13折线A律压扩特性

将x轴的8段和y轴的8段各相应段的交点连接起来，于是就得到由8段直线组成的折线。由于y轴是被均匀分为8段的，每段长度为1/8，而x轴是被不均匀分成8段的，每段长度不同，因此，可分别求出8段直线线段的斜率(图3－18中给出)。可见，第1、2段斜率相等，因此可看成一条直线段，实际上得到7条斜率不同的折线。

以上分析是对正方向的情况。由于输入信号通常有正、负两个极性，因此，在负方向上也有与正方向对称的一组折线。因为正方向上的第1、2段与负方向的第1、2段具有相同的斜率，于是我们可将其连成一条直线段，因此，正、负方向总共得到13段直线，由这13段直线组成的折线称为13折线，如图3－19所示。

由图3－19可见，第1、2段斜率最大，越往后斜率越小，因此13折线是逼近压扩特性的，具有压扩作用。13折线可用式(3－16)表示，由于第1、2段斜率为16，根据式(3－17)知A＝87.6，因此，这种特性称为A＝87.6的13折线压扩律，或简称A律。

由图3－19还可以看出，这时的压扩和量化是结合进行的，即用不均匀量化的方法实现了压扩的目的，在量化的同时就进行了压扩，因此不必再用专用的压扩器进行压扩。此外，经过13折线变换之后，将输入信号量化为2×128个离散状态(量化级)，因此，可用8位二进制码直接表示。

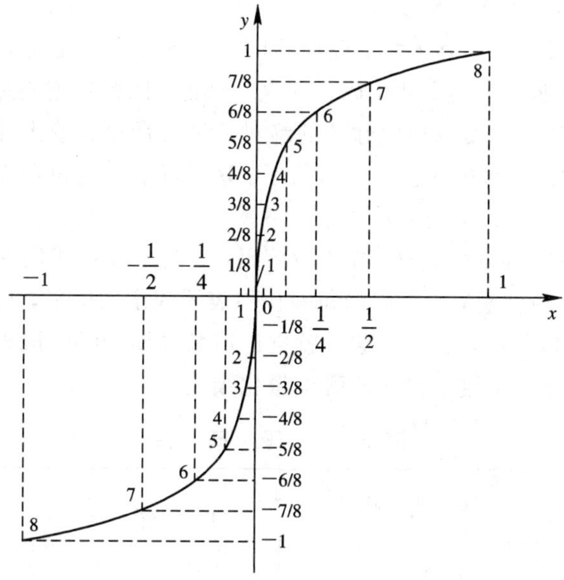

图 3 - 19　13 折线

采用 15 折线 μ 律非均匀量化，并编 8 位码时，也同样可以达到电话信号的要求而有良好的质量。

前面讨论量化的基本原理时，并未涉及量化的电路，这是因为量化过程不是以独立的量化电路来实现的，而是在编码过程中实现的，故原理电路框图将在编码中讨论。

3.3.2　编码和译码

已知模拟信号经过抽样、量化后，还需要进行编码处理，才能使离散样值形成更适合的二进制数字信号形式进入信道传输，这就是 PCM 基带信号。接收端将 PCM 信号还原成模拟信号的过程称为译码。这里主要介绍常用二进制码及编、译码器的工作原理。

1. 编码原理

这里仅讨论常用的逐次反馈型编码，并说明编码原理。

1）*编码码型*

在 PCM 中常用折叠二进制码作为编码码型。折叠码是目前 13 折线 A 律 PCM30/32 路设备所采用的码型。折叠码的第 1 位码代表信号的正、负极性，其余各位代表量化电平的绝对值。

目前国际上普遍采用 8 位非线性编码。例如，PCM 30/32 路终端机中最大输入信号幅度对应 4096 个量化单位(最小的量化间隔称为一个量化单位)，在 4096 单位的输入幅度范围内，被分成 256 个量化级，因此须用 8 位码表示每一个量化级。用于 13 折线 A 律特性的 8 位非线性编码的码组结构如表 3 - 1 所示。

表 3 - 1　8 位非线性编码的码组结构

极性码	段落码	段内码
M_1	$M_2M_3M_4$	$M_5M_6M_7M_8$

表 3－1 中，第 1 位码 M_1 的数值"1"或"0"分别代表信号的正或负极性，称为极性码。从折叠二进制码的规律可知，对于两个极性不同，但绝对值相同的样值脉冲，用折叠码表示时，除极性码 M_1 不同外，其余几位码是完全一样的。因此在编码过程中，只要将样值脉冲的极性判出后，编码器便是以样值脉冲的绝对值进行量化和输出码组的。这样只要考虑 13 折线中对应于正输入信号的 8 段折线就行了。这 8 段折线共包含 128 个量化级，正好用剩下的 7 位码(M_2，…，M_8)就能表示出来。

第 2 位至第 4 位码(即 $M_2M_3M_4$)称为段落码，因为 8 段折线用 3 位码就能表示，具体划分如表 3－2 所示。应注意，段落码的每一位不表示固定的电平，只是用 M_2、M_3、M_4 的不同排列码组表示各段的起始电平。这样就把样值脉冲属于哪一段先确定下来了，以便很快地定出样值脉冲应纳入到这一段内的哪个量化级上。

表 3－2　段　落　码

段落序号	段落码	段落序号	段落码
	M_2 M_3 M_4		M_2 M_3 M_4
8	1 1 1	4	0 1 1
7	1 1 0	3	0 1 0
6	1 0 1	2	0 0 1
5	1 0 0	1	0 0 0

第 5 位至第 8 位(即 $M_5M_6M_7M_8$)称为段内码，每一段中的 16 个量化级就是用这 4 位码表示的，段内码具体的分法如表 3－3 所示。由表 3－3 可见，4 位段内码的变化规律具有与段落码相似的变化规律。

表 3－3　段　内　码

电平序号	段内码	电平序号	段内码
	M_5 M_6 M_7 M_8		M_5 M_6 M_7 M_8
15	1 1 1 1	7	0 1 1 1
14	1 1 1 0	6	0 1 1 0
13	1 1 0 1	5	0 1 0 1
12	1 1 0 0	4	0 1 0 0
11	1 0 1 1	3	0 0 1 1
10	1 0 1 0	2	0 0 1 0
9	1 0 0 1	1	0 0 0 1
8	1 0 0 0	0	0 0 0 0

这样，一个信号的正负极性用 M_1 表示；幅度在一个方向(正或负)有 8 个大段用 $M_2M_3M_4$ 表示；具体落在某段落内的电平上，用 4 位段内码 $M_5M_6M_7M_8$ 表示。表 3－4 列

出了 13 折线 A 律每一个量化段的起始电平 I_{si}、量化间隔 Δ_i、段落码($M_2M_3M_4$)以及段内码($M_5M_6M_7M_8$)的权值(对应电平)。

表 3－4　13 折线 A 律幅度码与其对应电平

量化段序号 $i=1\sim8$	电平范围 (Δ)	段落码 M_2	M_3	M_4	段落起始电平 I_{si}(Δ)	量化间隔 Δ_i(Δ)	段内码对应权值(Δ) M_5	M_6	M_7	M_8
8	1024～2048	1	1	1	1024	64	512	256	128	64
7	512～1024	1	1	0	512	32	256	128	64	32
6	256～512	1	0	1	256	16	128	64	32	16
5	128～256	1	0	0	128	8	64	32	16	8
4	64～128	0	1	1	64	4	32	16	8	4
3	32～64	0	1	0	32	2	16	8	4	2
2	16～32	0	0	1	16	1	8	4	2	1
1	0～16	0	0	0	0	1	8	4	2	1

2) 编码原理

图 3－20 是逐次比较型编码器原理图。它由抽样保持、全波整流、极性判决、比较器及本地译码器等组成。

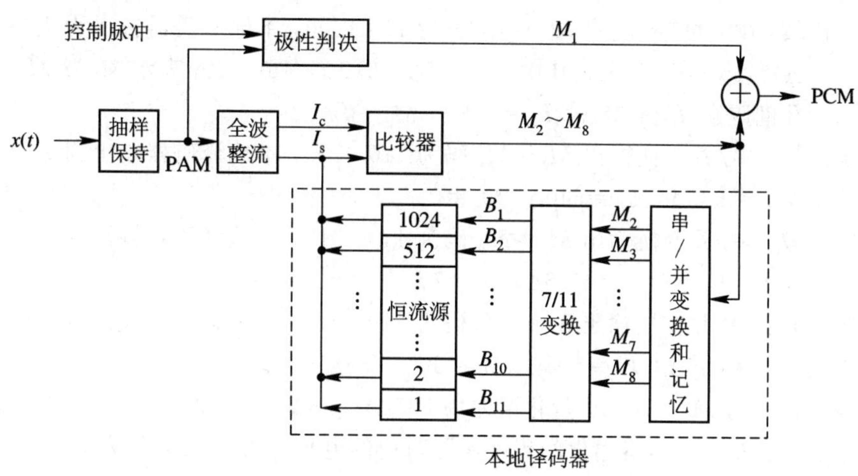

图 3－20　逐次比较型编码器原理图

抽样后的模拟 PAM 信号，需经保持展宽后再进行编码。保持后的 PAM 信号仍为双极性信号。将该信号经过全波整流变为单极性信号。对此信号进行极性判决，编出极性码 M_1。当信号为正极性时，极性判决电路输出"1"码，反之输出"0"码。

由于 13 折线法中用 7 位二进制码代表段落和段内码，所以对一个信号的抽样值需要进行 7 次比较，每次所需的标准电流均由本地译码器提供。

除 M_2 码外，$M_3\sim M_8$ 码的判定值是与先行码的状态有关的，所以本地解码器产生判定值时，要把先行码的状态反馈回来。先行码 $M_2\sim M_8$ 串行输入串/并变换和记忆电路，变为并行码输出。这里要强调的是：对于先行码(已编好的码)，$M_i(i=3,\cdots,8)$有确定值 0 或 1；对于当前码(正准备编的码)，M_i 取值为 1；对于后续码(尚未编的码)，M_i 取值为 0。开始编码时，M_2 取值为 1，$M_3 \sim M_8$ 取值为 0，意味着 $I_s = 128\Delta$，即对应着 8 个段落的中点值。

在判定输出码时，第 1 次比较应先确定取样信号 I_c 是属于 8 大段的上 4 段还是下 4 段，这时权值 I_s 是 8 段的中间值，$I_s = 128\Delta$。I_c 落在上 4 段，$M_2 = 1$；I_c 落在下 4 段，$M_2 = 0$。第 2 次比较要确定第 1 次比较时 I_s 在 4 段的上两段还是下两段，当 I_c 在上两段时，$M_3 = 1$，否则 $M_3 = 0$。同理，用 M_4 为"1"或"0"来表示 I_c 落在两段的上一段还是下一段。可以说段落码编码的过程是确定 I_c 落在 8 段中的哪一段，并用这段起始电平表示 I_s 的过程。

段内码的编码过程与段落码相似，即决定 I_c 落在某段 16 等份中的哪一间隔内，并用这个间隔的起始电平表示 I_s，直至编出 $M_5 \sim M_8$。下面举例说明。

例 3-4 已知抽样值为 $+635\Delta$，要求按 13 折线 A 律编出 8 位码。

解 第 1 次比较：信号 I_c 为正极性，$M_1 = 1$。

第 2 次比较：串/并变换输出 $M_2 \sim M_8$ 码为 100 0000，本地译码器输出为 $I_{s2} = 128\Delta$，$I_c = 635\Delta > I_{s2} = 128\Delta$，$M_2 = 1$。

第 3 次比较：串/并变换输出 $M_2 \sim M_8$ 码为 110 0000，本地译码器输出为 $I_{s3} = 512\Delta$，$I_c = 635\Delta > I_{s3} = 512\Delta$，$M_3 = 1$。

第 4 次比较：串/并变换输出 $M_2 \sim M_8$ 码为 111 0000，本地译码器输出为 $I_{s4} = 1024\Delta$，$I_c = 635\Delta < I_{s4} = 1024\Delta$，$M_4 = 0$。

第 5 次比较：串/并变换输出 $M_2 \sim M_8$ 码为 110 1000，本地译码器输出为 $I_{s5} = 512\Delta + [(1024\Delta - 512\Delta)/16] \times 8 = 768\Delta$(其中，$(1024\Delta - 512\Delta)/16 = 32\Delta$ 表示 $M_2M_3M_4 = 110$ 所处第 7 段的量化间隔)，$I_c = 635\Delta < I_{s5} = 768\Delta$，$M_5 = 0$。

第 6 次比较：串/并变换输出 $M_2 \sim M_8$ 码为 110 0100，本地译码器输出为 $I_{s6} = 512\Delta + 32\Delta \times 4 = 640\Delta$，$I_c = 635\Delta < I_{s6} = 640\Delta$，$M_6 = 0$。

第 7 次比较：串/并变换输出 $M_2 \sim M_8$ 码为 110 0010，本地译码器输出为 $I_{s7} = 512\Delta + 32\Delta \times 2 = 576\Delta$，$I_c = 635\Delta > I_{s7} = 576\Delta$，$M_7 = 1$。

第 8 次比较：串/并变换输出 $M_2 \sim M_8$ 码为 110 0011，本地译码器输出为 $I_{s8} = 512\Delta + 32\Delta \times 3 = 608\Delta$，$I_c = 635\Delta > I_{s8} = 608\Delta$，$M_8 = 1$。

结果编码码字为 1110 0011，量化误差为 $635\Delta - 608\Delta = 27\Delta$。

根据上面的分析，编码器输出的码字实际对应的电平应为 608Δ，称为编码电平，也可以按照下式计算：

$$I_s = I_{si} + (2^3 M_5 + 2^2 M_6 + 2^1 M_7 + 2^0 M_8)\Delta_i \tag{3-18}$$

也就是说，编码电平等于样值信号所处段落的起始电平与该段内量值电平之和。

本地译码器中的 7/11 变换电路就是线性码变换器，因为采用非均匀量化的 7 位非线性码可以等效变换为 11 位线性码。恒流源有 11 个基本权值电流支路，需要 11 个控制脉冲来控制，所以必须经过变换，把 7 位非线性码变成 11 位线性码，其实质就是完成非线性到线性之间的变换。恒流源用来产生各种标准电流值 I_s。

例 3-5 编码输出为 11100011，量化电平为 608Δ，用 11 位线性码表示不包括极性码在内的 7 位码应为 01001100000。

将 7 位非线性码变换成 11 位或 12 位线性码(用在接收译码器中)，它们的变换关系可用表 3-5 表示。

表 3-5　13 折线 A 律非线性码与线性码间的关系

量化段序号	段落标志	非线性码						线性码											
		起始电平(Δ)	段落码 $M_2M_3M_4$	段内码的权值(Δ)				B_1	B_2	B_3	B_4	B_5	B_6	B_7	B_8	B_9	B_{10}	B_{11}	B_{12}^*
				M_5	M_6	M_7	M_8	1024	512	256	128	64	32	16	8	4	2	1	Δ/2
8	C_8	1024	1 1 1	512	256	128	64	1	M_5	M_6	M_7	M_8	1^*	0	0	0	0	0	0
7	C_7	512	1 1 0	256	128	64	32	0	1	M_5	M_6	M_7	M_8	1^*	0	0	0	0	0
6	C_6	256	1 0 1	128	64	32	16	0	0	1	M_5	M_6	M_7	M_8	1^*	0	0	0	0
5	C_5	128	1 0 0	64	32	16	8	0	0	0	1	M_5	M_6	M_7	M_8	1^*	0	0	0
4	C_4	64	0 1 1	32	16	8	4	0	0	0	0	1	M_5	M_6	M_7	M_8	1^*	0	0
3	C_3	32	0 1 0	16	8	4	2	0	0	0	0	0	1	M_5	M_6	M_7	M_8	1^*	0
2	C_2	16	0 0 1	8	4	2	1	0	0	0	0	0	0	1	M_5	M_6	M_7	M_8	1^*
1	C_1	0	0 0 0	8	4	2	1	0	0	0	0	0	0	0	M_5	M_6	M_7	M_8	1^*

注：① $M_5 \sim M_8$ 码以及 $B_1 \sim B_{12}$ 码下面的数值为该码的权值。

② B_{12}^* 与 1^* 项为接收端解码时 Δ/2 补差项，在发送端编码时，该两项均为零。

3）PCM 信号的码元速率和带宽

由于 PCM 要用 k 位二进制代码表示一个抽样值，因此传输它需要的信道带宽将比信号 $x(t)$ 的带宽大得多。

（1）码元速率。设 $x(t)$ 为低通信号，最高频率为 f_x，抽样速率 $f_s \geqslant 2f_x$。如果量化电平数为 Q，采用 M 进制代码，每个量化电平需要的代码数为 $k=\log_M Q$，因此码元速率为 kf_s。一般采用二进制代码，$M=2$，$k=\text{lb}\ Q$，则 $f_b=f_s \cdot \text{lb}\ Q$。

（2）传输 PCM 信号所需的最小带宽。抽样速率的最小值 $f_s=2f_x$，因此最小码元传输速率为 $f_b=2f_x \cdot k$，此时所具有的带宽有以下两种：

$$B_{\text{PCM}}=\frac{f_b}{2}=\frac{kf_s}{2}\quad（理想低通传输）\tag{3-19}$$

$$B_{\text{PCM}}=f_b=kf_s\quad（升余弦传输）\tag{3-20}$$

以常用的 $k=8$，$f_s=8$ kHz 为例，采用升余弦传输特性 $B_{\text{PCM}}=8\times8000=64$ kHz，显然比直接传输模拟信号的带宽(4 kHz)要大得多。

2. 译码原理

译码的作用是把收到的 PCM 信号还原成相应的 PAM 信号，即实现数模变换(D/A 变换)。

13 折线 A 律译码器原理框图如图 3-21 所示，与图 3-20 中本地译码器原理图很相似，所不同的是增加了极性控制部分和带有寄存读出的 7/12 位码变换电路，下面简单介绍这两部分电路。

极性控制部分的作用是根据收到的极性码 M_1 是“1”还是“0”来辨别 PCM 信号的极性，使译码后的 PAM 信号的极性恢复成与发送端相同的极性。

7/12 变换电路是将 7 位非线性码转变为 12 位线性码。在编码器的本地译码电路中采用 7/11 位码变换，使得量化误差有可能大于本段落量化间隔的一半，如在例 3-4 中，量

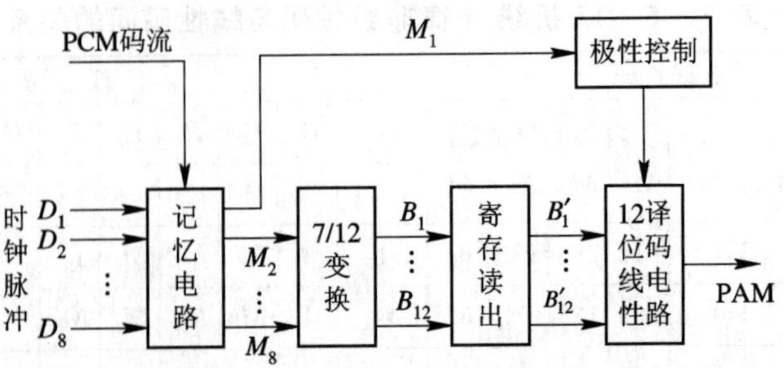

图 3-21　13 折线 A 律译码器原理方框图

化误差为 27Δ，大于 16Δ。为使量化误差均小于段落内量化间隔的一半，译码器的 7/12 变换电路使输出的线性码增加一位码，人为地补上半个量化间隔，从而改善量化信噪比。

例 3-6　把例 3-5 中的 7 位非线性码变为 12 位线性码 010011100000，PAM 输出应为

$$608\Delta+16\Delta=624\Delta$$

此时量化误差为

$$635\Delta-624\Delta=11\Delta$$

解码电平也可以按照下式计算：

$$I_D=I_s+\frac{\Delta_i}{2} \tag{3-21}$$

即解码电平等于编码电平加上量化间隔 Δ_i 的一半。最终的解码误差为

$$e_D=|I_D-I_c| \tag{3-22}$$

即解码误差等于解码电平与样值电平差的绝对值。

寄存读出电路是将输入的串行码在存储器中寄存起来，待全部接收后再一起读出，送入解码网络。这实质上是进行串/并变换。

3.4　增 量 调 制(ΔM)

增量调制简称 ΔM(或 DM)，目前在军事和工业部门的专用通信网和卫星通信中得到广泛应用。

增量调制比脉冲编码调制方式具有一些突出的优点，例如，在低比特率时，ΔM 的量化信噪比高于 PCM；ΔM 的抗误码性能好且编译码设备简单等。这里我们将较为详细地讨论增量调制原理，并介绍几种改进型增量调制方式。

3.4.1　简单增量调制

在 PCM 中，将模拟信号的抽样量化值进行二进制(也可采用多进制)编码。为了减小量化噪声，需较长的码(通常对话音信号采用 8 位码)，因此编码设备较复杂。而 ΔM 只用一位二进制码就可实现模数转换，这比 PCM 简单得多。

显然，一位二进制码只能代表两种状态，当然不可能直接去表示模拟信号的抽样值。但是，一位二进制码却可以表示相邻抽样值的相对大小，而相邻抽样值的相对变化同样反映出模拟信号的变化规律。因此，采用一位二进制码去描述模拟信号是完全可能的。

1. 编码的基本思想

假设一个模拟信号 $x(t)$(为作图方便起见，令 $x(t)\geqslant 0$)，我们可以用一时间间隔为 Δt、幅度差为 $\pm\sigma$ 的阶梯波 $x'(t)$或锯齿波 $x_0(t)$去逼近它，如图 3－22 所示。只要 Δt 足够小，即抽样频率 $f_s=1/\Delta t$ 足够高，且 σ 足够小，则 $x'(t)$可以相当近似于 $x(t)$。我们把 σ 称为量阶，$\Delta t=T_s$ 称为抽样间隔。

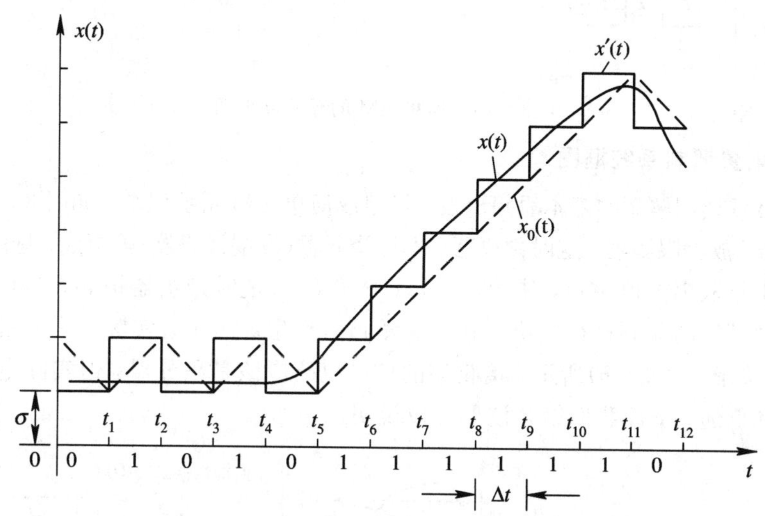

图 3－22　用阶梯波或锯齿波逼近模拟信号

$x'(t)$逼近 $x(t)$的物理过程是这样的：在 t_1 时刻用 $x(t_1)$与 $x'(t_{1-})$(t_{1-} 表示 t_1 时刻前某瞬间)比较，倘若 $x(t_1)>x'(t_{1-})$，让 $x'(t)$上升一个量阶 σ，同时 ΔM 调制器输出二进制"1"码；在 t_2 时刻，用 $x(t_2)$与 $x(t_{2-})$(t_{2-} 表示 t_2 时刻前某瞬间)比较，若 $x(t_2)<x(t_{2-})$，让 $x'(t)$下降一个量阶 σ，同时 ΔM 调制器输出二进制"0"码；同理在 t_3 时刻，$x'(t)$上升一个量阶 σ，ΔM 调制器输出二进制"1"码…… 这样图 3－22 中的 $x(t)$就可得到二进制码序列为 010101111110… 总结以上过程，我们把上升一个量阶 σ 用二进制"1"码表示，下降一个量阶 σ 用二进制"0"码表示。除了用阶梯波 $x'(t)$去近似$x(t)$以外，也可以用图 3－22 中的锯齿波 $x_0(t)$去近似 $x(t)$。当 $x(t_i)$($i=1, 2, 3, \cdots$)大于$x_0(t_{i-})$时，$x_0(t)$按斜率 $\sigma/\Delta t$ 在下一个抽样时刻上升 σ，ΔM 调制器输出二进制"1"码；当 $x(t_i)$小于 $x_0(t_{i-})$时，$x_0(t)$按斜率$-\sigma/\Delta t$ 在下一抽样时刻下降 σ，ΔM 调制器输出二进制"0"码。可以看出用"1"码表示正斜率，用"0"码表示负斜率，以获得二进制码序列。

2. 译码的基本思想

与编码相对应，译码也有两种情况，一种是收到"1"码上升一个量阶 σ(跳变)，收到"0"码下降一个量阶 σ(跳变)，这样把二进制代码经过译码变成 $x'(t)$这样的阶梯波。另一种是收到"1"码后产生一个正的斜变电压，在 Δt 时间内上升一个量阶 σ；收到一个"0"码产生一个负的斜变电压，在 Δt 时间内均匀下降一个量阶 σ。这样，二进制码经过译码后变为如 $x_0(t)$这样的锯齿波。考虑电路上实现的简易程度，一般都采用后一种方法。这种方法可用一个简单 RC 积分电路把二进制码变为 $x_0(t)$波形，如图 3－23 所示。

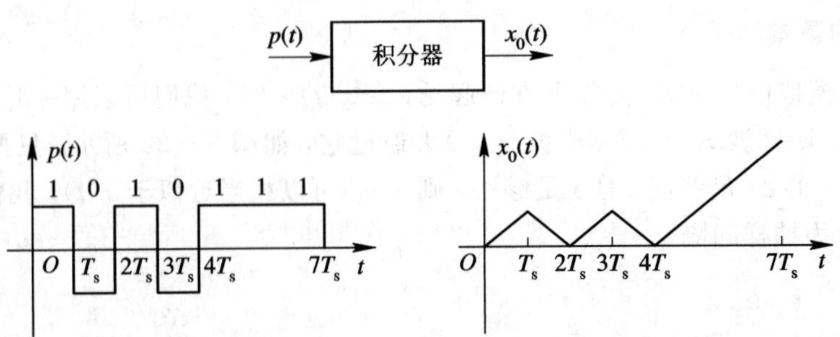

图 3-23　简单 ΔM 的译码原理图

3. 简单增量调制系统框图

从简单 ΔM 调制解调的基本思想出发，可组成简单 ΔM 系统框图，如图 3-24 所示。发送端由相减器、放大限幅器、定时判决器、本地译码器(发端译码器)等组成，见图 3-24(*a*)。相减器的作用是取出差值 $e(t)$，使 $e(t)=x(t)-x_0(t)$；定时判决器按 $e(t)>0$ 输出“1”码，$e(t)<0$ 输出“0”码的原则进行判决，由本地译码器产生 $x_0(t)$。实际上，实用调制方框图还要复杂些，如图 3-24(*b*)所示。接收端的核心电路应该是积分器，但实际电路框图还应有码型变换和低通。下面我们结合波形加以说明。

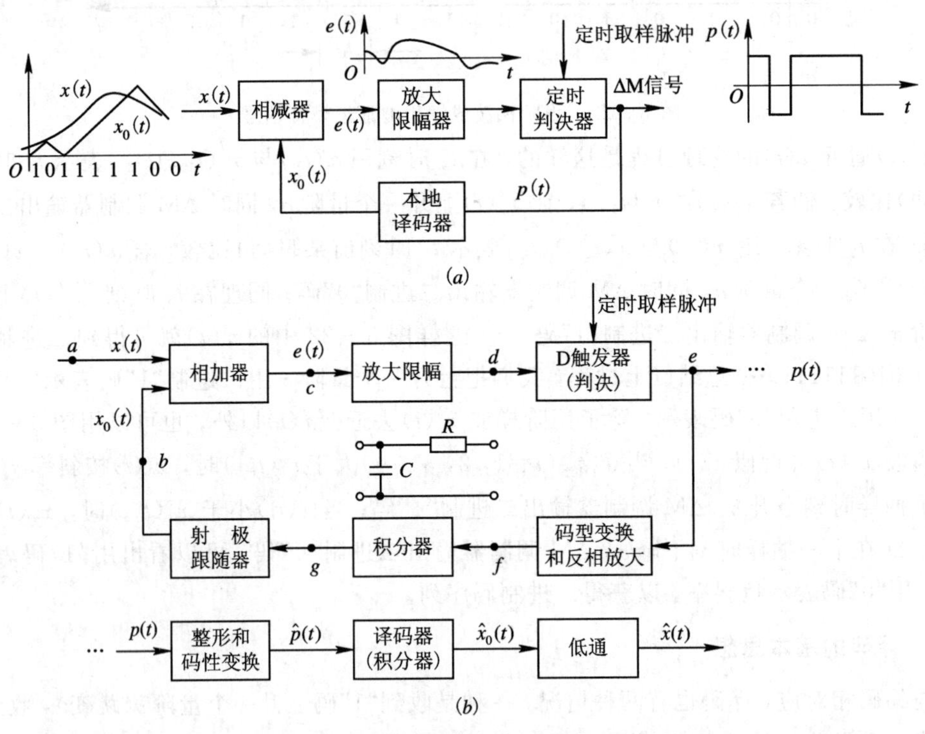

图 3-24　简单 ΔM 系统框图

(*a*) 本地译码器组成框图；(*b*) 实际组成原理框图

(1) 放大和限幅电路。相减器在这里用多级放大和限幅电路代替，放大器输入端加上 $x(t)$和$-x_0(t)$，起到相减的作用，经过放大，$e(t)=k[x(t)-x_0(t)]$。为了定时判决器更好地工作，$e(t)$ 经放大限幅器变成正负极性电压，只要 $x(t)-x_0(t)>0$，则 d 点为一较大的近似固定的正电平；反之，若 $x(t)-x_0(t)<0$，则 d 点为一较大的近似固定的负电压。图 3-25 中画出了各点的波形。

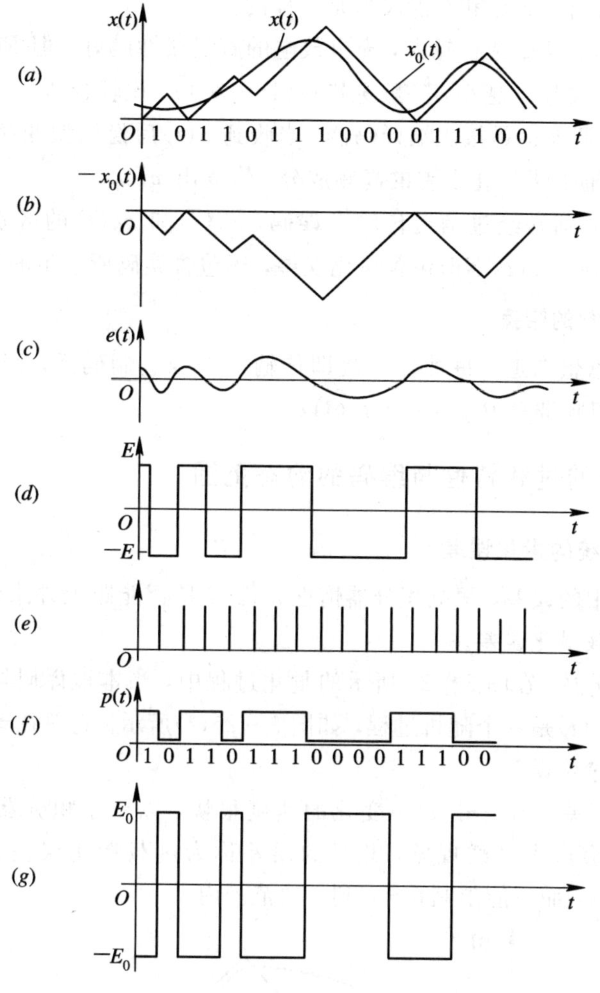

图 3-25　简单增量调制各点波形

(a) $x(t)$、$x_0(t)$的波形；(b) $-x_0(t)$的波形(即 b、g 点的波形)；
(c) $e(t)$的波形(即 c 点的波形)；(d) d 点的波形；(e) 定时脉冲；
(f) e 点的波形；(g) f 点的波形

(2) 定时判决电路。它由 D 触发器和定时取样脉冲完成判决任务。定时取样脉冲是间隔为 T_s 的窄脉冲，在定时脉冲作用时刻，d 点电压为正，触发器呈高电位，相当于"1"码；反之 d 点为负，触发器呈低电位，相当于"0"码。e 点波形(即 $p(t)$)如图 3-25(f)所示，它是单极性的。"1"码的高电位一般约为几伏特；"0"码时是低电位，一般为零点几伏特。$p(t)$作为 ΔM 信号可直接送到线路上传输，或者经过极性变换电路变为双极性码后再传输，此外，$p(t)$送到本地译码器产生$-x_0(t)$。

(3) 本地译码器。它由码型变换和反相放大、积分器、射极跟随器三部分组成。由于 $p(t)$是单极性的，因此加到积分器前一定要变为双极性信号，这就是需要码型变换的原因。反相放大一方面把双极性信号放大，另一方面使它反相，这样经积分就得$-x_0(t)$。积分器一般用时间常数较大的 RC 充放电电路，这样可以得到近似锯齿波的斜变电压。积分器后面的射极跟随器是把积分器和放大器分开，保证积分器输出端有较高的阻抗。f 点和 g 点的波形也在图 3-25 中。g 点和 b 点波形是一样的。

积分器的时间常数 RC 选得越大，充电放电的直线线性越好。但 RC 太大时，在 T_s 时间内上升(或下降)的量阶 σ 越小，一般选择在(15～30)T_s 比较合适。

(4) 解调器。解调器也是接收端译码器。当收到 $\hat{p}(t)$后经码型变换和整形及积分器得到 $\hat{x}_0(t)$，再通过低通滤去量化误差的高频成分，恢复出 $\hat{x}(t)$。

$\hat{p}(t)$和 $p(t)$的区别是经过信道传输有误码，$\hat{x}_0(t)$和 $x_0(t)$的区别是由误码造成的。$\hat{x}_0(t)$经过低通后得到的 $\hat{x}(t)$不但包含量化误差，还包含误码所产生的失真。

4. 简单 ΔM 调制的带宽

从编码的基本思想知道，每抽样一次即传输一个二进制码元，因此码元传输速率为 $f_b=f_s$，从而 ΔM 调制带宽 $B_{\Delta M}=f_s=f_b$(Hz)。

3.4.2 增量调制的过载特性与编码的动态范围

1. 增量调制系统的量化误差

增量调制系统中的误差，根据积分器惰性元件 C 是否能跟上外来信号变化分成两种：一般量化误差和过载量化误差。

(1) 一般量化误差。在图 3-25 所示的量化过程中，当本地译码器为积分器时，量化误差$e(t)=x(t)-x_0(t)$是一个随机过程，如图 3-25(c)所示。它总在$-\sigma$ 到σ 范围内变化，这种误差称为一般量化误差。

(2) 过载量化误差。当信号 $x(t)$变化的速度很快，以至于积分器电容充放电跟不上 $x(t)$ 的变化时，就会产生过载现象，此时的误差称为过载量化误差，如图 3-26 所示。$|e(t)|$ 会大大超出 σ，而不能限制在$-\sigma$ 到 σ 的范围内。

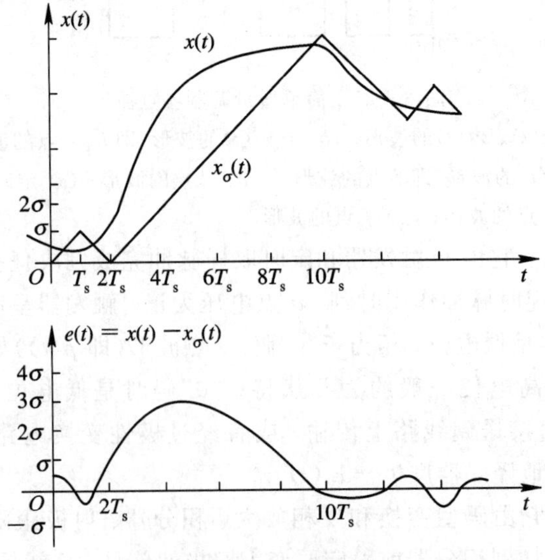

图 3-26 过载时波形

发生过载现象时，量化信噪比急剧恶化，因此，实际应用中要防止出现过载现象。由于 $x(t)$ 变化的速率表现在它的斜率上，积分器充放电的速率也表现在它的斜率上，因此防止过载的办法是让斜变电压斜率的绝对值 σ/T_s 大于或等于信号最大斜率的绝对值，即

$$\frac{\sigma}{T_s} \geqslant \left|\frac{\mathrm{d}x(t)}{\mathrm{d}t}\right|_{\max}$$

或

$$\sigma f_s \geqslant \left|\frac{\mathrm{d}x(t)}{\mathrm{d}t}\right|_{\max} \tag{3-23}$$

从防止出现过载现象考虑，σf_s 要选得大些，但 σ 不能太大，否则一般量化误差会增大，因此只要使 f_s 适当大一些即可。如果 f_s 太大，会使码元速率增大，信号带宽增大，故要合理选择 f_s 和 σ。对于军用通信，节省频带比较重要，为使带宽小些，f_s 要选得小些，如对于话音信号，f_s 选择 32 kHz。

2. 过载特性

设本地译码器为简单 RC 回路，输入端所加双极性信号电压绝对值为 E，则在 $T_s=\Delta t$ 时间内充放电变化的高度即为 σ，可以算出：

$$\sigma = \frac{E}{RC}T_s = \frac{E}{RCf_s} \tag{3-24}$$

即

$$\sigma f_s = \frac{E}{RC} \tag{3-25}$$

当 E、RC 给定后，积分器变化斜率就是一定的。下面举例说明。

设 $x(t)=A\sin\omega_k t$，此时信号斜率为

$$\frac{\mathrm{d}x(t)}{\mathrm{d}t} = A\omega_k\cos\omega_k t$$

不过载且信号又是最大的条件为

$$\sigma f_s \geqslant A\omega_k \tag{3-26}$$

则 $A_{\max}=\dfrac{\sigma f_s}{\omega_k}=\dfrac{E}{2\pi RCf_k}$ 是正弦信号最大振幅，式(3-26)即为振幅过载特性。此式表明，在 E、RC 一定时(或者在量阶 σ 和 f_s 一定时)，过载电压与输入信号频率 f_k 成反比，即信号频率增大一倍，$A_{\max}$ 下降二分之一。用分贝表示就是每倍频程以 6 dB 速率下降，这样就使得信号在高频段上简单的增量调制信噪比下降。

3. 动态范围

前面已讨论了避免过载的最大信号振幅 $A_{\max}$，现在我们来研究能开始编码的最小信号振幅 $A_{\min}$ 是多少，找出上限 $A_{\max}$ 和下限 $A_{\min}$ 就可知道编码的动态范围。

当输入信号 $x(t)$ 为变化极缓慢的信号时，输出码序列 $p(t)$ 为一系列“0”“1”交替码，如图 3-27 所示，具体说明如下：

设在 t_0 时刻

$$e(t_0) = x(t_0) - x_0(t_0) = \frac{\sigma}{2} > 0$$

则判决器输出 $p(t)$ 在 t_0 时刻由“0”变为“1”。在 t_0 之后，$x_0(t)$ 将在 $-\sigma/2$ 基础上产生一正

斜变电压，到 t_1 时刻，$x_0(t)$上升到 $\sigma/2$。此时 $e(t_1)<0$，$p(t)$输出“0”码。$x_0(t)$在 t_1 之后将在$\sigma/2$ 基础上产生一负斜变电压，到 t_2 时刻，$x_0(t)$又下降到 $\sigma/2$。此时 $e(t_2)>0$，$p(t)$又输出“1”码，$x_0(t)$则为三角波，幅度为 $\sigma/2$。

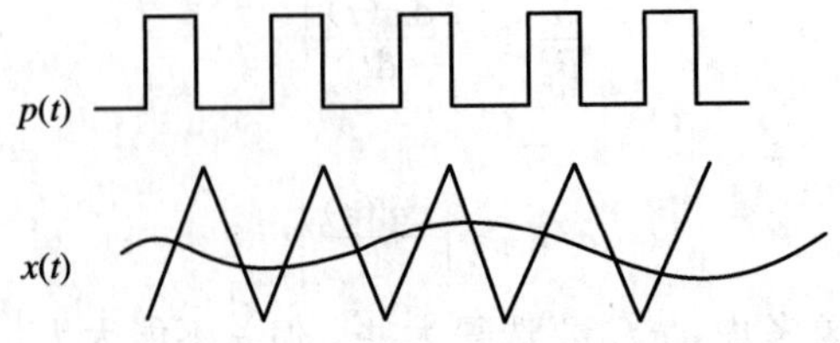

图 3 - 27　$x(t)$为极缓慢信号时的 $p(t)$

4. PCM 与 ΔM 系统性能比较

这里仅简要说明 PCM 和 ΔM 两种方式的抗噪能力，目的是进一步了解两种调制的相对性能。

在误码可忽略且信道传输速率相同的条件下，PCM 与 ΔM 系统的比较曲线如图 3 - 28 所示。由图可看出，如果 PCM 系统编码位数 k 小于 4，则它的性能比低通截止频率 $f_L=3000$ Hz、信号频率 $f_k=1000$ Hz 的 ΔM 系统的性能差；如果 $k>4$，则随着 k 的增大，PCM 系统相对于 ΔM 系统来说，其性能越来越好。

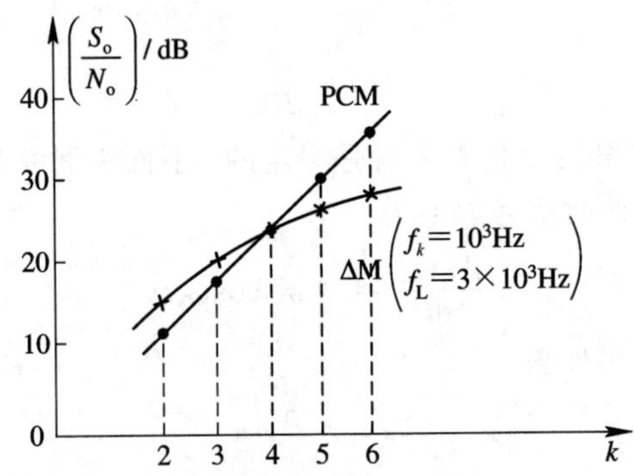

图 3 - 28　忽略误码且信道传输速率相同的条件下的 PCM 与 ΔM 系统的比较曲线

在考虑误码时，由于 ΔM 的每一位误码仅表示造成$\pm\sigma$ 的误差，而 PCM 的每一位误码随着权位的不同将会造成较大的误差(例如，处于最高位的码元将代表 2^{n-1} 个量化级的数值)，所以误码对 PCM 系统的影响要比 ΔM 系统严重些。这就是说，为了获得相同性能，PCM 系统将比 ΔM 系统要求更低的误码率。

3.5　差值脉冲编码调制

3.5.1　差值脉冲编码调制(DPCM)

PCM 对模拟信号的每个抽样值都进行独立的量化编码，这样，要达到足够的信噪比就需要较多的二进码位，比特率高，信号带宽加大。

语音信号有一个非常重要的性能，就是语音信号相邻的抽样值之间有很强的相关性。

在采样频率足够高的情况下，信号的两个相邻抽样值十分相似，不会发生很大的变化，且多数具有单调变化的趋势。也就是说，信源信息本身具有大量的冗余度。

根据相关性原理，可以找出一个反映信号变化特性的差值进行编码，这一差值的幅度范围一定小于原信号的幅度范围。因此，在保持相同量化误差的条件下，量化电平数就可以减少，也就是压缩了编码速率。

差值脉冲编码调制(DPCM，Deferential PCM)就是利用语音信号的相关性，根据过去的信号样值预测当前时刻的样值，得到当前样值与预测值之间的差值(预测误差)，然后对差值进行量化编码。图 3 - 29 为后向预测差值序列示意图，差值是由当前样值与前一个样值序列的差构成的。

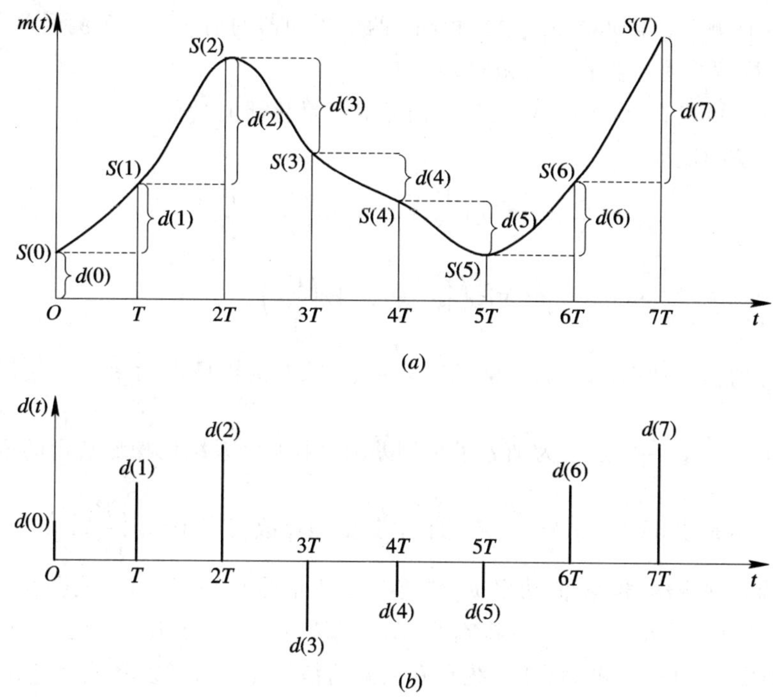

图 3 - 29　后向预测差值序列示意图

(a) 样值序列示意图；(b) 差值序列示意图

一阶后向预测 DPCM 系统的原理方框图如图 3 - 30 所示。S(n)表示模拟信号的样值。在发送端，首先根据前面的抽样值预测当前时刻的样值，得到当前样值与预测值之间的差值，然后对差值进行量化编码；接收端将差值序列还原成样值序列。

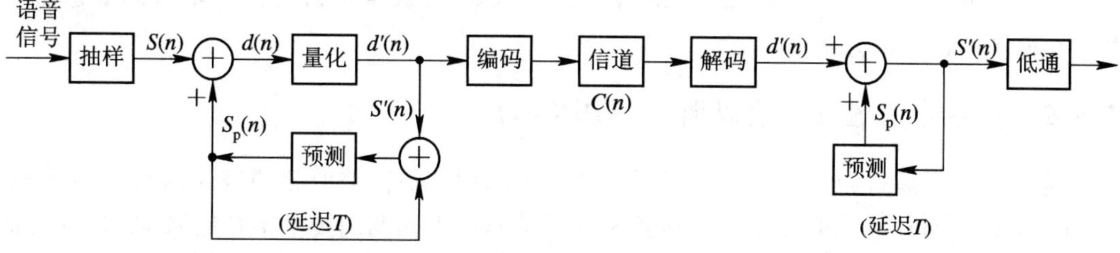

图 3 - 30　一阶后向预测 DPCM 系统的原理方框图

从图 3 - 30 中可以看出，与 PCM 相比，DPCM 多了一个预测器。在一阶后向预测 DPCM 通信中，发送端和接收端都必须通过预测器从量化差值序列中预测出样值序列。

预测器输出的预测值与其输入抽样值之间的关系满足

$$S_p(n) = \sum_{i=1}^{k} a_i S'(n)_{k-i} \tag{3-27}$$

式中，a_i 和 k 是预测器的参数；$S_p(n)$是预测器将前 k 个抽样值加权求和而得到的。

量化器的输入为预测误差 $d(n)=S(n)-S_p(n)$，输出为量化后的预测误差 $d'(n)$。将 $d'(n)$编成二进码元序列，通过信道送至接收端，同时反馈至预测器的输入端，与预测值 $S_p(n)$相加形成预测器的输入信号 $S'(n)$。

接收端的预测器、累加器和发送端相同。两个累加器的输入均为预测误差 $d'(n)$，若信道传送无误，则两个累加器的输入相同。

从图 3 - 30 可以看出，DPCM 的量化误差等于量化器的量化误差。

DPCM 的信噪比为

$$\begin{aligned}\frac{S}{N} &= 10\lg\left(\frac{P_s}{P_n}\right) = 10\lg\left(\frac{P_s}{P_d}\cdot\frac{P_d}{P_n}\right) \\ &= 10\lg\left(\frac{P_s}{P_d}\right) + 10\lg\left(\frac{P_d}{P_n}\right)\end{aligned} \tag{3-28}$$

式中，P_s 为样值信号功率；P_d 为差值信号功率；P_n 为量化噪声功率。$10\lg\left(\frac{P_d}{P_n}\right)$是 PCM 的量化信噪比，$10\lg\left(\frac{P_s}{P_d}\right)$定义为加入了预测差值结构后，系统信噪比获得的增益，称为预测增益 G_p。也就是说，DPCM 与 PCM 相比，其信噪比改善了 $10\lg\left(\frac{P_s}{P_d}\right)$ dB。

合理的选择预测规律，差值功率 P_d 就能远小于信号功率 P_s，G_p 就会大于 1，从而系统获得增益。当 G_p 远大于 1 时，意味着 DPCM 系统的量化信噪比远大于量化器的量化信噪比。若我们要求 DPCM 和 PCM 系统具有相同的信噪比，则可以降低对量化器信噪比的要求，即可减少量化级数、减少二进码位数、压缩信号带宽。DPCM 系统的信噪比取决于预测增益和量化信噪比，对 DPCM 的研究也就是对预测增益和量化信噪比的研究。

实验表明，经过 DPCM 调制后的信号，其传输的比特率比起 PCM 来说大大地压缩了。例如，对于有较好图像质量的情况，每一抽样值只需 4 bit 就够了。此外，在相同比特速率条件下，DPCM 比 PCM 信噪比可改善 14～17 dB。与 ΔM 相比，由于 DPCM 增多了量化级，因此在改善量化噪声方面优于 ΔM 调制。DPCM 的缺点是易受到传输线路噪声的干扰，在抑制信道噪声方面不如 ΔM。

3.5.2 自适应差值脉冲编码调制(ADPCM)

为了进一步提高 DPCM 方式的质量，更多地采用自适应差值脉冲编码调制(ADPCM，Adaptive DPCM)。ADPCM 把自适应技术和差值脉冲编码调制技术结合起来，在保证通信质量的基础上进一步压缩数码率。

所谓自适应，指系统能够自动地改变量化间隔，在预测误差电平大时增大量化阶距，误差电平小时缩短量化阶距，即使量化间隔 $\Delta(t)$ 跟随输入信号的方差而变化，使不同大小的信号平均量化误差最小。

与 PCM 相比，ADPCM 可以大大压缩数码率和传输带宽，从而增加通信容量。用 32 kb/s 数码率可基本满足 64 kb/s 比特率的语音质量要求。因此，CCITT 建议 32 kb/s 的 ADPCM 为长途传输中的一种新型国际通用的语言编码方法。

ADPCM 有两种方案：一种是预测固定，量化自适应；另一种是兼有预测自适应和量化自适应。

1. 自适应量化

DPCM 与 ΔM 的区别在于 ΔM 用一位二进制码表示差值 $e(t)$，而 DPCM 用一组二进制码表示 $e(t)$。自适应量化的基本思想是让量化阶距(量化电平范围)、分层电平能够自适应于量化器输入的 $e(t)$ 的变化，从而使量化误差最小。现有的自适应量化方案有两类：一类是其量化阶距由输入信号本身估值，这种方案称为前馈(前向)自适应量化；另一类是其阶距根据量化器输出来进行自适应调整，或等效地用输出编码信号进行自适应调整，这类方案称为反馈(后向)自适应量化。

前向自适应量化的优点是估值准确，其缺点是阶距信息要与语音信息一起送到接收端解码器，否则接收端无法知道发送端该时刻的量阶值。另外，阶距信息需要若干比特的精度，因而前向自适应量化不宜采用瞬时自适应量化方案。

后向自适应量化的优点是接收端不需要阶距信息。因为此信息可从接收信码中提取，因此可采用音节或瞬时或者两者兼顾的自适应量化方式。其缺点是因量化误差而影响其估值的准确度。但自适应动态范围愈大，导致影响程度愈小。后向自适应量化目前被广泛采用。两种自适应量化都比 DPCM 性能改善 10～12 dB。

2. 自适应预测

在前面介绍的 ΔM 系统和 DPCM 系统中，都是用前后两个样值的差值 $e(t)$ 进行量化编码的，这种仅用前面一个样值求 $e(t)$ 的情况称为一阶预测。实际信号中，其样值前后是有一定关联的，如采用前面若干个样值作为参考来推算 $e(t)$，就是高阶预测。为了在接收端根据 $e(t)$ 的编码产生下一个输入样值的准确估计，可以对前面所有样值的有效信息冗余度进行加权求和，这里的加权系数又称为预测系数。自适应预测的基本思想是使预测系数的改变与输入信号幅度值相匹配，从而使预测误差 $e(t)$ 为最小值。这样，预测的编码范围可减小，同时可在相同编码位数情况下提高信噪比。

在自适应预测中采用了两项措施：一项是增加用于预测的过去样值的数量；另一项是使分配给过去每一个样值的加权系数是可调的。

自适应预测也有前馈型和反馈型两种。图 3－31 给出了反馈型(后向型)兼有自适应量化与自适应预测的 ADPCM 原理方框图。后向型自适应预测系数 $a(n)$ 是从重建后的信号 $s'(n)$ 中估算出来的。

对语音信号来讲，ADPCM 系统的量阶及预测系数可调整为一个音节周期，在两次调整之间，其值保持不变。由于采用了自适应措施，量化失真、预测误差均比较小，因而 ADPCM 系统传送 32 kb/s 比特率即可获得 64 kb/s 系统的通信质量。

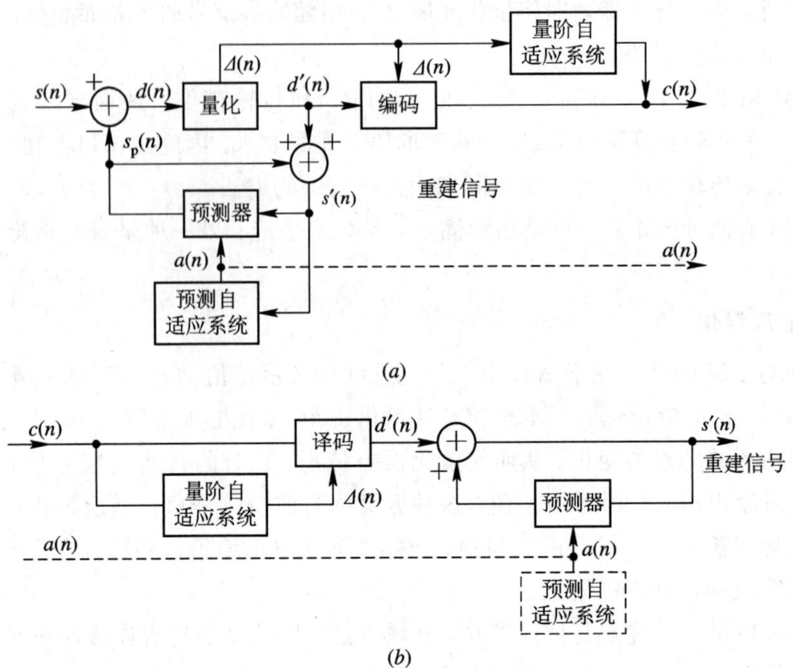

图 3-31 兼有自适应量化与自适应预测的 ADPCM 原理方框图(后向型)

(a) 编码方框图；(b) 译码方框图

3.6 子带编码(SBC)

3.6.1 基本概念

在子带编码(SBC，Sub-Band Coding)中，用一组带通滤波器将语音频带分割为几个不同的频带分量，称为子带，然后利用语音信号在整个频带内分布的不均匀性，对每个子带分别利用 APCM 进行编码。这类编码方式也称为频域编码，即自适应脉冲编码调制。不同子带采用不同的编码比特数。

子带编码方法在信号分解的过程中去除了信号的冗余度，得到了一组互不相关的信号。这同 DPCM 方式的机理虽然不同，但从去除冗余度的角度来说这两者又是相似的。子带编码原理方框图如图 3-32 所示。

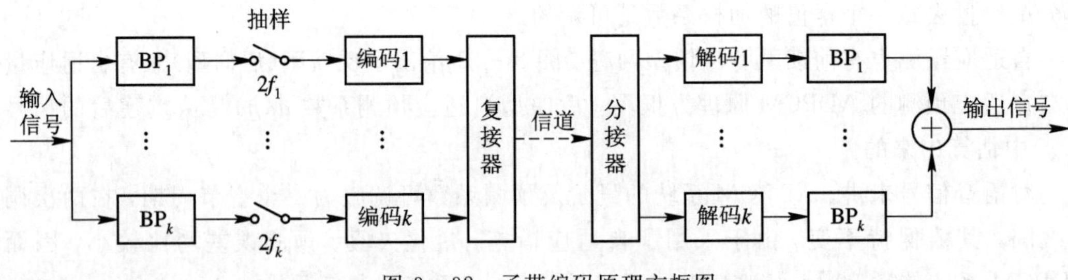

图 3-32 子带编码原理方框图

3.6.2　子带带宽

在子带编码器的设计中，必须考虑子带数目、子带划分、编码的参数、子带中比特的分配、每样值编码比特等主要参数。各子带的带宽也应考虑到各频段对主观听觉贡献相等的原则做合理的分配。

在子带编码中，各子带的带宽 ΔB_k 可以相同，也可以不同。前者称为等带宽子带编码，后者称为变带宽子带编码。等带宽子带编码的优点是易于用硬件实现，也便于进行理论分析。在这种情况下带宽 $\Delta B_k=\Delta B=B/m$（其中，$k=1,2,3,\cdots,m$；m 是子带总数；B 是编码信号总的带宽）。

3.7　参量编码技术

3.7.1　参量编码

参量编码的原理和设计思想与波形编码完全不同。波形编码的基本思路是忠实地再现语音的时域波形。为了降低比特率，可充分利用抽样点之间的信息冗余性对差值信号进行编码，在不影响语音质量的前提下，比特率可以降至 32 kb/s。

参量编码是直接提取语音信号中的一些特征参量，并对其进行编码的一种编码方式。其基本原理是由语音产生的条件建立语音信号产生的模型，然后提取语音信息中的主要参量，经编码发送到接收端。

从对语音信号的分析可知，音素分为两类：伴有声带振动的音称为浊音；声带不振动的音称为清音。

浊音又称为声音，语音发声时声带在气流的作用下激励起准周期的声波，这一准周期音称为基音，其基音周期为 4～18 ms，相当于基音频率在 50～250 Hz 范围内。

清音又称无声音。清音中不含具有周期或准周期特性的基音及其谐波成分。

语音信号产生的模型如图 3 - 33 所示。

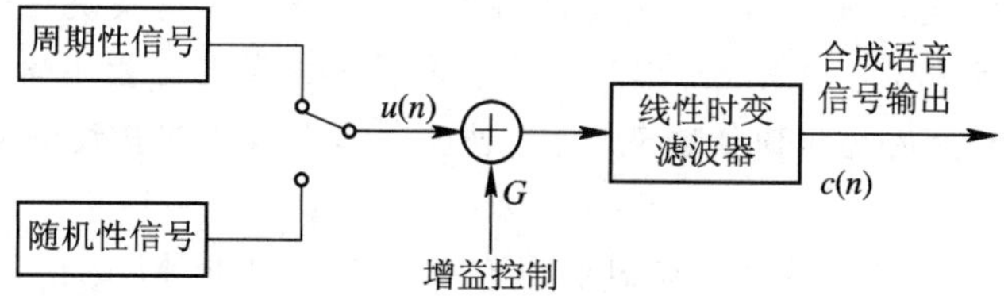

图 3 - 33　语音信号产生的模型

周期性信号产生的是浊音，而随机性信号产生的是清音。

3.7.2　线性预测编码(LPC)

线性预测编码（LPC，Linear Prediction Coding）是先进行线性预测，然后再进行编码。线性预测是指一个语音抽样值可用该样值以前若干语音抽样值的线性组合来逼近。

在发送端，原始语音输入 A/D 变换器，以 8 kHz 速率抽样并变换成数字化语音。然后以每 180 个样值为一帧（帧周期 22.5 ms），以帧为处理单元逐帧进行线性预测系数分析，并作相应的清/浊音判决和基音提取。最后，把这些参量进行量化、编码，并送入信道传送。线性预测编译码原理方框图如图 3 - 34 所示。

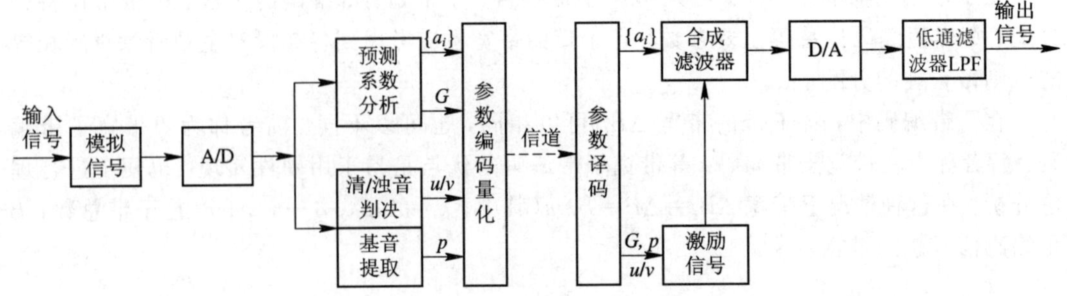

图 3 - 34　线性预测编译码原理方框图

在接收端，经参量译码分出参量，然后将合成产生的数字化语音信号再经 D/A 变换，即还原为接收端合成产生的语音信号。

本章小结

抽样定理是实现各种脉冲调制的理论基础。对低通信号进行抽样时，抽样频率必须大于或等于被抽样信号频率的两倍，这时接收端有可能无失真地恢复原来信号。抽样的方式有理想抽样、自然抽样和平顶抽样。采用理想抽样和自然抽样时，利用一个截止频率等于信号最高频率的低通滤波器就可以恢复出原来的信号。采用平顶抽样时，还必须考虑频率均衡问题。

脉冲编码调制是目前最常用的模拟信号数字传输方法之一。它将模拟信号变换为编码的数字信号，变换的过程包括抽样、量化、编码。由于量化过程中不可避免地引入一定误差，因此会带来量化噪声。为了减小量化噪声、提高小信号的信噪比、扩大动态范围，通常采用压扩技术。如果增加量化级，也可以使量化噪声减小，但此时码位数要增加，要求系统带宽相应增大，设备也会复杂。实际中，PCM 信号的带宽 B 等于码元传输速率。

增量调制实际上是仅保留一位码的脉冲编码调制，这一位码反映信号的增量是正还是负，也就是说，增量调制是斜率跟踪编码。增量调制同样存在着量化噪声，而且当发生过载现象时，会出现较大的过载量化噪声。为了防止过载现象，增量调制必须采用比较高的抽样频率。

DPCM 是对信号相邻样值的差值进行量化和编码。ADPCM 是在 DPCM 基础上发展起来的，它具有自适应量化与自适应预测的功能。

在子带编码(SBC)中，首先用一组带通滤波器将语音频带分割为几个不同的频带分量，称为子带，然后利用语音信号在整个频带内分布的不均匀性，对每个子带分别利用 APCM 进行编码。

参量编码是直接提取语音信号中的一些特征参量，并对其进行编码的一种编码方式。其基本原理是由语音产生的条件建立语音信号产生的模型，然后提取语音信息中的主要参量，经编码发送到接收端。

1. 实际抽样

(1) 实际应用中使信号恢复的滤波器不可能是理想的。当滤波特性不是理想低通时，f_s 不能等于 $2f_H$，否则会使信号失真。

(2) 实际被抽样的信号波形往往是时间受限的信号，因而它不是带限信号，但它们的能量主要集中在有限频带内。在实际应用时，可以在 $x(t)$ 输入端，先用一个带限低通滤波器滤除 f_H 以上频率成分。

(3) PCM 采用的是平顶抽样，平顶抽样在恢复原信号 $x(t)$ 时，要在低通滤波器之后加一个修正网络 $1/Q(\omega)$。

(4) PAM 信号是模拟信号，若以 PAM 信号包络的第一个零点为 PAM 的带宽 B，则 $B=1/\tau$。

2. PCM 二进制码的选取

在 PCM 中常用的二进制码型有三种：自然二进制码、折叠二进制码和格雷二进制码(反射二进制码)。

自然二进制码就是一般的十进制正整数的二进制表示，编码简单、易记，而且译码可以逐比特独立进行。

折叠二进制码是一种符号幅度码，左边第一位(称为极性码)表示信号的极性，其余位(称为幅度码)表示信号的幅度大小(绝对值)，且幅度码从小到大按自然二进制码规则编码。除极性码外，折叠码的上半部分与下半部分相对零电平呈现映像(image)关系，或称折叠关系。因此，对于语音这样的双极性信号，只要绝对值相同，则可以采用单极性编码的方法，使编码过程大大简化。

格雷码的特点是任何相邻电平的码组，只有一位码位发生变化，即相邻码字的距离恒为 1。

目前，语音信号的编码多采用折叠二进制码，但自然二进制码是折叠二进制码的基础。

3. 编码电平、译码电平及量化误差

在编码电路中，使用的是 7/11 变换，得到的编码电平为

$$I_s = I_{si} + \text{段内码序号} \times \Delta_i = I_{si} + (2^3 M_5 + 2^2 M_6 + 2^1 M_7 + 2^0 M_8) \times \Delta_i$$

在译码电路中，使用的是 7/12 变换，得到的编码电平为

$$I_D = I_s + \frac{\Delta_i}{2}$$

式中的 $\Delta_i/2$ 是人为加入的。其目的是为了减小输出量化误差，提高输出信噪比。

最终的量化误差为

$$e_D = |I_D - I_C|$$

如果采用 7/11 变换作为接收端的解码电路，则产生的量化误差会比 7/12 解码电路的大很多。这就是为什么要在接收端采用 7/12 变换的原因。

思考与练习 3

3-1　试画出 PCM 通信的原理方框图，标出各点波形，并简述 PCM 通信的基本过程。

3-2　PAM 和 PCM 有什么区别？PAM 信号和 PCM 信号属于什么类型的信号？(指模拟信号和数字信号)

3-3　自然抽样、平顶抽样和理想抽样在波形上、实现方法上、频谱结构上都有什么区别？

3-4　对基带信号 $g(t) = \cos 2\pi t + 2\cos 4\pi t$ 进行理想抽样。

(1) 为了在接收端能不失真地从已抽样信号 $g_s(t)$ 中恢复出 $g(t)$，抽样间隔应如何选取？

(2) 若抽样间隔取为 0.2 s，试画出已抽样信号的频谱图。

3-5　已知基带信号 $g(t)=2a/(t^2+a^2)$，a 为正实常数。若允许损失 0.01 的能量，该信号的传输带宽是多少？如果先对该信号进行带限处理，最小抽样速率是多少？

3-6　已知信号 $f(t)=10\cos(20\pi t)\cos(200\pi t)$，以 250 次每秒速率抽样，

(1) 试求出抽样信号频谱。

(2) 由理想低通滤波器从抽样信号中恢复 $f(t)$，试确定滤波器的截止频率。

(3) 对 $f(t)$进行抽样的奈奎斯特速率是多少？

3-7　设模拟信号的频谱为 1～5 kHz，求满足抽样定理时的抽样速率 f_s。若 f_s=8 kHz，试画出抽样信号的频谱，会出现什么现象？

3-8　设载波基群频谱分布在 60～108 kHz，求满足抽样定理时的抽样速率 f_s，并画出抽样信号的频谱。

3-9　什么叫量化和量化噪声？量化噪声是怎样产生的？它与哪些因素有关？什么叫量化信噪比？它与哪些因素有关？

3-10　什么是均匀量化和非均匀量化？均匀量化有什么优缺点？非均匀量化的基本原理是怎样的？它能克服均匀量化的什么缺点？

3-11　什么是 13 折线法？它是怎样实现非均匀量化的？与一般 μ 律、A 律曲线有什么区别和联系？

3-12　设信号 $x(t)=9+A\cos\omega t$，其中 $A\leqslant 10$ V。$x(t)$被均匀量化为 41 个电平，试确定所需的二进制码组的位数 k 和量化间隔 Δv。

3-13　已知处理话音信号的对数压缩器的特性为 $y=\ln(1+\mu x)/\ln(1+\mu)$(其中 x、y 均为归一值)。

(1) 画出当 μ=0、10、100 时的压缩特性草图。

(2) 画出相应的扩张特性(先求扩张特性表示式)。

(3) 说明压缩与扩张特性随 μ 值的变化规律。

3-14　设有在 0～4 V 范围内变化的输入信号如图 3-35(*b*)所示，它作用在图 3-35(*a*)所示方框图的输入端，编为两位自然二进制码。假设抽样间隔为 1 s，量化特性如图

3－35(*c*)所示，试画出①、②、③点处的波形(设③点信号为单极性)。

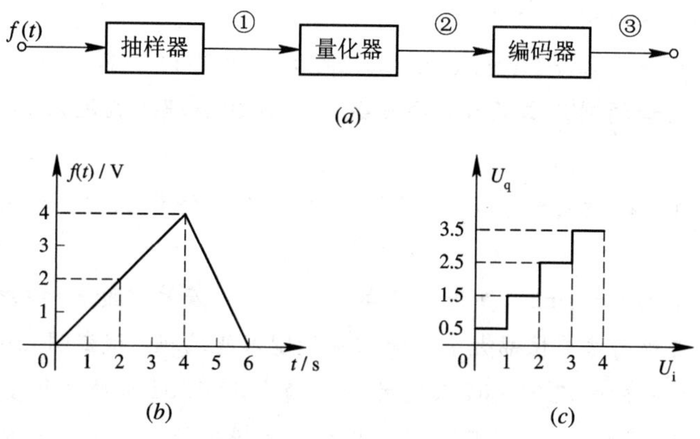

图 3－35　题 3－14 图

3－15　试比较折叠码和自然二进制码的优缺点。

3－16　极性码、段落码、段内码的作用是什么？

3－17　线性编码和非线性编码有什么区别？

3－18　试画出一完整的 PCM 系统方框图，并定性画出图中各点波形。简要说明方框中各部分的作用。

3－19　设 PCM 系统中信号最高频率为 f_x，抽样频率为 f_s，量化电平数目为 Q，码位数为 k，码元速率为 f_b。

(1) 试述它们之间的相互关系。

(2) 试计算 8 位(k=8)PCM 数字电话的码元速率和需要的最小信道带宽。

3－20　如果传送信号是 $A\sin\omega t$，$A\leqslant 10$ V，要求编成 64 个量化级的 PCM 信号，试问：

(1) 采用普通二进制码需几位？

(2) 采用折叠二进制码，除极性码外，还需几位？

(3) 采用双极性信号，最大量化信噪比是多少？

3－21　为了将带宽为 10 kHz，动态范围要求 40 dB 的高质量音频信号数字化，采用 PCM 调制、均匀量化，抽样富余量考虑为 20%，为使最小量化信噪比达到 50 dB，则数字信号数码率为多少？

3－22　采用 13 折线 A 律编译码电路，设最小量化级为 1Δ，已知抽样脉冲值为＋635Δ。

(1) 试求此时编码器的输出码组，并计算量化误差。

(2) 写出对应于该 7 位码(不包括极性码)的均匀量化 11 位码。

3－23　设 13 折线 A 律编码器的过载电平为 5 V，输入抽样脉冲的幅度为－0.9375 V，若最小量化级为 2 个单位，最大量化级的分层电平为 4096 个单位。

(1) 求此时编码器的输出码组，并计算量化误差。

(2) 写出接收端对应的 12 位线性码。

3－24　采用 13 折线 A 律编译码电路，设接收端收到的码组为“01010011”，最小量化单位为 1Δ，段内码采用折叠二进制码。

(1) 试问译码器输出为多少单位。

(2) 写出对应于该 7 位码(不包括极性码)的均匀量化 11 位码。

3－25　简述增量调制基本原理，画出线性 ΔM 的原理方框图及各点波形图，并说明其工作过程。

3－26　ΔM 的一般量化噪声和过载量化噪声是怎样产生的？如何防止过载噪声的出现？

3－27　信号 $f(t)=A\sin 2\pi f_0 t$ 进行简单 ΔM 调制，若量化阶 σ 和抽样频率选择得既保证不过载，又保证不致因信号振幅太小而使增量调制不能编码，试证明此时要求 $f_s>\pi f_0$。

3－28　为什么一般情况下 ΔM 系统的抽样频率比 PCM 系统高得多？

3－29　简述 ΔM 的各种改进形式，它们都是为解决什么矛盾而产生的？

3－30　试将 ΔM 与 PCM 的工作原理、系统组成、应用场合及主要优缺点做一简要分析对比，将分析结果列表说明之。

3－31　设简单增量调制系统的量化阶 $\sigma=50$ mV，抽样频率为 32 kHz，求当输入信号为 800 Hz 正弦波时，允许的最大振幅为多大？

3－32　DPCM 的性能特点是什么？将其与 PCM、ΔM 的性能特点进行比较。

第 4 章　多路复用与数字复接

【教学要点】

· 频分多路复用：直接法 FDM、复级法 FDM。

· 时分多路复用：TDM 基本原理、TDM 与 FDM 的比较、时分复用的 PCM 系统、统计时分多路复用(TSDM)。

· 多址通信技术：频分多址(FDMA)、时分多址(TDMA)、码分多址(CDMA)。

在实际通信中，信道上往往允许多路信号同时传输。解决多路信号的传输问题就是信道复用问题。将多路信号在发送端合并后通过信道进行传输，然后在接收端分开并恢复为原始各路信号的过程称为复接和分接。

常用的复用方式有频分复用、时分复用和码分复用等。数字复接技术就是在多路复用的基础上把若干个小容量低速数字流合并成一个大容量的高速数字流，再通过高速信道传输，传到接收端后再分开，完成这个数字大容量传输的过程。

4.1　频分多路复用(FDM)

频分多路复用有直接法和复级法之分，多用于模拟通信中。

4.1.1　直接法 FDM

当复用的路数不是很大时可用直接法实现 FDM。

频分多路复用是指将多路信号按频率的不同进行复接并传输的方法。在频分多路复用中，信道的带宽被分成若干个相互不重叠的频段，每路信号占用其中一个频段，因而在接收端可采用适当的带通滤波器将多路信号分开，从而恢复出所需要的原始信号，这个过程就是多路信号复接和分接的过程。

图 4 - 1(*a*)是直接法 FDM 的系统原理框图。设有 N 路相似的消息信号 $f_1(t)$，$f_2(t)$，…，$f_N(t)$，各消息的频谱范围为 W_m。由系统原理框图可见，在系统的输入端，首先要将各消息复接，各路输入信号先通过低通滤波器(LPF)，以消除信号中的高频成分，使之变为带限信号。然后将这一带限信号分别对不同频率的载波进行调制，N 路载波 ω_{c1}，ω_{c2}，…，ω_{cN}称为副载波。若输入信号是模拟信号，则调制方式可以是 DSB - SC、AM、SSB、VSB 或 FM，其中 SSB 方式频带利用率最高；若输入信号是数字信号，则调制方式可以是 ASK、FSK、PSK 等各种数字调制方式。

调制后的带通滤波器将各个已调波频带限制在规定的范围内，系统通过叠加(也就是复接)把各个带通滤波器的输出合并从而形成总信号 $f_s(t)$。

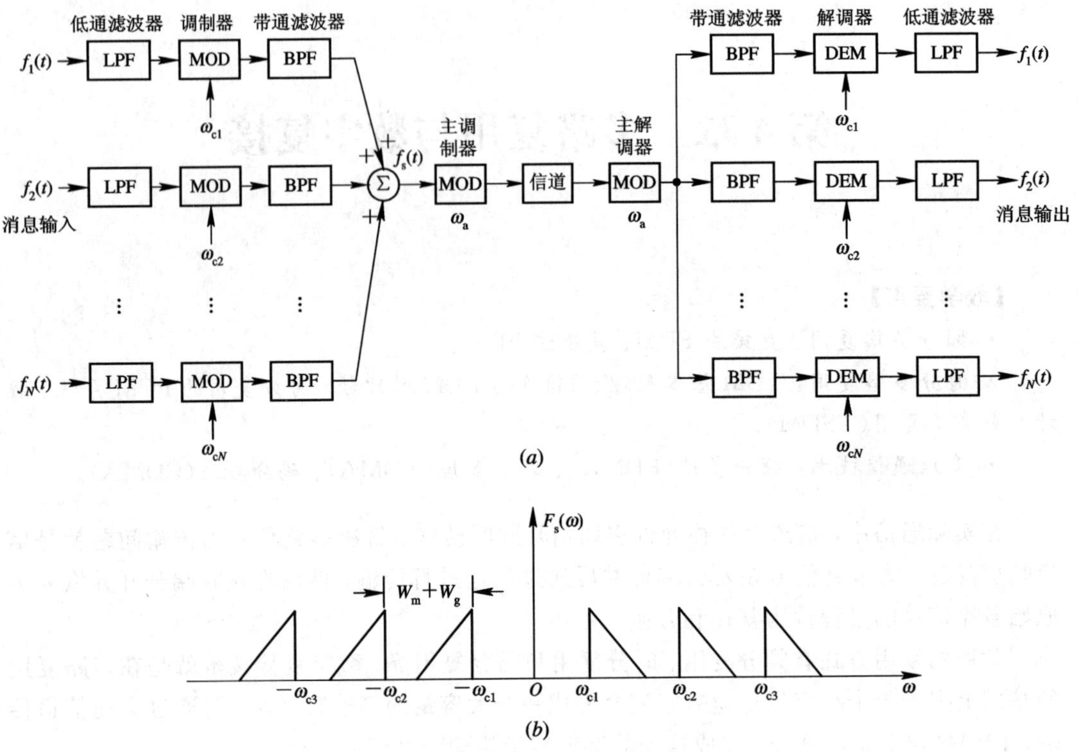

图 4 - 1　直接法 FDM 的系统原理框图及频谱图

(a) 系统原理框图；(b) 频谱图

图 4 - 1(b)是以 $N=3$ 为例，使用 SSB 调制方式，并且设其工作在上边带时 $f_s(t)$的频谱 $F_s(\omega)$图。图中，副载波频率之间的间隔 $W_s=W_m+W_g$，W_m 为消息信号的频谱范围，W_g 为邻路间隔保护频带。例如，电话系统中语音最高频率 W_m 为 3400 Hz，W_g 通常采用 300～500 Hz，这样可以达到邻路干扰电平低于 40 dB，最终副载波间隔 W_s 取值为4 kHz。

在某些信道中，总信号 $f_s(t)$可以直接在信道中传输，这时所需的最小带宽为

$$W_{SSB}=NW_m+(N-1)W_g=W_m+(N-1)W_s \tag{4-1}$$

在无线信道中，如采用微波频分复用线路，总信号 $f_s(t)$还必须经过二次调制，这时所使用的主载波 ω_a 要比副载波 ω_{cN} 高得多。最后，系统把载波为 ω_a 的已调波信号送入信道发送出去。主载波调制器 MOD 可以采用任意调制方式，视系统的具体情况而定，通常采用调频(FM)方式。

在接收端，基本处理过程恰好相反。如果总信号是通过特定信道无主载波调制的，则直接经各路带通滤波器 BPF 滤出相应的支路信号，然后通过副载波解调，送至低通滤波器得到各路原始消息信号；如果总信号是经过主载波调制后送到信道的，则先要用主解调器 DEM 把包括各路信号在内的总信号从载波 ω_a 上解调下来，然后就像上述无主载波调制信号一样将总信号送入各路带通滤波器，完成原始信号的恢复。

频分多路复用就是利用各路信号在频域上互不重叠来区分的，复用路数的多少主要取决于允许的带宽和费用，传输的路数越多，信号传输的有效性就越高。

频分复用的优点是：复用路数多，分路方便；多路信号可同时在信道中传输，节省功

率。当 N 路话音信号进行复用时，总功率不是单个消息所需功率的 N 倍，而是 $\sqrt{N}$ 倍。频分复用多用于模拟通信系统中，特别是在有线和微波通信系统中应用广泛。

频分复用的缺点是设备庞大、复杂，路间不可避免地会出现干扰，这是由系统中非线性因素引起的。

4.1.2　复级法 FDM

当复用路数很大时，可以采用复级法实现 FDM，通常利用多级调制产生合成信号 $f_s(t)$。

考虑两级调制。首先将 N 个信号分成 m 个组，每组由 n 路单边带信号组成，将每路调制在一个副载波上，则各组的副载波应当相同，显然，这时选择的 $mn \geqslant N$；然后将具有相同频谱宽度的 m 个已调信号再进行第二次单边带调制，所用的 m 个主载波为 ω_{a1}，ω_{a2}，…，ω_{am}，这些载波间隔应大于 nW_m；最后将 m 组单边带信号合成为总信号 $f_s(t)$ 送入信道传输。

复级法 FDM 的系统原理框图及频谱图如图 4－2 所示。

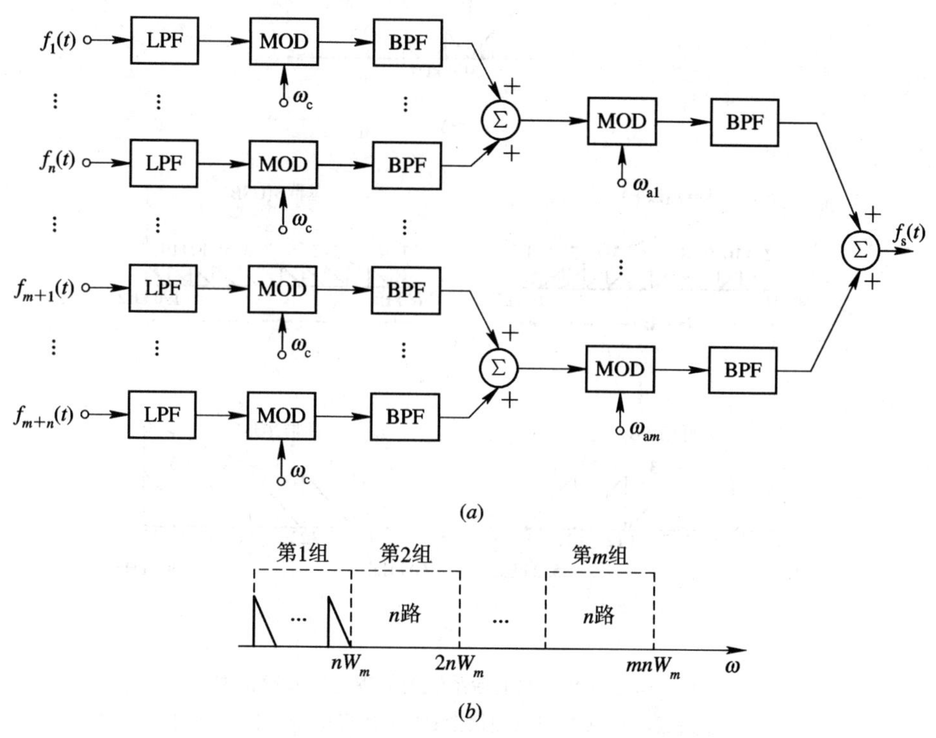

图 4－2　复级法 FDM 的系统原理框图及频谱图

(a) 系统原理框图；(b) 频谱图

将直接法和复级法进行比较可知，两者最大容量均为 $N=mn$，但所用的载波数不同。直接法所用的载波数为 mn，而复接法所用的载波数为 $(m+n)$，故直接法可节约载波数为 $(mn-m-n)$。在两级复用系统中，复级法需要 $(mn+m)$ 个调制器，而直接法需要 mn 个调制器，两级复用比单级多用 m 个调制器。

实际的多路载波电话系统采用多级调制、分层结构形式，图 4－3 给出了实际的多路载波电话系统的原理框图及频谱图。

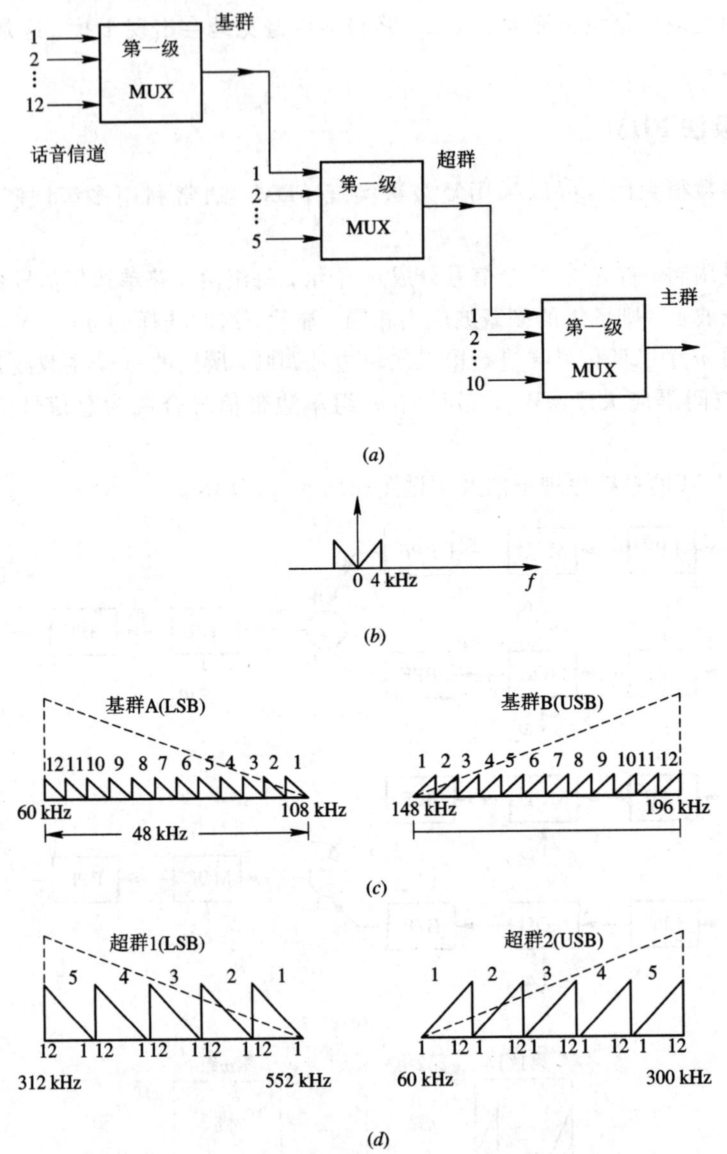

图 4－3　多路载波电话系统的原理框图及频谱图

(*a*) 多路载波电话系统原理框图；(*b*) 话音信号基带频谱图；

(*c*) 基群信号的频谱配置图；(*d*) 超群信号的频谱配置图

由此可见，第一次复用时将 12 路话音信号合成为一个基群；第二次调制时将 5 个基群复用为一个超群，共 60 路电话；第三次再将 10 路超群复用为一个主群，共 600 路电话。如果需要更多的电话，可以将多个主群再进行复用，组成超主群或者巨群。每路电话信号的频率范围应在 300～3400 Hz，为了在各路已调信号间留有保护间隔，每路电话信号取 4000 Hz 作为标准带宽。图 4－3(*a*)是多路载波电话系统原理框图；4－3(*b*)是话音信号基带频谱图。

一个基群由 12 路话音输入复用而成，其中，第 n 路所用载频 $f_{cn}=112-4n(n=1, 2, \cdots, 12)$，每路话音占 4 kHz 带宽。若采用单边带下边带调制（LSB），则 12 路话音共 48 kHz 带宽，频率范围为 60～108 kHz。若采用单边带上边带调制（USB），则频率范围为 148～196 kHz，其频谱配置如图 4 - 3(c)所示。

一个超群由 5 个基群复用而成，共 60 路电话，调制时所有主载波为 $f_{am}=372+48m$ $(m=1, 2, \cdots, 5)$。若采用单边带下边带调制，则经滤波后复接成一个超群，频率范围为 312～552 kHz，共 240 kHz 带宽。若采用单边带上边带调制，则频率范围为 60～300 kHz，其频谱配置如图 4 - 3(d)所示。

一个主群由 10 个超群复用而成，共 600 路电话。主群频率配置方式共有两种标准，L600 和 U600，其频谱配置如图 4 - 4 所示。L600 的频率范围为 60～2788 kHz，U600 的频率范围为 564～3084 kHz。

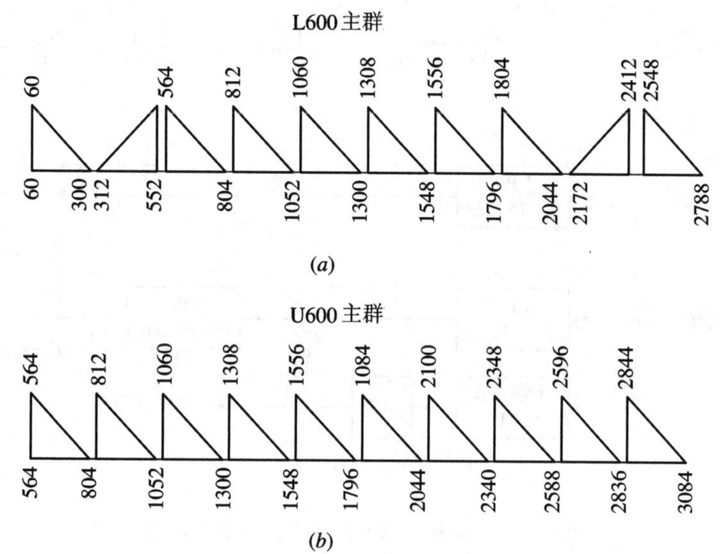

图 4 - 4　主群频谱配置图

(a) L600 主群频谱配置图；(b) U600 主群频谱配置图

调频立体声广播系统就是一个典型的采用 FDM 方式实现立体声广播的例子，其发送端原理框图如图 4 - 5(a)所示。

假设 $m_1(t)$、$m_2(t)$分别为带宽相同的左、右两路声道基带信号，其频谱结构如图 4 - 5(b)所示，系统以 19 kHz 的单频信号作为导频插入发射信号之中，以便在接收端提取相干载波和立体声指示，调频立体声广播系统占用频段为 88～108 MHz。

在调频之前，首先采用抑制载波双边带调制将左、右两个声道信号之差$[m_1(t)-m_2(t)]$与左、右两个声道信号之和$[m_1(t)+m_2(t)]$实行频分复用。复用后的立体声信号频谱结构如图 4 - 5(c)所示。

图 4 - 5 中，0～15 kHz 用于传送$[m_1(t)+m_2(t)]$信号，23～53 kHz 用于传送$[m_1(t)-m_2(t)]$信号，19 kHz 就是单一频率的导频信号。

在接收端为了恢复出相应的左、右声道信号 $m_1(t)$、$m_2(t)$，就要采取相应的解调和分接处理，接收端原理框图如图 4 - 5(d)所示。

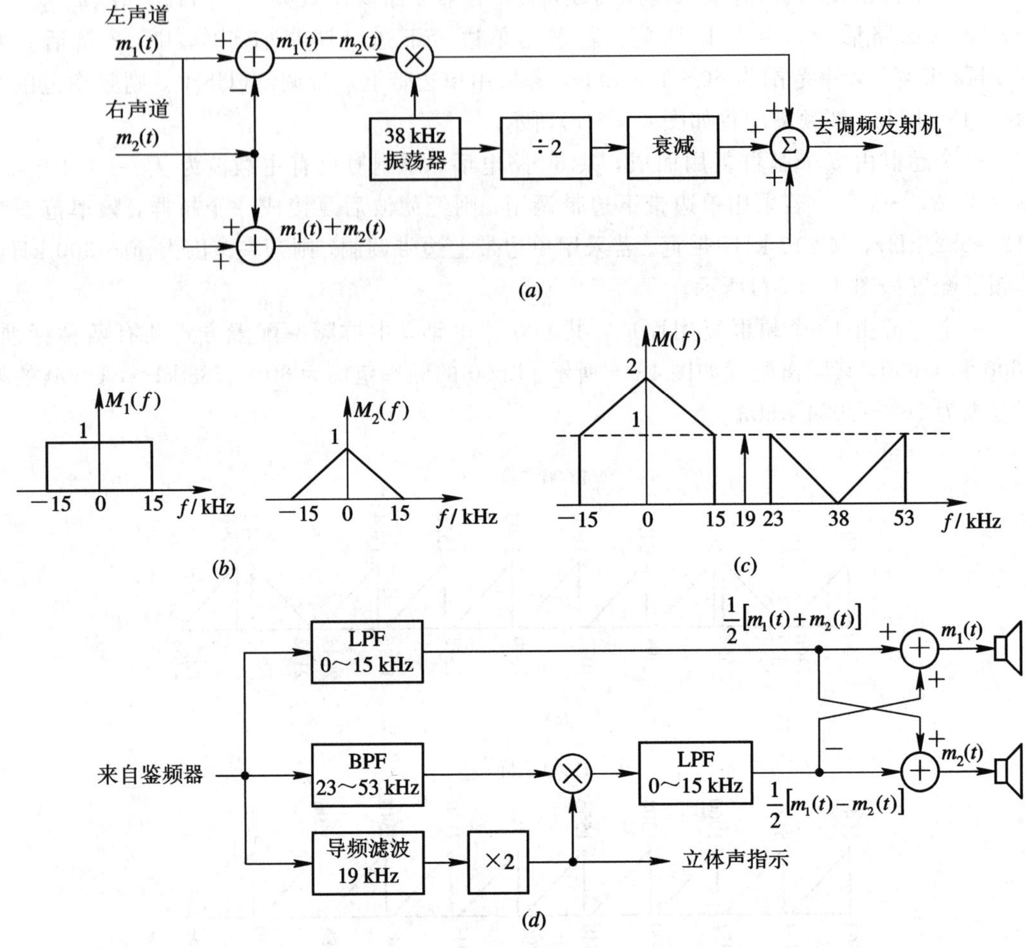

图 4-5 调频立体声广播系统的原理框图

(a) 发送端原理框图；(b) 基带信号频谱结构图；(c) 复用信号频谱结构图；(d) 接收端原理框图

4.2 正交频分复用(OFDM)

实际通信中，总是存在多径衰落的问题，例如，在无线移动信道中所引起的衰落及多普勒频移现象。造成衰落的主要原因是电波的反射、散射和衍射，接收机的移动以及周围环境的变化。

一般认为，对于信号频带很窄的情况，带宽内的衰落是单纯的衰落，比较容易处理；但对于信号频带较宽的情况，在任意时刻信号的衰落是频率的函数，即认为存在频率选择性衰落。衰落可产生码间串扰和误码。

克服衰落的途径很多。在移动通信中，为克服角度扩散引起的空间选择性衰落而采用分集接收技术；为克服多普勒频率扩散引起的时间选择性衰落而采用信道交织编码技术；为克服多径传播的时延功率谱的扩散引起的频率选择性衰落而采用 Rake 接收技术。除此之外，采用多载波传输的方式来研究如何克服多径效应引起的时延功率谱的扩散而带来的频率选择性衰落更有意义，这种方法是将高速串行数据分解为多个并行的低速数据后采用多载波 FDM 方式传输的。经过串/并变换后，每路数据码元宽度加长，从而减少了码间串扰的影响，又由于每路采用窄带调制，可减少频率选择性衰落的影响。如果采用正交函数序列作为副载波，可使载波间隔达到最小，从而提高频带利用率，这就是所谓的正交频分复用(OFDM)。图 4－6 示出了单载波调制、FDM 及 OFDM 三种方式的比较。

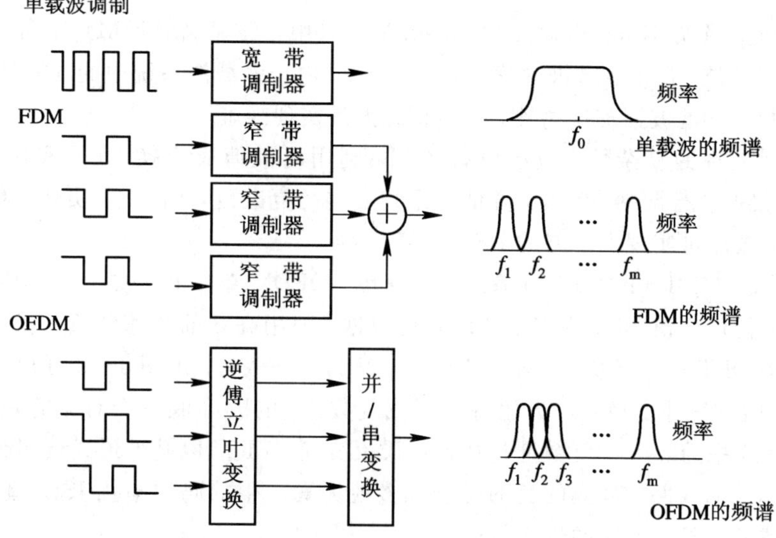

图 4－6　单载波调制、FDM 及 OFDM 三种方式的比较

4.2.1　OFDM 的基本原理

由上述内容可知，将高速串行数据变换为低速并行数据后，再将这些并行数据用正交的副载波进行调制，然后按 FDM 复用原理进行复用，便可得到 OFDM 信号。OFDM 的时域原理框图如图 4－7 所示。

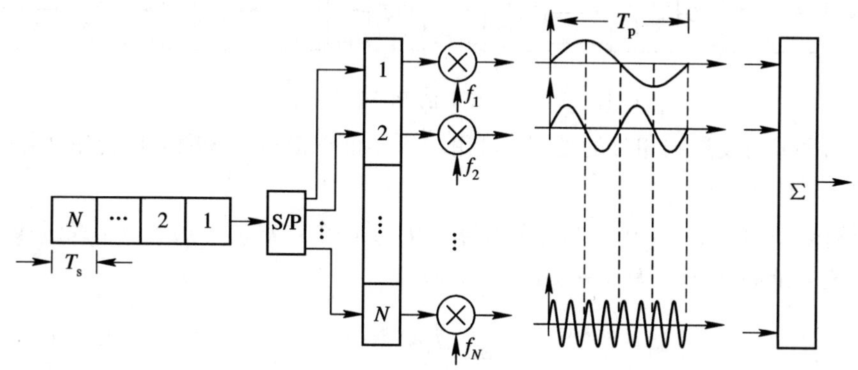

图 4－7　OFDM 的时域原理框图

由图 4－7 可见，1，2，…，N 是输入端高速串行信息数据码元，S/P 是串/并变换单元，f_1，f_2，…，f_N 是 N 个正交副载波，并行码元经正交副载波调制后，在时域波上相加合并发送至信道。

T_s 是串行码元的周期，T_p 是发送的并行码元的周期，一般有 $T_p \geqslant NT_s$，N 是给定信号带宽 B 中所用的副载波数。

N 越大，实际发送的并行码元信号周期 $T_p \geqslant NT_s$ 就越长，抗码间串扰(ISI)的能力也就越强，同时，OFDM 信号的功率谱也就越逼近理想低通特性。

4.2.2 基于 FFT 的 OFDM 系统组成

1957 年美国军方 Kine Plex HF Modem 最早采用载波调制(MCM)。该系统采用 20 路并行发送的副载波，每个副载波速率可达 150 b/s。由于多载波系统中的本振与信号处理部分会有大量数目的滤波器和振荡器，故体积庞大且实现困难。

为了简化实现的复杂性，减小设备体积，利用离散傅氏变换 DFT 和快速傅氏变换 FFT 对并行数据进行调制、解调，降低了系统实现的复杂度，用 FFT 实现 OFDM 已得到应用。目前的技术可实现上千路的 FFT 计算。

图 4－8 是基于 FFT 的 FDM 系统组成框图。OFDM 单个频谱是一个非带限的 Sa(x)函数，用离散傅氏变换 DFT 调制、解调并行数据，即用高效的快速傅氏变换 FFT 实现传输和接收，将 DFT 运算量从 N^2 降为 $N\,\mathrm{lb}N$，N 为信道数目。由图 4－8 可知，输入的高速串行数据先进行串/并变换，以 x 比特分组成复数，x 的大小取决于对应的副载波的星座图，如 16QAM 中的 $x=4$。复数通过快速傅氏反变换(IFFT)以基带形式被调制，再变换为串行数据传输。插入保护间隔的目的是避免多径失真产生的码间串扰 ISI。最后经过 D/A 变换，低通滤波 LPF，上变频送入信道。

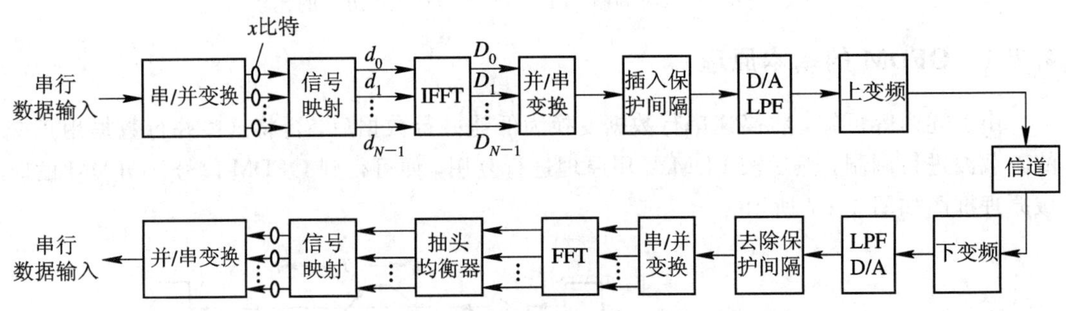

图 4－8 基于 FET 的 FDM 系统组成框图

接收端完成与发送端相反的处理，可用均衡器校正信道的失真，均衡滤波器的抽头系数可根据信道信息来计算。

并行数据序列 $d_0, d_1, \cdots, d_{N-1}$ 中的每个 d_n 是一个复数 $d_n = a_n + \mathrm{j}b_n$，经过傅氏反变换后得到复数矢量 $\boldsymbol{D} = (D_0, D_1, \cdots, D_{N-1})$，即

$$D_{N-1} = \sum_{n=0}^{N-1} d_n \mathrm{e}^{-\mathrm{j}(2\pi nm/N)} = \sum_{n=0}^{N-1} d_n \mathrm{e}^{-\mathrm{j}(2\pi f_n t_m)} \quad m = 0, 1, \cdots, N-1 \tag{4-2}$$

式中，$f_n = \dfrac{n}{N \cdot \Delta t}$；$t_m = m\Delta t$，$\Delta t$ 是数据序列 d_n 任选的码元宽度。矢量 $\boldsymbol{D}$ 的实数部分为

$$Y_m = \sum_{n=0}^{N-1} (a_n \cos 2\pi f_n t_m + b_n \sin 2\pi f_n t_m) \quad m = 0, 1, \cdots, N-1 \tag{4-3}$$

若在时间间隔 Δt 内通过低通滤波器，则得到的信号十分接近频分复用信号，即

$$y(t) = \sum_{n=0}^{N-1}(a_n \cos 2\pi f_n t + b_n \sin 2\pi f_n t) \quad 0 \leqslant t \leqslant N\Delta t \tag{4-4}$$

图 4 - 9 是一个具有保护间隔的 OFDM 信号的时域和频域示意图。适当选择载波间隔，使 OFDM 信号的频谱是平坦的，且能保证子信道间的正交性。

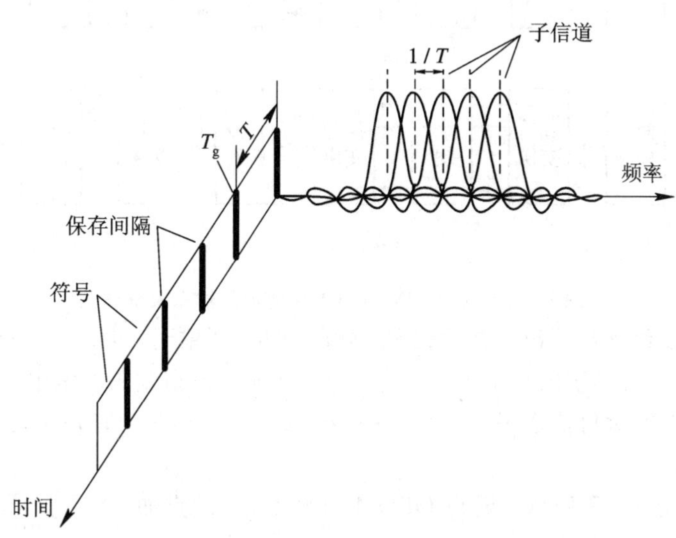

图 4 - 9　具有保护间隔的 OFDM 信号的时域和频域示意图

由于实际信道总是存在许多干扰，如随机噪声、脉冲噪声、多径失真、衰落等，这些都会对接收信号产生影响。又因为 OFDM 信号频谱不是严格带限的抽样函数，线性失真将会导致每个子信道的能量扩散到邻近信道，从而引起码间串扰，也就不能保证信道的正交性，接收机就很难用 FFT 将每个子信道彻底分离。

克服上述码间串扰的一个简单办法就是增大信号周期或增加副载波数目，使信号失真降低，但是要兼顾载波的稳定性、多普勒频移、FFT 的规模以及时延等问题，就显得很难实现。

图 4 - 9 中的保护间隔的作用就是防止码间串扰。若用 T 表示信号的周期，T_g 为保护间隔，则总信号周期为 $T_t = T + T_g$。可见，插入保护间隔后，每个 OFDM 信号周期比本身的周期要长，当保护间隔比信道脉冲响应或多径的时延大时，就可消除码间串扰，但载波间干扰或带内衰落仍然存在。

保护间隔 T_g 的选择并不是越大越好，因为插入保护间隔会降低发射功率、频带利用率和数据业务量。因此，应视具体的应用情况，合理选择保护间隔与有用信号周期的比值，通常 T_g 小于 $T/4$。载波数目的选择取决于信道带宽、数据传输速率和码元长度，一般载波数目等于 $1/T$。在高清晰度电视(HDTV)信号传输中，载波的数目可达到几百个。在二维图形中，时域内信号被保护间隔分离，频域内信号是交叠的，时域和频域信号互为傅氏变换。

由于 OFDM 中各载波的幅度服从瑞利分布，各子载波在频域的位置不同，因而所带来的衰落程度也不相同。OFDM 可以很好地解决多径环境中的频率选择性衰落的问题，但其本身不能抑制衰落。为了在信道编码中进一步保护传输数据，可采用编码正交频分复用 COFDM 技术。图 4 - 10 是 COFDM 高清晰度电视传输系统框图。

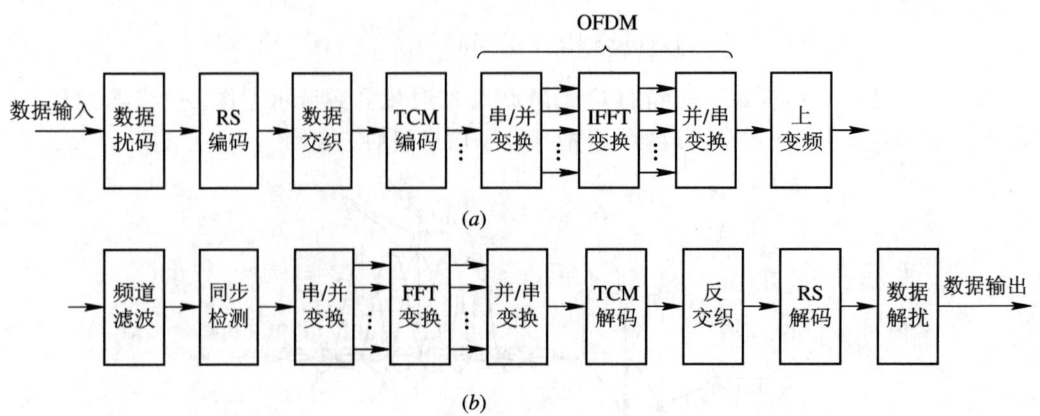

图 4-10 COFDM 高清晰度电视传输系统框图

系统中使用了级连纠错码来消除误码，外码为 RS 纠错码，内码为网格编码调制 TCM 中的卷积码。TCM 将卷积码和调制结合为一体，在所有信道编码技术中，它结合频率和时间交织，是一种有效对付信道平坦性衰落的最佳途径，在白噪声环境下可比传统技术的误码性能提高 8 dB。

通过上述的论述，我们可以看出 OFDM 的主要优、缺点如下。

1) 主要优点

(1) 经串/并变换，大大降低了符号速率，同时插入了保护间隔，几乎全部消除了符号间的串扰。

(2) 在带宽受限系统中的低符号速率传输，只需采用简单均衡就可以达到很好的性能，而传统单载波则需要采用很复杂的接收技术。

2) 主要缺点

(1) 由于保护间隔的插入将带来功率与信息在速率上的损失。

(2) 多载波系统对频率和定时同步的要求更加严格，同步误差会导致系统性能的迅速恶化。

(3) 因 OFDM 符号是许多独立信号的叠加结果，其包络遵从高斯分布，因此其峰值功率与平均功率的比值较大，并导致对系统前端放大器的线性范围要求增加。

OFDM/COFDM 的应用日益广泛，已经成功地应用于接入网中的高速数字环路(HDSL)、非对称数字环路(ADSL)、数字音频广播(DAB)、高清晰度电视(HDTV)的地面广播系统和高速移动通信领域等通信系统之中。

4.3 时分多路复用(TDM)

在数字通信中，模拟信号的数字传输或数字基带信号的多路传输一般都采用时分多路复用(TDM, Time Division Multiplexing)方式来提高系统的传输效率。

4.3.1 TDM 基本原理

在模拟信号的数字传输中，抽样定律告诉我们，一个频带限制在 0 到 f_m 以内的低通

模拟信号 $x(t)$，可以用时间上离散的抽样值来传输，抽样值中包含有 $x(t)$ 的全部信息。当抽样速率 $f_s \geqslant 2f_m$ 时，可以从已抽样的输出信号中用一个带宽为 $f_m \leqslant B \leqslant f_s - f_m$ 的理想低通滤波器不失真地恢复出原始信号。

由于单路抽样信号在时间上离散的相邻脉冲间有很大的空隙，在空隙中插入若干路其他抽样信号，只要各路抽样信号在时间上不重叠并能区分开，那么一个信道就有可能同时传输多路信号，达到多路复用的目的。这种多路复用称为时分多路复用(TDM)。

下面以 PAM 为例说明 TDM 原理。

假设有 N 路 PAM 信号进行时分多路复用，系统框图及波形如图 4-11 所示。各路信号首先通过相应的低通滤波器(LPF)使之变为带限信号，然后将其送至抽样电子开关，电子开关每 T_s 秒将各路信号依次抽样一次，这样 N 个样值按先后顺序错开插入抽样间隔 T_s 之内，最后得到的复用信号是 N 个抽样信号之和。各路信号脉冲间隔为 T_s，各路复用信号脉冲间隔为 T_s/N。由各个消息构成单一抽样的一组脉冲叫作一帧，一帧中相邻两个脉冲之间的时间间隔叫作时隙，未被抽样脉冲占用的时隙叫作保护时间。

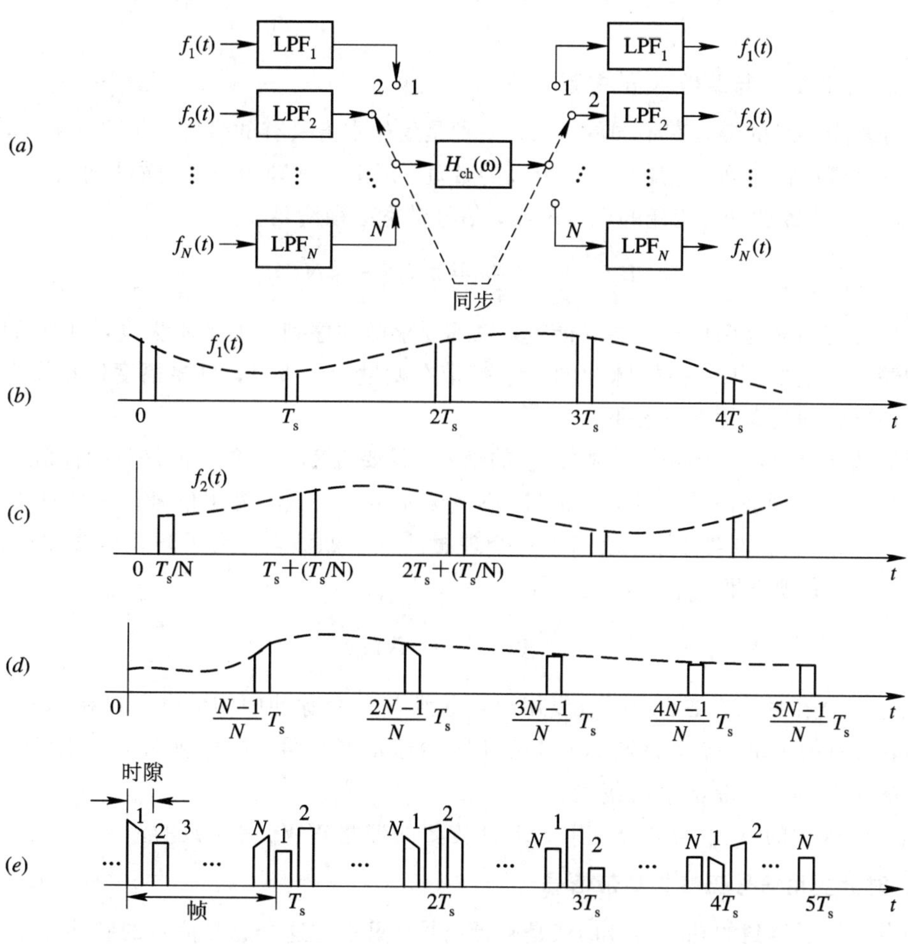

图 4-11　TDM 系统框图及波形

(a) TDM 系统框图；(b) 第 1 路抽样信号；

(c) 第 2 路抽样信号；(d) N 路 PAM 信号 TDM 波形；(e) N 个抽样信号之和

在接收端，合成的多路复用信号由与发送端同步的分路转换开关区分不同路的信号，把各路信号的抽样脉冲序列分离出来，再用低通滤波器恢复各路所需要的信号。

多路复用信号可以直接送到某些信道进行传输，或者经过调制变换成适合于某些信道传输的形式再进行传输。传输接收端的任务是将接收到的信号经过解调或经过适当的反变换恢复出原始多路复用信号。

4.3.2 TDM 信号的带宽及相关问题

1. 抽样速率 f_s、抽样脉冲宽度 τ 和复用路数 N 的关系

由抽样定理可知，抽样速率 $f_s \geqslant 2f_m$，以话音信号 $x(t)$ 为例，通常取 f_s 为 8 kHz，即抽样周期 $T_s = 125\ \mu s$，抽样脉冲的宽度 τ 要比 125 μs 还小。

对于 N 路时分复用信号，在抽样周期 T_s 内要顺序地插入 N 路抽样脉冲，而且各个脉冲间要留出一些空隙作保护时间。若取保护时间 t_g 和抽样脉冲宽度 τ 相等，则抽样脉冲的宽度 $\tau = T_s/2N$。显然 N 越大，τ 就越小，但 τ 不能太小。因此，时分复用的路数也不能太大。

2. 信号带宽 B 与路数 N 的关系

时分复用信号的带宽有不同的含义。一种是信号本身具有的带宽，从理论上讲，TDM 信号是一个窄脉冲序列，它应具有无穷大的带宽。但由于其频谱的主要能量集中在 $0 \sim 1/\tau$ 以内，因此，从传输主要能量的观点考虑，信号带宽必须满足

$$B = \frac{1}{\tau} \sim \frac{2}{\tau} = 2Nf_s \sim 4Nf_s \tag{4-5}$$

如果无需传输复用信号的主要能量，也不要求脉冲序列的波形不失真，只要求传输抽样脉冲序列的包络。因为抽样脉冲的信息携带在幅度上，所以，只要幅度信息没有损失，那么脉冲形状的失真就无关紧要。

根据抽样定律，一个频带限制在 f_m 的信号，只要有 $2f_m$ 个独立的信息抽样值，就可用带宽$B = f_m$ 的低通滤波器恢复原始信号。N 个频带都是 f_m 的复用信号，它们的独立对应值为 $2Nf_m = Nf_s$。如果将信道表示为一个理想的低通滤波器，为了防止组合波形丢失信息，信号带宽必须满足

$$B \geqslant \frac{Nf_s}{2} = Nf_m \tag{4-6}$$

式(4-6)表明，N 路信号时分复用时，每秒 Nf_s 个脉冲中的信息可以在 $Nf_s/2$ 的带宽内传输。总的来说，带宽 B 与 Nf_s 成正比。对于话音信号，抽样速率 f_s 一般取 8 kHz，因此，路数 N 越大，带宽 B 就越大。

(4-6)式中的 Nf_m 与频分复用 SSB 所需要的带宽 NW_m 是一致的。

3. 时分复用信号仍然是基带信号

时分复用后得到的总和信号仍然是基带信号，只不过这个总和信号的脉冲速率是单路抽样信号的 N 倍，即

$$f = Nf_s \tag{4-7}$$

这个信号可以通过基带传输系统直接传输，也可以经过频带调制后在频带传输信道中

进行传输。

4. 时分复用系统必须严格同步

在 TDM 系统中，发送端的转换开关与接收端的分路开关要严格同步，否则系统就会出现紊乱。两种开关实现同步的方法与脉冲调制的方式有关，具体方法详见第 8 章相关内容。

4.3.3 TDM 与 FDM 的比较

1. 关于复用原理

FDM 是用频率来区分同一信道上同时传输的信号的，各信号在频域上是分开的，而在时域上是混叠在一起的。

TDM 是在时间上区分同一信道上依次传输的信号的，各信号在时域上是分开的，而在频域上是混叠在一起的。

FDM 与 TDM 各路信号在频谱和时间上的特性比较如图 4 - 12 所示。

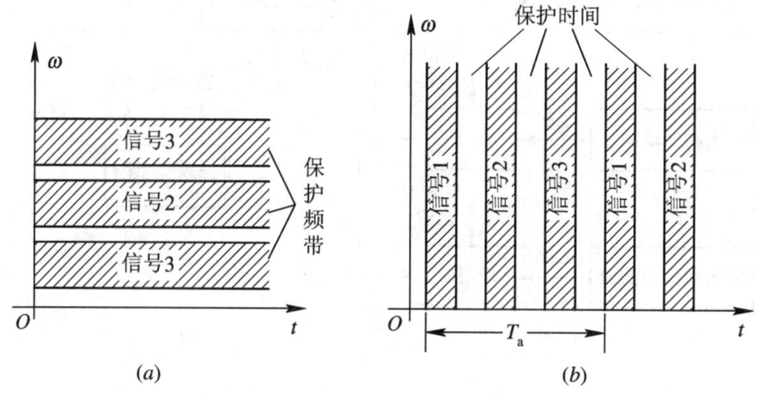

图 4 - 12　FDM 与 TDM 各路信号在频谱和时间上的特性比较
(*a*) FDM；(*b*) TDM

2. 关于设备复杂性

就复用部分而言，FDM 的设备相对简单，TDM 的设备较为复杂；就分路部分而言，TDM 信号的复用和分路都是采用数字电路来实现的，通用性和一致性较好，比 FDM 的模拟滤波器分路简单、可靠，而且 TDM 中的所有滤波器都是相同的滤波器。FDM 要用到不同的载波和不同的带通滤波器，因而滤波设备相对复杂。

总的，TDM 的设备要简单些。复用路数很少时，用 FDM；复用路数较多时，用 TDM 较好。但当复用路数很多时，τ 太小时不能用 TDM，此时需用 FDM。

3. 关于信号间干扰

在 FDM 系统中，信道的非线性会在系统中产生交调失真和高次谐波，引起话间串扰，因此，FDM 对线性的要求比单路通信时要严格得多；在 TDM 系统中，多路信号在时间上是分开的，因此，TDM 对线性的要求与单路通信时的一样，对信道的非线性失真要求可降低，系统中各路间串话比 FDM 的要小。

4. 关于传输带宽

从前面关于FDM及TDM信道传输带宽的分析可知，两种系统的带宽是一样的，N路复用时对信道带宽的要求都是单路的N倍。

码分复用(CDM)(4.5节详细介绍)不同于FDM和TDM。FDM中不同信息所用的频率是不同的，TDM中不同信息是用不同时隙来区分的，而CDM中各路信息是用各自不同的编码序列来区分的，它们均占有相同的频段和时间。

4.3.4 时分复用的PCM系统

PCM和PAM的区别在于PCM要在PAM的基础上经过量化和编码，把PAM中的一个抽样值量化后编为k位二进制代码。图4-13表示一个3路TDM-PCM复用的方框图。

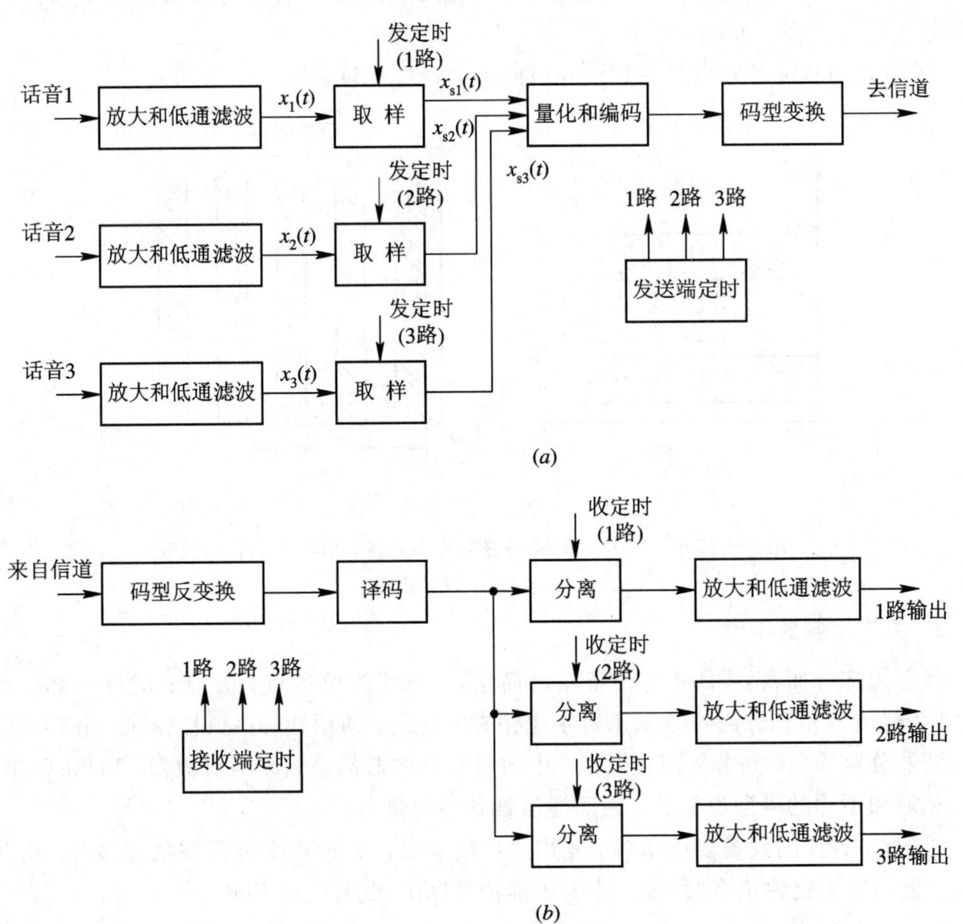

图4-13 3路TDM-PCM复用的方框图

(a) 发送端方框图；(b) 接收端方框图

图4-13(a)画出了发送端方框图。话音信号首先经过放大和低通滤波后得$x_1(t)$、$x_2(t)$、$x_3(t)$；然后经过抽样得3路PAM信号$x_{s1}(t)$、$x_{s2}(t)$、$x_{s3}(t)$，它们在时间上是分开的，由各路发定时取样脉冲控制。3路PAM信号首先一起加到量化和编码器上进行编

码，每个 PAM 信号的抽样脉冲经量化后编为 k 位二进制代码，然后编码后的 PCM 代码经码型变换，变为适合于信道传输的码型，最后经过信道传到接收端。

图 4 - 13(*b*)为接收端方框图，接收端收到信码后首先经过码型反变换，然后加到译码器进行译码，译码后是 3 路合在一起的 PAM 信号，再经过分离电路把各路 PAM 信号区分出来，最后经过放大和低通滤波还原为话音信号。

TDM - PCM 的信号代码在每一个抽样周期内有 Nk 个(其中 N 为路数，k 为每个抽样值编码时编的码位数)。因此码元速率为 $Nkf_s=2Nkf_m$(Baud)，实际应用带宽为 $B=Nkf_s$。

4.3.5　PCM 30/32 路典型终端设备介绍

PCM 30/32 路端机在脉冲调制多路通信中是一个基群设备。它可组成高次群，也可独立使用，与市话电缆、长途电缆、数字微波系统和光纤等传输信道连接，作为有线或无线电话的时分多路终端设备。

在交换局内，PCM 30/32 路端机外加适当的市话出入中继器接口，可与步进制、纵横制等各式交换机接口，用于市内或长途通信。

PCM 30/32 路端机除提供电话外，通过适当接口，还可以提供传输数据、载波电报、书写电话等其他数字信息业务。

前面所介绍的 PCM 30/32 路端机性能，是按 CCITT 的有关建议设计的，其主要指标均符合 CCITT 标准。

1. 基本特性

话路数目：30。

抽样频率：8 kHz。

压扩特性：$A=87.6/13$ 折线压扩律，编码位数 $k=8$，采用逐次比较型编码器，其输出为折叠二进制码。

每帧时隙数：32。

总数码率：$8\times32\times8000=2048$ kb/s。

2. 帧与复帧结构

帧与复帧结构如图 4 - 14 所示。

(1) 时隙分配。在 PCM 30/32 路的制式中，抽样周期为 $1/8000=125\ \mu$s，它被称为一个帧周期，即 125 μs 为一帧。一帧内要时分复用 32 路，每路占用的时隙为 $125/32=3.9\ \mu$s，称为 1 个时隙。因此一帧有 32 个时隙，按顺序编号为 TS_0，TS_1，…，TS_{31}。时隙的使用分配如下：TS_1～TS_{15}、TS_{17}～TS_{31} 为 30 个话路时隙，TS_0 为帧同步码、监视码时隙。TS_{16} 为信令(振铃、占线、摘机等各种标志信号)时隙。

(2) 话路比特的安排。每个话路时隙内要将样值编为 8 位二元码，每个码元占 $3.9\ \mu s/8=488$ ns，称为 1 比特，编号为 1～8。第 1 比特为极性码，第 2～4 比特为段落码，第 5～8 比特为段内码。

(3) TS_0 时隙的比特分配。为了使收发两端严格同步，每帧都要传送一组具有特定标志的帧同步码组或监视码组。帧同步码组为“0011011”，占用偶帧 TS_0 的第 2～8 码位。第 1 码位供国际通信用，不使用时发送“1”码。奇帧 TS_0 比特分配为：第 3 码位为帧失步告警用，以 A_1 表示，同步时发送“0”码，失步时发送“1”码。为避免奇帧 TS_0 的第 2～8 码位出现假同步码组，第 2 位码规定为监视码，固定为“1”码，第 4～8 码位供国内通信用，目前暂定为“1”码。

(4) TS_{16} 时隙的比特分配。若将 TS_{16} 时隙的码位按时间顺序分配给各话路传送信令，需要用 16 帧组成一个复帧，分别用 F_0，F_1，…，F_{15} 表示，复帧周期为 2 ms，复帧频率为 500 Hz。复帧中各子帧的 TS_{16} 分配为：

① F_0 帧：1～4 码位传送复帧同步信号“0000”；第 6 码位传送复帧失步对局告警信号 A_2，同步时发送“0”码，失步时发送“1”码。第 5、7、8 码位传送“1”码。

② F_1～F_{15} 各帧的 TS_{16} 前 4 比特传送 1～15 话路信令信号，后 4 比特传送 16～30 话路的信令信号。

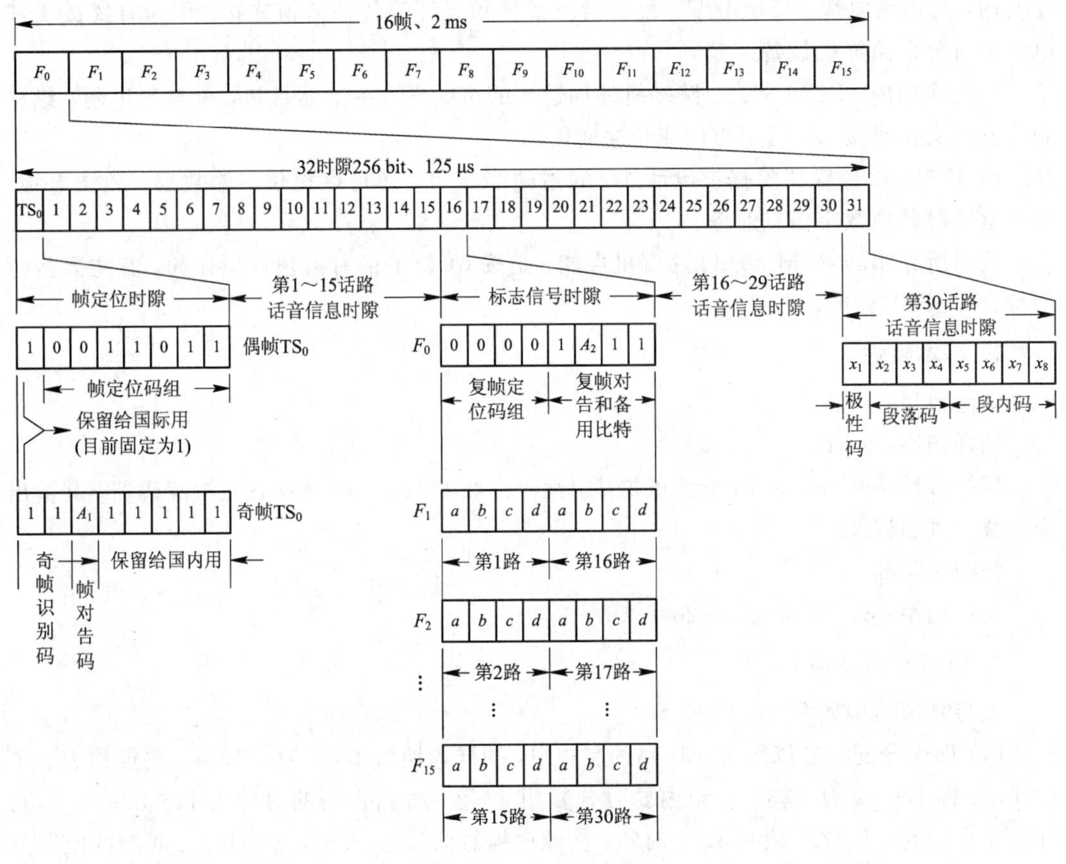

图 4-14 帧与复帧结构

3. PCM 30/32 路设备方框图

图 4-15 给出了 PCM 30/32 路设备方框图，它是按群路编译码方式画出的。基本工作过程是将 30 路抽样序列合成后再由一个编码器进行编码。由于大规模集成电路的发展，编码和译码可做在一个芯片上，称为单路编译码器。目前厂家生产的 PCM 30/32 路系统几乎都是由单路编译码器构成的，这时每话路的相应样值各自编成 8 位码后再合成总的话音码流，然后再与帧同步码和信令码汇总，经码型变换后再发送出去。单路编译码片构成的 PCM 30/32 路方框图如图 4-16 所示。

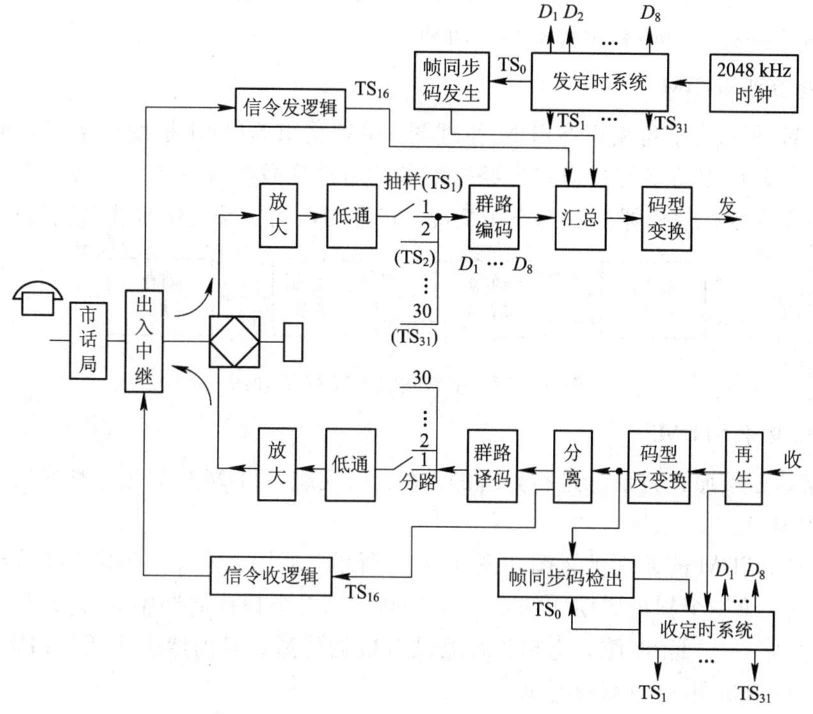

图 4－15　PCM 30/32 路设备方框图

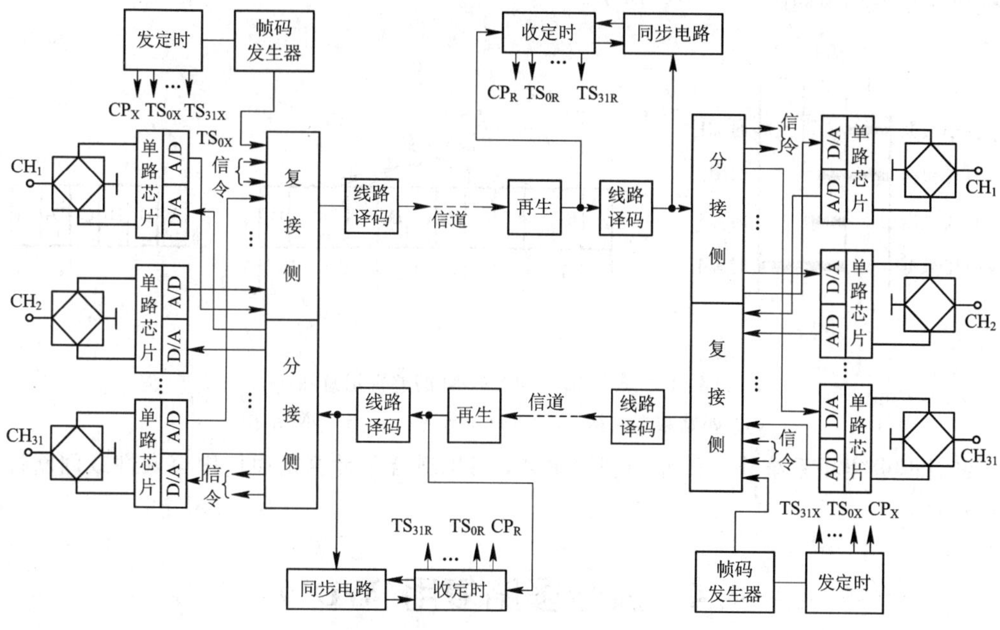

图 4－16　单路编译码片构成的 PCM30/32 路方框图

4.3.6　统计时分多路复用(STDM)

统计时分多路复用(STDM，Statistical TDM)动态地分配集合信道的时隙，只给那些确实要传送数据的终端分配一个时隙，使它们建立数据链路，对暂停发送数据的用户，撤销其线路资源分配，使线路资源用于其他需要传输数据的用户，从而提高了线路利用率。STDM 可分为字符交织型和比特交织型两种。

1. 字符交织 STDM

图 4-17 所示为字符交织 STDM 原理图。字符交织 STDM 是按照字符为单位进行处理的。来自低速信道的字符数据首先经压缩编码后送到数据缓存器，然后放入虚拟信道存储器，最后根据帧存信道器的动态空闲情况，将存储器的字符交织到集合信道中。

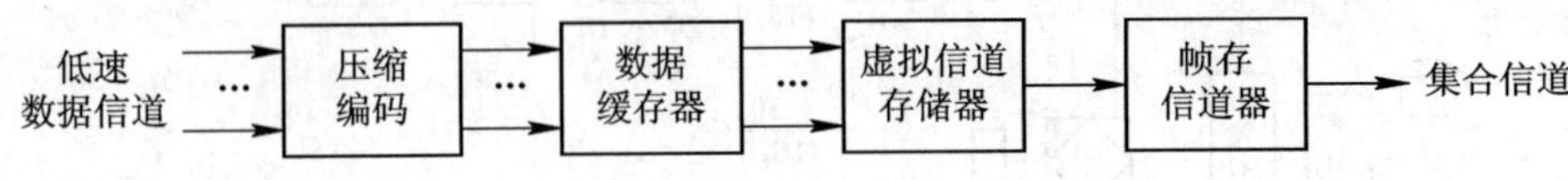

图 4-17　字符交织 STDM 原理图

2. 比特交织 STDM

比特交织是按照比特信息进行处理的。在比特交织 STDM 中，比特时隙只分配给那些正在工作的用户。

TDM 与 STDM 的差别示意图如图 4-18 所示。从图 4-18(*a*)中可以看到，当采用 TDM 方式时，第一个扫描周期中的 C_1、D_1 时隙，第二个扫描周期中的 A_2 时隙，第三个扫描周期中的 A_3、B_3、C_3 时隙，这 6 个时隙没有数据传递，但仍然被占用。TDM 方式按照时间展开示意图如图 4-18(*b*)所示。

对于 STDM 方式，由于它是按照需要分配时隙的，所以没有浪费时隙，STDM 方式按照时间展开示意图如图 4-18(*c*)所示。

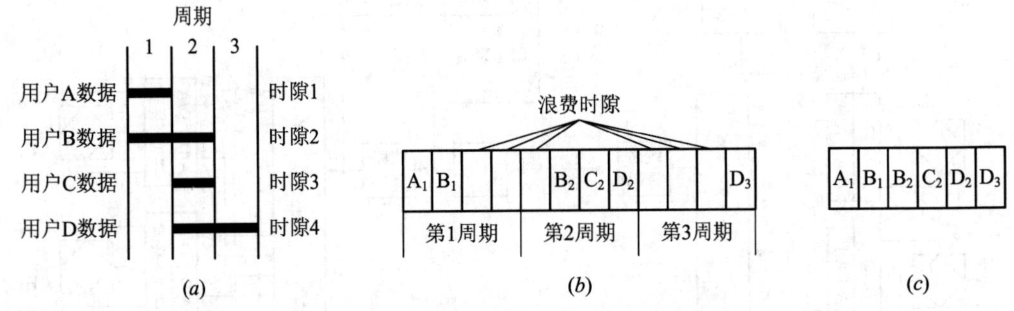

图 4-18　TDM 与 STDM 的差别示意图

(*a*) 四路数据结构；(*b*) TDM 结构；(*c*) STDM 结构

统计时分复用系统线路传输的利用率高，特别适合于计算机通信中突发性或间断性的数据传输。

4.4　波分多路复用(WDM)

波分多路复用(WDM，Wavelength Division Multiplexing)就是光的频分复用，或者说是在光纤通道上的频分多路复用技术。

WDM 在一根光纤中同时传输多个波长光信号。在发送端，WDM 将不同波长的信号复用起来，送入到光缆线路上的同一根光纤中进行传输，在接收端又将复用的光信号解复用，恢复出原信号后送入不同的终端。一般载波间隔比较小时(小于 1 nm)称为频分复用，载波间隔比较大时(大于 1 nm)称为波分复用。相邻两个峰值波长间隔比较大，即波长的间隔在 50～100 nm 的系统，称为 WDM 系统；相邻两个峰值波长间隔比较小，即波长的间隔在 1～10 nm 的系统，称为密集的波分复用(Dense WDM 或 DWDM)系统。

WDM 系统的主要特点如下。

(1) 可以充分利用光纤的巨大带宽资源，使一根光纤的传输容量比单波长传输增加几倍至几十倍，使 N 个波长复用起来在单模光纤中传输，在大容量长途传输时可以大量节约光纤。另外，对于早期安装的芯数不多的光缆，芯数较少，利用波分复用不必对原有系统做较大的改动即可比较方便地进行扩容。

(2) 波分复用器件(分波/合波器)具有方向的可逆性。由于同一光纤中传输的信号波长彼此独立，因而可以传输特性完全不同的信号，完成各种电信业务信号的综合和分离，包括数字信号和模拟信号，以及 PDH 信号和 SDH 信号的综合与分离。

(3) 波分复用通道对数据格式是透明的，即与信号速率及电调制方式无关。一个 WDM 系统可以承载多种格式的“业务”信号，如 ATM、IP 或者将来有可能出现的信号。WDM 系统完成的是透明传输，对于“业务”信号来说，WDM 的每个波长就像“虚拟”的光纤一样，在使用上具有很大的方便和灵活性。

在网络扩充和发展中，WDM 是理想的扩容手段，也是引入宽带新业务(例如 CATV、HDTV 和 B - ISDN 等)的方便手段，增加一个附加波长即可引入任意想要的新业务或新容量。利用 WDM 技术选路来实现网络交换和恢复，从而可能实现未来透明的、具有高度生存性的光网络。光波分复用原理如图 4 - 19 所示。

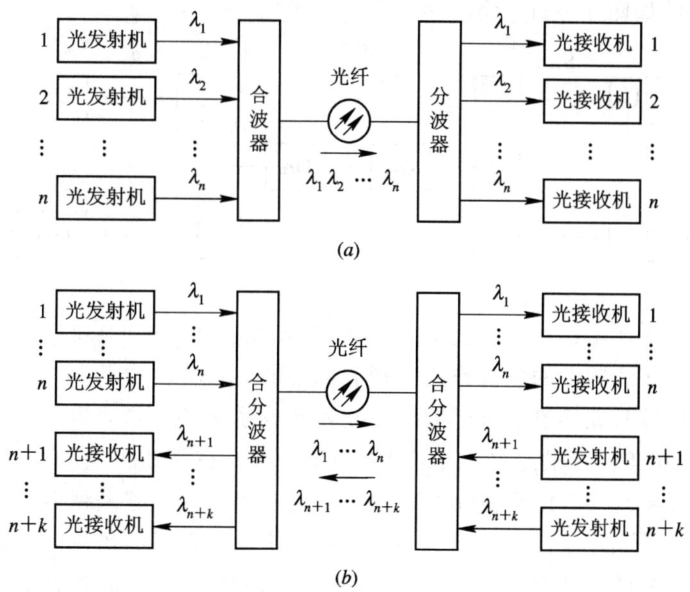

图 4 - 19　光波分复用原理框图

(*a*) 单向 WDM 系统；(*b*) 双向 WDM 系统

WDM 系统可以分为集成式 WDM 系统和开放式 WDM 系统。

集成式 WDM 系统就是 SDH 终端设备具有满足 G. 692 的光接口：标准的光波长、满足长距离传输的光源(又称彩色接口)。这两项指标都是当前 SDH 系统不要求的。即把标准的光波长和长受限色散距离的光源集成在 SDH 系统中。整个系统构造比较简单，没有增加多余设备。但在接纳过去的 SDH 系统时，还必须引入波长转换器 OTU 以完成波长的转换，而且要求 SDH 与 WDM 为同一个厂商，这是因为在网络管理上很难实现 SDH、WDM 的彻底分开。集成式 WDM 系统如图 4-20 所示。

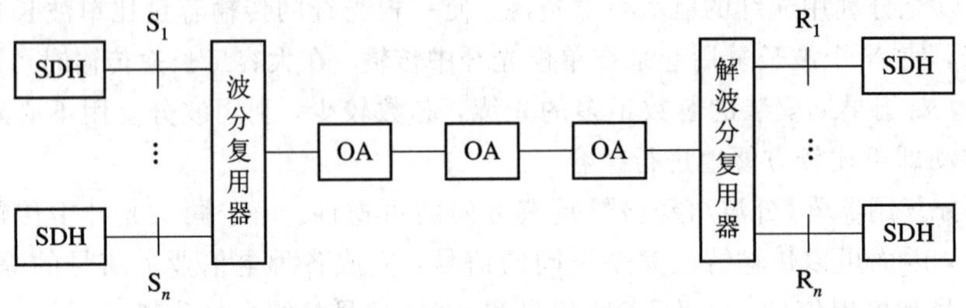

图 4-20 集成式 WDM 系统

开放式 WDM 系统就是在波分复用器前加入波长转换器(OTU)，将 SDH 非规范的波长转换为标准波长。开放是指在同一 WDM 系统中，可以接入多家的 SDH 系统。OTU 对输入端的信号没有要求，可以兼容任意厂家的 SDH 信号。OTU 输出端满足 G.692 的光接口：标准的光波长、满足长距离传输的光源。具有 OTU 的 WDM 系统，不再要求 SDH 系统具有 G.692 接口，可继续使用符合 G.957 接口的 SDH 设备；可以接纳过去的 SDH 系统，实现不同厂家 SDH 系统工作在一个 WDM 系统内，但 OTU 的引入可能对系统性能带来一定的负面影响；开放的 WDM 系统适用于多厂家环境，彻底实现 SDH 与 WDM 分开。开放式 WDM 系统如图 4-21 所示。

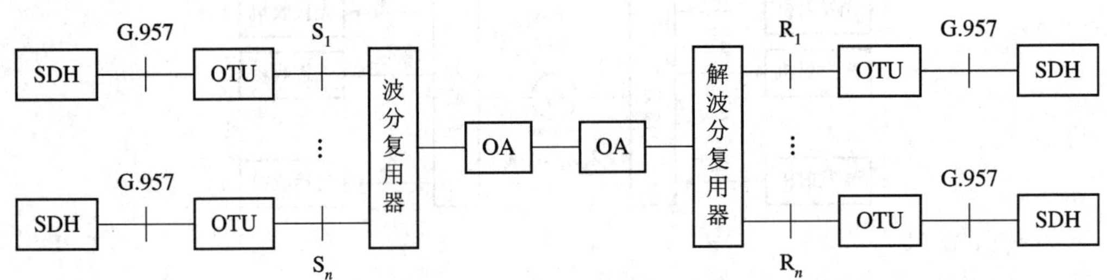

图 4-21 开放式 WDM 系统(接收端的 OUT 是可选项)

波长转换器 OTU 器件的主要作用在把非标准的波长转换为 ITU-T 所规范的标准波长，以满足系统的波长兼容性。对于集成系统和开放系统的选取，运营者可以根据需要选择。在有 SDH 系统多厂商的地区，可以选择开放系统；在新建干线和 SDH 系统较少的地区，可以选择集成系统。但是现在 WDM 系统采用开放系统的越来越多。

WDM 技术充分利用了光纤的巨大带宽资源，使一根光纤的传输容量比单波长传输增加几倍至几十倍。各波长相互独立，可传输特性不同的信号，完成各种业务信号的综合和分离，实现多媒体信号的混合传输。

WDM 技术使 N 个波长复用起来在单根光纤中传输，并且可以实现单根光纤的双向传输，以节省大量的线路投资。

WDM 技术可降低对一些器件在性能上的极高要求，同时又可实现大容量传输。充分利用成熟的 TDM 技术，且对光纤色散无过高要求。WDM 的信道对数据格式是透明的，是理想的扩容手段。可实现组网的灵活性、经济性和可靠性，并可组成全光网。

4.5　码分多路复用(CDM)

码分多路复用(CDM，Code Division Multiplexing)是用一组相互正交的码字区分信号的多路复用方法。在码分复用中，各路信号码元在频谱上和时间上都是混叠的，但是代表每路信号的码字是正交的，码字正交的概念叙述如下。

用 $x=(x_1, x_2, x_3, \cdots, x_n)$和 $y=(y_1, y_2, y_3, \cdots, y_n)$表示两个码长为 n 的码组。各码元 x_i，$y_i \in (+1, -1)$，$i=1, 2, \cdots, n$。设两个码组之间的关系为

$$p(x, y)=\frac{1}{N}\sum_{i=1}^{N} x_i y_i \quad -1 \leqslant p(x, y) \leqslant 1 \tag{4-8}$$

式中，$p(x,y)$是 x 与 y 的相关度。若 $p(x,y)=0$，则称两码组正交；若 $p(x,y)\approx 0$，则称两码组准正交；若 $p(x,y)<0$，则称两码组超正交。

若将正交码字用于码分复用中作为“载波”，则合成的多路信号经过信道传输后，在接收端可以采用计算相互关系系数的方法将各个信号分开。图 4-22 中示出了四路信号进行码分复用的原理图。

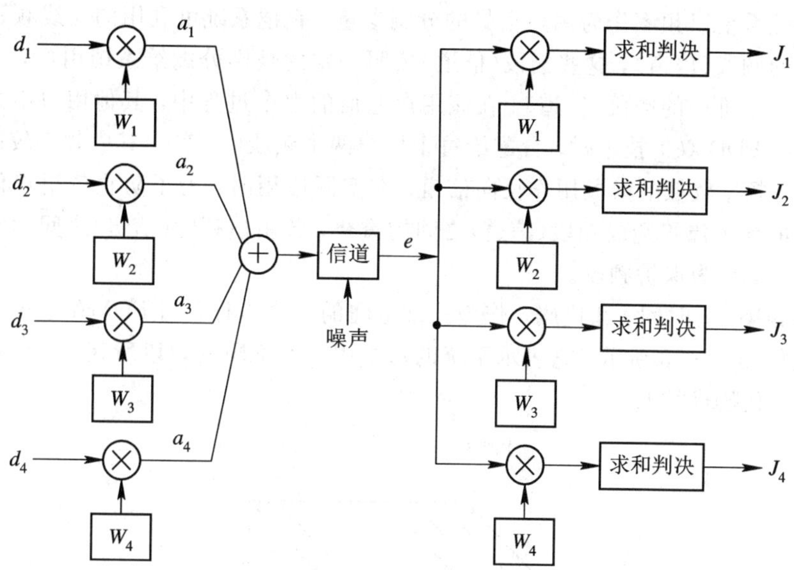

图 4-22　四路信号进行码分复用的原理图

图 4-22 中，$d_1 \sim d_4$ 为四路输入数据信号；$W_1 \sim W_4$ 为四个正交码组；$a_1 \sim a_4$ 为输入信号与各自正交码组相乘后得到的信号；$J_1 \sim J_4$ 为恢复后的数据信号。信道中的多路复用信号为

$$e=\sum_{k=1}^{k} a_k=\sum_{k=1}^{N} d_k W_k \tag{4-9}$$

在接收端，第 j 路输出数据信号的恢复，可经过该路接收机的接收信号 e 与 W_k 相乘及求和后得到，即

$$p(e, W_k) = \frac{1}{N}\sum_{n=0}^{N-1} e_n W_{j,n} = \frac{1}{N}\sum_{n=0}^{N-1}\sum_{k=1}^{N} d_k W_{k,n} W_{j,n} = d_j \quad k = j \qquad (4-10)$$

相当于恢复了第 j 个用户的原始数据。

在 CDM 系统中，各路信号在时域和频域上是重叠的，这时不能采用传统的滤波器(对 FDM 而言)和选通门(对 TDM 而言)来分离信号，而是用与发送信号相匹配的接收机通过相关检测才能正确接收。

码分多路复用除了可以采用正交码，还可以采用准正交码和超正交码，因为此时的邻路干扰很小，可以采用设置门限的方法来恢复出原始的数据。而且，为了提高系统的抗干扰能力，码分多路复用通常与扩频技术结合起来使用。

4.6　多址通信技术

通信网中的多址技术主要解决移动通信中众多用户如何高效共享给定频谱资源的问题。因为移动用户在不断地随机移动，建立它们之间的通信，所以必须要引入区分与识别动态用户地址的多址技术。目前常用的多址技术有三类：频分多址、时分多址和码分多址。

4.6.1　频分多址(FDMA)

频分多址系统以频率作为用户信号的分割参量，它把系统可利用的无线频谱分成若干个互不交叠的频段(信道)，这些频段(信道)按照一定的规则分配给系统用户，一般是分配给每个用户一个唯一的频段(信道)。在该用户通信的整个过程中，其他用户不能共享这一频段。当采用 FDD 双工技术时，分配给每个用户两个频段(信道)，其中频率较高的频段用作前向信道，频率较低的频段用作反向信道。在实际应用时，为了防止各用户信号相互干扰和因系统的频率漂移造成频段(信道)之间的重叠，各用户频段(信道)之间通常都要留有一段间隔频段，称为保护频段。

如果用频率 f、时间 t 和代码 c 作为三维空间的三个坐标，则 FDMA 系统在这个坐标系中的位置如图 4-23 所示，它表示系统的每个用户由不同的频段所区分，但可以在同一时间、用同一代码进行通信。

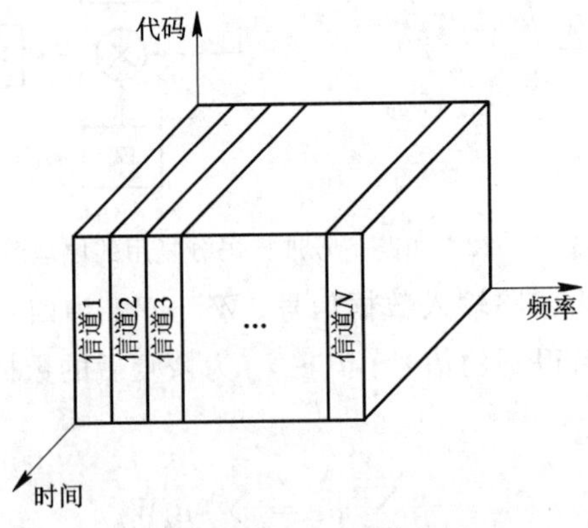

图 4-23　FDMA 系统在坐标系中的位置

FDMA 系统有以下特点：

(1) FDMA 系统的信道上每次只能传送一路电话，也就是不能同时传送多路电话。

(2) 如果一个 FDMA 信道没有被使用，那么它就处于空闲状态，并且不能被其他用户使用以增加或共享系统容量，实质上是一种资源浪费。

(3) 每个信道占用一个载频带宽并应满足所传输信号的带宽要求。为了在有限的频谱中增加信道数量，希望载频带宽越窄越好。FDMA 信道的相对带宽较窄(25 kHz 或 30 kHz)，每个信道的每一载波仅支持一个电路连接，也就是说 FDMA 通常在窄带系统中实现。

(4) 在 FDMA 方式中，每个信道只传送一路数字信号，信号速率低，码元宽度与平均延迟扩展相比较是很大的，这就意味着由码间干扰引起的误码极小，因此在窄带 FDMA 系统中无需进行均衡。

(5) FDMA 系统中载波带宽与单个信道一一对应的设计，使得在接收设备中必须使用带通滤波器来使指定的信道信号通过并滤除其他频率的信号，从而限制了邻近信道间的相互干扰。

(6) 与 TDMA 系统相比较，FDMA 系统要简单得多，而且它是一种不间断发送模式，需要的系统开销(例如同步和组帧比特)少。

(7) 基站复杂庞大，重复设置收发信设备。基站有多少信道，就需要多少部收发信机，同时也需用天线共用器，功率损耗大，易产生信道间的互调干扰。

(8) 由于收发信机同时工作，所以 FDMA 移动单元必须使用双工器，这样就增加了 FDMA 用户单元和基站的费用。

(9) 越区切换较为复杂和困难。因为在 FDMA 系统中，分配好用户信道后，基站和移动台都是连续传输的，所以在越区切换时，必须瞬时中断传输数十至数百毫秒，以便把通信从某一频率切换到另一频率上去。对于语音，瞬时中断问题不大；对于数据传输，将带来数据的丢失。

在模拟蜂窝系统中，采用 FDMA 方式是唯一的选择；而在数字蜂窝系统中，则很少采用单纯的 FDMA 方式。第一个美国模拟蜂窝系统——高级移动电话系统(AMPS)是采用 FDMA/FDD 多址系统的。在呼叫进行中，一个用户占用一个信道，并且这一信道实际上是由两个单工的具有 45 MHz 分隔的信道组成的双工信道。当一个呼叫完成或一个切换发生时，信道就空闲出来以便其他移动用户使用它。多路或多用户同时通信在 AMPS 中是允许的，因为分给每一个用户有一个唯一的信道。语音信号在前向信道上从基站发送到移动台单元，在反向信道上从移动台单元发送到基站。在 AMPS 中，模拟窄带调频(NBFM)用来调制载波。

FDMA 系统可以同时支持的信道(用户)数可用下列公式计算：

$$N = \frac{B_s - 2B_p}{B_c} \tag{4-11}$$

式中，B_s 为系统带宽；B_p 为在分配频谱时的保护带宽；B_c 为信道带宽。在美国，规定每一个蜂窝业务商有 416 个信道。

4.6.2　时分多址(TDMA)

时分多址系统以时间作为信号分割的参量，它把无线频谱划分为叫作时隙的时间小段，N 个时隙组成一帧，无论是时隙与时隙之间还是帧与帧之间在时间轴上必须互不重叠。在每一帧中固定位置周期性重复出现的一系列离散的时隙组成一个信道，系统的每一个用户占用一个这样的信道。因此，各个用户在每帧中只能在规定的时隙内向基站发射信号(突发信号)，在满足定时和同步的条件下，基站可以在相应的时隙中接收到相应用户的信号而互不干扰。同时，基站发向各个用户的信号都按顺序安排在规定的时隙中传输，各个用户只要在规定的时隙内接收，就能从时分多路复用(TDM)的信号中接收到发给它的信号。由此可知，TDMA 系统发射数据采用的是缓存—突发方式，因此对任何一个用户而言发射都是不连续的。这就意味着数字数据和数字调制必须与 TDMA 一起使用，而不像采用模拟 FM 的 FDMA 系统。在 TDMA/TDD 中，帧结构中的每个时隙的一半用于前向链路，而另一半用于反向链路。在 TDMA/FDD 系统中，其前向频段和反向频段有一个完全相同或相似的帧结构，前者用于前向传送，后者用于反向传送。为了省去用户单元中的双工器，可以这样来设计 TDMA/FDD 系统中前向频段和反向频段的帧结构，使一个特定用户的前向时隙和反向时隙之间相差几个延迟时隙。

如果用频率 f、时间 t 和代码 c 作为三维空间的三个坐标，则 TDMA 系统在这个坐标系中的位置如图 4 - 24 所示。它表示系统的每个用户由不同的时隙所区分，但可以在同一频段、用同一代码进行通信。

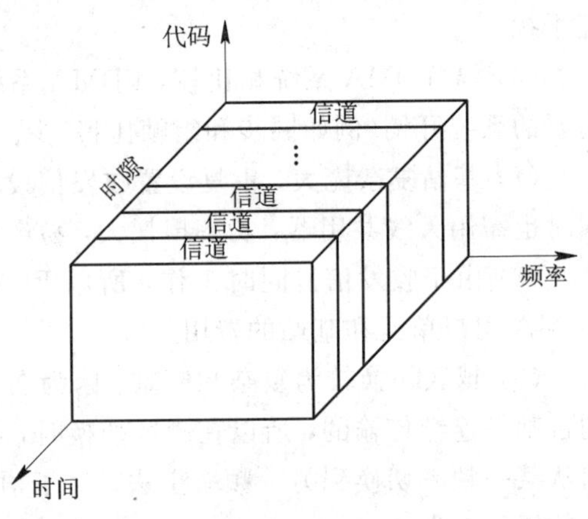

图 4 - 24　TDMA 系统在坐标系中的位置

TDMA 帧是 TDMA 系统接收、处理和传输信息的基本单元，它是由若干个时隙所组成的。不同的用户周期性地占有一系列特定的时隙来传送自己的信号，但在每一个 TDMA 帧中，一个用户只占有一个特定的时隙。不同通信系统的帧长度和帧结构是不一样的。典型的帧长在几毫秒到几十毫秒之间，例如，GSM 系统的帧长为 4.6 ms(每帧由 8 个时隙组成)，DECT 系统的帧长为 10 ms(每帧由 24 个时隙组成)。TDMA 帧结构示意图如图 4 - 25 所示。

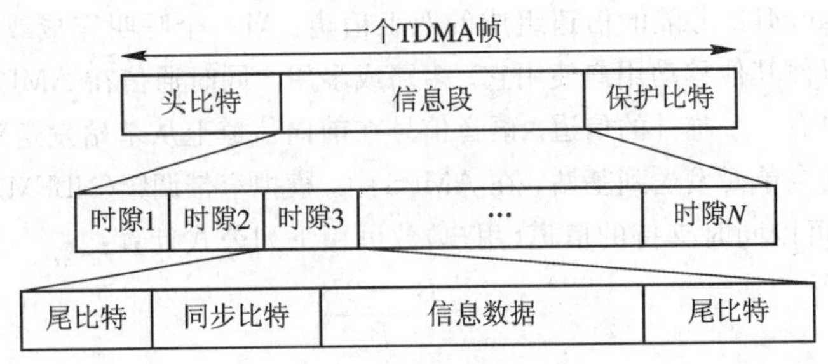

图 4 - 25　TDMA 帧结构

从图 4 - 25 中可以看出，一个 TDMA 帧由头比特、信息段和保护比特构成。其中头比特包含了基站和用户用来确认彼此的地址信息和同步信息；信息段包含了各用户时隙；保护比特则用来保证帧与帧之间的同步。

TDMA 帧的时隙设计主要是为了解决以下 3 个问题：

① 控制信息和信令信息的传输；

② 减少信道多径的影响；

③ 系统的同步。

TDMA 系统有以下特点：

(1) TDMA 系统通过分配给每个用户一个互不重叠的时隙，使 N 个用户可以共享同一个载波频道，所以它的频带利用率高，系统容量大。

(2) N 个时分信道共用同一个载波频道，占据相同带宽，只需一部收发信机，所以互调干扰小，基站设备的复杂性小。

(3) 由于 TDMA 系统是在不同的时隙内来发射和接收信号的，因此不需要双工器。就是对于使用了 FDD 双工技术的 TDMA 系统，也可以通过合理设计 TDMA/FDD 系统中前向频段和反向频段的帧结构来避免使用双工器，从而简化了系统的设备。

(4) 越区切换简单。由于在 TDMA 系统中移动台是不连续的突发式传输，所以越区切换处理对一个用户单元来说是很简单的，可以安排在无信息传输时(对某个特定用户而言是空闲时隙)进行，因而没有必要中断信息的传输，即使正在传输数据也不会因越区切换而发生数据丢失的现象。

(5) TDMA 系统的各个用户的数据发射不是连续的，而是分组发送的。当用户发射机(在大多数时间里)不用时可以关机，从而大大地降低了电池消耗。

(6) TDMA 系统可以实现按需动态地分配时隙，即在一帧中分配给不同的用户不同数目的时隙，通过基于优先权重新分配时隙的方式，按照不同用户的不同要求来提供带宽。

(7) 由于 TDMA 发射被时隙化了，因此要求接收机与每一个数据分组必须保持同步，使 TDMA 系统需要较高的同步开销。此外，为了将不同的用户分开，还需要设立一定宽度的保护时隙，这就又占用了一部分时间资源，所以 TDMA 系统相对于 FDMA 系统具有更大的系统开销。

(8) TDMA 发射信号速率一般比 FDMA 信道的发射速率高得多，并且随着时分信道数目 N 的增加而提高，如果达到 100 kb/s 以上，码间串扰就会变大，必须采用自适应均衡，用以补偿传输失真。

(9) 在 TDMA 系统中，为了充分利用时间资源，此时应把保护时间压缩到最小。但是为了缩短保护时间而把时隙边缘的发射信号加以明显抑制，将使发射信号的频谱扩展并会导致对相邻信道的干扰。

4.6.3　码分多址(CDMA)

码分多址是基于码型分割信道的。它是以扩频信号为基础，利用各不相同的码型序列实现不同用户的信息传输，即靠采用不同的码型来区分信道。所以，在 CDMA 中的“信道”具有“码型”的含义。如果用频率 f、时间 t 和代码 c 作为三维空间的三个坐标，则 CDMA 系统在这个坐标系中的位置如图 4-26 所示，它表示系统的每个用户由不同的码型所区分，但可以在同一时间、同一频段进行通信。

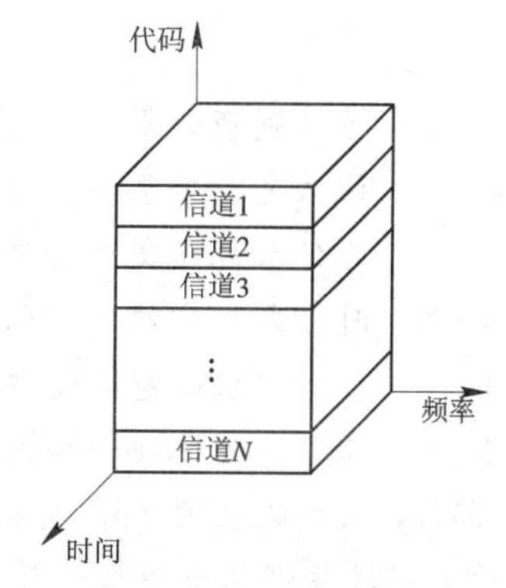

图 4-26　CDMA 系统在坐标系中的位置

扩频信号是一种经过伪随机(PN)序列调制的宽带

信号，其带宽通常比原始信号带宽高几个数量级，其高速地址码可以支持大容量CDMA的通信。因而CDMA选择了扩频传输技术。具体应用见10.6.2节码分多址(CDMA)通信。

CDMA与FDMA、TDMA的划分形式是不一样的，FDMA与TDMA均属于一维多址划分，而CDMA属于时频二维域上的划分。它的所有用户均占有同一整个频段ΔF与同一整个时隙ΔT，而划分不同地址的正交参量既不是频段也不是时隙，而是不同地址信号码组的自相关函数。具体内容请参阅有关书籍。

综上所述，不难发现移动通信中的多址技术与固定式通信中的信号复用技术相似，其实质都属于信号正交划分与设计技术。不同点是多址技术的目的是区分多个动态地址。此外，复用技术通常在中频或基带上实现，而多址技术必须在射频上实现，它利用射频辐射的电波寻找动态的移动地址。

本章小结

FDM是指将多路信号按频率的不同进行复接并传输的方法。其优点是复用路数多，分路方便，可节约功率；缺点是设备庞大，存在路间干扰，占用频带宽。

TDM多用于数字通信之中。TDM是指数字基带信号传输中各路信号按不同的时隙进行传输，其频域特性是混叠的。TDM信号的带宽与取样速率及复用路数有关，TDM系统需要严格的同步。但总的来说，TDM系统使用数字逻辑器件，且对滤波器特性要求不高，应用较为广泛。

WDM就是光的频分复用，或者说是在光纤通道上的频分多路复用技术。WDM在一根光纤中同时传输多个波长光信号。在发送端，WDM将不同波长的信号复用起来，送入到光缆线路上的同一根光纤中进行传输；在接收端，将复用的光信号解复用，恢复出原信号后送入不同的终端。

CDM是用一组相互正交的码字区分信号的多路复用方法。在码分多路复用中，各路信号码元在频谱上和时间上都是混叠的，但是代表每路信号的码字是正交的。

多址技术主要解决移动通信中众多用户如何高效共享给定频谱资源的问题。常用的多址技术有三类：频分多址、时分多址和码分多址。

思考与练习4

4-1　什么是频分复用？频分复用有什么特点？

4-2　什么是时分复用？它与频分复用相比较有什么特点？

4-3　为什么说正交频分复用抗干扰能力强、频带利用率高？

4-4　时分复用中帧同步的作用是什么？

4-5　32路PCM基群速率是多少？如何计算？

4-6　有60路模拟话音信号采用FDM方式传输。已知话音信号频率范围为0～4 kHz，副载波采用SSB调制，主载波采用FM调制，调制指数$m_f=2$。试求：

(1) 副载波调制合成信号带宽；

(2) 信道传输信号带宽。

4－7　将 N 路频率范围为 0.3～4 kHz 的话音信号用 FDM 方式传输。试求采用下列调制方式时的最小传输带宽：

(1) AM 方式；

(2) DSB－SC 方式；

(3) SSB 方式。

4－8　设 FDM－SSB/FM 系统中，$f_m=4$ kHz，$f_g=2$ kHz，$N=960$，试求复合信号的带宽。

4－9　设以 8 kHz 的速率对 24 个信道和一个同步信道进行抽样，并按时分复用组合，每信道的频带限制在 3.3 kHz 以下。试计算在 PAM 系统内传输这个多路组合信号所需要的最小带宽。

4－10　有 12 路模拟话音信号采用 PCM－TDM 方式传输。每路话音信号带宽为 τ，占空比为 100%。试计算脉冲宽度 τ。

4－11　对于标准 PCM 30/32 路制式基群系统。计算：

(1) 每个时隙宽度和每帧时间宽度；

(2) 信息传输速率和每比特时间宽度。

4－12　采用 PCM 24 路复用系统，每路抽样速率 $f_s=8$ kHz，每组样值用 8 bit 表示，每帧共有 24 个时隙，并加 1 bit 作为帧同步信号。试求每路时隙宽度与总群路的数码率。

4－13　设有 24 路最高频率 $f_m=4$ kHz 的 PCM 系统，若抽样后量化级数为 128，每帧增加 1 bit 作为帧同步信号，试求传输频带宽度及信息速率为多少。若有 30 路最高频率 $f_m=4$ kHz 的 PCM 系统，抽样后量化级数为 256，若插入两路同步信号，每路 8 bit，重新求传输带宽和信息速率为多少。

4－14　移动通信系统中的多址通信技术有什么意义？常用的多址技术有哪些？并说明它们的特点。

4－15　移动通信中的多址技术与固定式通信中的信号复用技术有什么异同点？

4－16　12 路语音信号，每路的带宽是 0.3～3.4 kHz。现用两级 SSB 频分复用系统实现复用，也即先把这 12 路语音分 4 组经过第一级 SSB 复用，再将 4 个一级复用的结果经过第二级 SSB 复用。

已知第一级复用时采用上边带 SSB，3 个载波频率分别为 0 kHz、4 kHz 和 8 kHz；第二级复用采用下单边带 SSB，4 个载波频率分别为 84 kHz、96 kHz、108 kHz、120 kHz。试画出此系统发送端框图，并画出第一级和第二级复用器输出的频谱(标出频率值，第一级只画一个频谱)。

第5章 准同步与同步数字传输体系

【教学要点】

· 准同步数字体系:数字复接的概念和方法、同步与异步复接、PCM高次群。

· 同步数字体系:SDH速率和帧结构、SDH同步复用与映射方法、SDH设备应用原理、SDH自愈网。

· SDH在微波通信中的应用:微波SDH技术、SDH微波通信设备、SDH微波通信系统。

在数字通信系统中,传送的信号都是数字化的脉冲序列。要使这些数字信号流在数字交换设备之间传输,不仅速率应当完全保持一致,而且还要保证信息传送准确无误,这样就必然要求数字传输系统"同步"地工作。在本章中,将进一步了解准同步数字体系和同步数字体系。

5.1 准同步数字体系(PDH)

在数字通信网中,为了扩大传输容量和提高传输效率,总是首先把若干个小容量低速数字流合并成一个大容量高速数字流,然后再通过高速信道传输,传到对方后再分开,这就是数字复接。完成数字复接功能的设备称为数字复接终端或数字复接器。

根据不同的需要和不同的传输能力,传输系统应把具有不同话路数和不同速率的复接形成一个体系,由低级向高级复接,这就是准同步数字体系(PDH, Plesiochronous Digital Hierarchy)。准同步数字体系(PDH)的系统,就是在数字通信网的每个节点上都分别设置高精度的时钟,这些时钟的信号都具有统一的标准速率。尽管每个时钟的精度都很高,但总还是有一些微小的差别。为了保证通信的质量,要求这些时钟的差别不能超过规定的范围。因此,这种同步方式严格来说不是真正的同步,所以叫作"准同步"。

5.1.1 数字复接的概念和方法

数字复接系统的方框图如图5-1所示。从图中可见,数字复接设备包括数字复接器和数字分接器。数字复接器是把两个以上的低速数字信号合并成一个高速数字信号的设备;数字分接器是把高速数字信号分解成相应的低速数字信号的设备。一般把两者做成一个设备,简称数字复接器。

从图5-1可以看出,数字复接器由定时单元、码速调整单元和同步复接单元组成;数字分接器由同步单元、定时单元、分接单元和支路码速恢复单元组成。

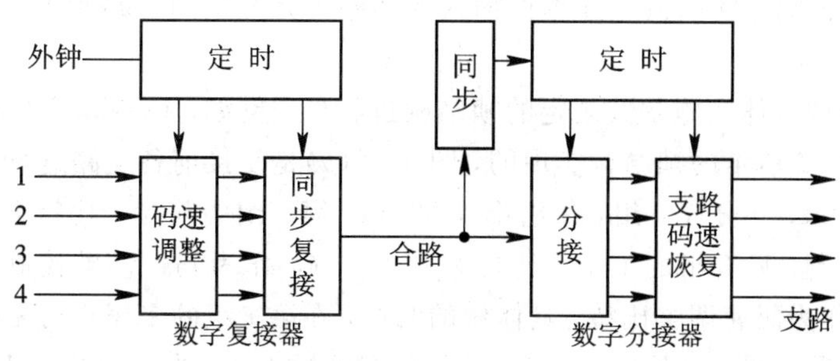

图 5-1　数字复接系统的方框图

在数字复接器中，复接单元输入端的各支路信号必须是同步的，即数字信号的频率与相位是完全确定的关系。只要使各支路数字脉冲变窄，将相位调整到合适位置，并按照一定的帧结构排列起来，即可实现数字合路复接功能。如果复接器输入端的各支路信号与本机定时信号是同步的，则称为同步复接器；如果复接器输入端的各支路信号与本机定时信号不是同步的，则称为异步复接器；如果输入端的支路数字信号与本机定时信号的标称速率相同，但实际上有一个很小的容差，则称为准同步复接器。

在图 5-1 中，码速调整单元的作用是把准同步的复接器输入端的各支路信号的频率和相位进行必要调整，形成与本机定时信号完全同步的信号。若复接器输入端的各支路信号与本机定时信号是同步的，那么只需调整相位。

复接器定时单元受内部时钟或外部时钟控制，产生复接需要的各种定时控制信号；码速调整单元及同步复接单元受定时单元控制，把合路数字信号和相应的时钟同时送给分接器。由于分接器的定时单元受合路时钟控制，因此它的工作节拍与复接器定时单元同步。

分接器定时单元产生的各种控制信号与复接器定时单元产生的各种控制信号是类似的。同步单元从合路信号中提出帧定时信号，用它再去控制分接器定时单元。分接单元受定时单元控制，把合路信号分解为支路数字信号。受分接器定时单元控制的支路码速恢复单元把分解出的数字信号恢复出来。

5.1.2　同步复接与异步复接

1. 同步复接

同步复接由一个高稳定的主时钟来控制被复接的几个低次群，使这几个低次群的数码率统一在主时钟的频率上，可直接复接。同步复接方法的缺点是一旦主时钟发生故障，相关的通信系统将全部中断，所以它只限于局部地区使用。

2. 异步复接

异步复接中使用码速调整。码速调整技术可分为正码速调整、正/负码速调整和正/零/负码速调整三种。其中，正码速调整应用最为普遍。正码速调整的含义是使调整以后的速率比任一支路可能出现的最高速率还要高。例如，二次群码速调整后每一支路速率均为 2112 kb/s，而一次群码速调整前的速率在 2048 kb/s 上下波动，但总不会超过 2112 kb/s。

根据支路码速的具体变化情况，适当地在各支路插入一些调整码元，使其瞬时码速都达到 2112 kb/s(这个速率还包括帧同步、业务联络、控制等码元)，这是正码速调整的任务。码速恢复过程则是把因调整速率而插入的调整码元及帧同步码元等去掉，恢复出原来的支路码速。

正码速调整的具体实施是按规定的帧结构进行的。例如，PCM30/32 路二次群异步复接时就是按图 5-2 所示的帧结构实现的，图 5-2(a)是复接前各支路进行码速调整的帧结构，其长为 212 bit，共分成 4 组，每组都是 53 bit。第 1 组的前 3 个比特 F_{11}、F_{12}、F_{13}用于帧同步和管理控制，后 3 组的第 1 个比特 C_{11}、C_{12}、C_{13}作为码速调整控制比特，第 4 组的第 2 个比特 V_1 作为码速调整比特。具体做的时候，在第 1 组的末尾进行是否需要调整的判决(即比相)，若需要调整，则在 C_{11}、C_{12}、C_{13}位置上插入 3 个"1"码，V_1 仅仅作为速率调整比特，不带任何信息，故其值可为"1"，也可为"0"；若不需调整，则在 C_{11}、C_{12}、C_{13}位置上插入 3 个"0"码，V_1 位置仍传送信码。

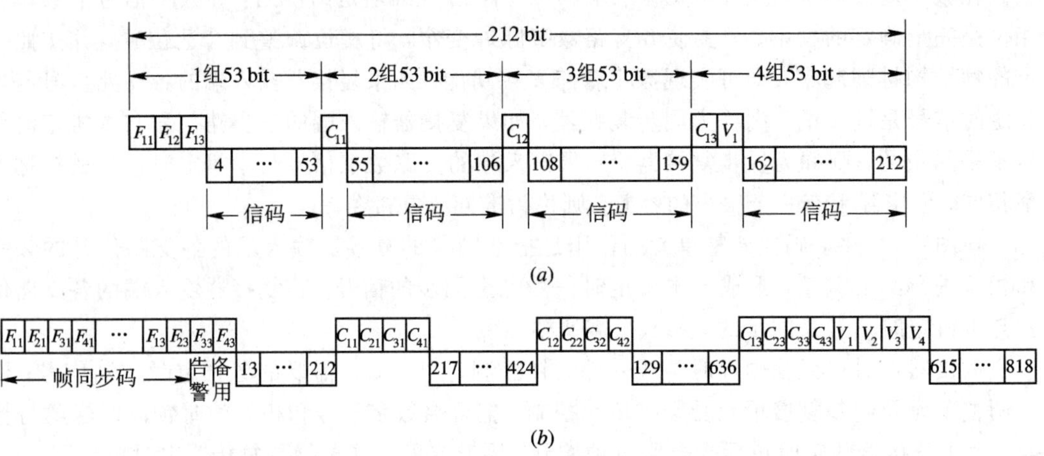

图 5-2　PCM 30/20 路二次群异步复接的帧结构

(a) 复接前的帧结构；(b) 复接后的帧结构

那么，是根据什么来判断需要调整或不需要调整？这个问题可用图 5-3 来说明，输入缓存器的支路信码是由时钟频率 2048 kHz 写入的，而从缓存器读出信码的时钟是由复接设备提供的，其值为 2112 kHz。由于写入慢、读出快，在某个时刻就会把缓存器读空。

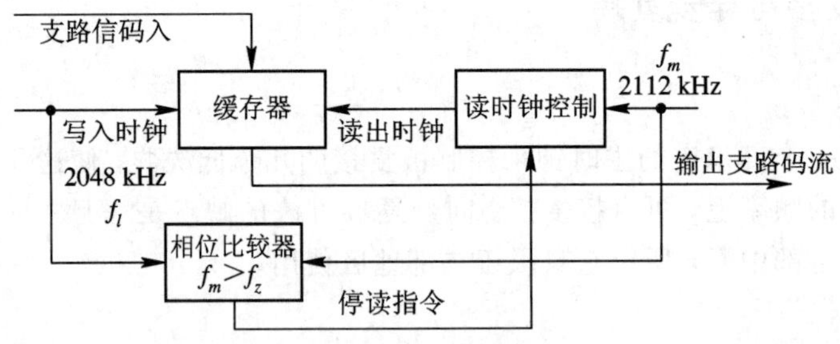

图 5-3　正码速调整原理

通过图 5-3 中的相位比较器可以在缓存器快要读空时发出一指令，命令 2112 kHz 时钟停读一次，使缓存器中的存储量增加，而这一次停读就相当于使图 5-2(a)的 V_1 比特位置没有置入信码，而只是一位作为码速调整的比特。图 5-2(a)帧结构的意义就是每 212 bit 比相一次，即作一次是否需要调整的判决。若判决结果需要停读，则 V_1 就是调整比特；若判决结果不需要停读，则 V_1 就仍然是信码。这样一来，把在 2048 kb/s 上下波动的支路码流都变成了同步的 2112 kb/s 码流。

在复接器中，每个支路都要经过正码速的调整。由于各支路的读出时钟都是由复接器提供的同一 2112 kHz 时钟，因此经过这样调整，就使 4 个支路的瞬时数码率都相同，即均为 2112 kb/s，故一个复接帧长为 8448 bit，其帧结构如图 5 - 2(*b*)所示。

图 5 - 2(*b*)是由图 5 - 2(*a*)所示的 4 个支路比特流按比特复接的方法复接起来而得到的。所谓按比特复接，就是将复接开关每旋转一周，在各个支路取出一个比特。也有按字复接的，即复接开关每旋转一周，在各支路上取出一字节。

在分接侧码速恢复时，就要识别 V_1 是信码还是调整比特：如果是信码，则将其保留；如果是调整比特，则将其舍弃。这可通过 C_{11}、C_{12}、C_{13} 来决定。因为复接时已约定，若比相结果无需调整，则 C_{11}、C_{12}、C_{13} 为 000；若比相结果需要调整，则 C_{11}、C_{12}、C_{13} 为 111，所以码速恢复时，根据 C_{11}、C_{12}、C_{13} 是 111 还是 000 就可以决定 V_1 应舍弃还是应保留。

从原理上讲，要识别 V_1 是信码还是调整比特，只要 1 位码就够了。这里用 3 位码主要是为了提高可靠性。如果用 1 位码，这位码传错了，就会导致对 V_1 的错误处置。例如用“1”表示有调整，“0”表示无调整，经过传输若“1”错成“0”，就会把调整比特错当成信码；反之，若“0”错成“1”，就会把信码错当成调整比特而舍弃。现在用 3 位码，采用大数判决，即“1”的个数比“0”的个数多认定是 3 个“1”码；反之，则认定是 3 个“0”码。这样，即使传输中错一位码，也能正确判别 V_1 的性质。

在大容量通信系统中，高次群的失步必然会引起低次群的失步，所以为了使系统能可靠地工作，四次群异步复接调整控制比特 C_j 为 5 个，五次群的 C_j 为 6 个比特(二、三次群的 C_j 都是 3 个比特)。这样安排使得由于误码而导致对 V_1 比特的错误处理的概率就会更小，从而保证大容量通信系统的稳定可靠工作。

5.1.3　PCM 高次群

目前，国际上主要有两大系列的准同步数字体系，即 PCM 24 路系列和 PCM 30/32 路系列。中国和一些欧洲国家采用 30/32 路，以 2048 kb/s 作为一次群。日本、一些北美国家采用 24 路(两者略有不同)，以 1544 kb/s 作为一次群。然后再分别以一次群为基础，构成更高速率的二、三、四、五次群，如表 5 - 1 所示。

表 5 - 1　准同步数字体系速率系列和复用路数

<table>
<tr><th colspan="2"></th><th>一次群(基群)</th><th>二次群</th><th>三次群</th><th>四次群</th><th>五次群</th></tr>
<tr><td rowspan="2">T体系</td><td>北美一些国家</td><td rowspan="2">T1
24 路
1.544 Mb/s</td><td rowspan="2">T2
96(24×4)路
6.312 Mb/s</td><td>T3
672(96×7)路
44.736 Mb/s</td><td>T4
4032(672×6)路
274.176 Mb/s</td><td>T5
8064(4032×2)路
560.160 Mb/s</td></tr>
<tr><td>日本</td><td>T3
480(96×5)路
32.064 Mb/s</td><td>T4
1440(480×3)路
97.728 Mb/s</td><td>T5
5760(1440×4)路
397.200 Mb/s</td></tr>
<tr><td>E体系</td><td>欧洲一些国家和中国</td><td>E1
30 路
2.048 Mb/s</td><td>E2
120(30×4)路
8.448 Mb/s</td><td>E3
480(120×4)路
34.368 Mb/s</td><td>E4
1920(480×4)路
139.264 Mb/s</td><td>E5
7680(1920×4)路
565.148 Mb/s</td></tr>
</table>

在表 5-1 中，二次群(以 30/32 路作为一次群为例)的标准速率 8448 kb/s>2048×4=8192 kb/s。其他高次群复接速率也存在类似问题。这些多出来的码元是用来解决帧同步、业务联络以及控制等问题的。

复接后的大容量高速数字流可以通过电缆、光纤、微波、卫星等信道传输。光纤将取代电缆，卫星利用微波传输信号。因此，大容量的高速数字流主要是通过光纤和微波来传输的。经济效益分析表明，二次群以上用光纤、微波传输都是合算的。

基于 PCM 30/32 路系列的数字复接体系(E 体系)的结构图如图 5-4 所示。

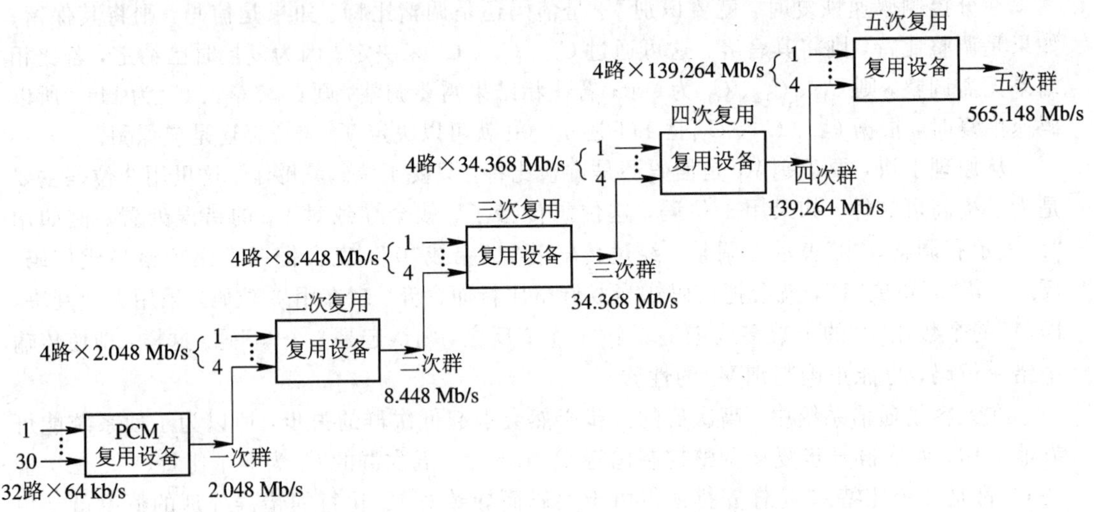

图 5-4 基于 PCM 30/32 路系列的数字复接体系(E 体系)的结构图

目前，复接器、分接器采用了先进的通信专用的超大规模集成芯片 ASIC，所有数字处理均由 ASIC 完成。其优点是设备体积小、功耗低(每系统功耗仅 13 W)，增加了可靠性，减少了故障率，同时具有计算机监测接口，便于集中维护。

5.2 同步数字体系(SDH)

在以往的电信网中，PDH 设备得到了广泛应用，这是因为 PDH 体系对传统的点到点通信有较好的适应性。而随着数字通信技术的迅速发展，点到点的直接传输越来越少，大部分数字传输都要经过转接。因此，PDH 体系不能适应现代电信业务开发以及现代化电信网管理的需要。同步数字体系(SDH，Synchronous Digital Hierarchy)就是为适应这种新的需要而出现的传输体系。

5.2.1 SDH 的基本概念

自 20 世纪 80 年代中期以来，光纤通信在电信网中得到了广泛应用，其应用范围已逐步从长途通信、市话局间中继通信转向用户入网。光纤通信优良的宽带特性、传输性能和低廉价格使之成为电信网的主要传输手段。然而随着电信网的发展和用户要求的提高，光纤通信中的传统准同步数字体系(PDH)暴露出一些固有的弱点：

(1) 欧洲、北美一些国家和日本等国规定话音信号编码率各不相同，这就给国际间互通造成困难。

(2) 没有世界性的标准光接口规范，导致各厂家自行开发的专用接口(包括码型)在光路上无法实现互通。只有通过光/电变换成标准电接口(G.703 建议)才能互通，从而限制了联网应用的灵活性，也增加了网络运营成本。

(3) 低速支路信号不能直接接入高速信号通路，例如，目前低速支路多数采用准同步复接，而且大多数采用正码速调整来形成高速信号，其结构复杂。

(4) 系统运营、管理与维护能力受到限制。

为了克服 PDH 的上述缺点，CCITT 以美国 AT&T 提出的同步光纤网(SONET)为基础，经过修改与完善，使之适应于欧美两种数字系列，将它们统一于一个传输构架之中，并取名为同步数字系列(SDH)。

SDH 是由一些网络单元(例如终端复用器 TM、分插复用器 ADM、同步数字交叉连接设备 SDXC 等)组成的，在光纤上进行同步信息传输、复用和交叉连接的网络，其关键是：

(1) 具有全世界统一的网络节点接口(NNI)。

(2) 有一套标准化的信息结构等级，称为同步传输模块(STM－1，STM－4，STM－16 和 STM－64)。

(3) 帧结构为页面式，具有丰富的用于维护管理的比特。

(4) 所有网络单元都具有标准光接口。

(5) 有一套灵活的复用结构和指针调整技术，允许现有的准同步数字体系、同步数字体系和宽带综合业务数字网(B－ISDN)的信号都能进入其帧结构中传输，即具有兼容性和广泛的适应性。

(6) 大量采用软件进行网络配置和控制，使得其功能开发、性能改变较为方便，以适应未来的不断发展。

为了比较 PDH 和 SDH，这里以从 140 Mb/s 码源中分插一个 2 Mb/s 支路信号的任务为例来加以说明，其工作过程如图 5－5 所示。

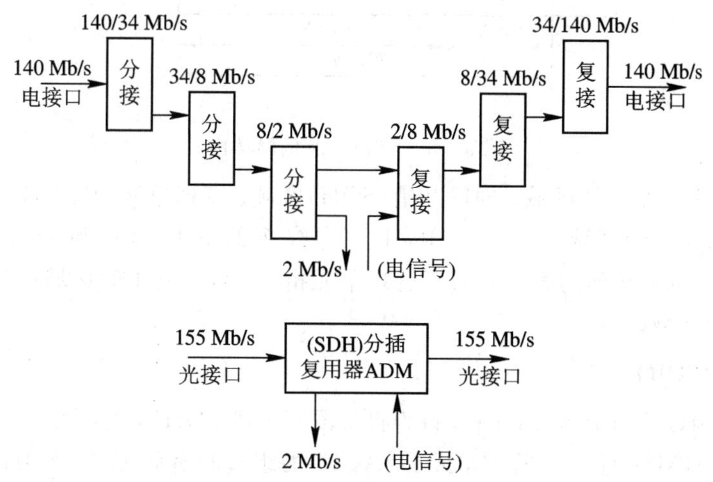

图 5－5　PDH 和 SDH 分插信号流图的比较

由图 5－5 可知，为了从 140 Mb/s 码源中分插一个 2 Mb/s 支路信号，PDH 需要经过 140/34 Mb/s、34/8 Mb/s 和 8/2 Mb/s 三次分接。

SDH 网络最核心的特点有三条：同步复用、标准光接口和强大的网络管理能力。

5.2.2 SDH 的速率和帧结构

在 SDH 网络中，信息是以“同步传输模块(STM，Synchronous Transport Module)”的结构形式传输的。一个同步传输模块(STM)主要由信息有效负荷和段开销(SOH，Section Over Head)组成块状帧结构。

SDH 最基本的模块信号是 STM－1，其速率是 155.520 Mb/s。更高等级的 STM－N 是将最基本的模块信号 STM－1 同步复用、字节间插的结果(其中 N 是正整数，可以取 1、4、16、64)。ITU－T G.707 建议规范的 SDH 标准速率如表 5－2 所示。

表 5－2　SDH 标准速率

等　　级	STM－1	STM－4	STM－16	STM－64
速率/(Mb/s)	155.520	622.080	2488.320	9953.280

STM－N 的帧结构如图 5－6 所示，它由 $270\times N$ 列、9 行组成，即帧长度为 $270\times N\times 9$ 个字节，或 $270\times N\times 9\times 8$ bit，帧重复周期为 125 μs。

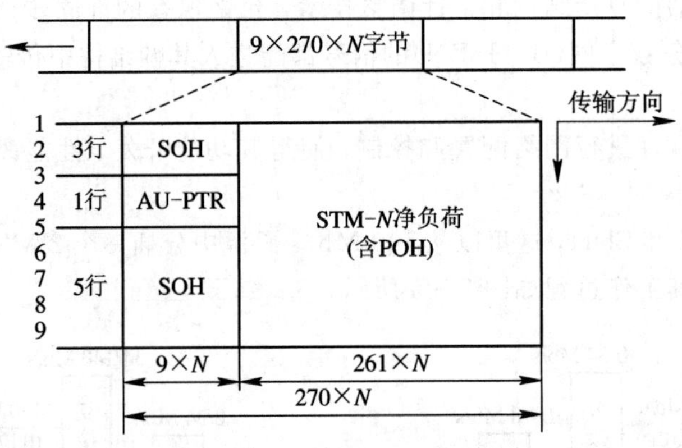

图 5－6　STM－N 的帧结构

STM－N 有 3 个主要区域，即段开销(SOH)区域、管理单元指针(AU－PTR)区域和信息净负荷(PayLoad)区域。图 5－6 中，1～$9\times N$ 列的第 1～3 行和 5～9 行属于段开销(SOH)区域；1～$9\times N$ 列的第 4 行属于管理单元指针(AU－PTR)区域；其余属于信息净负荷(PayLoad)区域。

1. 段开销(SOH)

段开销(SOH)分两个部分，1～3 行为再生段开销(RSOH)，与再生器功能相关；5～9 行为复用段开销(MSOH)，与管理单元群(AUG)的组合和拆解相关。SOH 中所含字节主要用于网络的运行、管理、维护和指配(OAM&P)，保证信息正确灵活地传输。

2. 管理单元指针(AU－PTR)

AU－PTR 位于帧结构左边的第四行，其作用是用来指示净负荷区域的第一个字节在 STM－N 帧内的准确位置，以便接收时能正确分离净负荷区域。

3. 净负荷(PayLoad)

STM－1 的净负荷是指可真正用于通信业务的比特，净负荷量为 8 比特/字节×261 字节×9 行＝18 792 bit。另外，该区域还存放着少量可用于通道维护管理的通道开销(POH)字节。

对于 STM－1 而言，帧长度为 270×9 个字节，或 270×9×8＝19 440 bit，帧周期为 125 μs，其比特速率为 $270\times9\times8/125\times10^{-6}=155.520$ Mb/s。STM－N 的比特速率为 $270\times9\times N\times8/125\times10^{-6}=155.520N$ Mb/s。

5.2.3　同步复用与映射方法

同步复用与映射方法是 SDH 最具有特色的内容。它能使数字复用由 PDH 固定的大量硬件配置转换为灵活的软件配置。

在 SDH 网络中，采用同步复用法，利用净负荷指针技术来表示在 STM－N 帧内的净负荷的准确位置。SDH 的一般复用结构如图 5－7 所示，它是由一些基本复用、映射单元组成的，有若干中间复用步骤的复用结构。各种业务信号复用进 STM－N 帧的过程都要经历映射、定位和复用三个步骤。其中，采用指针调整定位技术取代 125 μs 缓存器来校正支路频差和实现相位对准是复用技术的一项重大改革。

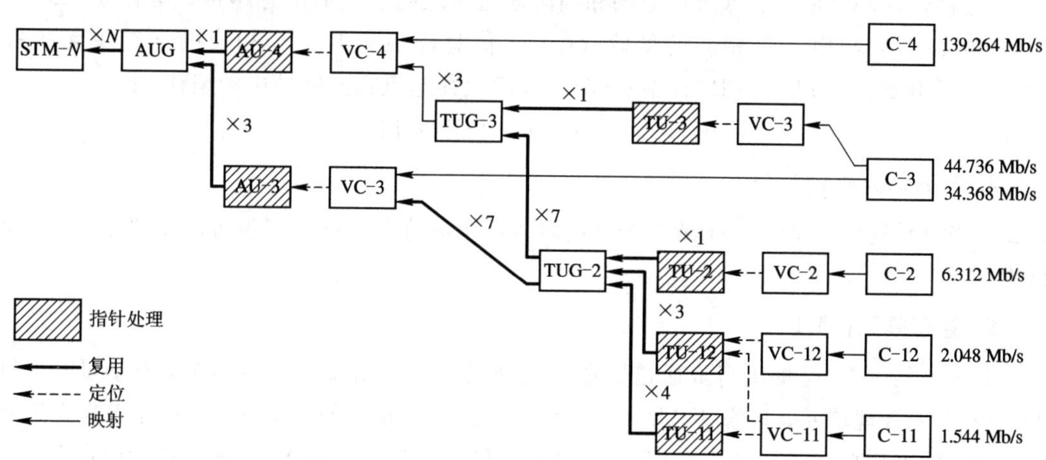

图 5－7　SDH 的一般复用结构图

映射是一种在 SDH 网络边界处，使支路信号适配进虚容器的过程(用细线箭头标出)，即各种速率的 PDH 信号分别经过码速调整装入相应的标准容器，再加进低阶或高阶通道开销(PDH)形成虚容器负荷的过程(其中虚容器的信息结构每帧长 125 μs 或 500 μs)。

定位是一种将帧偏移信息收进支路单元或管理单元的过程，即以附加于虚容器上的支路单元指针(或管理单元指针)指示和确定低阶虚容器帧的起点在支路单元(或高阶虚容器帧的起点在管理单元)净负荷中的位置。当发生相对帧相位偏差使虚容器帧起点浮动时，指针值随之调整，从而始终保证指针值准确地指示信息结构起点在虚容器帧中的位置。

= 复用是一种使多个低阶通道的信号适配进高阶通道，或者把多个高阶通道层信号适配进复层的过程，即把 TU 组织进高阶 VC 或把 AU 组织进 STM－N 的过程。由于经 TU 和 AU 指针处理后的各 VC 支路已相位同步，因而此复用过程为同步复用。

图 5－7 中各单元的名称及作用分别如下。

1. 容器(或标准容器)(C)

容器(C)是一种用来装载各种速率的业务信号的信息结构。

容器的种类有五种：C－11、C－12、C－2、C－3、C－4，其输入比特率分别为 1.544 Mb/s、2.048 Mb/s、6.312 Mb/s、34.368(或 44.736) Mb/s、139.264 Mb/s。

参与 SDH 复用的各种速率的业务信号都经过码速调整等适配技术，装进一个恰当的标准容器之中。已装载的标准容器又称为虚容器(VC)的净负荷。

2. 虚容器(VC)

虚容器(VC)是用来支持 SDH 的通道层连接的信息结构，它是 SDH 通道的信息终端。

虚容器有低阶 VC 和高阶 VC 之分，前端的 VC－11、VC－12、VC－2、TU－3 前的 VC－3 为低阶虚容器；后端的 AU－3 前的 VC－3、VC－4 为高阶虚容器。虚容器的信息结构由通道开销(POH)和标准容器的输出组成，即

$$\text{VC}-n=\text{C}-n+\text{VC}-n\ \text{POH}$$

3. 支路单元(TU)

支路单元(TU)是提供低阶通道层和高阶通道层之间适配的信息结构，其信息 TU－n (n=11，12，2，3)由一个相应的低阶 VC－n 信息净负荷和一个相应的支路单元指针 TU－n PTR 组成。TU－n PTR 指示 VC－n 净负荷起点在支路帧中的偏移，即

$$\text{TU}-n=\text{VC}-n+\text{TU}-n\ \text{PTR}$$

4. 支路单元组(TUG)

支路单元组(TUG)由一个或多个在高阶 VC 净负荷中占据固定位置的支路单元(TU)组成。

5. 管理单元(AU)

管理单元(AU)是提供高阶通道层和复用通道层之间适配的信息结构，有 AU－3 和 AU－4 两种管理单元。其信息 AU－n(n=3，4)由一个相应的高阶 VC－n 信息净负荷和一个相应的管理单元指针 AU－n PTR 组成，TU－n PTR 指示 VC－n 净负荷起点在 TU 帧内的位置。AU 指针相对于 STM－N 帧的位置总是固定的，且

$$\text{AU}-n=\text{VC}-n+\text{AU}-n\ \text{PTR}$$

6. 管理单元组(AUG)

管理单元组(AUG)由一个或多个在 STM－n 净负荷中占据固定位置的支路单元(TU)组成。

基本帧模块 STM－1 的信号速率为 155.520 Mb/s，更高阶的 STM－N(N=4，16，64，…)由 STM－1 信号以同步复用方式构成。

由图 5 - 7 可见，当各种 PDH 速率信号输入到 SDH 网时，首先要进入标准容器 C - n (n=11，12，2，3，4)。进入容器的信息结构为后接的虚容器 VC - n 组成与网络同步的信息有效负荷。这就是映射过程。

TUG 可以混合不同容量的支路单元，因此可以增加传输网络的灵活性。VC - 4/3 中有 TUG - 3 和 TUG - 2 两种支路单元组。一个 TUG - 2 由 1 个 TU - 2 或 3 个 TU - 12 或 4 个TU - 11 按字节交错间插组合而成；一个 TUG - 3 由 1 个 TU - 3 或 7 个 TU - 2 按字节交错间插组合而成。一个 VC - 4 可容纳 3 个 TUG - 3；一个 VC - 3 可容纳 7 个 TUG - 2。

一个 AUG 由 1 个 AU - 4 或 3 个 AU - 3 按字节交错间插组合而成。在 N 个 AUG 的基础上再附加上段开销(SOH)便可形成最终的 STM - N 帧结构。

由图 5 - 7 所示的复用结构可见，从一个有效信息负荷到 STM - N 的复用路线不是唯一的，但对于一个国家和地区而言，其复用路线应是唯一的。我国的光同步传输网技术体制规定以 2 Mb/s 为基础的 PDH 系列作为 SDH 的有效负荷，并选用 AU - 4 复用路线，其基本复用映射结构如图 5 - 8 所示。

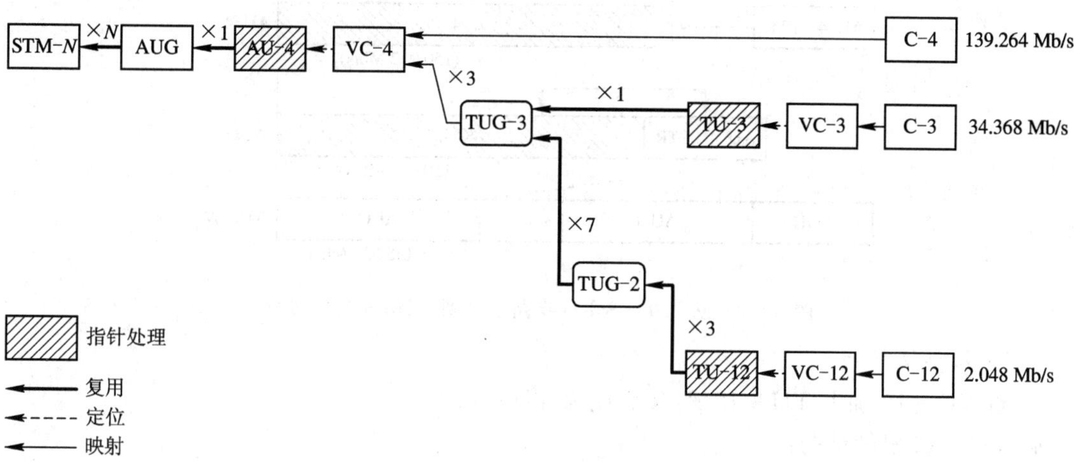

图 5 - 8　我国的 SDH 基本复用映射结构图

我国在 PDH 中应用最广的是 2 Mb/s 和 140 Mb/s 支路接口，一般不用 34 Mb/s 支路接口。这是因为一个 STM - 1 只能映射进 3 个 34 Mb/s 支路信号，不如将 4 个 34 Mb/s 支路信号复用成 140 Mb/s 后再映射进 STM - 1 更为经济。

下面以 2.048 Mb/s 转换为 STM - N 速率来说明信号的复用、定位、映射过程。图 5 - 9 示出了 2.048 Mb/s 支路信号的复用、定位、映射过程。

1) 映射过程

将 2.048 Mb/s 送入 C - 12，加上 VC - 12 POH 后成为 VC - 12。

VC - 12 复帧结构为：

复帧周期：500 μs；

结构：4×(4×9－1)字节；

速率：4×(4×9－1)×8×2000＝2.240 Mb/s。

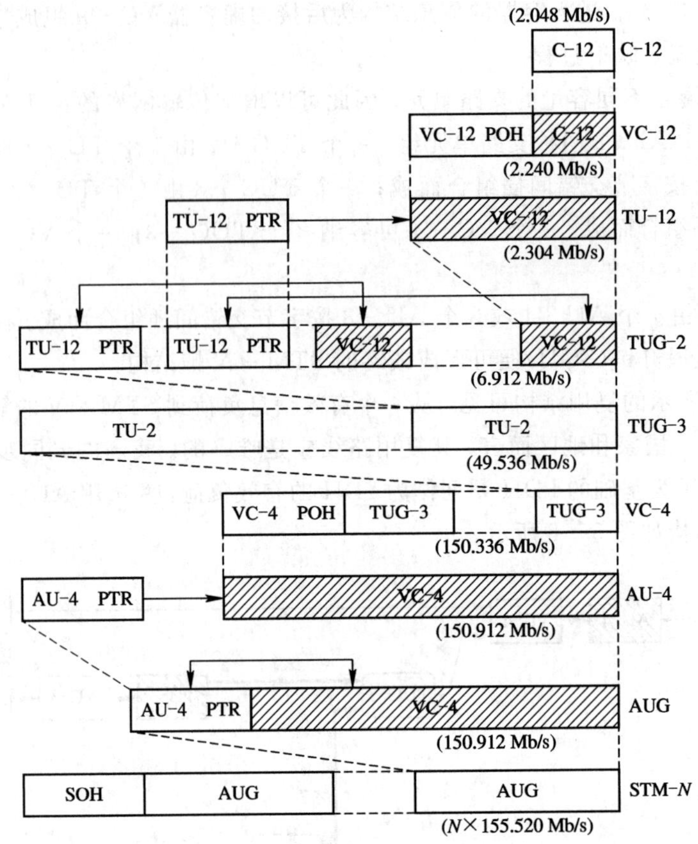

图 5-9　从 2.048 Mb/s 支路信号到 STM-N 的过程

2) 定位过程

将 VC-12 加上 TU-12 PTR 后成为 TU-12。

TU-12 复帧结构：

帧周期：500 μs；

结构：4×(4×9－1)＋4(定位)字节；

速率：[4×(4×9－1)＋4]×8×2000＝2.304 Mb/s。

3) 复用过程

① 3 个 TU-12 复用为 TUG-2。

TUG-2 周期：125 μs；

速率：9×12×8×8000＝6.912 Mb/s。

② 7 个 TU-2 复用为 TUG-3。

TUG-3 周期：125 μs；

速率：[(9×12×8)×7＋9×2×8]×8000 ＝49.536 Mb/s。

③ 3 个 TU-3 加上 VC-4 POH 和 2 列固定插入成为 VC-4。

VC-4 周期：125 μs；

速率：[9×(86×3＋3)×8]×8000 ＝150.336 Mb/s。

④ 定位。

将 VC－4 加上 AU－4 PTR 后成为 AU－4。

AU－4 速率：

$$(\text{VC}-4\ \text{比特数}+\text{AU}-4\text{PTR}\ \text{比特数})\times 8000=\{[9\times(86\times 3+3)\times 8]+9\times 8\}\times 8000=150.912\ \text{Mb/s}$$

⑤ 复用。

将 AU－4 置入 AUG，速率不变；

将 AUG 加上 SOH 成为 STM－1；

STM－1 速率：

$$\text{AUG}\ \text{速率}+\text{SOH}\ \text{速率}=150.912\ \text{Mb/s}+9\times 8\times 8\times 8000=155.520\ \text{Mb/s}$$

这样就构成了 STM－1 的速率。STM－1 的帧结构为 9 行×270 列个字节，每字节 8 bit，帧频为 8000 Hz，所以 STM－1 的最终速率：

$$9\times 270\times 8\times 8000=155.520\ \text{Mb/s}$$

STM－N 速率：

$$N\ \text{个 AUG 速率}+\text{SOH}\ \text{速率}=155.520N\ \text{Mb/s}$$

5.2.4　SDH 设备应用原理

SDH 规范下的设备可划分为三大类：交换设备、传送设备和接入设备。交换设备包括配有 SDH 标准光接口和电接口的交换机及 ATM 设备；传送设备包括复用器（终端复用器（TM）和分插复用器（ADM））、数字交叉连接设备（SDXC）和再生中继器（REG）；接入设备包括数字环路载波（DLC）、宽带综合业务数字网（B－ISDN）、光纤分布式数据接口（FDDI）、分布式排队双总线（DQDB）业务接入单元等。下面从逻辑功能上描述 SDH 传送设备的应用原理。

1. 复用器

SDH 网中有两种复用器：一种为终端复用器（TM，Terminal Multiplexer），另一种为分插复用器（ADM，Add/Drop Multiplexer）。

1）终端复用器（TM）

在 SDH 网中，终端复用器起到一次完成复用功能，并进行光/电转换，然后将其送入光纤。终端复用器（TM）可以代替 PDH 网中复杂的逐级复用设备，其接口是标准的光接口。终端复用器的基本功能体现在以下几个方面：

（1）在发送端可以将各 PDH 支路信号复用进 STM－N 帧结构，在接收端进行分接。这使得 TM 在 SDH 和 PDH 边界处得到广泛应用。

（2）在发送端将若干 STM－N 信号复用为一个 STM－M（M>N）信号，在接收端将一个 STM－M 信号分成若干 STM－N 信号。

（3）电/光/电转换功能。

TM 的功能框图如图 5－10（a）所示。

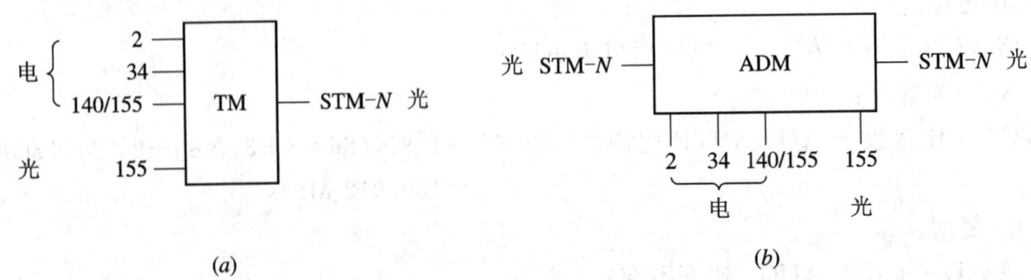

图 5-10　复用器的功能框图(速率单位：Mb/s)
(a) TM；(b) ADM

2）分插复用器(ADM)

分插复用器在SDH网中占据重要的地位，主要体现在对信号路由的连接和对信号的复用/解复用上。通常ADM设备具有：

(1) 支路一支路连接功能，可以将不同支路的信号进行连接转换。

(2) 支路一群路(上/下支路)连接功能。支路信号可以是PDH的支路信号，也可以是较低等级的STM-N信号，可实现电/光/电转换功能，分为部分连接和全连接。所谓部分连接，是上/下支路仅能取自STM-N内指定的某一个(或几个)STM-1；而全连接是可以从所有STM-N内的STM-1实现组合。

(3) 群路一群路(直通)的连接功能，从STM-N到STM-N。

(4) 数字交叉连接功能，即将DXC功能融于ADM中。

(5) 由于ADM具有能在SDH网中灵活地插入/分接的电路功能，因此它不仅可以用在SDH网中点对点的传输上，而且也可用于链状网和环形网的传输上。

ADM的功能框图如图5-10(b)所示。

2. 数字交叉连接设备(SDXC)

SDH数字交叉连接设备(SDXC)是SDH网的重要网络单元，是进行传输网有效管理、实现可靠的网络保护/恢复、自动化配线和监控的重要手段。

SDXC是一种具有一个或多个PDH (G.702)或SDH (G.707)信号端口并至少可以对任何端口速率(和/或其子速率信号)与其他端口速率(和/或其子速率信号)进行可控连接和再连接的设备。

SDXC的作用是交叉连接，其配置类型通常用SDXC X/Y来表示(其中，X表示接入端口数据流的最高等级，Y表示参与交叉连接的最低级别)。数字1～4分别表示PDH体系中的1～4次群速率(其中，数字4也代表SDH体系中的STM-1，数字5和6分别表示SDH体系中的STM-4和STM-16)。例如，SDXC 4/1表示接入端口的最高速率为140 Mb/s或155 Mb/s，而交叉连接的最低级别为VC-12(2 Mb/s)。

目前，实际应用的SDXC设备主要有3种基本的配置类型：类型1提供高阶VC(VC-4)的交叉连接(SDXC 4/4属此类设备)；类型2提供低阶VC(VC-12、VC-3)的交叉连接(SDXC 4/1属此类设备)；类型3提供低阶和高阶两种交叉连接(SDXC 4/3/1和SDXC 4/4/1属此类设备)。

SDXC的主要功能有：

① 复用功能。将若干个 2 Mb/s 信号复用至 155 Mb/s 信号中，或从 155 Mb/s 和(或) 140 Mb/s 中解复用出 2 Mb/s 信号。

② 业务汇集。将同一传输方向上传送的业务填充至同一传输方向的通道中，最大限度地利用传输通道资源。

③ 业务疏导。将不同的业务加以分类，归入不同的传输通道中。

④ 保护倒换。当传输通道出现故障时，可对复用段、通道等进行保护倒换。由于这种保护倒换不需要知道网络的全面情况，因此一旦需要倒换，倒换时间很短。

⑤ 网络恢复。当网络某通道发生故障后，迅速在全网范围内寻找替代路由，恢复被中断的业务。

⑥ 通道监视。通过 SDXC 的高阶通道开销监视(HPOM)功能，采用非介入方式对通道进行监视，并进行故障定位。

⑦ 测试接入。通过 SDXC 的测试接入口(空闲端口)，将测试仪表接入到被测通道上进行测试。测试接入有两种类型：中断业务测试和不中断业务测试。

⑧ 广播业务。可支持一些新的业务(如 HDTV)，并以广播的形式输出。

SDXC 的构成方框图如图 5－11 所示。

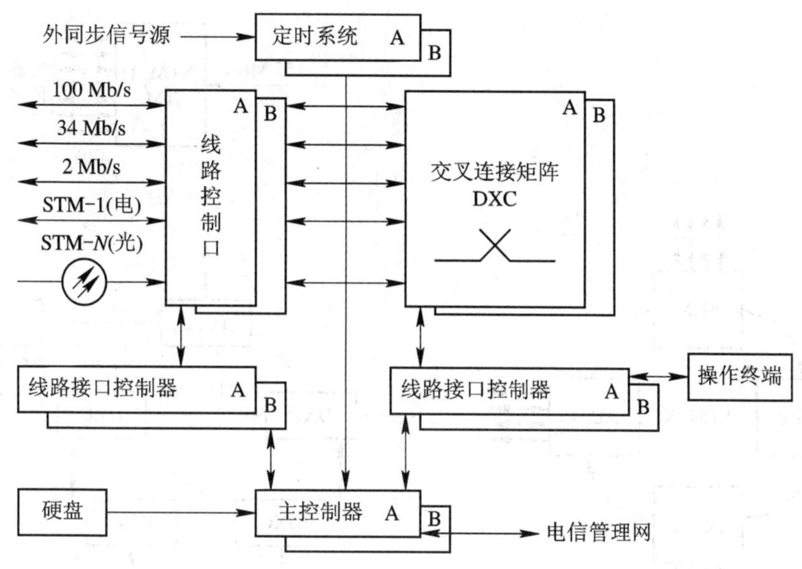

图 5－11　SDXC 构成方框图

3. 再生中继器(REG)

再生中继器(REG，Regerator)是光中继器，其作用是将光纤长距离传输后受到较大衰减及色散畸变的光脉冲信号转换成电信号后进行放大整形、定时，再生为规则的电脉冲信号。经过光调制电路后，将电脉冲信号变化为光脉冲信号并送入光纤继续传输，以延长传输距离。

SDH 传送设备的网络应用结构如图 5－12 所示，其中，TM 的点对点应用如图 5－12(*a*)所示；TM 和 ADM 的线形应用如图 5－12(*b*)所示；TM 的枢纽网应用如图 5－12(*c*)所示；ADM 的环形网应用如图 5－12(*d*)所示；DXC 的网孔形应用如图 5－12(*e*)所示。

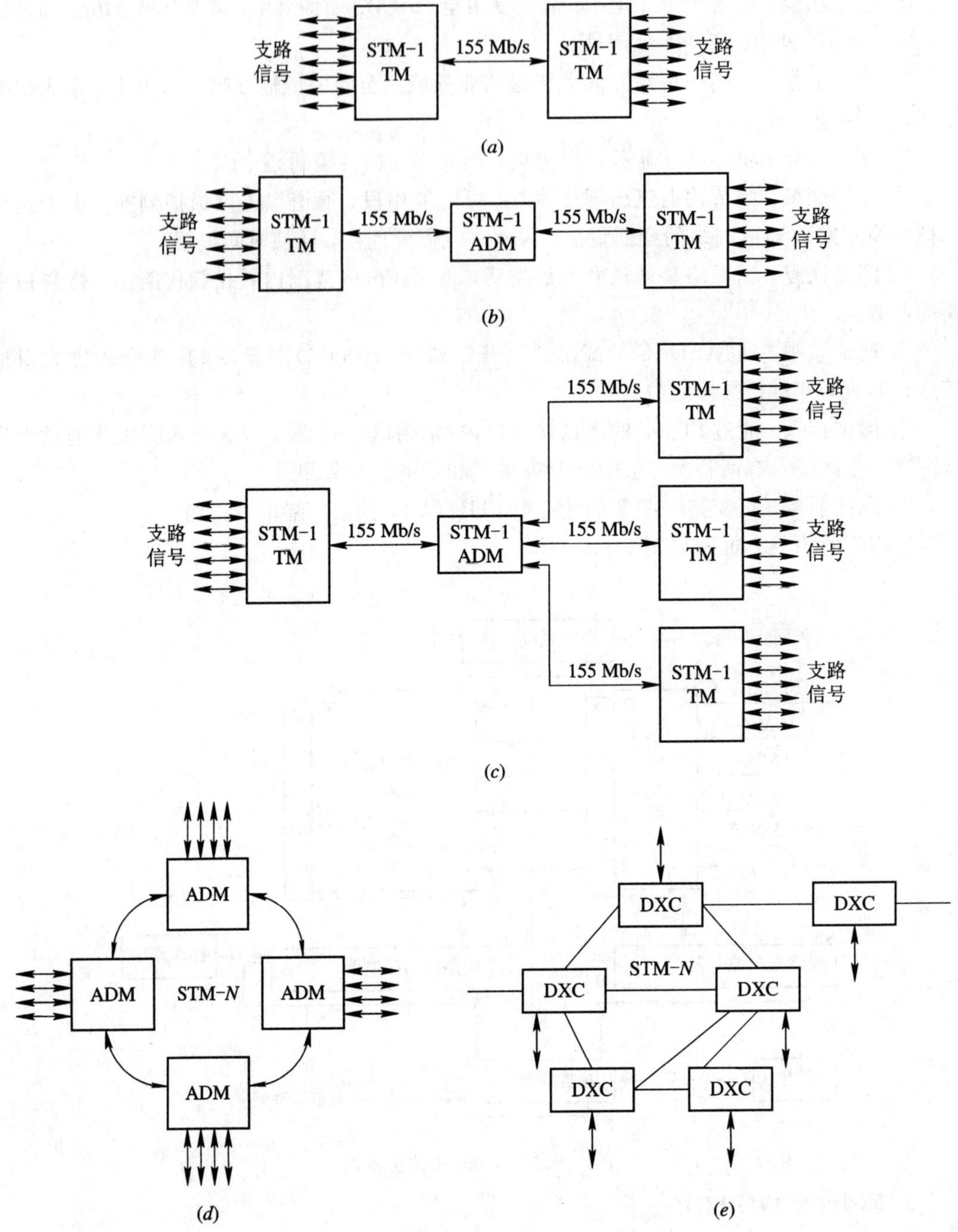

图 5-12 SDH 传送设备的网络应用结构图

(a) TM 的点对点；(b) TM 和 ADM 的线形；(c) TM 的枢纽网；(d) ADM 的环形网；(e) DXC 的网孔形

5.2.5 SDH 自愈网

自愈网是指无需人为干预，网络就能在极短时间内从失效故障中自动恢复所携带的业务，使用户感觉不到网络已出了故障。其基本原理是使网络具有备用路由，具备自我诊断和自动恢复通信的能力。

在实际的 SDH 网中，自愈网多采用自动线路保护倒换、环形网保护、DXC 保护及混合保护等方式。下面主要介绍自动线路保护倒换和环形网保护。

1. 自动线路保护倒换

自动线路保护倒换是最简单的自愈形式，其基本原理是当出现故障时，由工作通道(主用)倒换到保护通道(备用)，使用户业务得以继续传送。自动线路保护倒换的结构有两种，即 1+1 和 1∶n 结构方式。

1) 1+1 结构方式

1+1 线路保护倒换结构采用并发优收，发送端永久地与主用、备用信道相连接，因而 STM－N 信号可以同时在主用信道和备用信道中传输。在接收端其复用段保护(MSP，Multiplexing Section Protection)功能同时对所接收到的来自主、备用信道的 STM－N 信号进行监视。正常工作情况下，选择来自主用信道的信号作为输出信号。一旦主用信道出现故障，则 MSP 会自动从备用信道中选取信号作为接收信号。

2) 1∶n 结构方式

在 1∶n 线路保护倒换结构方式中，备用信道由 n 个主用信道共享，一般 n 值范围为 1～14。当其中任意一个主用信道出现故障时，均可倒换至备用信道上。

3) 自动线路保护倒换的特点

(1) 业务恢复时间很快，可短于 50 ms。

(2) 若主用信道和备用信道属同缆复用，则有可能导致主用信道和备用信道同时因意外故障而被切断，此时这种保护方式就失去作用了。

2. 环形网保护

当把网络节点连成一个环形时，可以进一步改善网络的生存性能并节约成本，这是 SDH 网的一种典型拓扑结构。采用环形网实现自愈功能的方式称为自愈环。自愈环的划分有以下几种。

① 按照自愈环结构来划分，可分为通道倒换环和复用段倒换环。前者是指业务量的保护，它是以通道为基础的保护，是利用通道告警指示信号(AIS)决定是否应进行倒换；后者是指业务量的保护，它是以复用段为基础的保护，当复用段出故障时，复用段的业务信号都转向保护环。

② 按照进入环的支路信号和由分路节点返回的支路信号方向是否相同来划分，可分为单向环和双向环两种。所谓单向环，是指所有的业务信号在环中按同一方向传输；而双向环是指进入环的支路信号按一个方向传输，由该支路信号分路节点返回的支路信号按相反的方向传输。

③ 按照一对节点间所用光纤的最小数量来划分，可分为二纤环和四纤环。前者是指节点间由两根光纤实现；而后者则是指节点间由四根光纤实现。

下面给出几种典型的 SDH 自愈环。

1) 二纤单向通道倒换环

二纤单向通道倒换环的结构如图 5－13(a)所示。二纤单向通道倒换环运行有两根光纤，一根光纤用于传送业务信号，用 S_1 表示；另一根光纤用于保护，用 P_1 表示。采用 1+1 的保护方式，即利用 S_1+P_1 光纤同时携带业务信号分别向两个方向传送，在接收端只择优选取其中一路。当由节点 A 至节点 C 进行通信(AC)时，将业务信号同时馈入 S_1 和 P_1 光纤，S_1 光纤将信号顺时针送到节点 C，而 P_1 光纤将信号逆时针也送到节点 C。正常时，节点 C 选择 S_1 光纤送来的信号作为主信号，如图 5-13(*a*)所示。若节点 B 和节点 C 间的光纤出现故障被切断，从 S_1 光纤传送至节点 C 的主信号丢失，节点 C 的 ADM 接收设备按择优选取的原则，将通过开关转向来自 P_1 光纤传送来的信号，从而使 AC 业务信号保持畅通，如图 5-13(*b*)所示。当故障排除后，开关返回原来位置。

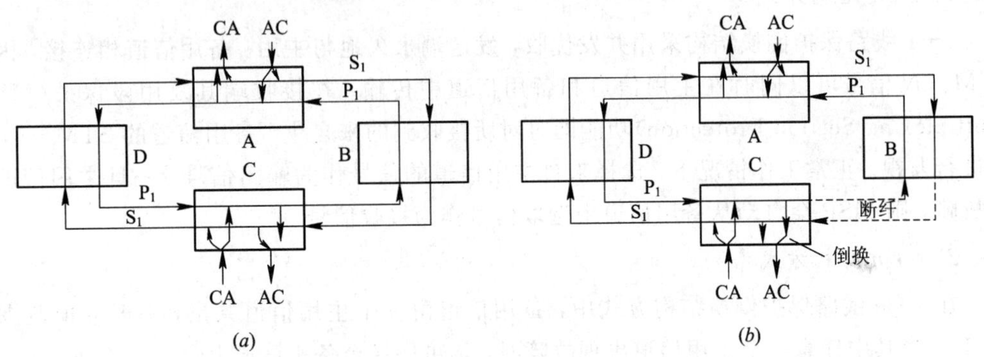

图 5-13 二纤单向通道倒换环的结构图

(*a*) 正常时；(*b*) 故障时

2) 二纤双向通道倒换环

二纤双向通道倒换环用于双向通信业务，其中的 1+1 方式与单向通道保护环基本相同，只是返回信号沿相反方向传送而已。其优点是可利用相关设备在无保护或线性应用环境中具有通道再利用的功能，可增加总的分插业务量。图 5-14 是采用 1+1 方式的二纤双向通道倒换环的结构图。图中节点 A 与节点 C 之间的双向通信分别由 S1 与 P_2 和 S_2 与 P_1 组成的二纤环路进行传送，如图 5-14(*a*)所示。当节点 B 和节点 C 间的 S_1 和 P_2 光纤断开时，节点 A 和节点 C 的 ADM 设备中的开关分别倒换，连通 S_2 和 P_1 光纤段，使节点 A 与节点 C 双向通信畅通，如图 5-14(*b*)所示。

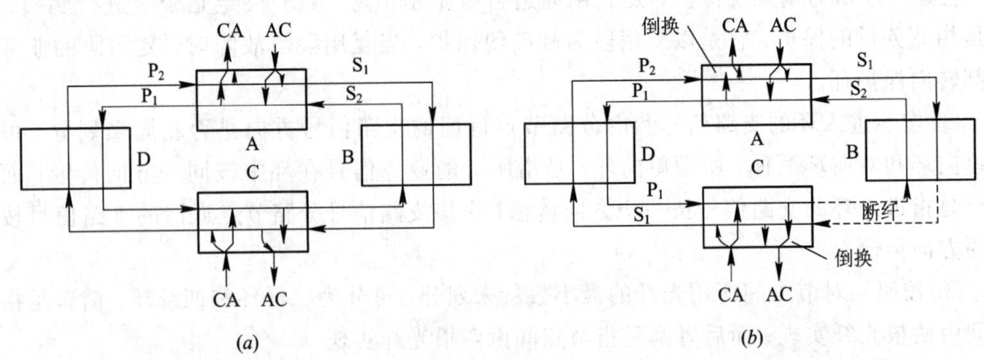

图 5-14 采用 1+1 方式的二纤双向通道倒换环的结构图

(*a*) 正常时；(*b*) 故障时

3）二纤单向复用段倒换环

图 5-15 给出了二纤单向复用段倒换环的工作原理图。以节点 A 和节点 C 之间的信息传递为例，其工作原理如下：

正常工作时，节点 A 的信号流经节点 B 到达节点 C，如图 5-15(*a*)所示。当节点 B 与节点 C 之间的两根光纤完全断开时，网络检测到故障后立即将节点 B 和节点 C 中的复用段倒换，如图 5-15(*b*)所示。这时，节点 A 流经节点 B 的信号立即经 P_1 光纤返回到节点 A，沿 P_1 光纤流经节点 D，再到节点 C，经过节点 C 的复用段倒换输出，由节点 C 到节点 A 的信号不受影响。

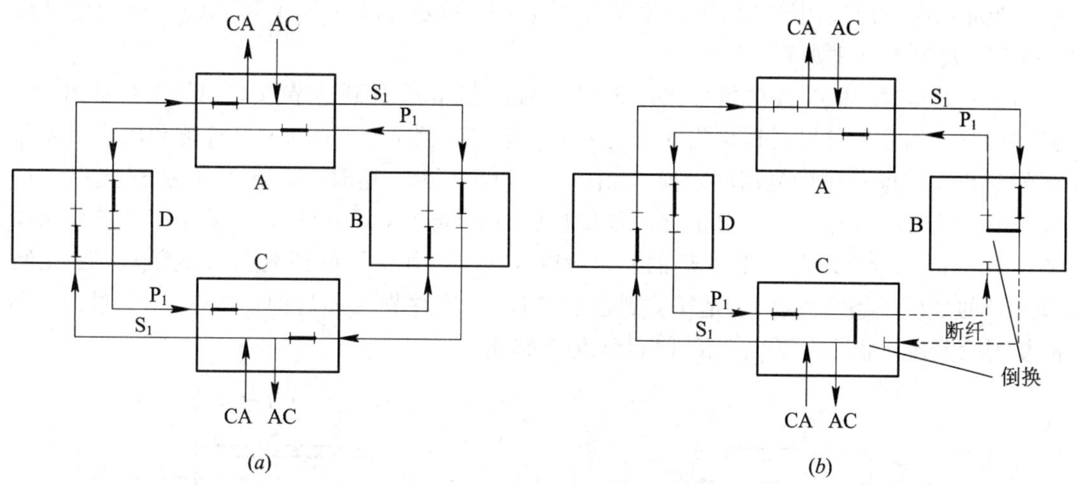

图 5-15　二纤单向复用段倒换环的工作原理图

(*a*) 正常时；(*b*) 故障时

4）二纤双向复用段倒换环

二纤双向复用段倒换环的结构如图 5-16 所示。

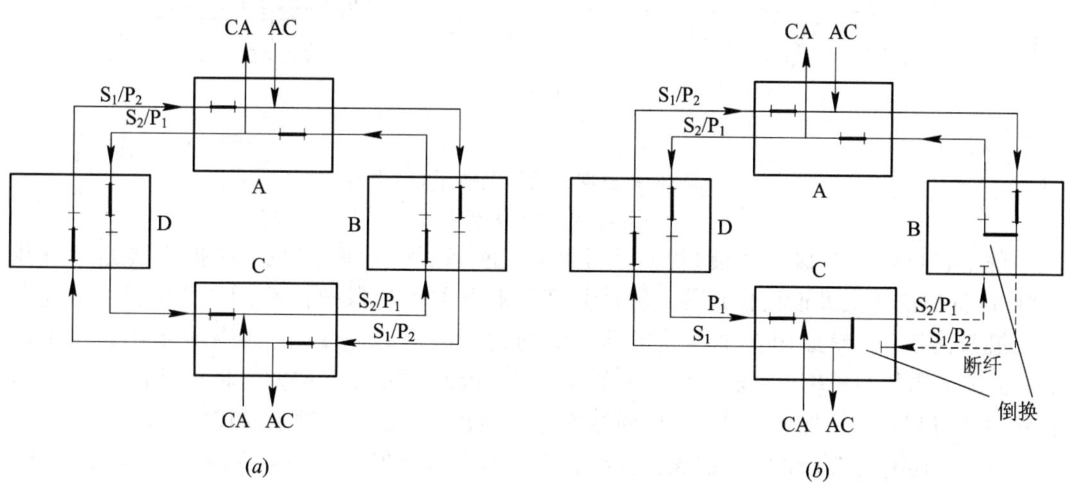

图 5-16　二纤双向复用段倒换环的结构图

(*a*) 正常时；(*b*) 故障时

以节点 A 和节点 C 间的信息传递为例，其工作原理如下：

正常工作时，节点 A 的信号经过节点 B 到达节点 C，如图 5 - 15(*a*)所示。当节点 B 与节点 C 之间的两根光纤完全断开时，网络检测到故障后立即将节点 B 和节点 C 中的复用段倒换，如图 5 - 16(*b*)所示。这时，节点 A 流经节点 B 的信号立即经 S_2/P_1 光纤返回到节点 A，沿 S_2/P_1 光纤流经节点 D，再到节点 C，经过节点 C 的复用段倒换输出。由节点 C 到节点 A 的信号，首先经节点 C 的复用段倒换流经 S_1/P_2 光纤，到达节点 D，再流经节点 A 后到达节点 B，经过节点 B 的复用段倒换，最后流过 S_2/P_1 光纤回到节点 A 输出。

5）四纤双向复用段倒换环

四纤双向复用段倒换环的工作原理如图 5 - 17 所示。以节点 A 和节点 C 间的信息传输为例，其工作原理如下：

正常工作时，节点 A 的信号通过 S_1 光纤流经过节点 B 到达节点 C，P_1 光纤备用，如图 5 - 17(*a*)所示。当节点 B 与节点 C 之间的四根光纤完全断开时，网络检测到故障后立即将节点 B 和节点 C 中的复用段倒换，如图 5 - 17(*b*)所示。这时，节点 A 通过 S_1 光纤流经节点 B 的信号立即通过节点 B 的复用段倒换倒向 P_1 光纤，返回到节点 A，沿 P_1 光纤流经节点 D，再到节点 C，经过节点 C 的复用段倒换输出。由节点 C 到节点 A 的信号，首先经节点 C 的复用段倒换流经 P_2 光纤，到达节点 D，再流过节点 A 后到达节点 B，经过节点 B 的复用段倒换，最后流经 P_2 光纤回到节点 A 输出。

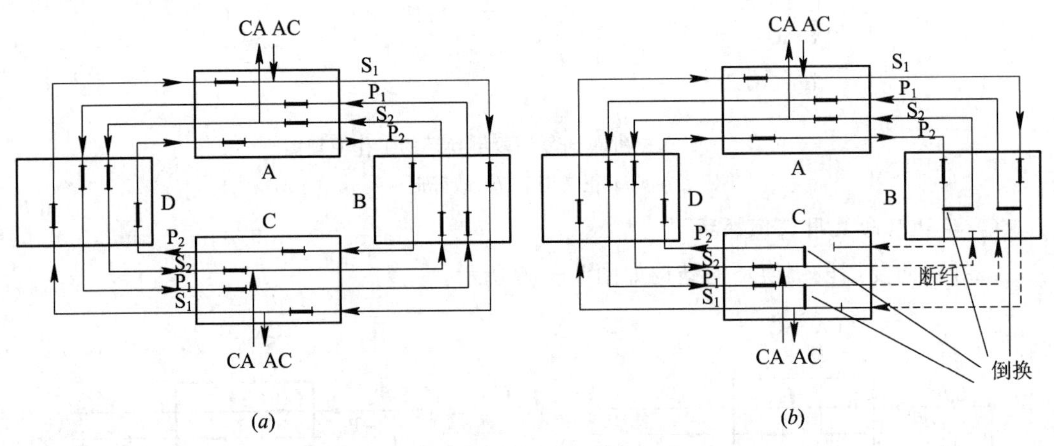

图 5 - 17 四纤双向复用段倒换环的工作原理图

(*a*) 正常时；(*b*) 故障时

除了自愈网具有保护功能以外，DXC 也有网络保护功能。DXC 保护主要是指利用 DXC 设备的快速交叉连接找到替代路由并恢复业务的一种保护技术。DXC 保护主要应用于网孔形网络中。其原因在于网孔形网络中的物理路由有许多条，可节省备用容量的配置，提高资源的利用率，实现网络自愈的经济性。因此，DXC 保护方式具有很高的生存性，使用灵活方便，便于规划和设计，但网络恢复时间较长，在长途网上应用较多。

此外，还有混合保护。所谓混合保护，是采用环形网保护和 DXC 保护相结合的方式，这样可以取长补短，大大增加网络的保护能力。

以上讨论的几种自愈网所采用的保护方式、保护位置、保护功能各不相同。一般通道倒换环保护的容量小、成本低，多用于接入网系统；复用段倒换环保护的容量大、成本高，多用于长途网。各种网络保护的特点归纳如下：

(1) 线路保护倒换方式(采用路由备用线路)配置容易，网络管理简单，而且恢复时间很短(50 ms 以内)，但成本较高，主要适用于两点间有稳定的大业务量的点到点应用场合。

(2) 环形网保护具有很高的生存性，故障后网络的恢复时间很短(一般小于 50 ms)，具有良好的业务量疏导能力。在简单网络拓扑条件下，环形网保护的成本要比 DXC 保护的成本低很多，环形网主要适用于用户接入网和局间中继网。其主要缺点是网络规划较困难，开始时很难准确预计将来的发展，因此在开始时需要规划较大的容量。

(3) DXC 保护同样具有很高的生存性，但在同样的网络生存性条件下所需附加的空闲容量远小于网形网。DXC 保护最适于高度互连的网孔形拓扑。

(4) 混合保护网的可靠性和灵活性较高，而且可以减小对 DXC 的容量要求，降低 DXC 失效的影响，改善了网络的生存性，另外环形网的总容量由所有的交换局共享。

5.3　SDH 在微波通信中的应用

SDH 技术的发展非常成熟，在微波通信、卫星通信以及移动通信等方面已经得到广泛的应用。

5.3.1　微波 SDH 技术

微波通信中的 SDH 技术相对于光通信应用技术来说，有传输容量大、通信性能稳定、投资小、建设周期短、便于维护等特点。但微波 SDH 技术的传输方式不同，复用技术也更复杂。

1. 微波帧结构

微波帧结构如图 5-18 所示，它是将每一帧的微波附加开销后和原有 STM-1 帧数据排列组合成一个 6 行的方阵复帧，每行包含 3.564 kb。每一个复帧又可分为两个子帧，子帧的宽度为 1.776 kb，由 148 个码字构成，而每个码字的宽度为 12 bit，其中包括 C1、C2。C1、C2 为二级纠错编码监督位，通常第一级使用卷积码，第二级使用奇偶校验码。

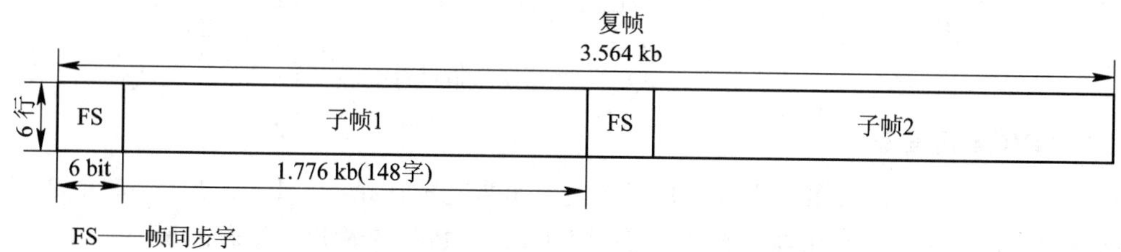

图 5-18　微波帧结构

在一个复帧中，总共用 1480 bit 作为多级纠错编码监督位，因而多电平编码调制(MLCM)的速率为11.84 Mb/s。在一个复帧中除上述两个子帧外，每行还包括两个宽度为 6 bit 的帧同步码字(FS，Frame Synchronous)，而且这两个帧同步码字是被分配在不同的子帧中的。

2. 微波 SDH 技术

1) 交叉极化干扰抵消(XPIC)技术

在微波传输中由于存在多径衰落现象，会导致交叉极化鉴别率(XPD)下降，从而产生交叉极化干扰。为了抑制交叉极化干扰的影响，因此使用一个交叉极化抵消器。其工作原理如下：

首先从与所传输信号相正交的干扰信道中取出部分信号，然后经过处理，最后与有用信号相叠加，从而抵消叠加在有用信号上的正交极化干扰信号。通常上述干扰抵消过程可以在射频、中频或基带上进行，因而采用 XPIC 技术之后，对干扰的抑制能力可达 15 dB 左右。

2) 自适应频域和时域均衡技术

自适应频域均衡主要是利用中频通道插入的补偿网络的频率特性来补偿实际信道频率特性的畸变，从而达到减少频率选择性衰落的影响。自适应时域均衡则用于消除各种形式的码间干扰、正交干扰以及最小相位和非最小相位衰落等。

5.3.2 SDH 微波通信设备

在 SDH 微波通信系统中，STM－4 的传输速率为 622.08 Mb/s，占用两个微波波道，电路配置主要由 SDH 复用设备和 SDH 微波传输设备构成，其基本结构如图 5－19 所示。

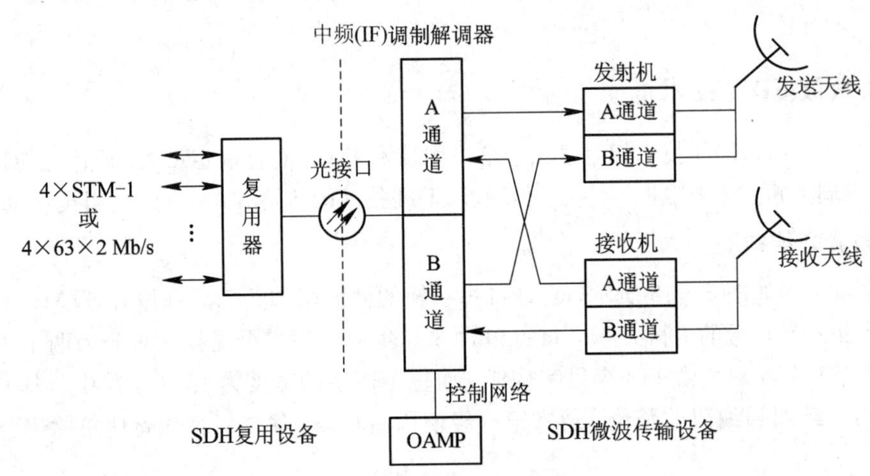

图 5－19 SDH 微波通信设备

1. SDH 复用设备

从图 5－19 中可以看出，SDH 复用设备主要负责完成 4 个 STM－1 或 4×63 个 2 Mb/s 数据流的复用，这样在复用器的输出端将以 STM－4 数据流输出，并通过 STM－4 光接口送到 SDH 微波传输设备中的中频(IF)调制解调器。

2. SDH 微波传输设备

SDH 微波传输设备主要包括中频(IF)调制解调器部分，微波收发信机部分，以及操作、管理、维护和参数(OAMP)配置部分，如图 5－19 所示。微波传输设备共安排了 A、B 两个通道(称为上、下行通道)。正常情况下，STM－4 群路信号将在这两个通道中同时传输。

5.3.3 SDH微波通信系统

数字微波通信是指以微波作为载体传送数字信息的一种通信手段，因而SDH微波通信将兼有SDH数字通信与微波通信两者的优点。

1. SDH微波通信系统组成

数字微波传输线路的组成形式可以是一条主干线，中间有若干分支；也可以是一个枢纽站向若干方向分支。图5-20就是一条数字微波中继通信线路的示意图，其主干线可长达几千千米，并可有若干条支线线路，除了线路两端的终端站外，还有大量中继站和分路站，构成一条数字微波中继通信线路。

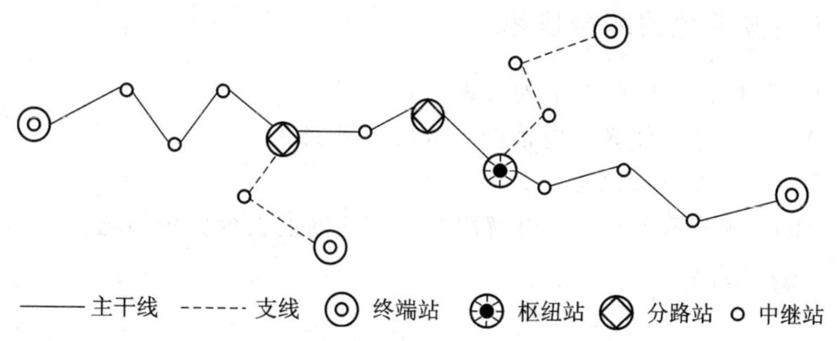

图5-20　数字微波中继通信线路的示意图

(1) 微波站。按不同工作性质，微波站可以分为终端站、中继站、分路站和枢纽站。

① 终端站。终端站是指位于线路两端或分支线路终点的站。在SDH微波终端站的设备中包括发信端和收信端两大部分。发信端主要负责完成主信号的发信基带处理、调制、发信混频及发信功率放大等；收信端主要负责完成主信号的低噪声接收、解调、收信基带处理等。

② 中继站。中继站是指位于线路中间且没有上、下话路功能的站。其可分为再生中继站、中频转接站、射频有源转接站和无源转接站。

③ 分路站。分路站是指位于线路中间的站。它既可以上、下连接收、发信波道的部分支路，也可以沟通干线上两个方向之间的通信。由于在此站上能够完成部分波道信号的再生，因此该站应配备有SDH微波传输设备和SDH分叉复用器(ADM)。

④ 枢纽站。枢纽站是指位于主干线上需完成多个方向通信任务的站。在系统多波道工作的情况下，此类站应能够完成对某些波道STM信号或部分支路的转接和话路的上、下功能，同时也能完成对某些波道STM-4信号的复接与分接操作，例如，有时还需要能够对某些波道的信号进行再生处理后再继续传播。

(2) 交换机。交换机是用于功能单元、信道或电路的暂时组合以保证所需通信动作的设备。用户可通过交换机进行呼叫连接，建立暂时的通信信道或电路。

(3) 用户终端。用户终端是指用户使用的终端设备，如自动电话机、电传机以及计算机等。

(4) 数字终端机。数字终端机实际是一个数字电话终端复用设备。其功能是将交换机送来的多路信号变换为时分多路数字信号，并送往数字微波传输信道，或者是将数字微波传输信道所接收的时分多路数字信号反变换为交换机所要求的信号，并送至交换机。对于SDH系统，一般采用SDH数字终端复用设备作为其数字终端机，而数字分路终端机则可以采用分插复用器(ADM)。

2. SDH常用的射频波道配置

SDH常用频段的射频波道配置规定，微波波道的最大传输带宽可达40 MHz。在国家标准"1～40 GHz数字微波接力通信系统容量系列及射频波道配置"规定中明确指出，1.5 GHz和2 GHz频段的波道带宽较窄，取2 MHz、4 MHz、8 MHz、14 MHz波道带宽，适用于中、小容量的信号系统。4 GHz、5 GHz、6 GHz频段的电波传播条件较好，特别适用于大容量的高速SDH微波传输系统。

5.3.4 SDH微波系统的综合应用

SDH微波系统的综合应用有下列几种方式：

(1) 用SDH微波系统使光纤电信网形成闭合环路。

(2) 与SDH光纤系统串联使用。

(3) 作为SDH光纤网的保护，以解决整个通信网的安全保护问题。

(4) 自成链路或环路。

本章小结

准同步数字体系(PDH)对不同话路数和不同速率进行复接，形成一个系列。目前，国际上主要有两种PDH传输制式，一种是30/32路制式，中国和欧洲一些国家使用；另一种是24路制式，日本和北美一些国家使用。

根据复接器输入支路数字信号是否与本地定时信号同步，数字复接可分为同步复接和异步复接，而绝大多数异步复接都属于准同步复接。准同步复接有正码速调整、负码速调整和正/零/负码速调整。

SDH是由一些SDH的网络单元组成的，在光纤上进行同步信息传输、复用和交叉连接的网络。SDH有一套标准化的信息结构等级(即同步传递模块)，全世界有统一的速率，其帧结构为页面式的。SDH最主要的特点是：同步复用、标准的光接口和强大的网络管理能力，而且SDH与PDH完全兼容。

SDH复用结构显示了将PDH各支路信号通过复用单元复用进STM－N帧结构的过程，我国主要采用的是将2.048 Mb/s、34.368 Mb/s(用得较少)及139.264 Mb/s PDH支路信号复用进STM－N帧结构。SDH的基本复用单元包括标准容器(C)、虚容器(VC)、支路单元(TU)、支路单元组(TUG)、管理单元(AU)、管理单元组(AUG)。

将PDH支路信号复用进STM－N帧要经历映射、定位和复用三个步骤。

自愈网是无需人为干预，网络就能在极短时间内从失效故障中自动恢复所携带的业务，使用户感觉不到网络已出了故障。SDH自愈网的实现手段主要有：自动线路保护倒换、环形网保护、DXC保护及混合保护等。采用环形网实现自愈的方式称为自愈环。几种典型的SDH自愈环为二纤单向通道倒换环、二纤双向通道倒换环、二纤单向复用段倒换环、二纤双向复用段倒换环以及四纤双向复用段倒换环。

思考与练习 5

5－1　为什么数字复接系统中二次群的速率不是一次群(基群)的 4 倍？

5－2　简述数字复接原理。

5－3　数字复接器和分接器的作用是什么？

5－4　准同步复接和同步复接的区别是什么？

5－5　采用什么方法形成 PDH 高次群？

5－6　为什么复接前首先要解决同步问题？

5－7　数字复接的方法有哪几种？PDH 采用哪一种？

5－8　为什么同步复接要进行码速变换？简述同步复接中的码速变换与恢复过程。

5－9　异步复接中的码速调整与同步复接中的码速变换有什么不同？

5－10　异步复接码速调整过程中，每个一次群在 100.38 μs 内插入几个比特？

5－11　异步复接二次群的数码率是如何算出的？

5－12　为什么说异步复接二次群一帧中最多有 28 个插入码？

5－13　什么叫 PCM 零次群？PCM 一至四次群的接口码型分别是什么？

5－14　网络节点接口的概念是什么？

5－15　SDH 的特点有哪些？

5－16　SDH 帧结构分哪几个区域？各自的作用是什么？

5－17　由 STM－1 帧结构计算：

(1) STM－1 的速率；

(2) SOH 的速率；

(3) AU－PTR 的速率。

5－18　STM－1 帧结构中，C－4 和 VC－4 的容量分别占百分之多少？

5－19　简述 139.264 Mb/s 支路信号复用映射进 STM－1 帧结构的过程。

5－20　映射的概念是什么？

5－21　定位的概念是什么？指针调整的作用是什么？

5－22　分插复用器的功能有哪些？

5－23　有哪几种自愈环？

5－24　在二纤双向复用段倒换环中，假设节点 A 和节点 D 间的光缆被切断，如何对其进行保护倒换？

5－25　12 路语音输入信号，每路信号的带宽为 4 kHz，进行 TDM 和 FDM 复用传输。

(1) 说明 PAM、PPM、PCM 是如何传输信息的。

(2) 计算 FDM 和 TDM 系统的带宽。

(3) 计算 TDM－PAM、TDM－PCM 的传输带宽。

5－26　现对 10 路声频信号进行时分复用编码传输，每一路的频率范围在 1～7 kHz，先分别通过截止频率为 4 kHz 的低通滤波器后，将 10 路信号分别进行时分复用，再对时分复用后的抽样信号量化编码，成为一路二进制数字信号，若对此数字信号采用基带传输

系统进行传输。试问:

(1) 每路抽样速率 f_s 的最小值 f_{min} 是多少?

(2) 若每路抽样速率 $f_s=10\,000$(抽样/秒),量化器的电平为256个,则在不考虑同步信号的条件下,编码输出的二进制信号的信息速率 R_b 是多少?

(3) 若基带传输系统的传输特性是滚降系数 $\alpha=0.5$ 的升余弦滤波器特性,则实现无码间干扰的基带传输,升余弦滚降滤波器的截止频率 f_H 是多少?

(4) 频带利用率是多少?

(5) 若对编码后的二进制信号用正弦波进行2PSK调制,则第一零点带宽是多少?

第 6 章　数字信号的基带传输

【教学要点】

· 数字基带传输系统：数字基带传输系统基本组成、码间串扰和噪声对误码的影响、基带传输的数学分析、码间串扰的消除。

· 无码间串扰的基带传输系统：理想基带传输系统、无码间串扰的等效特性、升余弦滚降传输特性、无码间串扰时噪声对传输性能的影响。

· 基带数字信号的再生中继传输：基带传输信道特性、再生中继系统、再生中继器。

· 时域均衡：时域均衡原理、三抽头横向滤波器时域均衡。

· 部分响应系统：部分响应波形、差错传播、部分响应基带传输系统的相关编码和预编码、部分响应波形的一般表达式。

· 数字信号的最佳接收：最小差错概率接收、最小均方误差接收、最大输出信噪比接收、最大后验概率接收。

经信源直接编码所得到的信号称为数字基带信号，它的特点是频谱基本上是从 0 开始一直扩展到很宽。将这种信号不经过频谱搬移，只经过简单的频谱变换进行传输，称为数字信号的基带传输。还有一种传输方式是将数字基带信号经过调制器进行调制，使其成为数字频带信号再进行传输，接收端通过相应解调器进行解调，这种经过调制和解调装置的数字信号传输方式称为数字信号的频带传输。

基带传输系统是数字传输的基础，对基带传输进行研究是十分必要的。首先，频带传输系统中同样存在着基带信号传输问题。其次，在频带传输系统中，假如我们只着眼于数字基带信号，则可将调制器输入端至解调器输出端之间视为一个广义信道(即调制信道)，在分析时可将该传输系统用一个等效系统代替。鉴于上述原因，本章将研究基带传输的基本原理、方法及传输性能。

6.1　数字基带信号的常用码型

在实际基带传输系统中，并非所有原始基带数字信号都能在信道中传输。例如，有的信号含有丰富的直流和低频成分，不便于提取同步信号；有的信号易于形成码间串扰等。因此，基带传输系统首先面临的问题是选择什么样的信号形式，包括确定码元脉冲的波形及码元序列的格式(码型)。

为了在传输信道中获得优良的传输特性，一般要将信码信号变化为适合于信道传输特性的传输码(又叫线路码)，即进行适当的码型变换。

在基带传输中，传输码型的选择，主要考虑以下几点：

(1) 码型中低频、高频分量尽量少。

(2) 码型中应包含定时信息，以便定时提取。

(3) 码型变换设备要简单可靠。

(4) 码型具有一定检错能力。若传输码型有一定的规律性，则就可根据这一规律性来检测传输质量，以便做到自动监测。

(5) 编码方案对发送消息类型不应有任何限制，即适合于所有的二进制信号。这种与信源的统计特性无关的特性称为对信源具有透明性。

(6) 低误码增殖。

(7) 高的编码效率。

传输码中高、低频能量在传输中均有大的衰减，且低频时要求元件尺寸大，高频能量对邻近线路造成串音。

误码增殖是指单个的数字传输错误在接收端解码时，造成错误码元的平均个数增加。从传输质量要求出发，希望它越小越好。

数字基带信号的码型种类繁多，这里仅介绍一些基本码型和目前常用的一些码型。图6-1中画出了它们的波形。

1. 单极性不归零(NRZ)码

单极性不归零(NRZ)码如图6-1(*a*)所示。此方式中“1”和“0”分别对应正电平和零电平，或负电平和零电平。在表示一个码元时，电压均无需回到零，故称其为单极性不归零码。它有如下特点：

(1) 发送能量大，有利于提高接收端信噪比。

(2) 在信道上占用频带较窄。

(3) 有直流分量，将导致信号的失真与畸变；且由于直流分量的存在，无法使用一些交流耦合的线路和设备来传输。

(4) 不能直接提取位同步信息。

(5) 接收单极性不归零(NRZ)码的判决电平应取“1”码电平的一半。由于信道衰减或特性随各种因素变化时，接收波形的振幅和宽度容易变化，因而判决门限不能稳定在最佳电平上，使抗噪性能变坏。

由于单极性不归零(NRZ)码的缺点，基带数字信号传输中很少采用这种码型，它只适合极短距离传输。

2. 双极性不归零(NRZ)码

双极性不归零(NRZ)码如图6-1(*b*)所示，在此编码中，“1”和“0”分别对应正电平和负电平。其特点除与单极性不归零(NRZ)码的特点(1)、(2)、(4)相同外，还有以下特点：

(1) 从统计平均的角度来看，当“1”和“0”数目各占一半时，无直流分量；当“1”和“0”出现概率不相等时，仍有直流分量。

(2) 接收端判决门限为0，容易设置并且稳定，因此抗干扰能力强。

(3) 可以在电缆等无接地线上传输。

根据双极性不归零(NRZ)码的特点，过去有时也把它作为线路码来用。近年来，随着100 Mb/s高速网络技术的发展，双极性不归零(NRZ)码的优点(特别是信号传输带宽窄)

受到人们关注，并成为主流编码技术。但在使用时，为解决提取同步信息和含有直流分量的问题，需要先对 NRZ 码进行一次预编码，再实现物理传输。

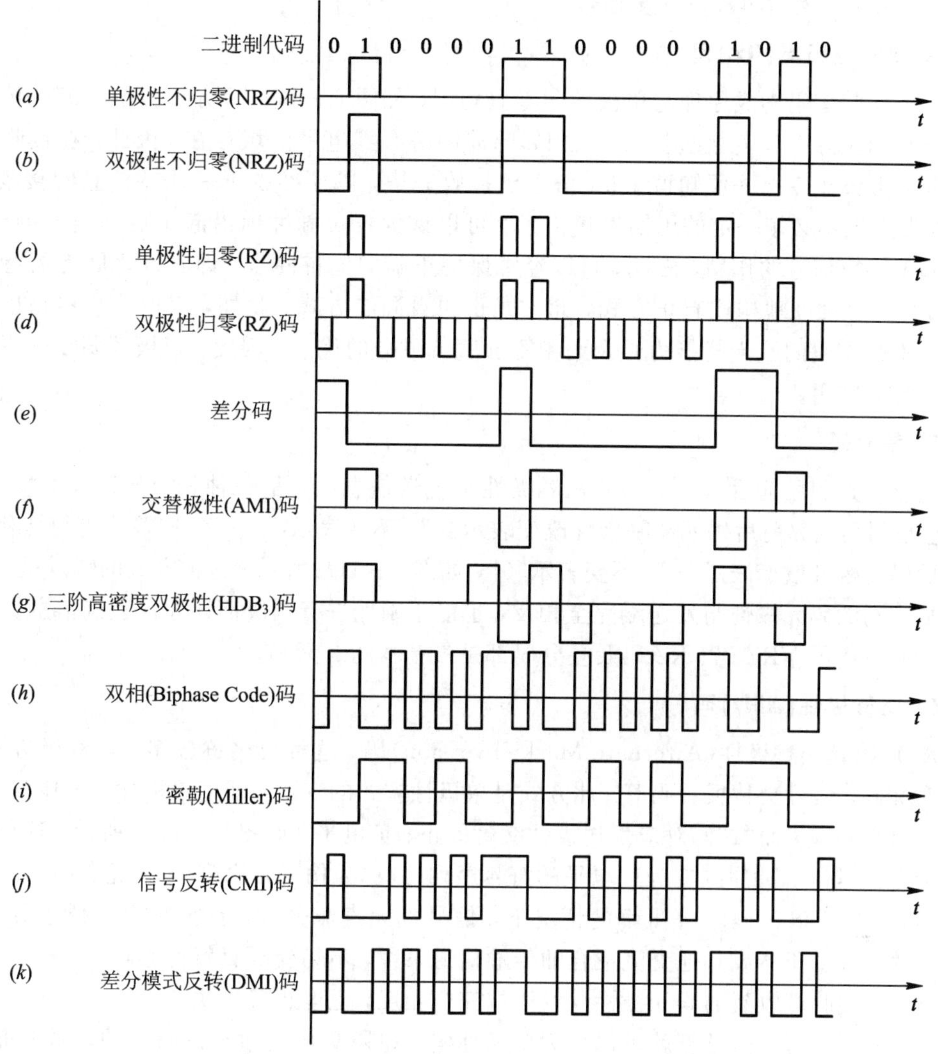

图 6 - 1　数字基带信号码型

(*a*) 单极性不归零(NRZ)码；(*b*) 双极性不归零(NRZ)码；(*c*) 单极性归零(RZ)码；(*d*) 双极性归零(RZ)码；(*e*) 差分码；(*f*) 交替极性(AMI)码；(*g*) 三阶高密度双极性(HDB_3)码；(*h*) 双相(Biphase Code)码；(*i*) 密勒(Miller)码；(*j*) 信号反转(CMI)码；(*k*) 差分模式反转(DMI)码

3. 单极性归零(RZ)码

单极性归零(RZ)码如图 6 - 1(*c*) 所示，在传送"1"码时发送一个宽度小于码元持续时间的归零脉冲；在传送"0"码时不发送脉冲。其特征是所用脉冲宽度比码元宽度窄，即还没有到一个码元终止时刻就回到零值，因此称其为单极性归零码。脉冲宽度 τ 与码元宽度 T_b 之比 τ/T_b 称为占空比。单极性归零(RZ)码与单极性不归零(NRZ)码比较，单极性归零(RZ)码除仍具有单极性码的一般缺点外，其主要优点是可以直接提取同步信号。此优点虽不意味着单极性归零码能广泛应用到信道上传输，但它却是其他码型提取同步信号需采用的一个过渡码型。即它是适合信道传输的，但不能直接提取同步信号的码型，可先变换为单极性归零码，然后再提取同步信号。

4. 双极性归零(RZ)码

双极性归零码构成原理与单极性归零码相同，如图 6－1(d)所示。“1”和“0”在传输线路上分别用正脉冲和负脉冲表示，且相邻脉冲间必有零电平区域存在。因此，在接收端根据接收波形归于零电平便知道 1 bit 信息已接收完毕，以便准备下一比特信息的接收。所以，在发送端不必按一定的周期发送信息。可以认为正负脉冲前沿起了启动信号的作用，后沿起了终止信号的作用，因此，可以经常保持正确的比特同步。即收发之间无需特别定时，且各符号独立地构成起止方式，此方式也叫自同步方式。此外，双极性归零码也具有双极性不归零码的抗干扰能力强及码中不含直流成分的优点。因此，双极性归零码得到了比较广泛的应用。

5. 差分码

差分码是利用前后码元电平的相对极性来传送信息的，是一种相对码。对于“0”差分码，它是利用相邻前后码元电平极性改变表示“0”，不变表示“1”。而“1”差分码则是利用相邻前后码元极性改变表示“1”，不变表示“0”，如图 6－1(e)所示。这种方式的特点是，即使接收端收到的码元极性与发送端完全相反，也能正确地进行判决而还原出正确信息。

上面所述的 NRZ 码、RZ 码及差分码都是最基本的二元码。

6. 交替极性(AMI)码

AMI 码是交替极性(Alternate Mark Inversion)码。这种码名称较多，如双极方式码、平衡对称码、信号交替反转码等。此方式是单极性方式的变形，即把单极性方式中的“0”码仍与零电平对应，而“1”码对应发送极性交替的正、负电平，如图 6－1(f)所示。这种码型实际上把二进制脉冲序列变为三电平的符号序列(故称为伪三元序列)，其优点如下：

(1) 在“1”和“0”码不等概率的情况下，信号也无直流分量，且零频附近低频分量小。因此，对具有变压器或其他交流耦合的传输信道来说，不易受隔直特性影响。

(2) 若接收端收到的码元极性与发送端完全相反，也能正确判决。

(3) 只要进行全波整流就可以变为单极性码。如果交替极性码是归零的，那么将其变为单极性归零码后就可提取同步信息。北美系列的一、二、三次群接口码均使用经扰码后的AMI 码。

7. 三阶高密度双极性(HDB_3)码

前述 AMI 码有一个很大的缺点，即连“0”码过多时提取定时信号困难。这是因为在连“0”时 AMI 输出均为零电平，连“0”码这段时间内无法提取同步信号，而前面非连“0”码时提取的位同步信号又不能保持足够的时间。为了克服这一弊病，可采取几种不同的措施来补救。例如，将发送序列先经过一扰码器，将输入的码序列按一定规律进行扰乱，使得输出码序列不再出现长串的连“0”或连“1”等规律序列，在接收端通过去扰处理恢复原始的发送码序列。广泛为人们接受的解决办法就是采用高密度双极性(HDB_3)码。HDB_3 码就是一系列高密度双极性码(HDB_1、HDB_2、HDB_3 等)中最重要的一种。其编码原理是：先把消息变成 AMI 码，然后检查 AMI 的连“0”情况，当无 3 个以上连“0”串时，这时的 AMI 码就

是 HDB_3 码。当出现 4 个或 4 个以上连“0”情况时，则将每 4 个连“0”小段的第 4 个“0”变换成“1”码。这个由“0”码改变来的“1”码称为破坏脉冲(符号)，用符号 V 表示，而原来的二进制码元序列中所有的“1”码称为信码，用符号 B 表示，其编码过程如图 6-2 所示。

(*a*) 代码：	0	1	0	0	0	0	1	1	0	0	0	0	0	1	0	1	0
(*b*) AMI 码：	0	+1	0	0	0	0	−1	+1	0	0	0	0	0	−1	0	+1	0
(*c*) B 和 V：	0	B	0	0	0	V	B	B	0	0	0	V	0	B	0	B	0
(*d*) B′：	0	B_+	0	0	0	V_+	B_-	B_+	B_-	0	0	V_-	0	B_+	0	B_-	0
(*e*) HDB_3：	0	+1	0	0	0	+1	−1	+1	−1	0	0	−1	0	+1	0	−1	0

图 6-2　HDB_3 编码过程

图 6-2 中，(*a*)、(*b*)、(*c*)分别表示一个二进制码元序列、相应的 AMI 码以及信码 B 和破坏脉冲 V 的位置。当信码序列中加入破坏脉冲以后，信码 B 和破坏脉冲 V 的正负必须满足如下两个条件：

(1) B 码和 V 码各自都应始终保持极性交替变化的规律，以便确保编好的码中没有直流成分。

(2) V 码必须与前一个码(信码 B)同极性，以便和正常的 AMI 码区分开来。如果这个条件得不到满足，那么应该在 4 个连“0”码的第一个“0”码位置上加一个与 V 码同极性的补信码，用符号 B′表示。此时 B 码和 B′码合起来保持条件(1)中信码极性交替变换的规律。

根据以上两个条件，在上面举的例子中假设第一个信码 B 为正脉冲，用 B_+ 表示；它前面一个破坏脉冲 V 为负脉冲，用 V_- 表示。这样根据上面两个条件可以得出 B 码、B′码和 V 码的位置以及它们的极性，如图 6-2(*d*)所示。图 6-2(*e*)则给出了编好的 HDB_3 码。图 6-2 中+1 表示正脉冲，−1 表示负脉冲。HDB_3 码的波形如图 6-1(*g*)所示。

是否添加补信码 B′还可根据如下规律来决定：当图 6-2(*c*)中两个 V 码间的 B 码数目是偶数时，应该把后面的这个 V 码所表示的连“0”段中的第一个“0”变为补信码 B′，其极性与前相邻 B 码极性相反，V 码极性作相应变化。如果两个 V 码间的 B 码数目是奇数，就不要再加补信码B′了。

在接收端译码时，由两个相邻同极性码找到 V 码，即同极性码中后面那个码就是 V 码。由 V 码向前的第 3 个码如果不是“0”码，表明它是补信码 B′。把 V 码和 B′码去掉后留下的全是信码。把它全波整流后得到的是单极性码。

HDB_3 编码的步骤为：首先，从信息码流中找出 4 连“0”，使 4 连“0”的最后一个“0”变为破坏码 V。然后，使两个 V 之间保持奇数个信码 B，如果不满足，使 4 连“0”的第一个“0”变为补信码 B′；若满足，则无需变换。最后，使 B 连同 B′按“+1”“−1”规律交替变化，同时 V 也要按“+1”“−1”规律交替变化，且要求 V 与它前面相邻的 B 或者 B′同极性。

HDB_3 解码的步骤为：首先找 V，从 HDB_3 码中找出相邻两个同极性的码元，后一个码元必然是破坏码 V；然后找 B′，V 前面第三位码元如果为非零，则表明该码是补信码 B′；最后将 V 和 B′还原为“0”，将其他码元进行全波整流，即将所有“+1”“−1”均变为“1”，这个变换后的码流就是所要的原信息码。

HDB_3 的优点是无直流成分，低频成分少，即使有长连“0”码时也能提取位同步信号；缺点是编译码电路比较复杂。HDB_3 是 CCITT 建议欧洲系列一、二、三次群的接口码型。

8. 双相(Biphase Code)码

双相码又称数字分相码或曼彻斯特(Manchester)码。它的特点是每个二进制代码分别用两个具有不同相位的二进制代码来取代。如“1”码用 10 表示，“0”码用 01 表示，如图 6 - 1(*h*)所示。该码的优点是无直流分量，最长连“0”、连“1”数为 2，定时信息丰富，编译码电路简单。但其码元速率比输入的信码速率提高了一倍。

双相码适用于数据终端设备在中速短距离上传输信息。如以太网采用分相码作为线路传输码。

双相码当极性反转时会引起译码错误，为解决此问题，可以采用差分码的概念，将数字双相码中用绝对电平表示的波形改为用相对电平变化来表示。这种码型称为差分双相码或差分曼彻斯特码。数据通信的令牌网即采用这种码型。

9. 密勒(Miller)码

密勒(Miller)码又称延迟调制码，它是双相码的一种变形。其编码规则如下：“1”码用码元持续中心点出现跃变来表示，即用 10 和 01 交替变化来表示。“0”码有两种情况：单个“0”时，在码元持续内不出现电平跃变，且与相邻码元的边界处也不跃变；连“0”时，在两个“0”码的边界处出现电平跃变，即 00 和 11 交替。密勒码的波形如图 6 - 1(*i*)所示。当两个“1”码中间有一个“0”码时，密勒码流中出现最大宽度为 $2T_s$ 的波形，即两个码元周期。这一性质可用来进行误码检错。

比较图 6 - 1 中的(*h*)和(*i*)两个波形可以看出，双相码的下降沿正好对应于密勒码的跃变沿。因此，用双相码的下降沿去触发双稳电路，即可输出密勒码。密勒码最初用于气象卫星和磁记录，现在也用于低速基带数传机中。

10. 传号反转(CMI)码

CMI 码是传号反转(Coded Mark Inversion)码。其编码规则是：当为“0”码时，用 01 表示；当出现“1”码时，交替用 00 和 11 表示。图 6 - 1(*j*) 给出 CMI 码的编码波形。它的优点是没有直流分量，且有频繁出现波形跳变，便于定时信息提取，具有误码监测能力。CMI 码同样有因极性反转而引起的译码错误问题。

由于 CMI 码具有上述优点，再加上编、译码电路简单，容易实现，因此，在高次群脉冲码调制终端设备中被广泛用作接口码型。在速率低于 8448 kb/s 的光纤数字传输系统中也被建议作为线路传输码型。国际电联(ITU)的 G. 703 建议中，也规定 CMI 码为 PCM 四次群的接口码型。日本电报电话公司在 32 kb/s 及更低速率的光纤通信系统中也采用CMI 码。

11. 差分模式反转(DMI)码

DMI 码是差分模式反转(Differential Model Inversion)码。它也是一种 1B2B 码，其变换规则是：对于输入二元码“0”，若前面变换码为 01 或 11，则 DMI 码为 01；若前面变换码为 10 或 00，则 DMI 码为 10。对于输入二元码“1”，则 DMI 码 00 和 11 交替变化。其波形如图 6 - 1(*k*)所示。

随编码器的初始状态不同，同一个输入二元码序列，变换后的 DMI 码有两种相反的波形，即把图 6 - 1(*k*)波形反转，也代表输入的二元码。DMI 码和差分双相码的波形是相同的，只是延后了半个输入码元。因此，若输入码是“0”和“1”等概率且前后独立，则 DMI 码的功率谱密度和差分双相码的功率谱密度相同。

DMI 码和 CMI 码相比较，CMI 码可能出现 3 个连“0”或 3 个连“1”，而 DMI 码的最长连“0”或连“1”为 2 个。

上面介绍的双相码、CMI 码、DMI 码等属于 1B2B 码。1B2B 码还可以有其他变换规则，但功率谱有所不同。用 2 bit 代表 1 个二元码，线路传输速率增高一倍，所需信道带宽也要增大，但却换来了便于提取定时，低频分量小，迅速同步等优点。

可把 1B2B 码推广到一般的 mBnB 码，即 m 个二元码按一定规则变换为 n 个二元码，$m<n$。适当地选取 m、n 值，可减小线路传输速率的增高比例。

双相码、CMI 码、DMI 码和 Miller 码也都是二电平码，下面介绍多电平码，也就是多进制码。

上面介绍的改善基带信码传输方法都是使用二进制代码来实现信码传输的，实际传输系统中还会用到多进制代码来改善基带信码传输。图 6－3(a)、(b)分别画出了两种四进制代码波形。图 6－3(a)只有正电平(即 0、1、2、3 四个电平)，而图 6－3(b)是正负电平(即＋3、＋1、－1、－3 四个电平)均有的。采用多进制码的目的是在码元速率一定时可提高信息速率。

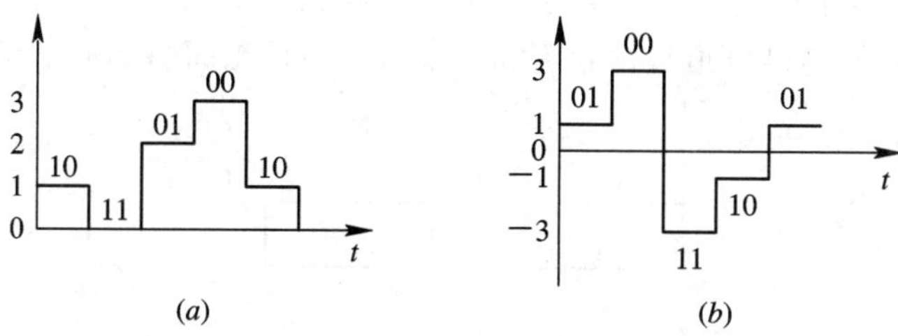

图 6－3　四进制代码波形

(a) 只有正电平；(b) 正负电平均有

以上介绍的几种码型，其波形均为矩形脉冲。实际上，基带传输系统中各处的信号波形可以是矩形脉冲，也可以用其他形状的信号表示，如升余弦波、三角形波等。

6.2　数字基带传输系统

6.2.1　数字基带传输系统的基本组成

数字基带传输系统的基本框图如图 6－4 所示，它通常由脉冲形成器、发送滤波器、信道、接收滤波器、抽样判决器与码元再生器组成。

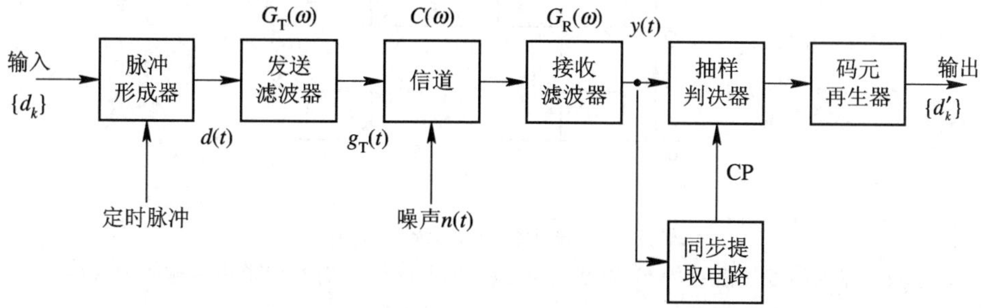

图 6－4　数字基带传输系统的基本方框图

脉冲形成器输入的是由电传机、计算机等终端设备发送来的二进制数据序列或是经模数转换后的二进制(也可是多进制)脉冲序列，用$\{d_k\}$表示，它们一般是脉冲宽度为 T_b 的单极性码。根据上节对单极性码讨论的结果知，脉冲形成器并不适合信道传输。脉冲形成器的作用是将$\{d_k\}$变换成为比较适合信道传输的码型并提供同步定时信息，使信号适合信道传输，保证收发双方同步工作。发送滤波器(传递函数为 $G_T(\omega)$)的作用是将输入的矩形脉冲变换成适合信道传输的波形。这是因为矩形波含有丰富的高频成分，若直接送入信道传输，容易产生失真。基带传输系统的信道(传递函数为 $C(\omega)$)通常采用电缆，架空明线等。信道既传送信号，同时又因存在噪声和频率特性不理想对数字信号造成损害，使波形产生畸变，严重时发生误码。接收滤波器(传递函数为 $G_R(\omega)$)是接收端为了减小信道特性不理想和噪声对信号传输的影响而设置的。其主要作用是滤除带外噪声并对已接收的波形均衡，以便抽样判决器正确判决。抽样判决器的作用是对接收滤波器输出的信号，在规定的时刻(由定时脉冲控制)进行抽样，然后对抽样值判决，以确定各码元是“1”码还是“0”码。码元再生器的作用是对判决器的输出“0”“1”进行原始码元再生，以获得与输入码型相应的原脉冲序列。同步提取电路的任务是提取收到信号中的定时信息。

图 6 - 5 给出了基带传输系统各点的波形。显然，传输过程中第 4 个码元发生了误码。前面已指出，误码的原因是信道加性噪声和频率特性不理想而引起波形畸变。其中频率特

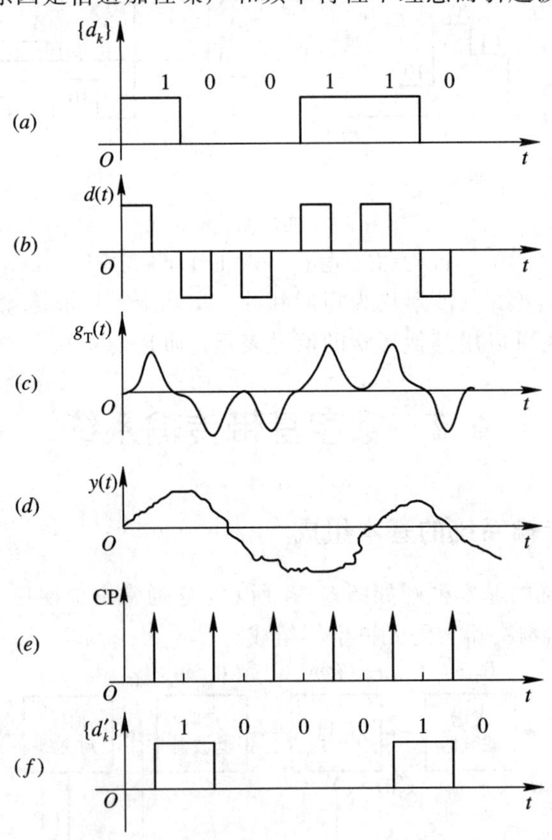

图 6 - 5　基带传输系统各点的波形

(a) 输入的基带信号；(b) 码型变换后的波形；(c) 适合在信道中传输的波形；

(d) 接收滤器输出波形；(e) 位定时同步脉冲；(f) 恢复的信号

性不理想引起的波形畸变使码元之间相互干扰。此时，实际抽样判决值是本码元的值与几个邻近脉冲拖尾及加性噪声的叠加。这种脉冲拖尾的重叠，并在接收端造成判决困难的现象称为码间串扰(或码间干扰)。下面先讨论码间串扰和噪声对误码的影响，然后对数字基带系统进行数学分析，最后再讨论无码间串扰的数字基带传输性能。

6.2.2　码间串扰和噪声对误码的影响

在图 6-5 中，二进制码“1”和“0”经过码形变换和波形变换后，分别变成了宽度为 T_b 正的升余弦波形和负的升余弦波形，如图 6-5(c)中 $g_T(t)$波形所示。如果经过信道不产生任何失真和延迟，那么接收端应在它的最大值时刻($t=T_b/2$ 时刻)判决。下一个码元应在 $t=3T_b/2$ 时刻判决，由于第一个码元在第二个码元判决时刻已经为零，因而对第二个码元判决不会产生任何影响。但在实际信道中，信号会产生失真和延迟，信号的最大值出现的位置也会发生延迟，信号波形也会拖得很宽。假设这时对码元的抽样判决时刻出现在信号最大值的位置 $t=t_1$ 时刻，那么对下一个码元判决时刻应选在 $t=t_1+T_b$，如图 6-6(a)所示。从图中可以看出，在 $t=t_1+T_b$ 时刻，第一码元的波形还没有消失，这样就会造成对第二码元的判决。当波形失真比较严重时，可能出现前面几个码元的波形同时串到后面，对后面某一个码元的抽样判决产生影响，这种影响就叫作码间串扰，也叫码间干扰。

假设图 6-6(a)传输的一组码元为 1110，现在考察前 3 个“1”码对第 4 个“0”码在其抽样判决时刻产生的码间串扰的影响。如果前 3 个“1”码在 $t=(t_1+3T_b)$时刻产生码间串扰分别为 a_1、a_2、a_3，第 4 个“0”码在 $t=(t_1+3T_b)$时刻的值为 a_4。那么，当 $a_1+a_2+a_3+a_4<0$ 时，判为“0”，判决正确，不产生误码；反之当 $a_1+a_2+a_3+a_4>0$ 时，判为“1”，这就是错判，要造成误码。

如果考虑噪声的影响，那么码间串扰和噪声一起也将会影响最终的抽样判决结果。图 6-6(b)是随机噪声的一个实现，在 $t=t_1+3T_b$ 时刻，$a_1+a_2+a_3+a_4<0$ 时，判为“0”，判决正确，不产生误码，如果此时噪声 $n(t_1+3T_b)$为正电平，使 $a_1+a_2+a_3+a_4+n(t_1+3T_b)>0$，造成错误判决。当然，噪声也可能使本来 $a_1+a_2+a_3+a_4>0$ 的错误判决，变为 $a_1+a_2+a_3+a_4+n(t_1+3T_b)<0$ 的正确判决。

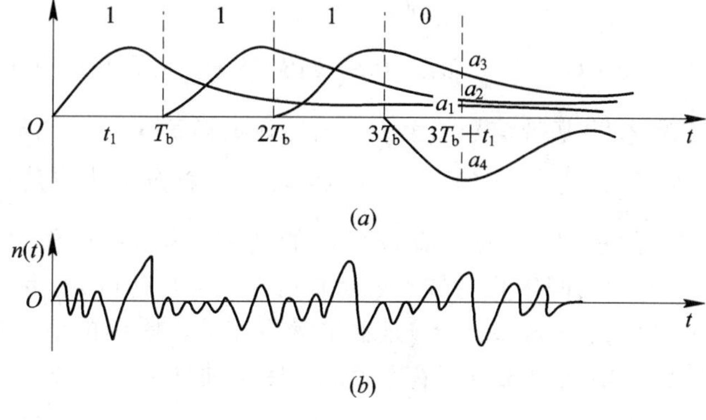

图 6-6　码间串扰示意图

(a) 四路信号传输波形；(b) 加性噪声波形

6.2.3 基带传输系统的数学分析

为了对基带传输系统进行数学分析，我们可将图 6 - 4 画成图 6 - 7，即基带传输系统简化图，其中总的传输函数 $H(\omega)$ 为

$$H(\omega) = G_T(\omega)C(\omega)G_R(\omega) \tag{6 - 1}$$

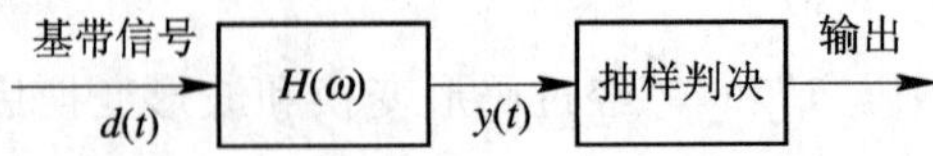

图 6 - 7　基带传输系统简化图

此外，为方便起见，假定输入基带信号的基本脉冲为单位冲击 $\delta(t)$，这样发送滤波器的输入信号可以表示为

$$d(t) = \sum_{k=-\infty}^{\infty} a_k \delta(t - kT_b)$$

式中，a_k 是第 k 个码元，对于二进制数字信号，a_k 的取值为 0、1(单极性信号)或 −1、+1(双极性信号)。图 6 - 7 中的中间函数 $y(t)$ 可以表示为

$$y(t) = \sum_{k=-\infty}^{\infty} a_k h(t - kT_b) + n_R(t) \tag{6 - 2}$$

式中，$h(t)$ 是 $H(\omega)$ 的傅氏反变换，是系统的冲击响应，可表示为

$$h(t) = \frac{1}{2\pi}\int_{-\infty}^{\infty} H(\omega)e^{j\omega t}\,d\omega \tag{6 - 3}$$

$n_R(t)$ 是加性噪声 $n(t)$ 通过接收滤波器后所产生的输出噪声。

从系统功能框图可以看出，抽样判决器对 $y(t)$ 进行抽样判决，以确定所传输的数字信息序列 $\{a_k\}$。从 $y(t)$ 的表达式可以看出，为了判定其中第 j 个码元 a_j 的值，应在 $t = jT_b + t_0$ 瞬间对 $y(t)$ 抽样，这里 t_0 是传输时延，通常取决于系统的传输函数 $H(\omega)$。显然，此抽样值为

$$\begin{aligned} y(jT_b + t_0) &= \sum_{k=-\infty}^{\infty} a_k h[(jT_b + t_0) - kT_b] + n_R(jT_b + t_0) \\ &= \sum_{k=-\infty}^{\infty} a_k h[(j - k)T_b + t_0] + n_R(jT_b + t_0) \\ &= a_j h(t_0) + \sum_{j \neq k} a_k h[(j - k)T_b + t_0] + n_R(jT_b + t_0) \end{aligned} \tag{6 - 4}$$

式中，第一项 $a_j h(t_0)$ 是输出基带信号的第 j 个码元在抽样瞬间 $t = jT_b + t_0$ 所取得的值，它是 a_j 的依据；第二项 $\sum_{j \neq k} a_k h[(j - k)T_b + t_0]$ 是除第 j 个码元外的其他所有码元脉冲在 $t = jT_b + t_0$ 瞬间所取值的总和，它对当前码元 a_j 的判决起着干扰的作用，所以称为码间串扰值，这就是图 6 - 6 所示码间串扰的数学表示式(由于 a_k 是随机的，因此码间串扰值一般也是一个随机变量)；第三项 $n_R(jT_b + t_0)$ 是输出噪声在抽样瞬间的值，它显然是一个随机变量。由于随机性的码间串扰和噪声存在，因此，使用抽样判决电路进行判决时，可能判正确，也可能判错误。

6.2.4 码间串扰的消除

要消除码间串扰，从式(6 - 4)可以看出，只要

$$\sum_{k\neq j}a_k h[(j-k)T_b+t_0]=0 \tag{6-5}$$

即可。但 a_k 是随机变化的，要想通过各项互相抵消使码间串扰为 0 是不行的。从码间串扰各项影响来说，前一码元的影响最大，因此，最好让前一个码元的波形到达后一个码元抽样判决时刻前衰减到 0，如图 6－8(*a*)所示的波形。但这样的波形也不易实现，因此比较合理的是采用如图 6－8(*b*)所示的波形，虽然该波形到达 t_0+T_b 前并没有衰减到 0，但可以让它在 t_0+T_b、t_0+2T_b 等后面码元取样判决时刻正好为 0，这也是消除码间串扰的物理意义。但考虑到实际应用时，定时判决时刻不一定非常准确。如果像图6－8(*b*) 这样的 $h(t)$ 尾巴拖得太长，当定时不准时，任一个码元都要对后面好几个码元产生串扰，或者说后面任一个码元都要受到前面几个码元的串扰。因此，除了要求$h[(j-k)T_b+t_0]=0$ 以外，还要求 $h(t)$适当衰减快一些，即尾巴不要拖得太长。

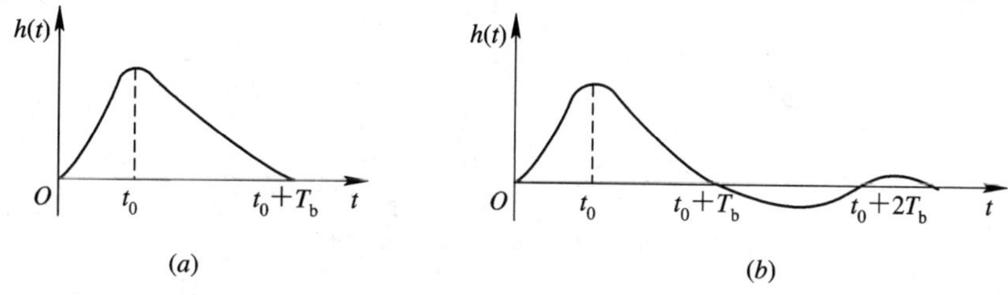

图 6－8　理想的传输波形

(*a*) 无拖尾；(*b*) 有拖尾，但抽样点信号为 0

6.3　无码间串扰的基带传输系统

根据上节对码间串扰的讨论，我们对无码间串扰的基带传输系统提出以下要求。

(1) 基带信号经过传输后在抽样点上无码间串扰，也即瞬时抽样值应满足：

$$h[(j-k)T_b+t_0]=\begin{cases}1(\text{或其他常数}) & j=k\\0 & j\neq k\end{cases} \tag{6-6}$$

令 $k'=j-k$，并考虑到 k'也为整数，可用 k 表示，式(6－6)可写成

$$h(kT_b+t_0)=\begin{cases}1 & k=0\\0 & k\neq 0\end{cases} \tag{6-7}$$

(2) $h(t)$尾部衰减快。

从理论上讲，以上两条可以通过合理地选择信号的波形和信道的特性达到。下面从研究理想基带传输系统出发，得出奈奎斯特第一定理及无码间串扰传输的频域特性 $H(\omega)$满足的条件。

6.3.1　理想基带传输系统

理想基带传输系统的传输特性具有理想低通特性，其传输函数为

$$H(\omega)=\begin{cases}1(\text{或其他常数}) & |\omega|\leqslant\dfrac{\omega_b}{2}\\[2ex]0 & |\omega|>\dfrac{\omega_b}{2}\end{cases} \tag{6-8}$$

如图 6 - 9(a)所示，其带宽 $B=\frac{(\omega_b/2)}{2\pi}=\frac{f_b}{2}$ (Hz)，对其进行傅氏反变换得

$$h(t)=\frac{1}{2\pi}\int_{-\infty}^{\infty}H(\omega)e^{j\omega t}\,d\omega=\int_{-2\pi B}^{2\pi B}\frac{1}{2\pi}e^{j\omega t}\,d\omega=2BS_a(2\pi Bt) \tag{6-9}$$

它是个抽样函数，如图 6 - 9(b)所示。

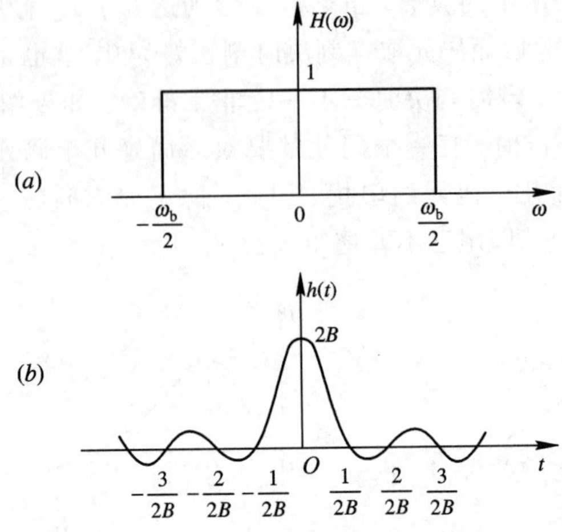

图 6 - 9 理想基带传输系统的 $H(\omega)$和 $h(t)$

(a) 传输函数；(b) 抽样函数

从图 6 - 9(b)中可以看到，$h(t)$在 $t=0$ 时有最大值 $2B$，而在$t=k/(2B)$(k 为非零整数)的诸瞬间均为零，因此，只有令 $T_b=1/(2B)$，也就是码元宽度为 $1/(2B)$时，就可以满足式(6 - 7)的要求。在接收端，当 $k/(2B)$时刻(忽略$H(\omega)$造成时间延迟)抽样值中无串扰值积累，从而消除码间串扰。

由上述可见，如果信号经传输后整个波形发生变化，但只要其特定点的抽样值保持不变，那么用再次抽样的方法(这在抽样判决电路中完成)，仍然可以准确无误地恢复原始信码，这就是奈奎斯特第一准则(又称为第一无失真条件)的本质。在图 6 - 9 所表示的理想基带传输系统中，各码元之间的间隔 $T_b=1/(2B)$称为奈奎斯特间隔，码元的传输速率 $R_B=1/T_b=2B$ 称为奈奎斯特速率。

下面再来看看频带利用率的问题。所谓频带利用率，是指码元速率 R_B 和带宽 B 的比值，即单位频带所能传输的码元速率，其表示式为

$$\text{频带利用率}=\frac{R_B}{B}\quad(\text{Baud/Hz}) \tag{6-10}$$

显然理想低通传输函数的频带利用率为 2 Baud/Hz。这是最大的频带利用率，因为如果系统用高于 $1/T_b$ 的码元速率传送信码时，则将存在码间串扰。若降低传码率，即增加码元宽度 T_b，当保持 T_b 为$\frac{1}{2B}$的 2，3，4，…大于 1 的整数倍时，由图 6 - 9(b)可见，在抽样点上也不会出现码间串扰。但是，这意味着频带利用率要降低到按 $T_b=\frac{1}{2B}$时的$\frac{1}{2}$，$\frac{1}{3}$，$\frac{1}{4}$，…

从前面讨论的结果可知，理想低通传输函数具有最大传码率和频带利用率，但这种理

想基带传输系统实际并未得到应用。这首先是因为这种理想低通特性在物理上是不能实现的；其次，即使能设法实现接近于理想特性，由于这种理想特性冲击响应 $h(t)$ 的尾巴（即衰减型振荡起伏）很大，它引起接收滤波器的过零点较大的移变，如果抽样定时发生某些偏差，或外界条件对传输特性稍加影响，信号频率发生漂移等都会导致码间串扰明显的增加。

下面进一步讨论满足式(6－7)无码间串扰条件的等效传输特性。

6.3.2　无码间串扰的等效特性

因为

$$h(kT_b) = \frac{1}{2\pi}\int_{-\infty}^{\infty} H(\omega)\mathrm{e}^{\mathrm{j}\omega kT_b}\,\mathrm{d}\omega$$

把上式的积分区间用角频率间隔 $\frac{2\pi}{T_b}$ 分割，如图 6－10 所示，则可得

$$h(kT_b) = \frac{1}{2\pi}\sum_i \int_{\frac{(2i-1)}{T_b}\pi}^{\frac{(2i+1)}{T_b}\pi} H(\omega)\mathrm{e}^{\mathrm{j}\omega kT_b}\,\mathrm{d}\omega$$

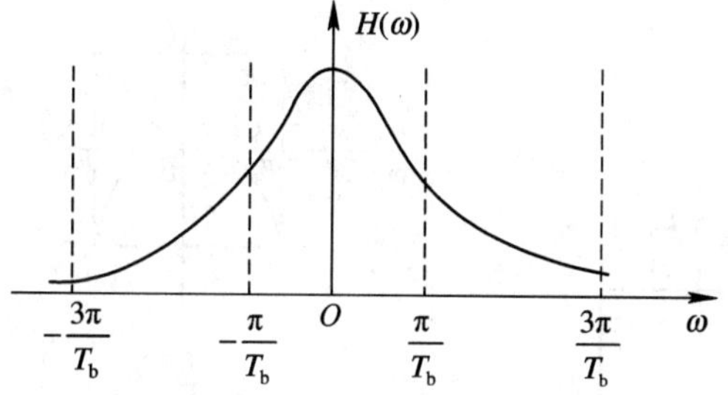

图 6－10　$H(\omega)$ 的分割

作变量代换：令 $\omega'=\omega-\frac{2\pi i}{T_b}$，则有 $\mathrm{d}\omega'=\mathrm{d}\omega$ 及 $\omega=\omega'+\frac{2\pi i}{T_b}$。于是

$$\begin{aligned} h(kT_b) &= \frac{1}{2\pi}\sum_i \int_{-\frac{\pi}{T_b}}^{\frac{\pi}{T_b}} H\left(\omega'+\frac{2\pi i}{T_b}\right)\mathrm{e}^{\mathrm{j}\omega' kT_b}\mathrm{e}^{\mathrm{j}2\pi ik}\,\mathrm{d}\omega' \\ &= \frac{1}{2\pi}\sum_i \int_{-\frac{\pi}{T_b}}^{\frac{\pi}{T_b}} H\left(\omega'+\frac{2\pi i}{T_b}\right)\mathrm{e}^{\mathrm{j}\omega' kT_b}\,\mathrm{d}\omega' \end{aligned}$$

由于 $h(t)$ 是必须收敛的，求和与求积可互换，得

$$h(kT_b) = \frac{1}{2\pi}\int_{-\frac{\pi}{T_b}}^{\frac{\pi}{T_b}} \sum_i H\left(\omega+\frac{2\pi i}{T_b}\right)\mathrm{e}^{\mathrm{j}\omega kT_b}\,\mathrm{d}\omega$$

这里把变量 ω' 重记为 ω。在上式中可以看出，式中 $\sum_i H(\omega+2\pi i/T_b)$ 实际上把 $H(\omega)$ 的分割各段平移到 $-\pi/T_b\sim\pi/T_b$ 的区间对应叠加求和，因此，它仅存在于 $|\omega|\leqslant\pi/T_b$ 内。由于前面已讨论了式(6－8)的理想低通传输特性满足无码间串扰的条件，则令

$$H_{eq}(\omega) = \sum_i H\left(\omega+\frac{2\pi i}{T_b}\right) = \begin{cases} T_b & |\omega|\leqslant\frac{\pi}{T_b} \\ 0 & |\omega|>\frac{\pi}{T_b} \end{cases} \tag{6-11}$$

或
$$H_{eq}(f)=\sum_i H(f+if_b)=\begin{cases}\dfrac{1}{f_b} & |f|\leqslant\dfrac{f_b}{2}\\ 0 & |f|>\dfrac{f_b}{2}\end{cases}$$

式(6 - 11)和式(6 - 12)称为无码间串扰的等效特性。它表明，把一个基带传输系统的传输特性 $H(\omega)$分割为 $2\pi/T_b$ 宽度，各段在$(-\pi/T_b, \pi/T_b)$区间内能叠加成一个矩形频率特性，那么它在以 f_b 速率传输基带信号时，就能做到无码间串扰。如果不考虑系统的频带，而从消除码间串扰来说，基带传输特性 $H(\omega)$的形式并不是唯一的。升余弦滚降传输特性就是使用较多的一类。

6.3.3　升余弦滚降传输特性

升余弦滚降传输特性 $H(\omega)$可表示为
$$H(\omega)=H_0(\omega)+H_1(\omega)$$
如图 6 - 11 所示。

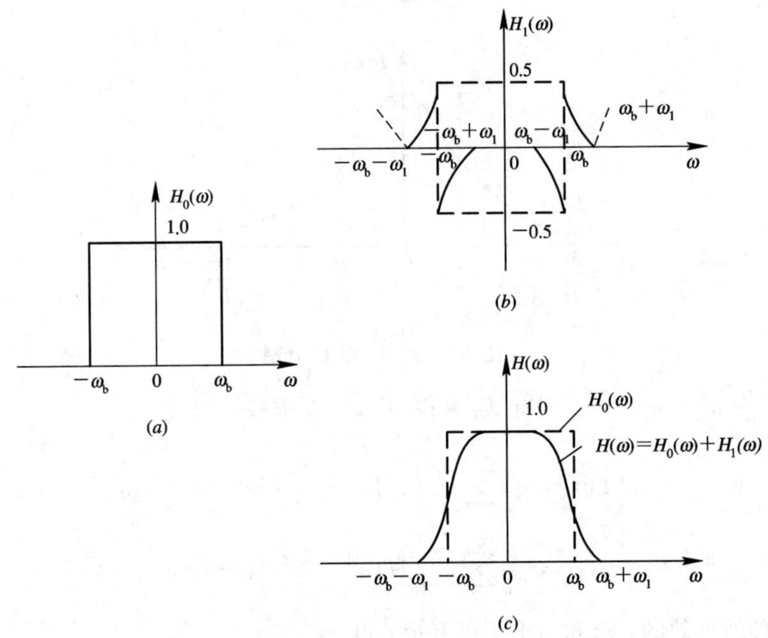

图 6 - 11　升余弦滚降传输特性
(a) 低通特性；(b) 滚降特性；(c) 升余弦特性

$H(\omega)$是对截止频率 ω_b 的理想低通特性 $H_0(\omega)$按 $H_1(\omega)$的滚降特性进行“圆滑”得到的。$H_1(\omega)$对于 ω_b 具有奇对称的幅度特性，其上、下截止角频率分别为 $\omega_b+\omega_1$、$\omega_b-\omega_1$。它的选取可根据需要选择，升余弦滚降传输特性 $H_1(\omega)$采用余弦函数，此时$H(\omega)$为
$$H(\omega)=\begin{cases}T_b & |\omega|\leqslant\omega_b-\omega_1\\ \dfrac{T_b}{2}\left[1+\cos\dfrac{\pi}{2}\left(\dfrac{|\omega|}{\omega_1}-\dfrac{\omega_b}{\omega_1}+1\right)\right] & \omega_b-\omega_1<|\omega|<\omega_b+\omega_1\\ 0 & |\omega|\geqslant\omega_b+\omega_1\end{cases}\qquad(6-12)$$

显然，它满足式(6-11)，故一定在码元传输速率为 $f_b=1/T_b$ 时无码间串扰。它所对应的冲击响应为

$$h(t)=\frac{\sin\omega_b t}{\omega_b t}\left[\frac{\cos\omega_1 t}{1-\left(\frac{2\omega_1 t_b}{\pi}\right)^2}\right] \tag{6-13}$$

令 $\alpha=\frac{\omega_1}{\omega_b}$，称为滚降系数，并选定 $T_b=\frac{1}{2B}$，即 $T_b=\frac{\pi}{\omega_b}$，式(6-12)和式(6-13)可改写成

$$H(\omega)=\begin{cases} T_b & |\omega|\leqslant\frac{(1-\alpha)\pi}{T_b} \\ T_b\cos^2\frac{T_b}{4\alpha}\left[|\omega|-\frac{\pi(1-\alpha)}{T_b}\right] & \frac{(1-\alpha)\pi}{T_b}<|\omega|<\frac{(1+\alpha)\pi}{T_b} \\ 0 & |\omega|\geqslant\frac{(1+\alpha)\pi}{T_b} \end{cases} \tag{6-14}$$

$$h(t)=\frac{\sin\left(\frac{\pi t}{T_b}\right)}{\frac{\pi t}{T_b}}\left[\frac{\cos\left(\frac{\pi\alpha t}{T_b}\right)}{1-\left(\frac{2\alpha t}{T_b}\right)^2}\right] \tag{6-15}$$

当给定 $\alpha=0$，0.5 和 1.0 时，冲击脉冲通过这种特性的网络后输出信号的频谱和波形如图 6-12 所示。

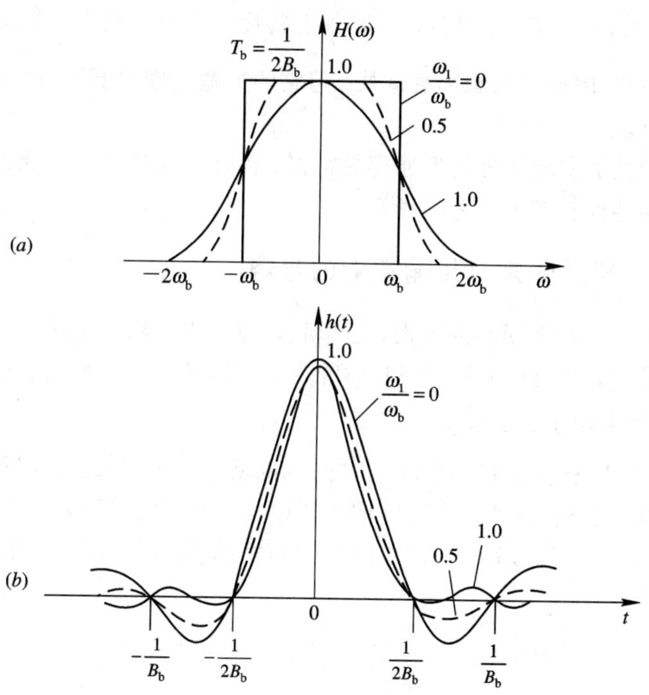

图 6-12 不同 α 值的频谱与波形

(a) 频谱；(b) 波形

(1) 当 $\alpha=0$ 时，无“滚降”，即为理想基带传输系统，“尾巴”按 $1/t$ 的规律衰减。当 $\alpha\neq0$ 时，即采用升余弦滚降时，对应的 $h(t)$ 仍旧保持 $t=\pm T_b$ 开始，向右和向左每隔 T_b 出现一个零点的特点，满足抽样瞬间无码间串扰的条件，但式(6-15)中第二个因子对波

形的衰减速度是有影响的。在 t 足够大时，由于分子值只能在+1 到-1 间变化，而在分母中的 1 与$(2\alpha t/T_b)^2$ 比较可忽略。因此，总体来说，波形的“尾巴”在 t 足够大时，将按 $1/t^3$ 的规律衰减，比理想低通的波形小得多。此时，衰减的快慢还与 α 有关，α 越大，衰减越快，码间串扰越小，错误判决的可能性就越小。

(2) 输出信号频谱所占据的带宽 $B=(1+\alpha)f_b/2$。当 $\alpha=0$ 时，$B=f_b/2$，频带利用率为 2 Baud/Hz；当 $\alpha=1$ 时，$B=f_b$，频带利用率为 1 Baud/Hz；一般情况下，$\alpha=0\sim1$ 时，$B=f_b/2\sim f_b$，频带利用率为 2～1 Baud/Hz。可以看出：α 越大，“尾部”衰减越快，但带宽越宽，频带利用率越低。因此，用滚降特性来改善理想低通，实质上是以牺牲频带利用率为代价换取的。

(3) 当 $\alpha=1$ 时，有

$$H(\omega)=\begin{cases}\dfrac{T_b}{2}\left(1+\cos\dfrac{\omega T_b}{2}\right) & |\omega|<\dfrac{2\pi}{T_b}\\ 0 & \omega>\dfrac{2\pi}{T_b}\end{cases} \tag{6-16}$$

$$h(t)=\frac{\sin\left(\dfrac{\pi t}{T_b}\right)}{\dfrac{\pi t}{T_b}}\left[\frac{\cos\left(\dfrac{\pi t}{T_b}\right)}{1-\left(\dfrac{2t}{T_b}\right)^2}\right] \tag{6-17}$$

式中，$h(t)$波形除在 $t=\pm T_b$，$\pm 2T_b$，…时刻上幅度为 0 外，在$\pm\dfrac{3}{2}T_b$，$\pm\dfrac{5}{2}T_b$，…这些时刻上其幅度也是 0，因而它的尾部衰减快。但它的带宽是理想低通特性的 2 倍，频带利用率只是 1 Baud/Hz。

升余弦滚降特性的实现比理想低通容易得多，因此广泛应用于频带利用率不高，但允许定时系统和传输特性有较大偏差的场合。

6.3.4 无码间串扰时噪声对传输性能的影响

码间串扰和噪声是产生误码的因素，这里我们将给出无码间串扰且噪声为高斯白噪声情况下的误码率公式，从而对无码间串扰时噪声对传输性能的影响做一些简单讨论。

1. 基带数字信号的误码率计算

我们假定：发“1”码的概率为 $P(1)$，发“0”码的概率为 $P(0)$；发“1”码错判为“0”码的概率为 $P(0/1)$，发“0”码错判为“1”码的概率为 $P(1/0)$，则总的误码率 $P_e=P(1)P(0/1)+P(0)P(1/0)$。显然，错误概率 $P(0/1)$、$P(1/0)$可根据 $f_1(V)$、$f_0(V)$的曲线以及判决门限电平 V_b 来确定，即

$$P(0/1)=P(V<V_b)=\int_{-\infty}^{V_b}f_1(V)\mathrm{d}V \tag{6-18}$$

$$P(1/0)=P(V>V_b)=\int_{V_b}^{\infty}f_0(V)\mathrm{d}V \tag{6-19}$$

所以

$$P_e=P(1)\int_{-\infty}^{V_b}f_1(V)\mathrm{d}V+P(0)\int_{V_b}^{\infty}f_0(V)\mathrm{d}V \tag{6-20}$$

从 P_e 的表达式可以看出，误码率 P_e 与 $P(1)$、$P(0)$、$f_1(V)$、$f_0(V)$和 V_b 有关；而

$f_1(V)$、$f_0(V)$又与信号的大小 A 和噪声功率 σ_n^2 有关。因此，当 $P(1)$、$P(0)$给定以后，误码率 P_e 最终由信号的大小 A 和噪声功率 σ_n^2 以及判决门限电平 V_b 决定。在信号和噪声一定的条件下，可以找到一个使误码率 P_e 最小的值，这个门限值称为最佳判决门限值，用 V_{b0} 表示。一般情况下，在 $P(1)=P(0)=0.5$ 时，最佳判决门限为

$$V_{b0}=\begin{cases}0 & \text{对双极性信号}\\ \dfrac{A}{2} & \text{对单极性信号}\end{cases}$$

V_{b0} 实际上就是 $f_1(V)$和 $f_0(V)$两曲线交点的电平。

对双极性信号，当 $P(1)=P(0)=0.5$ 时，$V_{b0}=0$，误码率的表达式为

$$P_e=\frac{1}{2}\operatorname{erfc}\left[\frac{A}{\sqrt{2}\sigma_n}\right]\quad \text{双极性信号} \tag{6-21}$$

对单极性信号，当 $P(1)=P(0)=0.5$ 时，$V_{b0}=A/2$，误码率的表达式为

$$P_e=\frac{1}{2}\operatorname{erfc}\left[\frac{A}{2\sqrt{2}\sigma_n}\right]\quad \text{单极性信号} \tag{6-22}$$

式中，$\sigma_n^2=n_0B$ 为噪声功率(其中 B 为接收滤波器的等效带宽)；erfc(x)是补余误差函数，具有递减性。如果用信噪功率比 ρ 来表示式(6-21)和式(6-22)，可得

$$P_e=\frac{1}{2}\operatorname{erfc}\left[\sqrt{\frac{\rho}{2}}\right]\quad \text{双极性信号} \tag{6-23}$$

$$P_e=\frac{1}{2}\operatorname{erfc}\left[\frac{\sqrt{\rho}}{2}\right]\quad \text{单极性信号} \tag{6-24}$$

其中，对单极性码，它的信噪比表示为 $\rho=A^2/(2\sigma_n^2)$；对双极性码，它的信噪比表示为 $\rho=A^2/\sigma_n^2$。

2. P_e 与 ρ 关系曲线

图 6-13 给出了单、双极性 P_e 与 ρ 的关系曲线。

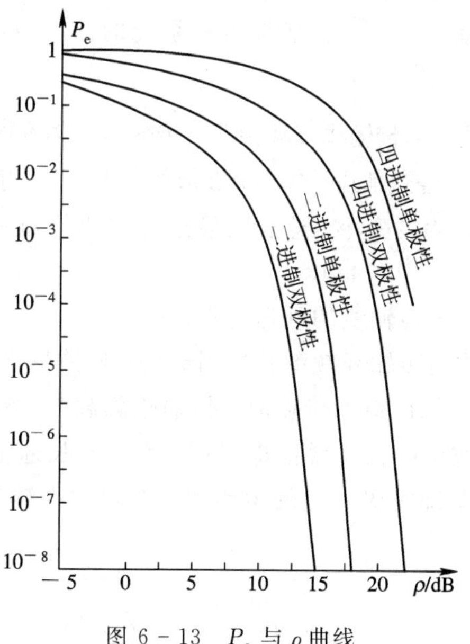

图 6-13　P_e 与 ρ 曲线

由图 6-13 可以得出以下几个结论：

(1) 在信噪比 ρ 相同的条件下，双极性误码率比单极性低，抗干扰性能好。

(2) 在误码率相同的条件下，单极性信号需要的信噪功率比要比双极性高 3 dB。

(3) P_e 与 ρ 曲线总的趋势是 $\rho\uparrow$、$P_e\downarrow$，但当 ρ 达到一定值后，$\rho\uparrow$、P_e 将大大降低。

3. P_e 与码元速率 R_b 的关系

从 P_e 与 ρ 的关系式中无法直接看出 P_e 与 R_b 的关系，但 $\sigma_n^2=n_0B$，B 与 R_b 有关，且成正比，因此当 $R_b\uparrow$ 时，$B\uparrow$、$\rho\downarrow$、$P_e\uparrow$。这就是说，码元速率 R_b(有效性指标)和误码率 P_e(可靠性指标)是相互矛盾的。

6.4 基带数字信号的再生中继传输

6.4.1 基带传输信道特性

信道是传输信号的通道，有狭义信道和广义信道之分，这里我们主要研究狭义信道对再生中继传输的影响。

传输信道是通信系统必不可少的组成部分，而信道中又不可避免地存在噪声干扰，因此基带数字信号在信道中传输时将受到衰减和噪声的影响。随着信道长度的增加，接收信噪比将下降，误码增加，通信质量下降。所以，研究信道特性和噪声干扰特性是通信设计中的重要问题。

假设信道输入信号为 $e_i(t)$，信道的冲击响应特性为 $h(t)$，信道引入的加性干扰噪声为 $n(t)$，则信道输出信号 $e_o(t)$ 为

$$e_o(t) = e_i(t) * h(t) + n(t) \tag{6-25}$$

式(6-25)表明，如果信道特性 $h(t)$ 和噪声特性 $n(t)$ 是已知的，在给定某一发送信号 $e_i(t)$ 的条件下，就可以求得经过信道传输后的接收信号 $e_o(t)$。基带传输系统的信道等效模型如图 6-14 所示。

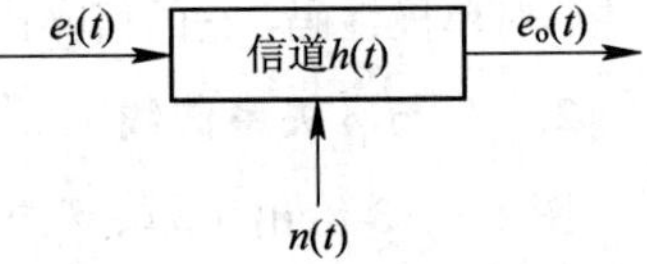

图 6-14 基带传输系统的信道等效模型

由传输线的基本理论可知，传输线衰减特性与传输信号频率的开方$\sqrt{f}$成比例，频率越高，衰减越大。一个矩形脉冲信号经过信道传输后，波形要发生失真，主要反映在以下几个方面：

(1) 接收到的信号波形幅度变小。这表明经过传输线传输后信号的能量有衰减，传输距离越长，衰减越大。

(2) 波峰延后。这反映了传输线的延迟特性。

(3) 脉冲宽度加宽。这是传输线频率特性引起的，使波形产生严重失真。

由此可见，基带数字信号长距离传输时，传输距离越长，波形失真越严重，当传输距离增加到一定长度时，接收到的信号就很难识别。为了延长通信距离，在传输通路的适当距离应设置再生中继装置，即每隔一定的距离加一个再生中继器，使已失真的信号经过整形后再向更远的距离传送。

6.4.2 再生中继系统

在基带信号信噪比不太大的条件下，再生中继系统对失真的波形及时识别判决，识别

出“1”码和“0”码，只要不误判，经过再生中继后的输出脉冲就会完全恢复为原数字信号序列。基带传输的再生中继系统框图如图 6 - 15 所示。

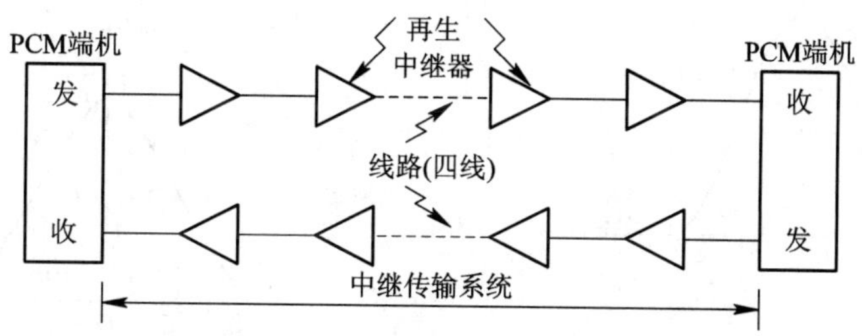

图 6 - 15　基带传输的再生中继系统框图

再生中继系统的特点是：

(1) 无噪声积累。数字信号在传输过程中会受到数字通信中的再生中继系统噪声的影响，主要会导致信号幅度的失真。但这种失真可通过再生中继系统中的均衡放大、再生判决而取掉，所以理想的再生中继系统是不存在噪声积累的。

(2) 有误码的积累。再生中继系统在再生判决的过程中，由于码间串扰和噪声干扰的影响，会导致判决电路的错误判决，即“1”码误判为“0”码，或“0”码误判为“1”码，这就是误码现象。一旦误码发生，就无法消除，反而随着通信距离的增长，误码会产生积累。因为各个再生中继器都有可能误码，通信距离越长，中继站也就越多，误码的积累也越多。

6.4.3　再生中继器

再生中继器由三部分组成，即均衡放大、定时钟提取和抽样判决与码形成(即判决再生)，其原理框图如图 6 - 16 所示。

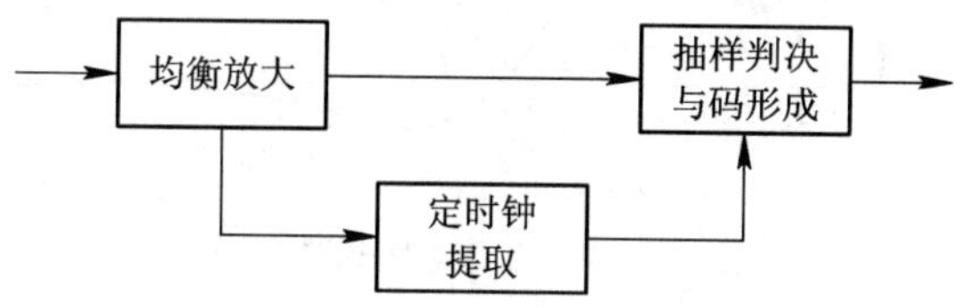

图 6 - 16　再生中继器原理框图

1. 均衡放大

均衡放大的作用是将接收到的失真信号均衡放大成适合于抽样判决的波形，这个波形称为均衡波形，用 $R(t)$表示。适合判决再生的均衡波形 $R(t)$应满足以下要求：

(1) 波形幅度大且波峰附近变化要平坦。一个“1”码对应的均衡波形 $R(t)$如图 6 - 17 所示。假如在判决再生的时刻由于各种原因引起定时抖动，使判决再生的脉冲发生偏移，由于波形幅度大且波峰附近变化平坦，所以不会发生误判，“1”码仍可还原为“1”码。反之则有可能判为“0”码。

(2) 相邻码间串扰尽量小。实际的传输系统中均衡波形不能做到绝对无码间串扰，但应尽量使邻码间串扰小，使其不足以导致下一个码元的误判。

满足要求的常用均衡波形有：升余弦均衡波形和有理函数均衡波形。升余弦均衡波形如图 6 - 18 所示。

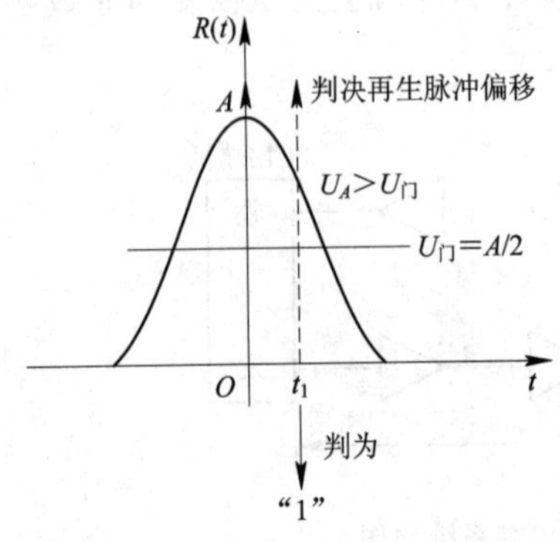

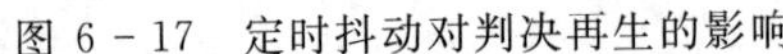
图 6－17　定时抖动对判决再生的影响

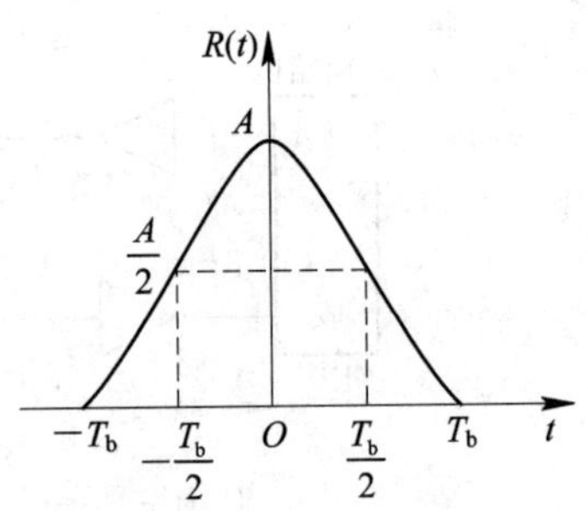

图 6－18　升余弦均衡波形

升余弦均衡波形的特点是：波峰变化较慢，不会因为定时抖动引起误判而造成误码，而且 $R(t)$满足无码间串扰条件。升余弦均衡波形 $R(t)$可表示为

$$R(t)=\begin{cases}\frac{A}{2}\left(1+\frac{\cos\pi t}{T_b}\right) & |t|\leqslant T_b\\ 0 & |t|>T_b\end{cases} \tag{6－26}$$

由于线路衰减比较大，而且频率越高衰减越大，因此均衡放大特性必须抑制线路的衰减，从而得到一个接近于升余弦均衡波形的有理函数均衡波形，如图 6－19 所示。

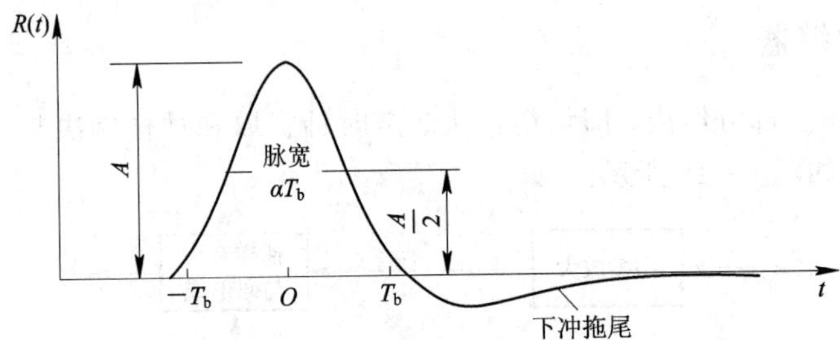

图 6－19　有理函数均衡波形

有理函数均衡波形的特点是：$R(t)$波峰变化较慢，脉宽为半波峰对应的宽度(等于 αT_b，α 为占空比)，有下冲拖尾，可能造成码间串扰。

有理函数均衡特性可以用 RC 电路予以实现，相对容易一些。只要做到使码间串扰减小到最低程度，不造成误码，就是一种比较好的均衡波形。

2. 定时钟提取

定时钟提取就是从已接收的信号中提取与发送端定时钟同步的定时脉冲，以便在最佳时刻识别判决均衡波的“1”码和“0”码，并把它们恢复成一定宽度和幅度的脉冲。定时钟提取的方法有外同步定时法和自同步定时法两种，这些将在第 8 章同步系统中详细论述。

3. 抽样判决与码形成

抽样判决与码形成就是再生判决，也叫识别再生。识别是指从已经均衡好的均衡波形中识别出“1”码还是“0”码；再生就是将判决出来的码元进行整形与变换，形成半占空的双极性码，即码形成。为了达到正确的识别，抽样判决应该在最佳时刻进行，即在均衡波的波峰处进行识别。

4. 再生中继器方框图

再生中继器完整的原理框图如图 6-20 所示。

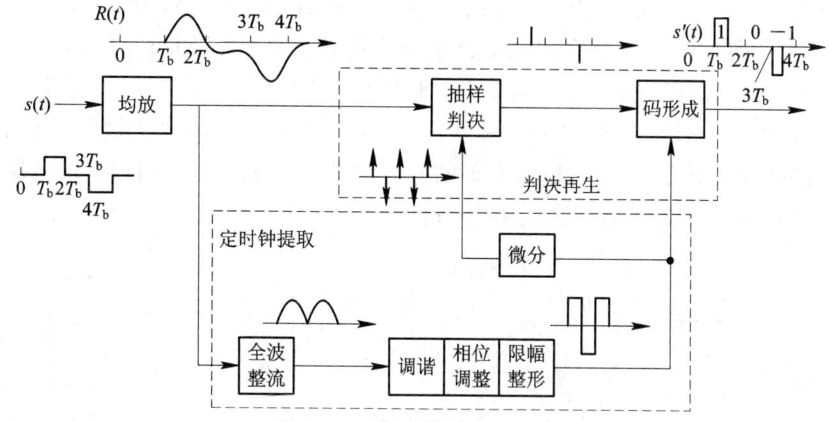

图 6-20　再生中继器完整的原理框图

假设发送信码 $s(t)$ 为"+1　0　−1"，经信道传输后 $s(t)$ 波形产生失真。均放电路将其失真波形均衡放大成均衡波形 $R(t)$。对 $R(t)$ 进行全波整流后，其频谱中含有丰富的 f_b 成分；调谐电路只选出 f_b 成分，即输出频率为 f_b 的正弦信号；相位调整电路将频率为 f_b 的正弦信号进行相位调整，使后面的抽样判决脉冲能够对准均衡波形 $R(t)$ 的最佳位置，以便正确抽样判决；限幅整形电路将正弦信号转换为矩形脉冲，此周期性矩形脉冲信号就是定时钟信号。定时钟信号经过微分电路后便得到抽样判决脉冲。最后，经过抽样判决和码形成便恢复出原脉冲信号序列"+1　0　−1"。

基带数字序列经信道传输后，各中继站和终端站接收的脉冲信号在时间上不再是等间距的，而是随时间变动的，这种现象称为相位抖动。相位抖动不仅使再生判决时刻的时钟信号偏离被判决信号的最大值而产生误码，而且使解码后的 PAM 脉冲发生相位抖动，使重建的波形产生失真。因此，在基带数字信号传输中应采取去抖动技术限制相位抖动的发生。

6.5 眼　图

从理论上来讲，只要基带传输系统的传递函数 $H(\omega)$ 满足式(6-11)，就可消除码间串扰，但在实际系统中完全消除码间串扰是非常困难的。这是因为 $H(\omega)$ 与发送滤波器、信道及接收滤波器有关。在实际工程中，如果部件调试不理想或信道特性发生变化，都可能使 $H(\omega)$ 改变，从而引起系统性能变坏。为了使系统的性能达到最佳化，除了用专门精密仪器进行测试和调整外，大量维护工作希望用简单的方法和通用仪器也能宏观监测系统的性能，其中一个有用的实验方法是观察眼图，具体的做法如下：

用一个示波器跨接在接收滤波器的输出端，然后调整示波器的扫描周期及触发按钮，使示波器的水平扫描周期与接收码元的周期严格同步，并适当调整相位，使波形的中心对准取样时刻，这样在示波器屏幕上看到的图形像"眼睛"，故称为"眼图"。从"眼图"上可以观察出码间串扰和噪声的影响，从而估计系统优劣程度。

为解释眼图和系统性能之间的关系，图 6－21 给出了无噪声情况下，无码间串扰和有码间串扰的眼图。图 6－21(*a*)是无码间串扰的基带脉冲序列，用示波器观察它，并将水平扫描周期调到码元周期 T_b，则图 6－21(*a*)中每一个码元将重叠在一起。由于荧光屏的余辉作用，最终在示波器上显现出的是迹线又细又清晰的“眼睛”，如图 6－21(*c*)所示，“眼睛”张开得很大。图 6－21(*b*)是有码间串扰的基带脉冲序列，此波形已经失真，用示波器观察到的图 6－21(*b*)扫描迹线就不完全重合，眼图的迹线就会不清晰，“眼睛”张开得较小，如图 6－21(*d*)所示。对比图 6－21(*c*)和图 6－21(*d*)可知，眼图的“眼睛”张开的大小反映着码间串扰的强弱。图 6－21(*c*)眼图中央的垂直线即表示最佳判决时刻，信号取值为±1，眼图中央的横轴位置即为最佳判决门限电平。

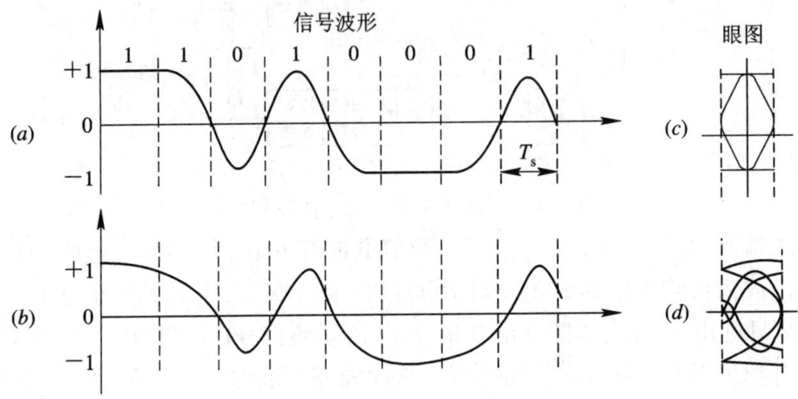

图 6－21　基带信号波形及眼图

(*a*) 无码间串扰的基带脉冲序列；(*b*) 有码间串扰的基带脉冲序列；
(*c*) 无码间串扰的眼图；(*d*) 有码间串扰的眼图

当存在噪声时，噪声将叠加在信号上，眼图的线迹更模糊不清，“眼睛”张开得更小。由于出现大幅度噪声的机会很小，在示波器口不易被发觉，因此，利用眼图只能大致估计噪声的强弱。

图 6－22(*a*)和(*b*)分别是二进制升余弦频谱信号在示波器上显示的两张眼图照片，图 6－22(*a*)是几乎无码间串扰和加性噪声的眼图，图 6－22(*b*)是有一定的码间串扰和噪声的眼图。还需指出，若扫描周期选为 nT_b，则对二进制信号来说，示波器上将并排显现出 n 只“眼睛”。对多进制信号(如 M 进制)，若扫描周期为 T_b，则示波器将纵向显示出 $M-1$ 只“眼睛”。

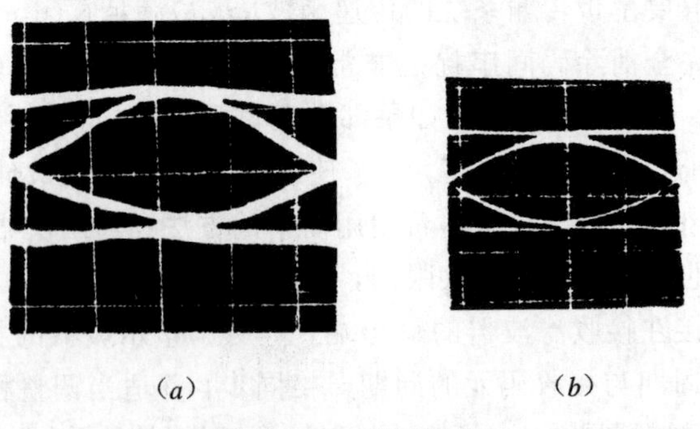

图 6－22　眼图照片

(*a*) 几乎无码间串扰和加性噪声；(*b*) 有一定的码间串扰和噪声

眼图对于数字信号传输系统给出了很有用的情况，它能直观地表明码间串扰和噪声的影响，能评价一个基带系统的性能优劣。因此可把眼图理想化，简化为一个模型，如图 6 - 23 所示。

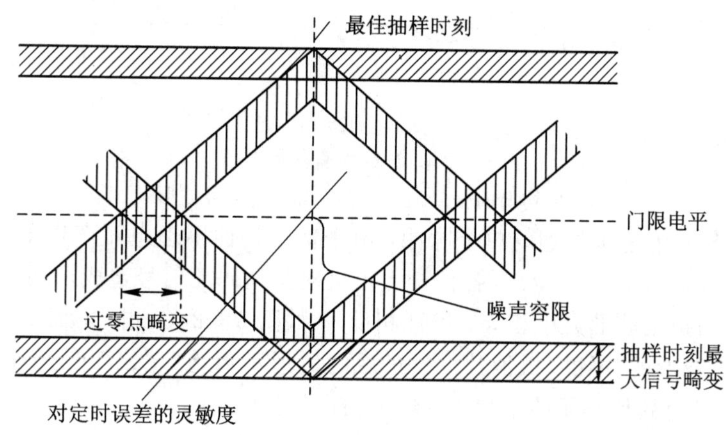

图 6 - 23　眼图的模型

从图 6 - 23 可以看出：

(1) 最佳抽样时刻应选择在眼图中“眼睛”张开得最大的地方。

(2) 对定时误差的灵敏度，由斜边斜率决定，斜率越大，对定时误差就越灵敏。

(3) 在抽样时刻上，眼图上、下两分支的垂直宽度都表示了最大信号畸变。

(4) 在抽样时刻上，眼图上、下两分支离门限最近的一根线迹至门限的距离表示各自相应电平的噪声容限，噪声瞬时值超过它就可能发生判决差错。

(5) 对于信号过零点取平均来得到定时信息的接收系统，眼图倾斜分支与横轴相交的区域的大小表示零点位置的变动范围，这个变动范围的大小对提取定时信息有重要影响。

6.6　时域均衡

实际的基带传输系统不可能完全满足无码间串扰传输条件，因而码间串扰是不可避免的。当串扰严重时，必须对系统的传输函数 $H(\omega)$进行校正，使其接近无码间串扰要求的特性。理论和实践均表明，在基带传输系统中插入一种可调(或不可调)滤波器就可以补偿整个系统的幅频和相频特性，这个对系统校正的过程称为均衡。实现均衡的滤波器称为均衡器。

均衡分为时域均衡和频域均衡。频域均衡是从频率响应考虑，使包括均衡器在内的整个系统的总传输函数满足无失真传输条件。而时域均衡则是直接从时间响应考虑，使包括均衡器在内的整个系统的冲击响应满足无码间串扰条件。由于目前数字基带传输系统中主要采用时域均衡，因此这里仅介绍时域均衡原理。

6.6.1　时域均衡原理

时域均衡的基本思想可用图 6 - 24 所示波形来简单说明。它是利用波形补偿的方法将失真的波形直接加以校正，这可以利用观察波形的方法直接调节滤波器。时域均衡器又称横向滤波器，如图 6 - 25 所示。

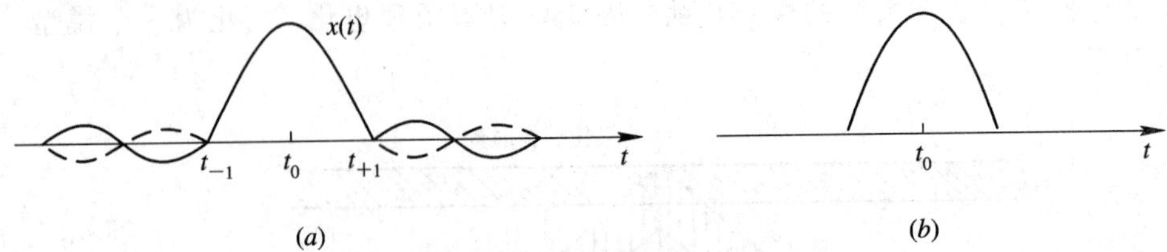

图 6 - 24 时域均衡基本波形

(a) 均衡前信号波形；(b) 均衡后信号波形

设图 6 - 24(a)为一接收到的单个脉冲，由于信道特性不理想而产生了失真，拖了“尾巴”。在 t_{-N}，…，t_{-1}，t_{+1}，…，t_{+N}各抽样点上会对其他码元信号造成干扰。如果设法加上一条补偿波形(与拖尾波形大小相等、极性相反)，如图 6 - 24(a)虚线所示，那么这个波形恰好把原来失真波形的“尾巴”抵消掉。校正后的波形不再拖“尾巴”了，如图 6 - 24(b)所示，因此，消除了对其他码元的干扰，达到了均衡的目的。

时域均衡所需要的补偿波形可以由接收到的波形延迟加权得到，所以均衡滤波器实际上就是由一组抽头延迟线加上一些可变增益放大器组成的，如图 6 - 25(a)所示。对于一个 N 节的时域均衡器，它共有 $2N$ 节延迟线，每节的延迟时间等于码元宽度 T_b，在各延迟线之间引出抽头共 $2N+1$ 个。每个抽头的输出经可变增益(增益可正可负)放大器加权后输出。因此，当输入为有失真的波形$x(t)$时，就可以使相加器输出的信号 $h(t)$对其他码元波形的串扰最小。

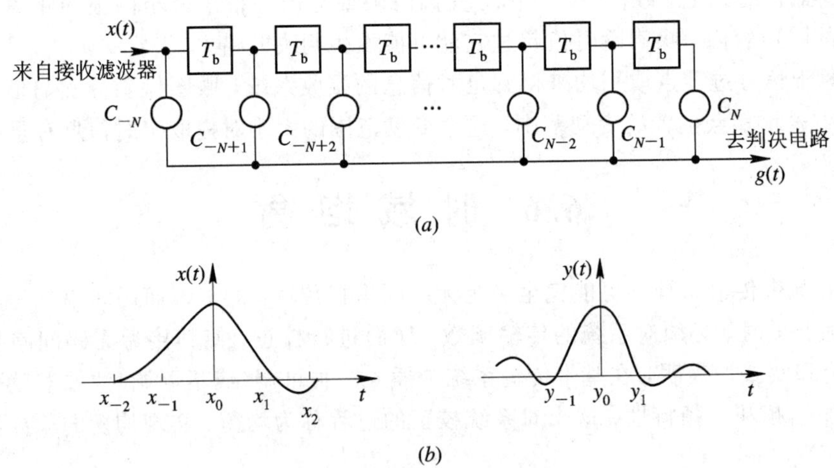

图 6 - 25 横向滤波器方框图

(a) 横向滤波器；(b) 输入、输出单脉冲响应波形

理论上，应有无限长的均衡滤波器才能把失真波形完全校正。但因为实际信道仅使一个码元脉冲波形对邻近的少数几个码元产生串扰，故实际上只要有一、二十个抽头组成的滤波器就可以了。抽头数太多会给制造和使用带来困难。

实际应用时，是用示波器观察均衡滤波器输出信号 $h(t)$的眼图。通过反复调整各个增益放大器的 C_i，使眼图的“眼睛”张开到最大为止。

当横向滤波器的输入信号为 $x(t)$，是被均衡的对象，不附加噪声，经过均衡后输出信

号为 $y(t)$，输入、输出单脉冲响应波形如图 6－25(b)所示。

如果有限长横向滤波器的单位冲击响应为 $h(t)$，相应的频率特性为 $H(\omega)$，则

$$h(t)=\sum_{i=-N}^{N}C_i\delta(t-iT_b) \tag{6-27}$$

$$H(\omega)=\sum_{i=-N}^{N}C_i e^{-j\omega T_b} \tag{6-28}$$

式中，$H(\omega)$由 $2N+1$ 个 C_i 确定。C_i 不同，将会有不同的均衡特性。

横向滤波器的输出 $y(t)$是 $x(t)$与 $h(t)$的卷积，即

$$y(t)=x(t)*h(t)=\sum_{i=-N}^{N}C_i x(t-iT_b)$$

在抽样时刻 kT_b+t_0(其中 t_0 是图 6－25(b)中 x_0 对应的时刻)，输出 $y(t)$应为

$$y(kT_b+t_0)=\sum_{i=-N}^{N}C_i x(kT_b+t_0-iT_b)=\sum_{i=-N}^{N}C_i x[(k-i)T_b+t_0] \tag{6-29}$$

将上式简写为

$$y_k=\sum_{i=-N}^{N}C_i x_{k-i} \tag{6-30}$$

6.6.2　三抽头横向滤波器时域均衡

现在我们以只有三个抽头的横向滤波器(如图 6－26(a)所示)为例，说明横向滤波器消除码间串扰的工作原理。

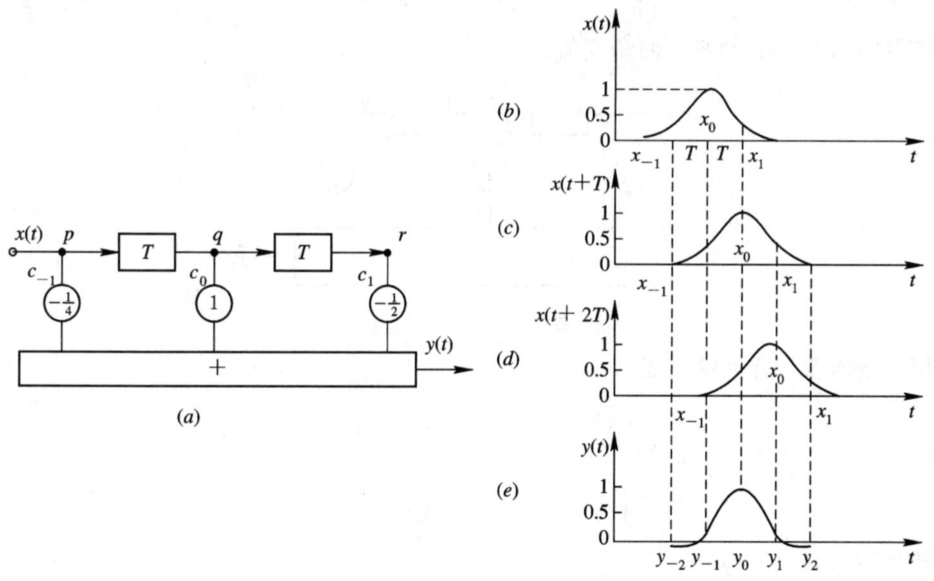

图 6－26　横向滤波器消除码间串扰的工作原理

(a) 三抽头的横向滤波器；(b) p 点波形；(c) q 点波形；(d) r 点波形；(e) 输出波形

假定滤波器的一个输入码元 $x(t)$在抽样时刻 t_0 达到最大值 $x_0=1$，而在相邻码元的抽样时刻 t_{-1}和 t_{+1}上的码间串扰值为 $x_{-1}=1/4$，$x_1=1/2$，如图 6－26(b)所示。

$x(t)$经过延迟后，在 q 点和 r 点分别得到 $x(t+T)$和 $x(t+2T)$，如图 6－26(c)和(d)所示。若此滤波器的三个抽头的增益系数分别为

$$c_{-1}=-\frac{1}{4},\quad c_0=1,\quad c_1=-\frac{1}{2}$$

则调整后的三路波形相加得到最后输出 $y(t)$，其最大值 y_0 出现时刻比 $x(t)$的最大值滞后 T 秒，此输出波形在各抽样点上的值为

$$y_{-2}=c_{-1}x_{-1}=\left(-\frac{1}{4}\right)\left(\frac{1}{4}\right)=-\frac{1}{16}$$

$$y_{-1}=c_{-1}x_0+c_0x_{-1}=\left(-\frac{1}{4}\right)(1)+\frac{1}{4}=0$$

$$y_0=c_{-1}x_1+c_0x_0+c_1x_{-1}=\left(-\frac{1}{4}\right)\left(\frac{1}{2}\right)+(1)(1)+\left(-\frac{1}{2}\right)\left(\frac{1}{4}\right)=\frac{3}{4}$$

$$y_{-1}=c_0x_1+c_1x_0=(1)\left(\frac{1}{2}\right)+\left(-\frac{1}{2}\right)(1)=0$$

$$y_2=c_1x_1=\left(-\frac{1}{2}\right)\left(\frac{1}{2}\right)=-\frac{1}{4}$$

由以上结果可见，输出波形的最大值 y_0 降低为 3/4，相邻抽样点上消除了码间串扰，即 $y_{-1}=y_1=0$，但在其他点上又产生了串扰，即 y_{-2} 和 y_2。总的码间串扰是否会被消除，通过理论分析或观察示波器上显示的眼图方可知道，最终结果是码间串扰得到部分消除。

例 6-1　设有一个三抽头的时域均衡器，如图 6-27 所示，$x(t)$在各抽样点的值依次为 $x_{-2}=\frac{1}{8}$，$x_{-1}=\frac{1}{3}$，$x_0=1$，$x_1=\frac{1}{4}$，$x_2=\frac{1}{16}$，在其他抽样点上其抽样值均为零。三个抽头的增益系数分别为 $c_{-1}=-\frac{1}{3}$，$c_0=1$，$c_1=-\frac{1}{4}$。试求输入波形 $x(t)$峰值的畸变值及时域均衡器输出波形 $y(t)$峰值的畸变值。

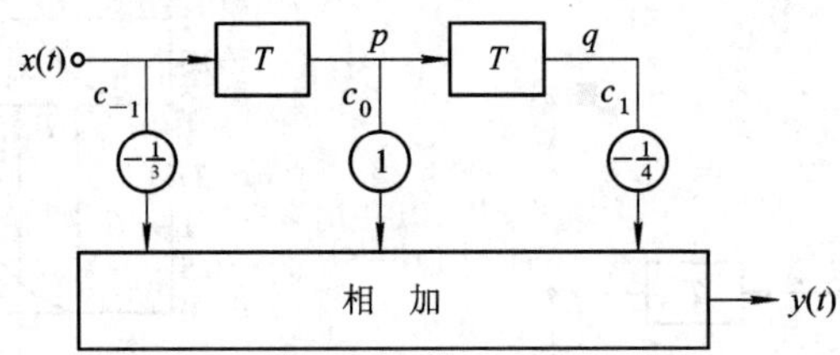

图 6-27　例 6-1 图

解　输入波形峰值畸变值为

$$D_x=\frac{1}{x_0}\sum_{k=-2}^{2}|x_k|=\frac{1}{x_0}(x_{-2}+x_{-1}+x_1+x_2)$$
$$=\frac{1}{1}\left(\frac{1}{8}+\frac{1}{3}+\frac{1}{4}+\frac{1}{16}\right)=\frac{37}{48}$$

输出波形各点值为

$x(t)\ c_{-1}$	$x_{-2}c_{-1}$	$x_{-1}c_{-1}$	x_0c_{-1}	x_1c_{-1}	x_2c_{-1}		
$x(t+T_b)\ c_0$		$x_{-2}c_0$	$x_{-1}c_0$	x_0c_0	x_1c_0	x_2c_0	
+ $x(t+2T_b)\ c_1$			$x_{-2}c_1$	$x_{-1}c_1$	x_0c_1	x_1c_1	x_2c_1
输出 $y(t)$ 为	y_{-3}	y_{-2}	y_{-1}	y_0	y_1	y_2	y_3

将 $x(t)$、c 值代入上面的竖式，可得

$$y_0=\frac{5}{6},\quad y_1=-\frac{1}{48},\quad y_2=0,\quad y_3=-\frac{1}{64}$$

$$y_{-1}=-\frac{1}{32},\quad y_{-2}=\frac{1}{72},\quad y_{-3}=-\frac{1}{24}$$

所以输出波形的峰值畸变值为

$$D_y=\frac{1}{y_0}\sum_{k=-\infty}^{+\infty}|y_k|=\frac{1}{y_0}(|y_{-3}|+|y_{-2}|+|y_{-1}|+|y_1|+|y_2|+|y_3|)$$

$$=\frac{1}{5/6}\left(\frac{1}{24}+\frac{1}{72}+\frac{1}{32}+\frac{1}{64}+0+\frac{1}{48}\right)=\frac{71}{480}$$

由输入和输出峰值畸变可以看出，输出信号峰值畸变 D_y 小于输入信号峰值畸变 D_x，即均衡后信号变好了。

6.7　部分响应技术

从前面的消除码间干扰的讨论中我们知道，当基带传输系统总特性 $H(\omega)$设计成理想低通特性时，按 $H(\omega)$带宽 B 的两倍码元速率传输码元，不仅能消除码间串扰，还能实现极限频带利用率。但理想低通传输特性实际上是无法实现的，即使能实现，它的冲击响应“尾巴”振荡幅度大，收敛慢，从而对抽样判决定时刻要求十分严格，稍有偏差就会造成码间串扰。于是又提出升余弦特性，此种特性的冲击响应虽然“尾巴”振荡幅度减小，对定时也可放松要求，然而所需要的频带利用率却下降了。这对高速传输尤为不利。

那么，是否存在一种频带利用率既高又使“尾巴”衰减大、收敛快的传输波形呢？下面将给出这种波形。通常把这种波形称为部分响应波形，形成部分响应波形的技术称为部分响应技术，利用这种波形的传输系统称为部分响应系统。

部分响应技术是人为地在一个以上的码元区间引入一定数量的码间串扰，或者说，在一个以上码元区间引入一定相关性(因这种串扰是人为的、有规律的，只要在接收端进行一定的运算就可以消除)。这样做能够改变数字脉冲序列的频谱分布，从而达到压缩传输频带、提高频带利用率的目的。近年来在高速、大容量传输系统中，部分响应基带传输系统得到推广与应用，它与频移键控(FSK)或相移键控(PSK)相结合，可以获得性能良好的调制。

6.7.1　部分响应波形

为了阐明一般部分响应波形的概念，这里用一个实例加以说明。

让两个时间上相隔一个码元 T_b 的 $\sin x/x$ 波形相加，如图 6-28(a)所示，则相加后的部分响应波形 $g(t)$为

$$g(t)=\frac{\sin 2\pi W\left(t+\frac{T_b}{2}\right)}{2\pi W\left(t+\frac{T_b}{2}\right)}+\frac{\sin 2\pi W\left(t-\frac{T_b}{2}\right)}{2\pi W\left(t-\frac{T_b}{2}\right)}\tag{6-31}$$

式中，W 为奈奎斯特频率间隔，即 $W=\frac{1}{2T_b}$。

不难求出 $g(t)$ 的频谱函数 $G(\omega)$ 为

$$G(\omega)=\begin{cases}2T_b\cos\dfrac{\omega T_b}{2} & |\omega|\leqslant\dfrac{\pi}{T_b}\\[2ex] 0 & |\omega|>\dfrac{\pi}{T_b}\end{cases}\tag{6-32}$$

显然，这个 $G(\omega)$ 是呈余弦型的，如图 6 - 28(*b*)所示(只画正频率部分)。

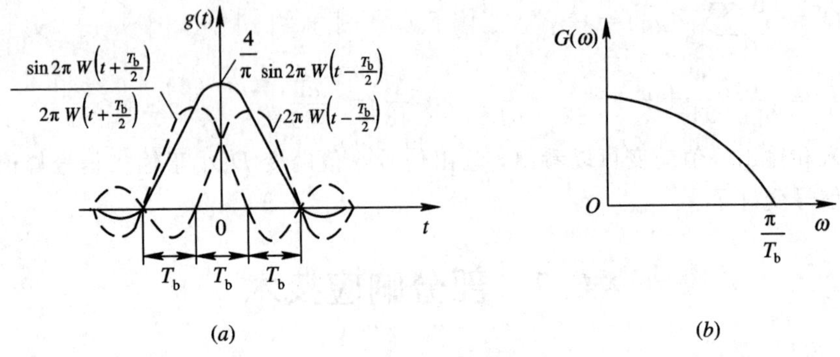

图 6 - 28 $g(t)$及其频谱

(*a*) $g(t)$及各分量波形；(*b*) $g(t)$的频谱图

从式(6 - 31)可得

$$g(t)=\frac{4}{\pi}\left[\frac{\cos(\pi t/T_b)}{1-(4t^2/T_b^2)}\right]\tag{6-33}$$

当 $t=0$，$\pm\dfrac{T_b}{2}$，$\dfrac{kT_b}{2}(k=\pm3,\ \pm5,\ \cdots)$时，

$$g(0)=\frac{4}{\pi}$$

$$g\left(\pm\frac{T_b}{2}\right)=1$$

$$g\left(\frac{kT_b}{2}\right)=0\quad k=\pm3,\ \pm5,\ \cdots$$

由此看出：第一，$g(t)$的“尾巴”振荡幅度随 t 按 $1/t^2$ 变化，即 $g(t)$的“尾巴”振荡幅度与 t^2 成反比，这说明它比由理想低通形成的 $h(t)$ 衰减大，收敛也快；第二，若用 $g(t)$作为传送波形，且传送码元间隔为 T_b，则在抽样时刻上仅发生发送码元与其前后码元相互干扰，而与其他码元不发生干扰的情况，如图 6 - 29 所示。表面上看，由于前后码元的干扰很大，似乎无法按$1/T_b$的速率进行传送。但进一步分析表明，由于这时的干扰是确定的，故仍可按 $1/T_b$ 传输速率传送码元。

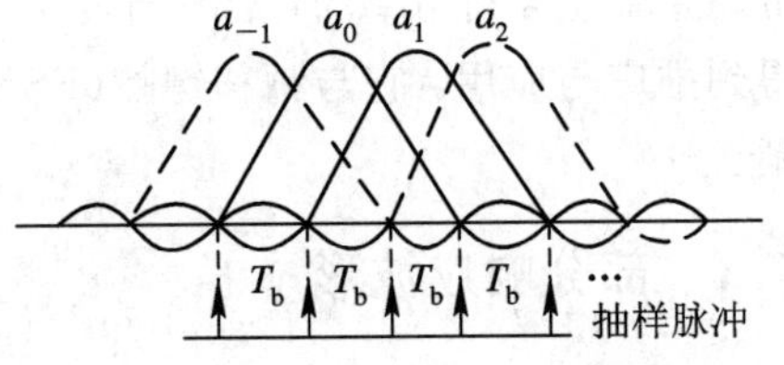

图 6 - 29 码间发生干扰示意图

6.7.2 差错传播

设输入二进制码元序列$\{a_k\}$，并设 a_k 在抽样点上取值为$+1$ 和-1。当发送 a_k 时，接

收波形 $g(t)$ 在抽样时刻取值为 c_k，则

$$c_k = a_k + a_{k-1} \tag{6-34}$$

因此，c_k 将可能有 -2、0 及 $+2$ 三种取值，如表 6-1 所示，因而成为一种伪三元序列。如果 a_{k-1} 已经判定，则可从下式确定发送码元：

$$a_k = c_k - a_{k-1} \tag{6-35}$$

表 6-1　c_k 的取值

a_{k-1}	+1	−1	+1	−1
a_k	+1	+1	−1	−1
c_k	+2	0	0	−2

上述判决方法虽然在原理上是可行的，但若有一个码元发生错误检测，则以后的码元都会发生错误检测，一直到再次出现传输错误时才能纠正过来，这种现象叫作差错传播。

6.7.3　部分响应基带传输系统的相关编码和预编码

为了消除差错传播现象，通常将绝对码变换为相对码，而后再进行部分响应编码。也就是说，将 a_k 先变为 b_k，其规则为

$$a_k = b_k \oplus b_{k-1} \tag{6-36}$$

或

$$b_k = a_k \oplus b_{k-1} \tag{6-37}$$

把 $\{b_k\}$ 送给发送滤波器形成前述的部分响应波形 $g(t)$。于是，参照式(6-34)可得

$$c_k = b_k + b_{k-1} \tag{6-38}$$

然后对 c_k 进行模 2 处理，便可直接得到 a_k，即

$$[c_k]_{\mathrm{mod2}} = [b_k + b_{k-1}]_{\mathrm{mod2}} = b_k \oplus b_{k-1} = a_k \tag{6-39}$$

上述整个过程不需要预先知道 a_{k-1}，故不存在错误传播现象。通常，把 a_k 变成 b_k 的过程叫作“预编码”，而把 $c_k = b_k + b_{k-1}$（或 $c_k = a_k + a_{k-1}$）关系称为相关编码。

上述部分响应系统框图如图 6-30 所示，其中，图 6-30(*a*)为原理框图，图 6-30(*b*)为实际组成框图。

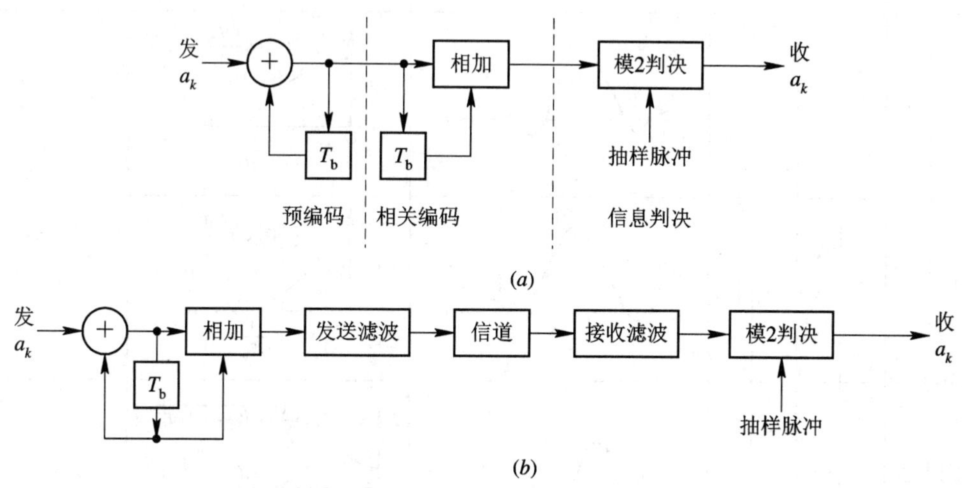

图 6-30　部分响应系统框图

(*a*) 原理框图；(*b*) 实际组成框图

6.7.4 部分响应波形的一般表达式

部分响应波形的一般形式可以是 N 个 $S_a(x)$ 波形之和，其表达式为

$$g(t)=R_1S_a\left(\frac{\pi}{T_b}t\right)+R_2S_a\left[\frac{\pi}{T_b}(t-T_b)\right]+\cdots+R_NS_a\left\{\frac{\pi}{T_b}[t-(N-1)T_b]\right\} \qquad (6-40)$$

式中，R_1，R_2，…，R_N 为 N 个 $S_a(x)$ 波形的加权系数，其取值为正整数、负整数和 0。式 (6－40) 所示部分响应波形频谱函数为

$$G(\omega)=\begin{cases}T_b\sum\limits_{m=1}^{N}R_m e^{j\omega(m-1)T_b} & |\omega|\leqslant\dfrac{\pi}{T_b}\\ 0 & |\omega|>\dfrac{\pi}{T_b}\end{cases} \qquad (6-41)$$

显然，$G(\omega)$在频域$\left(-\frac{\pi}{T_b},\ \frac{\pi}{T_b}\right)$内才有非零值。

表 6－2 列出了五类部分响应波形、频域及加权系数 R_N，分别命名为Ⅰ、Ⅱ、Ⅲ、Ⅳ、Ⅴ类部分响应信号，为了便于比较，将 $S_a(x)$的理想抽样函数也列入表内，称其为 0 类。各类部分响应波形的频谱均不超过理想低通信号的频谱宽度，但它们的频谱结构和对邻近码元抽样时刻的串扰不同。目前应用最多的是第Ⅰ类和第Ⅳ类。第Ⅰ类频谱主要集中在低频段，适于信道频带高频严重受限的场合。第Ⅳ类无直流成分，且低频分量很小。

表 6－2 各种部分响应系统

类别		R_2	R_3	R_4	R_5	$g(t)$	$\lvert G(\omega)\rvert,\lvert\omega\rvert\leqslant\frac{\pi}{T_b}$	二进输入时 c_k的电平数
0	1					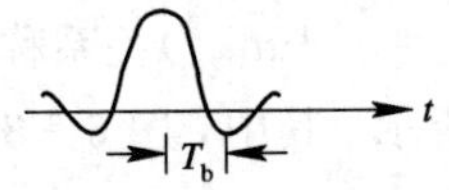 t; T_b	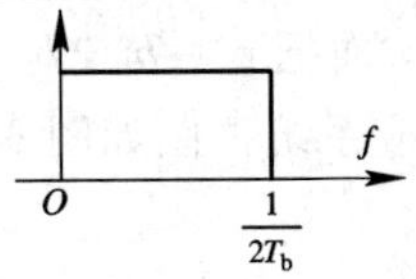 O; f; $\frac{1}{2T_b}$	2
Ⅰ	1	1				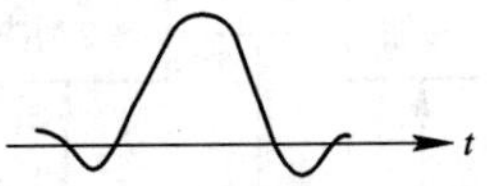 t	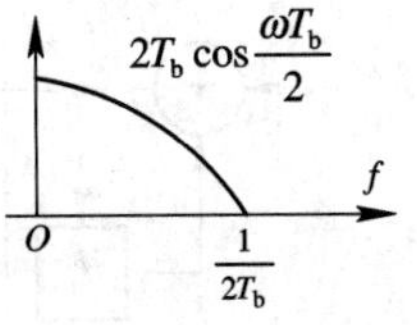 $2T_b\cos\frac{\omega T_b}{2}$; O; f; $\frac{1}{2T_b}$	3
Ⅱ	1	2	1			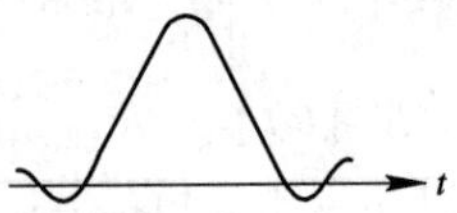 t	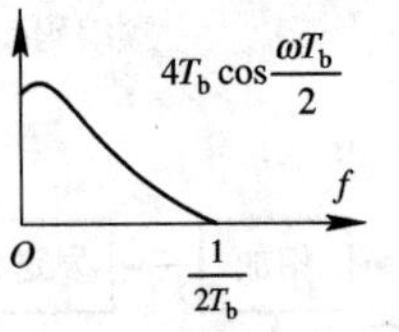 $4T_b\cos\frac{\omega T_b}{2}$; O; f; $\frac{1}{2T_b}$	5
Ⅲ	2	1	−1			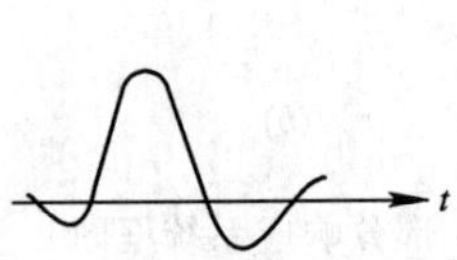 t	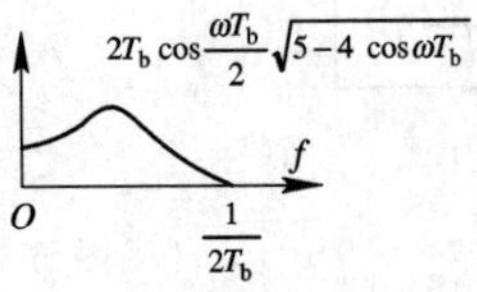 $2T_b\cos\frac{\omega T_b}{2}\sqrt{5-4\cos\omega T_b}$; O; f; $\frac{1}{2T_b}$	5

续表

类别		R_2	R_3	R_4	R_5	$g(t)$	$\lvert G(\omega)\rvert, \lvert\omega\rvert \leqslant \frac{\pi}{T_b}$	二进输入时 c_k 的电平数
Ⅳ	1	0	−1			t	$2T_b\sin\omega T_b$; O; f; $\frac{1}{2T_b}$	3
Ⅴ	−1	0	2	0	−1	t	$4T_b\sin^2\omega T_b$; O; f; $\frac{1}{2T_b}$	5

由表 6 - 2 还可以看出，第Ⅰ、Ⅳ类的抽样电平数比其他几类均少，这也是它们得到广泛应用的原因之一。

与前述相似，为了避免“差错传播”现象，可在发送端进行编码，即

$$a_k = R_1 b_k + R_2 b_{k-1} + \cdots + R_N b_{k-(N-1)} \quad [\text{按模 } L \text{ 相加}] \tag{6 - 42}$$

这里，设$\{a_k\}$为 L 进制序列，$\{b_k\}$为预编码后的新序列。

将预编码后的$\{b_k\}$进行相关编码，则有

$$c_k = R_1 b_k + R_2 b_{k-1} + \cdots + R_N b_{k-(N-1)} \quad (\text{算术加}) \tag{6 - 43}$$

由式(6 - 42)和式(6 - 43)可得

$$a_k = [c_k]_{\mathrm{mod}L} \tag{6 - 44}$$

这即是所希望的结果。此时不存在差错传播问题，且接收端译码十分简单，只需对 c_k 进行模 L 判决即可得 a_k。

例 6 - 2　已知二元信息序列 100101110100011001，用 15 电平的第Ⅳ类部分响应信号传输，

(1) 画出编、译码器方框图；

(2) 列出编、译码器各点信号的抽样值序列。

解　(1) 因为是 15 电平的第Ⅳ类部分响应信号，所以首先要将二进制的序列经过串/并转换变为八进制序列，然后再进行预编码、相关编码、抽样判决等过程。其编、译码器方框图如图 6 - 31 所示。

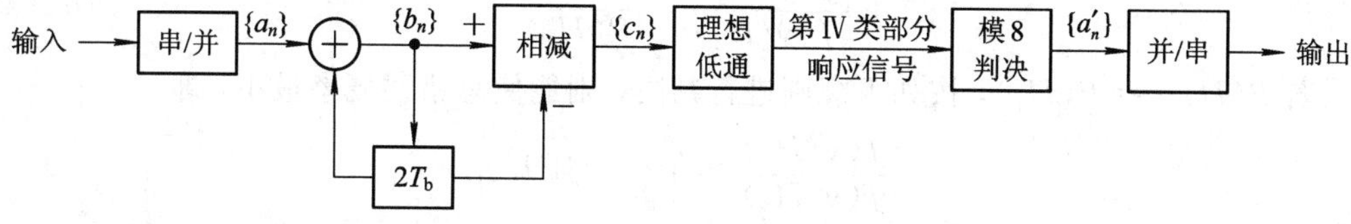

图 6 - 31　例 6 - 2 解图

(2) 对于第Ⅳ类部分响应信号，预编码 $b_n=a_n+b_{n-2}$(模 8 相加)，相关编码 $c_n=b_n-b_{n-2}$(算术加)。

编、译码器各点信号的抽样值序列如下：

二元信息		100	101	110	100	011	001
二进制$\{a_n\}$		4	5	6	4	3	1
预编码$\{b_n\}$ 0	0	4	5	2	1	5	2
相关编码$\{c_n\}$		4	5	−2	6	3	1
接收端$\{a_n'\}$		4	5	6	4	3	1
并/串输出		100	101	110	100	011	001

6.8 数字信号的最佳接收

在数字通信系统中，发送端把几个可能出现的信号中的一个发送给接收机。但对接收端的受信者来说，观察到接收波形后，要准确无误地断定某一信号的到来却是一件困难的事。一方面，受信者不确定哪一个信号被发送；另一方面，即使预知某一信号被发送，由于信号传输中发生畸变和混入噪声，也会使受信者对收到的信号产生怀疑。

6.8.1 最小差错概率接收

在数字通信系统中，最直观且最合理的准则便是“最小差错概率”准则。

设二元信号 $s_1(t)$和 $s_2(t)$是持续时间 T 的确知基带信号或频带信号。信号在信道传输时混入了加性噪声，在接收端收到的信号 $y(t)$应该是有用信号和噪声之和。若 H_1 和 H_2 分别为零假设和备择假设(其意义分别表示 $s_1(t)$和 $s_2(t)$信号的存在)，D_1 和 D_2 分别为 H_1 和 H_2 对应的检验结果，则传输系统总误码率为

$$P_e=P(H_1)P(D_2/H_1)+P(H_2)(D_1/H_2) \tag{6-45}$$

其中

$$P(D_2/H_1)=\int_{-\infty}^{y_B} f\left(\frac{y}{s_1}\right)\mathrm{d}y$$

$$P(D_1/H_2)=\int_{y_B}^{\infty} f\left(\frac{y}{s_2}\right)\mathrm{d}y$$

最小错误概率条件为

$$\frac{f(y/H_1)}{f(y/H_2)}=\frac{P(H_2)}{P(H_1)} \tag{6-46}$$

若 $P(H_2)=P(H_1)$，按如下规则进行判决，则能使总错误概率最小，即

$$\frac{f(y/H_1)}{f(y/H_2)}>1 \qquad 判为\ s_1$$

$$\frac{f(y/H_1)}{f(y/H_2)}<1 \qquad 判为\ s_2$$

对 $f(y/s_1)$ 和 $f(y/s_2)$ 的大小进行判决，哪个大就判为哪个，常称为最大似然准则。

若设先验等概率，并设 $s_1(t)$、$s_2(t)$ 等能量，即可得到

$$\int_0^{T_B} y(t)s_1(t)\mathrm{d}t - \int_0^{T_B} y(t)s_2(t)\mathrm{d}t \begin{matrix} >0 & 判为\ s_1 \\ <0 & 判为\ s_2 \end{matrix} \tag{6-47}$$

据式(6-47)画出最小错误概率接收机模型，如图 6-32 所示。

积分
y(t)
s1(t)
判决
s1
s2
输出
积分
s2(t)

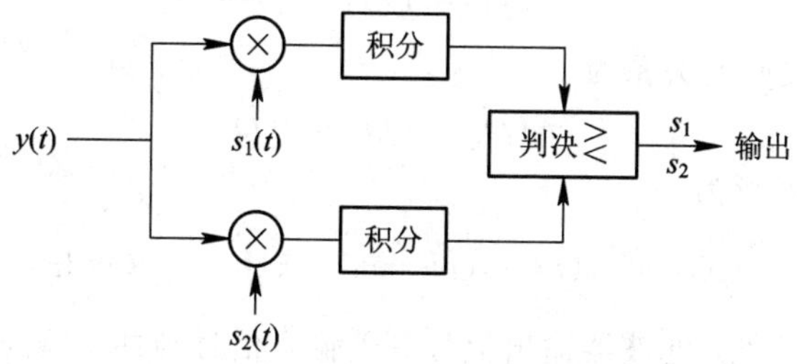

图 6-32　最小差错概率接收机模型

这种最佳接收机的结构是按比较 $y(t)$ 与 $s_1(t)$、$s_2(t)$ 的相关性而构成的，亦称之为“相关检测器”。图中，判决时刻是 $t=T_B$，完成相关运算的相关器是关键部件。

6.8.2　最小均方误差接收

所谓最小均方误差准则，就是指在输出信号与各个可能发送信号的均方差值中，与实际发送信号的均方差值最小。满足最小均方误差准则的最佳接收机为最小均方误差接收机。设接收机接收到的信号为 $y(t)$，它包含信号与噪声，其中信号为 $s_1(t)$、$s_2(t)$，则 $s_1(t)$、$s_2(t)$ 与接收信号 $y(t)$ 之间的均方误差分别为 $\overline{\varepsilon_1^2(t)}$、$\overline{\varepsilon_2^2(t)}$

$$\overline{\varepsilon_1^2(t)} = \frac{1}{2}\int_0^{T_B}[y(t)-s_1(t)]\mathrm{d}t$$

$$\overline{\varepsilon_2^2(t)} = \frac{1}{2}\int_0^{T_B}[y(t)-s_2(t)]\mathrm{d}t$$

按照均方误差最小准则建立的最佳接收机为相关接收机，相关接收机模型与最小均方误差接收机模型是相似的，只是比较判决器的设计不同，文中通过比较互相关函数的大小进行判决。若 $y(t)$ 与 $s_1(t)$ 的互相关函数大于 $y(t)$ 与 $s_2(t)$ 的互相关函数，则比较判决器将判为 $s_1(t)$；否则判为 $s_2(t)$。

最小均方误差接收机判决的物理意义是很明显的，互相关函数越大，说明接收到的波形 $y(t)$ 与该信号越像，因此正确判决的概率也越大。

6.8.3　最大输出信噪比接收

1. 匹配滤波器

我们将输入、输出信号之间的传输系统等效成匹配滤波器，则基带传输系统可以用图 6-33 来表示。

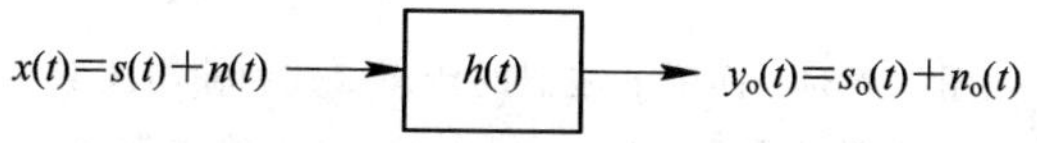

x(t)=s(t)+n(t)
h(t)
yo(t)=so(t)+no(t)

图 6-33　匹配滤波器框图

图 6-33 中，输入端有用信号为 $s(t)$，噪声是白噪声 $n(t)$，其功率谱密度 $P_n(f)=n_o/2$；输出端有用信号为 $s_o(t)$，噪声为 $n_o(t)$，其功率谱密度为

$$P_{no}(f) = P_n(f)\,|\,H(f)\,|^2 = \frac{n_o\,|\,H(f)\,|^2}{2} \tag{6-48}$$

输入、输出有用信号的关系为

$$s_o(t) = h(t) * s(t)$$

输入、输出噪声之间的关系为

$$n_o(t) = h(t) * n(t)$$

则匹配滤波器的输出波形为

$$s_o(t) = h(t) * s(t) = \int_{-\infty}^{+\infty} h(t-\tau)s(\tau)\mathrm{d}\tau$$

根据线性网络的特性，滤波器输出信号等于输入信号与冲击响应的卷积，即

$$\begin{aligned} s_o(t) &= h(t) * s(t) = \int_{-\infty}^{\infty} Ks[t_0-(t-\tau)]s(\tau)\mathrm{d}\tau \\ &= K\int_{-\infty}^{\infty} s[t_0-(t-\tau)]s(\tau)\mathrm{d}\tau \\ &= Kr_s(t_0-t) \end{aligned} \tag{6-49}$$

式中，$r_s(t_0-t)$是 $s(t)$的自相关函数。根据自相关函数是偶函数的特性，式(6-49)就是匹配滤波器输出信号波形的表达式。该式说明匹配滤波器输出信号是输入信号自相关函数的 K 倍。

取样时刻 $t=t_0$ 时，$s_o(t_0)=Kr_s(0)$，其中 $r_s(0)$是自相关函数为 0 时的值，此值最大。

2. 匹配滤波器的性能

(1) 匹配滤波器的传输特性 $H(f)=KS(f)\mathrm{e}^{-\mathrm{j}\omega t_0}$ 与信号 $s(t)$有关，信号不同，对应的匹配滤波器也不同。

(2) 因为匹配滤波器的传输特性为 $H(f)=KS(f)\mathrm{e}^{-\mathrm{j}\omega t_0}$，且通常 $S(f)\neq$C(常数)，所以信号通过匹配滤波器要产生严重的波形失真。

(3) 匹配滤波器只能用于数字信号接收。

(4) 根据式 $r_o=2E/n_o$，说明最大输出信噪比仅与信号能量及白噪声的功率谱密度有关，与信号波形无关。

例 6-3　已知信号 $s(t)$如图 6-34(a)所示，求对应的匹配滤波器的传递函数和输出信号波形。

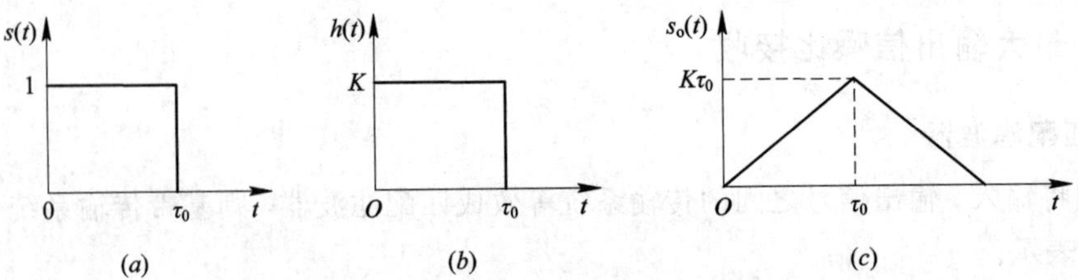

图 6-34　匹配滤波器的传递函数和输出波形

(a) 输入信号；(b) 冲击响应；(c) 输出信号

解　由 $h(t)=Ks(t_0-t)$，式中 t_0 取为 τ_0，即 $h(t)=Ks(\tau_0-t)$。此式表示，$h(t)$是 $s(t)$镜像并右移 τ_0 且幅度是 $s(t)$的 K 倍。$h(t)$的图形如图 6－34(b)所示。

$h(t)$的时域表达式为

$$h(t)=\begin{cases}K & 0\leqslant t\leqslant \tau_0\\ 0 & \text{其他}\end{cases}$$

匹配滤波器的传递函数为

$$H(f)=K\tau_0 S_a(\pi f\tau_0)\mathrm{e}^{-\mathrm{j}\pi f\tau_0}$$

匹配滤波器的输出信号为

$$s_o(t)=s(t)*h(t)=\begin{cases}Kt & 0\leqslant t\leqslant \tau_0\\ 2K\tau_0-Kt & \tau_0<t\leqslant 2\tau_0\\ 0 & \text{其他}\end{cases}$$

$s_o(t)$的波形如图 6－34(c)所示。

3. 最大输出信噪比接收机

用匹配滤波器构成的二元数字信号接收机的框图如图 6－35 所示。因为匹配滤波器是输入信号的自相关器，因此图 6－35 也可用自相关器形式的模型来实现，如图 6－36 所示。

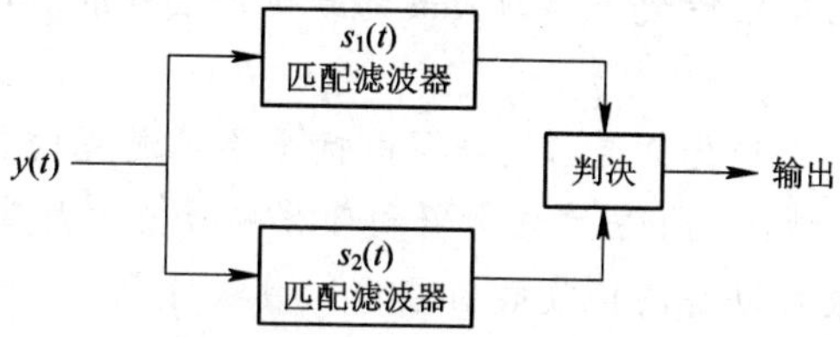

图 6－35　匹配滤波器法接收机框图

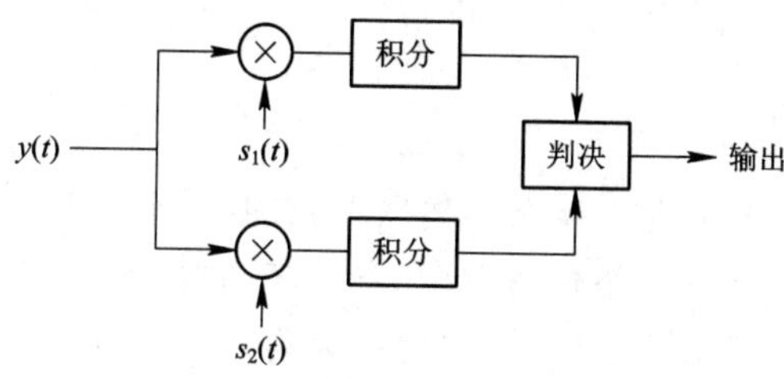

图 6－36　相关器法接收机框图

6.8.4　最大后验概率接收

在二元传输系统中，设收到信号为 $y(t)$，发送端发出的信号为 $s_1(t)$和 $s_2(t)$，其相应的后验概率密度分别为 $f(s_1/y)$和 $f(s_2/y)$，则最大后验概率准则是：当 $f(s_1/y)>f(s_2/y)$时，判为 s_1；否则判为 s_2。按此准则判决的接收机称为理想接收机，如图 6－37 所示。

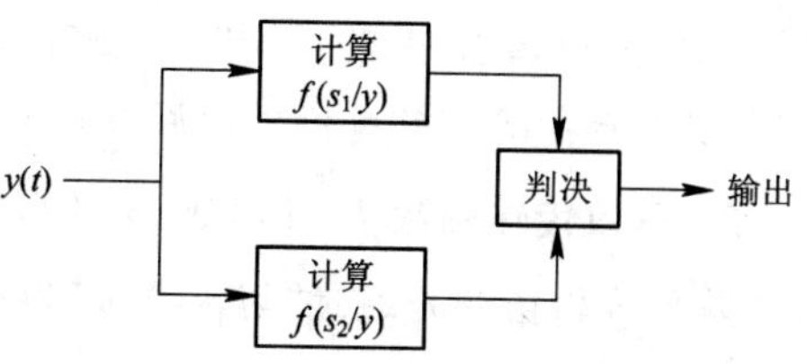

图 6－37　理想接收机

根据概率论知识，可得

$$f(s_1/y)=\frac{f(s_1)}{f(y)}f(y/s_1)$$

$$f(s_2/y)=\frac{f(s_2)}{f(y)}f(y/s_2)$$

上式与最小差错概率准则公式完全相同，所以最大后验概率准则与最小差错概率准则等效。

由前面的分析可知，最小差错概率接收机、最小均方误差接收机、最大输出信噪比接收机、最大后验概率接收机的性能是相同的。

本章小结

常用数字基带信号码型有单、双极性不归零码，单、双极性归零码，AMI码，HDB_3码，CMI码，多进制码等。通过对其功率谱密度的分析，了解信号各频率分量大小，以便选择适合于线路传输的数字序列波形，并对信道频率特性提出合理要求。

基带信号传输时，要考虑码元间的相互干扰，即码间串扰问题。奈奎斯特第一准则给出了抽样无失真条件，理想低通型 $H(\omega)$和升余弦 $H(\omega)$都能满足奈氏第一定理，但升余弦的频带利用率低于 2 Baud/Hz 的极限利用率。

基带数字信号的再生中继传输系统的关键部分是再生中继器，直接影响着再生中继传输系统的性能。

由于实际信道特性很难预先知道，故码间串扰是不可避免的。为了实现最佳化传输的效果，常用眼图来测系统性能，并采用均衡器和部分响应技术改善系统性能。

数字信号的最佳接收可以解决接收端信号难以判决的问题。最佳接收的方法有：最小差错概率接收、最小均方误差接收、最大输出信噪比接收和最大后验概率接收等。其中，最大输出信噪比接收是重点内容。

1. HDB_3码的求法

HDB_3编码的过程可以分为下面三个步骤：

(1) 从信息码流中找出4连“0”，使4连“0”的最后一个“0”变为破坏码 V。

(2) 使两个 V 之间保持奇数个信码 B(B 就是不为“0”的符号)，如果不满足，使4连“0”的第一个“0”变为补信码 B'(若满足，则无需替换)。

(3) 使 B 连同 B'按照“+1”“−1”规律交替变化，同时 V 也按“+1”“−1”规律交替变化，且要求 V 与它前面相邻的 B 或 B'同极性。

HDB_3解码的过程也可以分为下面三步完成：

(1) 找 V，从 HDB_3码中找出相邻两个同极性的码元，后一个码元必然是破坏码 V。

(2) 找 B'，V 前面第三位码元如果为非零，则表明该位码是补信码 B'。

(3) 将 V 和 B'还原为“0”，将其他码元进行全波整流，即将所有“+1”“−1”均变为“1”，变换后的码流就是所要的原信息码。

2. 等效传输函数 $H_{eq}(\omega)$或 $H_{eq}(f)$的求法

等效传输函数是通过“切段叠加”而得到的，通常的步骤可归纳如下：

(1) 找出传输函数的中心 $-\frac{\pi}{T_b}\sim+\frac{\pi}{T_b}\left(\text{或}-\frac{f_b}{2}\sim+\frac{f_b}{2}\text{，用频率 } f \text{ 表示时}\right)$。

(2) 从中心向正、负两个方向以周期$\frac{2\pi}{T_b}$(或 f_b)进行切段。

(3) 将所有切段移动到中心位置进行叠加。

(4) 判断叠加结果是否为常数，若为常数，则传输函数不会引起码间串扰；否则会引起码间串扰。

3. 时域均衡输出函数的简单求法

若已知 $x(t)$在各抽样点的值 x_{-n}，x_{-n+1}，…，x_{n-1}，x_n，且抽头的增益系数 c_{-n}，c_{-n+1}，…，c_{n-1}，c_n给定，那么输出函数 $y(t)$就可以确定。例如，一个三抽头的时域均衡系统，$x(t)$在各抽样点的值分别为 x_{-2}、x_{-1}、x_0、x_1、x_2，抽头的增益系数分别为 c_{-1}、c_0、c_1，具体可使用简单的算术竖式求得，即

$x(t)\ c_{-1}$	$x_{-2}c_{-1}$	$x_{-1}\ c_{-1}$	$x_0\ c_{-1}$	$x_1\ c_{-1}$	x_2c_{-1}		
$x(t+T_b)\ c_0$		$x_{-2}c_0$	$x_{-1}\ c_0$	$x_0\ c_0$	$x_1\ c_0$	x_2c_0	
$+\quad x(t+2T_b)\ c_1$			$x_{-2}c_1$	$x_{-1}\ c_1$	$x_0\ c_1$	$x_1\ c_1$	x_2c_1
输出 $y(t)$ 为	y_{-3}	y_{-2}	y_{-1}	y_0	y_1	y_2	y_3

竖式中 $x(t+2T_b)$表示将 $x(t)$迟延 $2T_b$后的输入信号。

4. 最佳的概念

最佳接收中的“最佳”概念是相对的，它是在某一准则下的“最佳”，在另一准则下并非一定最佳。本章的最佳接收机，是建立在错误概率最小准则基础上的。

5. 匹配滤波器作为最佳接收机应用

用匹配滤波器代替相关器的最佳接收机结构在图 6-35 中已经示出。在图中，两个匹配滤波器分别与 $s_1(t)$和 $s_2(t)$匹配，并且抽样判决时刻一定要选在码元结束时刻。

思考与练习 6

6-1　什么是基带信号？基带信号有哪几种常用的形式？

6-2　设二进制符号序列为 110010001110，试以矩形脉冲为例，分别画出相应的单极性不归零码、双极性不归零码、单极性归零码、双极性归零码、二进制差分码。

6-3　已知信息代码为 100000000011，求相应的 AMI 码和 HDB_3 码。

6-4　什么叫码间串扰？它是怎样产生的？有什么不好的影响？应该怎样消除或减小？

6-5　能满足无码间串扰条件的传输特性冲击响应 $h(t)$是怎样的？为什么说能满足无码间串扰条件的 $h(t)$不是唯一的？

6-6　基带传输系统中传输特性带宽是怎样定义的？与信号带宽的定义有什么不同？

6-7　什么叫眼图？它有什么用处？为什么双极性码与 AMI 码的眼图具有不同形状？

6-8　设随机二进制脉冲序列的码元间隔为 T_b，经过理想抽样以后，送到图 6-38 的几种滤波器，指出哪几种会引起码间串扰？哪几种不会引起码间串扰？

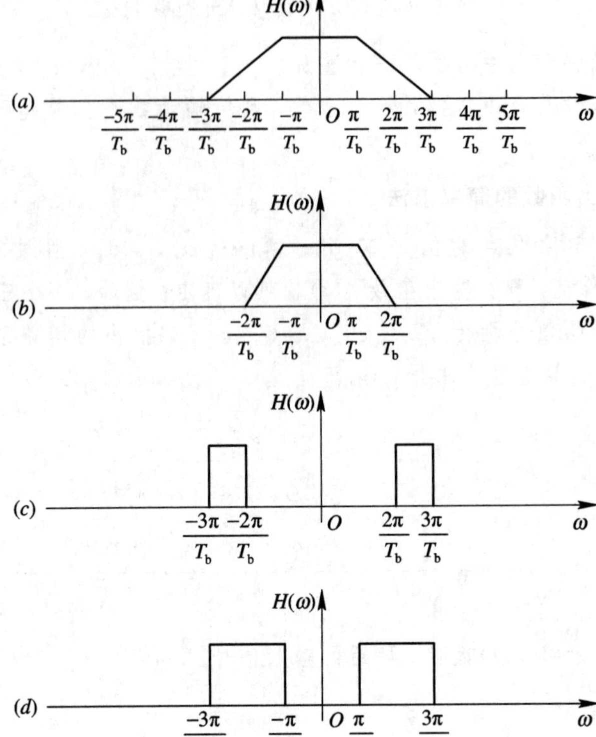

图 6-38　题 6-8 图

6-9　已知基带传输系统总特性为如图 6-39 所示的直线滚降特性。

(1) 求冲击响应 $h(t)$。

(2) 当传输速率为 $2W_1$ 时，在抽样点有无码间串扰?

(3) 与理想低通特性比较，由于码元定时误差的影响所引起的码间串扰是增大还是减小?

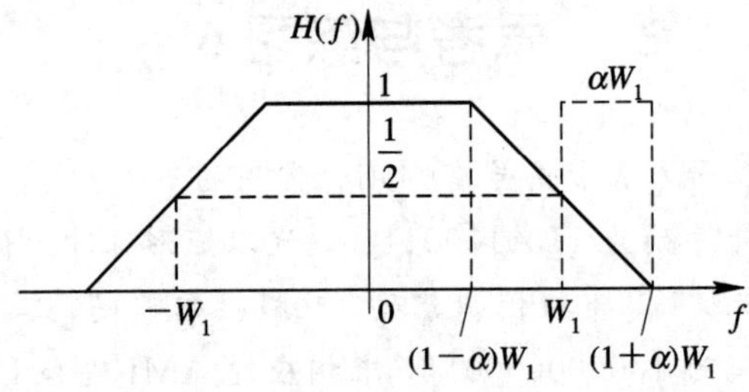

图 6-39　题 6-9 图

6-10　已知滤波器的 $H(\omega)$具有如图 6-40 所示的特性(码元速率变化时特性不变)，当采用以下码元速率时(假设码元经过了理想抽样才加到滤波器)：

(a) 码元速率 $f_b=1000$ Baud;

(b) 码元速率 $f_b=4000$ Baud;

(c) 码元速率 $f_b=1500$ Baud;

(d) 码元速率 $f_b=3000$ Baud。

问：

(1) 哪种码元速率不会产生码间串扰？

(2) 哪种码元速率根本不能用？

(3) 哪种码元速率会引起码间串扰，但还可以用？

(4) 如果滤波器的 $H(\omega)$ 改为图 6-41，重新回答(1)、(2)、(3)问题。

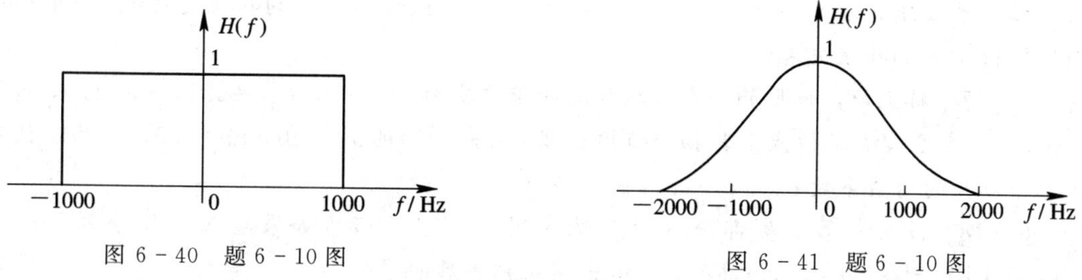

图 6-40　题 6-10 图　　图 6-41　题 6-10 图

6-11　为了传送码元速率 $R_B=10^3$ Baud 的数字基带信号，试问系统采用图 6-42 所示的哪一种传输特性较好，并简要说明其理由。

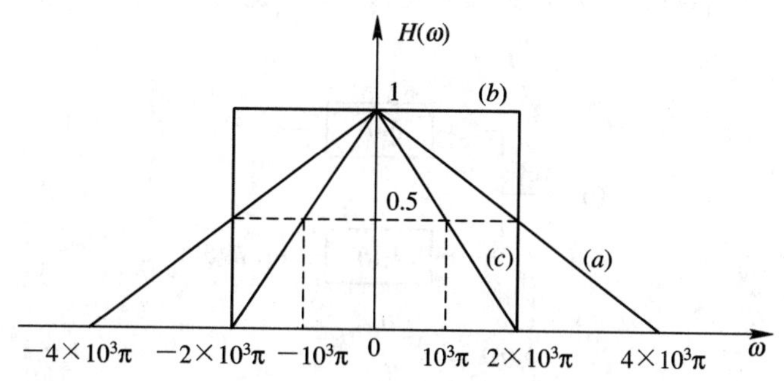

图 6-42　题 6-11 图

6-12　设二进制基带系统分析模型如图 6-43 所示，现已知

$$H(\omega)=\begin{cases}\tau_0(1+\cos\omega\tau_0) & |\omega|\leqslant\dfrac{\pi}{\tau_0}\\ 0 & \text{其他 } \omega\end{cases}$$

试确定该系统最高传码率 R_B 及相应的码元间隔 T_b。

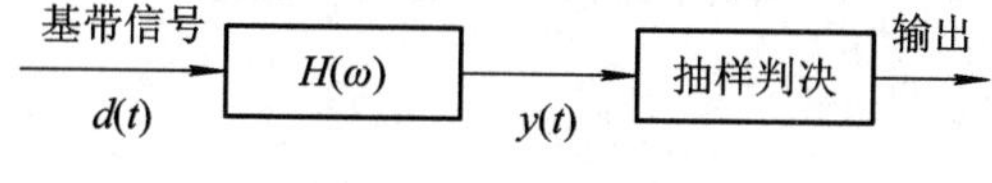

图 6-43　题 6-12 图

6-13　设某一无码间串扰的传输系统具有 $\alpha=1$ 的升余弦传输特性。

(1) 试求最高无码间串扰的码元传输速率及频带利用率。

(2) 若输入信号由单位冲激函数变为宽度为 T 的不归零脉冲，且要保持输出波形不变，这时的系统传输特性如何？

(3) 当升余弦传输特性的 $\alpha=0.25$ 时，若要传输 PCM30/32 路的数字电话，信息速率为 2048 kb/s，这时系统所需要的最小带宽是多少。

6-14　试画出 1110010011010 的眼图(码元速率为 $f_b=1/T_b$)。

(1) “1”码用 $g(t)=[1+\cos(\pi t/T_b)]/2$ 表示，“0”码用 $-g(t)$ 表示；

(2) “1”码用 $g(t)=[1+\cos(2\pi t/T_b)]/2$ 表示，“0”码用 0 表示。

6-15 时域均衡是怎样改善系统的码间串扰的？

6-16 设有一个三抽头的时域均衡器如图 6-28(*a*)所示。$x(t)$在各抽样点的值依次为 $x_{-2}=1/8$，$x_{-1}=1/3$，$x_0=1$，$x_1=1/4$，$x_2=1/16$，在其他点上其抽样值均为零。三个抽头的增益系数分别为 $c_{-1}=-1/3$，$c_0=1$，$c_1=-1/4$。试计算 $x(t)$的峰值失真值，并求出均衡器输出 $y(t)$的峰值失真值。

6-17 接上题，如果 $x(t)$在各抽样点的值依次为 $x_{-2}=0$，$x_{-1}=0.2$，$x_0=1.0$，$x_1=-0.3$，$x_2=0.1$，在其他点上其抽样值均为零。输出 $y(t)$的 $x_{-1}=0$，$x_0=1.0$，$x_1=0$。试确定三个抽头的增益系数 c_{-1}、c_0、c_1 分别为多少。

6-18 设有一第一类部分响应系统如图 6-30 所示。如果输入数据序列$\{a_k\}$为 0100110010，试求$\{b_k\}$、$\{c_k\}$序列，并给出接收判决后的序列。

6-19 部分响应系统实现频带利用率为 2 Baud/Hz 的原理是什么？

6-20 在图 6-44(*a*)中，设输入信号为 $s(t)$，$h_1(t)$、$h_2(t)$为冲击响应，其波形如图 6-44(*b*)所示。绘出 $h_1(t)$、$h_2(t)$输出端的波形图，并说明 $h_1(t)$和 $h_2(t)$是否为 $s(t)$的匹配滤波器。

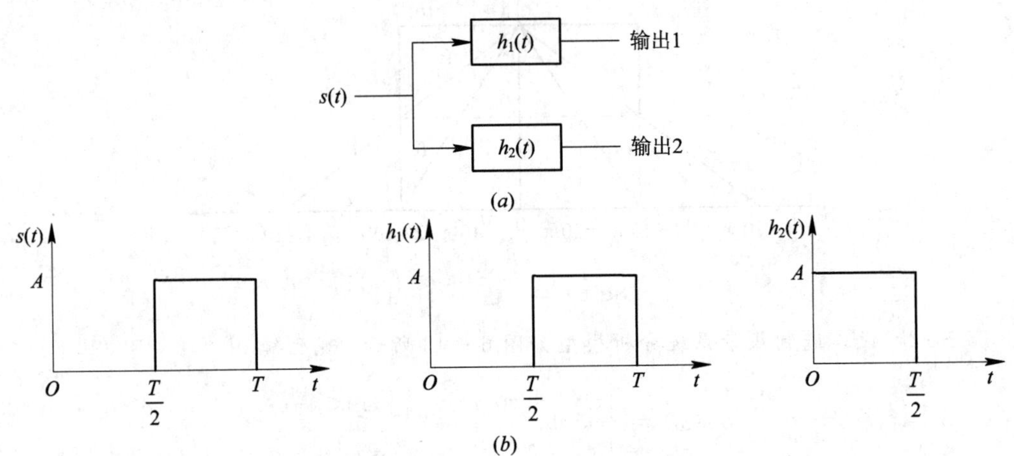

图 6-44 题 6-20 图

(*a*) 系统框图；(*b*) 信号与冲击响应图

第 7 章　数字信号的频带传输

【教学要点】

· 二进制数字振幅调制：一般原理与实现方法、2ASK 信号的功率谱及带宽、2ASK 信号的解调及系统误码率。

· 二进制数字频率调制：一般原理与实现的方法、2FSK 信号的功率谱及带宽、2FSK 信号的解调与系统误码率。

· 二进制数字相位调制：绝对相移和相对相移、2PSK 信号、2DPSK 信号的产生与解调、二进制相位信号的功率谱及带宽。

· 正交振幅调制：QAM 的调制解调原理、QAM 的星座图、16QAM 的实现。

· 最小频移键控：MSK 基本原理、MSK 调制解调的实现、MSK 系统的性能。

· 数字调制系统性能比较：二进制及多进制数字调制系统的性能比较。

本章将对数字信号的振幅键控、频移键控以及相移键控进行全面介绍。数字信号有二进制和多进制之分，本章的重点是介绍二进制的各种键控方式，难点是相对相移键控方式。在介绍二进制调制方式的同时，对多进制调制方式也作相应的介绍。

7.1　引　　言

与模拟通信相似，要使某一数字信号在带限信道中传输，就必须用数字信号对载波进行调制。对于大多数的数字传输系统来说，由于数字基带信号往往具有丰富的低频成分，而实际的通信信道又具有带通特性，因此，必须用数字信号来调制某一较高频率的正弦或脉冲载波，使已调信号能通过带限信道传输。这种用基带数字信号控制高频载波，把基带数字信号变换为频带数字信号的过程称为数字调制。已调信号通过信道传输到接收端，在接收端通过解调器把频带数字信号还原成基带数字信号，这种数字信号的反变换称为数字解调。通常，我们把数字调制与解调合起来称为数字调制，把包括调制和解调过程的传输系统叫作数字信号的频带传输系统。

在大多数的数字通信系统中，通常选择正弦波信号为载波，这一点与模拟调制没有什么本质的差异，它们均属于正弦波调制。然而，数字调制与模拟调制又有不同点，其不同点在于模拟调制需要对载波信号的参量连续进行调制，在接收端需要对载波信号的已调参量连续进行估值；而在数字调制中则可用载波信号参量的某些离散状态来表征所传输的信息，在接收端也只要对载波信号的调制参量有限个离散值进行判决，以便恢复出原始信号。

一般说来，数字调制技术可分为两种类型：(1) 利用模拟方法去实现数字调制，即把数字基带信号当作模拟信号的特殊情况来处理;(2)利用数字信号的离散取值特点键控载波,从而实现数字调制。第(2)种技术通常称为键控法,比如对载波的振幅、频率及相位进行键控,便可获得振幅键控(ASK)、频移键控(FSK)及相移键控(PSK)调制方式。键控法一般由数字电路来实现,它具有调制变换速率快、调整测试方便、体积小和设备可靠性高等特点。

在数字调制中,所选择参量可能变化状态数应与信息元数相对应。数字信息有二进制和多进制之分,因此,数字调制可分为二进制调制和多进制调制两种。在二进制调制中,信号参量只有两种可能取值;而在多进制调制中,信号参量可能有$M(M>2)$种取值。一般而言,在码元速率一定的情况下,M取值越大,则信息传输速率越高,但其抗干扰性能也越差。

在数字调制中,根据已调信号的结构形式又可分为线性调制和非线性调制两种。在线性调制中,已调信号表示为基带信号与载波信号的乘积,已调信号的频谱结构和基带信号的频谱结构相同,只不过搬移了一个频率位置;在非线性调制中,已调信号的频谱结构和基带信号的频谱结构不再相同,因为这时的已调信号通常不能简单地表示为基带信号与载波信号的乘积关系,其频谱不是简单的频谱搬移。

频带传输系统的组成框图如图 7-1 所示。由图可见,原始数字序列经基带信号形成器后变成适合于信道传输的基带信号$s(t)$,然后送到键控器来控制射频载波的振幅、频率和相位,形成数字调制信号,并送至信道。在信道中传输的还有各种干扰。接收滤波器把叠加在干扰和噪声中的有用信号提取出来,并经过相应的解调器,恢复出数字基带信号$s'(t)$或数字序列。

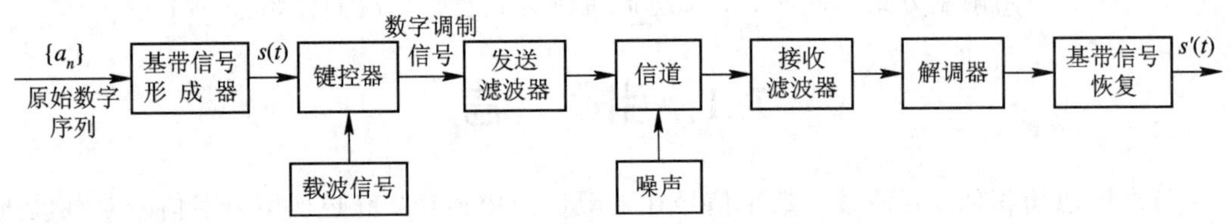

图 7-1 频带传输系统的组成框图

7.2 二进制数字振幅调制

7.2.1 一般原理与实现方法

二进制数字振幅键控是一种古老的调制方式,也是各种数字调制的基础。振幅键控(也称幅移键控)记作 ASK(Amplitude Shift Keying),或称其为开关键控(通断键控),记作 OOK(On Off Keying)。二进制数字振幅键控通常记作 2ASK。

对于振幅键控这样的线性调制来说,在二进制里,2ASK 是利用代表数字信息“0”或“1”的基带矩形脉冲去键控一个连续的载波,使载波时断时续地输出。有载波输出时表示发送“1”,无载波输出时表示发送“0”。根据线性调制的原理,一个二进制的振幅键控信号可以表示成一个单极性矩形脉冲序列与一个正弦型载波的乘积的形式,即

$$e_o(t) = \left[\sum_n a_n g(t - nT_s)\right] \cos \omega_c t \tag{7-1}$$

式中，$g(t)$是持续时间为 T_s 的矩形脉冲；ω_c 为载波频率；a_n 为二进制数字，且

$$a_n = \begin{cases} 1 & \text{出现概率为 } P \\ 0 & \text{出现概率为 } 1-P \end{cases} \tag{7-2}$$

若令

$$s(t) = \sum_n a_n g(t - nT_s) \tag{7-3}$$

则式(7－1)变为

$$e_o(t) = s(t) \cos\omega_c t \tag{7-4}$$

线性数字调制的一般原理方框图如图 7－2 所示。

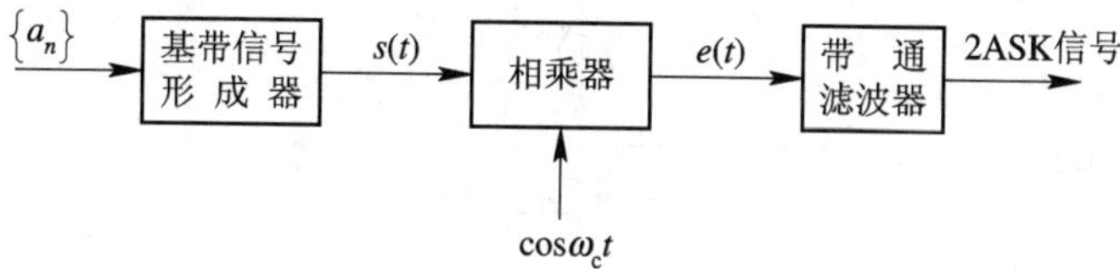

图 7－2　数字线性调制的一般原理方框图

图 7－2 中，基带信号形成器把数字序列$\{a_n\}$转换成所需的单极性基带矩形脉冲序列 $s(t)$，$s(t)$与载波相乘后即把 $s(t)$的频谱搬移到$\pm f_c$ 附近，实现了 2ASK。带通滤波器滤出所需的已调信号，防止带外辐射影响邻台。

2ASK 信号之所以称为 OOK 信号，这是因为振幅键控的实现可以用开关电路来完成，开关电路以数字基带信号为门脉冲来选通载波信号，从而在开关电路输出端得到 2ASK 信号。实现 2ASK 信号的模型框图及波形如图 7－3 所示。

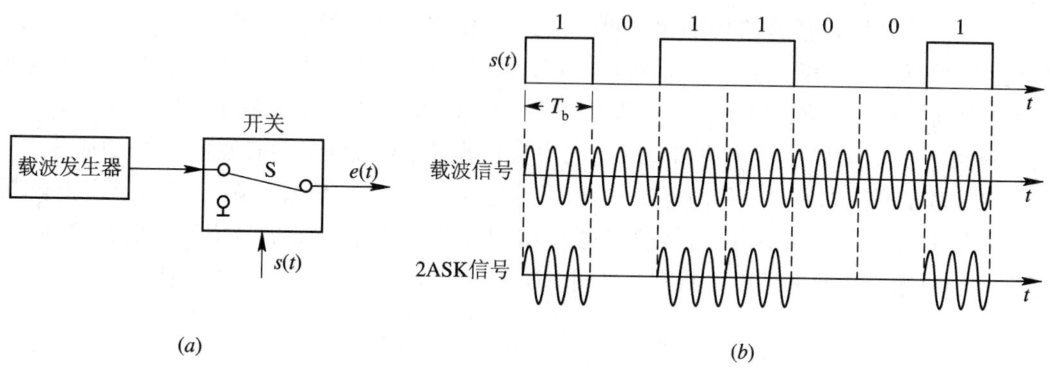

图 7－3　实现 2ASK 信号的模型框图及波形

(a) 模型框图；(b) 波形图

7.2.2　2ASK 信号的功率谱及带宽

若用 $G(f)$表示二进制序列中一个宽度为 T_b、高度为 1 的门函数 $g(t)$所对应的频谱函数，$P_s(f)$为 $s(t)$的功率谱密度，$P_e(f)$为已调信号 $e(t)$的功率谱密度，则有

$$P_e(f) = \frac{1}{4}[P_s(f + f_c) + P_s(f - f_c)] \tag{7-5}$$

对于单极性不归零(NRZ)码，当“1”和“0”等概率时，2ASK 信号的功率谱密度可以表示为

$$P_e(f) = \frac{1}{16}[\delta(f+f_c)+\delta(f-f_c)] + \frac{1}{16}T_b[\mathrm{Sa}^2\pi T_b(f+f_c)+\mathrm{Sa}^2\pi T_b(f-f_c)] \tag{7-6}$$

由此画出 2ASK 信号功率谱示意图如图 7-4 所示。

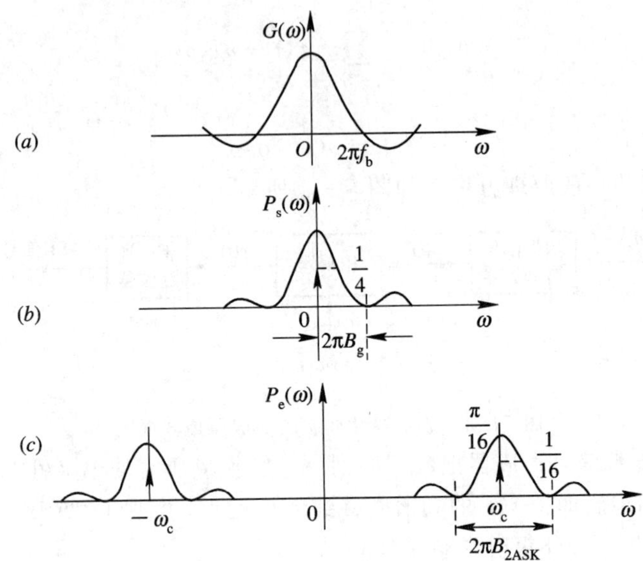

图 7-4 2ASK 信号的功率谱

(*a*) 基带脉冲功率谱；(*b*) 基带信号功率谱；(*c*) 2ASK 信号功率谱

由图 7-4 可见：

(1) 因为 2ASK 信号的功率谱密度 $P_e(f)$是相应的单极性数字基带信号功率谱密度 $P_s(f)$形状不变地平移至$\pm f_c$处形成的，所以 2ASK 信号的功率谱密度由连续谱和离散谱两部分组成。它的连续谱取决于数字基带信号基本脉冲的频谱 $G(f)$；它的离散谱是位于$\pm f_c$处一对频域冲激函数，这意味着 2ASK 信号中存在着可作载频同步的载波频率 f_c 的成分。

(2) 基于同样的原因，我们可以知道，上面所述的 2ASK 信号实际上相当于模拟调制中的 AM 信号。因此，2ASK 信号的带宽 B_{2ASK}是单极性数字基带信号 B_g 的两倍。当数字基带信号的基本脉冲是矩形不归零脉冲时，$B_g=1/T_b$，于是 2ASK 信号的带宽为

$$B_{2ASK} = 2B_g = \frac{2}{T_b} = 2f_b \tag{7-7}$$

因为系统的传码率 $R_B=1/T_b$(Baud)，故 2ASK 系统的频带利用率为

$$\eta = \frac{\frac{1}{T_b}}{\frac{2}{T_b}} = \frac{f_b}{2f_b} = \frac{1}{2}\ (\mathrm{Baud/Hz}) \tag{7-8}$$

这意味着用 2ASK 方式传送码元速率为 R_B 的数字信号时，要求该系统的带宽至少为 $2R_B$(Hz)。

由此可见，这种 2ASK 调幅的频带利用率低，即在给定信道带宽的条件下，它的单位频带内所能传送的数码率较低。为了提高频带利用率，可以用单边带调幅。从理论上说，

单边带调幅的频带利用率可以比双边带调幅提高一倍，即其每单位带宽所能传输的数码率可达 1 Baud/Hz。

由于具体技术的限制，要实现理想的单边带调幅是极为困难的。因此，实际上广泛应用的是残留边带调制，其频带利用率略低于 1 Baud/Hz。

数字信号的单边带调制和残留边带调制的原理与模拟信号的调制原理是相同的，因此这里不再赘述。

2ASK 信号的主要优点是易于实现，其缺点是抗干扰能力不强，主要应用在低速数据传输中。

7.2.3　2ASK 信号的解调及系统误码率

1. 2ASK 信号的解调

2ASK 信号的解调方法有两种：包络解调法和相干解调法。

2ASK 信号的包络解调法的原理方框图如图 7－5 所示。带通滤波器恰好使 2ASK 信号完整地通过，经包络检测后，输出其包络。低通滤波器的作用是滤除高频杂波，使基带包络信号通过。抽样判决器包括抽样、判决及码元形成，有时又称译码器。定时抽样脉冲是很窄的脉冲，通常位于每个码元的中央位置，其重复周期等于码元的宽度。不计噪声影响时，带通滤波器输出为 2ASK 信号，即 $y(t)=s(t)\cos\omega_c t$，包络检波器输出为 $s(t)$，经抽样、判决后将码元再生，即可恢复出数字序列 $\{a_n\}$。

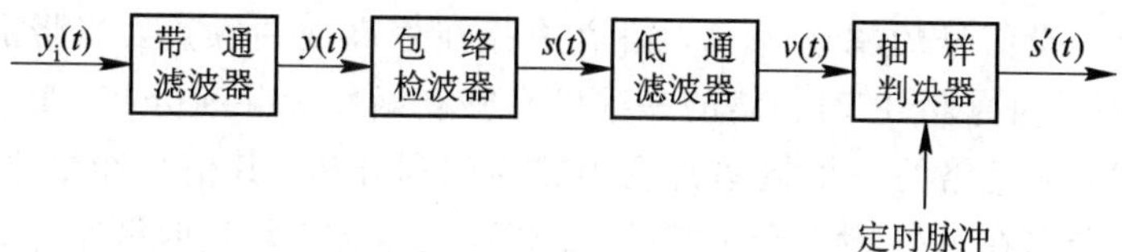

图 7－5　2ASK 信号的包络解调法的原理方框图

2ASK 信号的相干解调法的原理方框图如图 7－6 所示。相干解调就是同步解调，同步解调时，接收机要产生一个与发送载波同频同相的本地载波信号，称其为同步载波或相干载波，利用此载波与收到的已调波相乘，相乘器输出为

$$
\begin{aligned}
z(t) &= y(t)\cdot\cos\omega_c t = s(t)\cdot\cos^2\omega_c t \\
&= s(t)\cdot\frac{1}{2}[1+\cos 2\omega_c t] = \frac{1}{2}s(t)+\frac{1}{2}s(t)\cos 2\omega_c t
\end{aligned}
$$

式中，第一项是基带信号，第二项是以 $2\omega_c$ 为载波的成分，两者频谱相差很远。经低通滤波后，即可输出 $s(t)/2$ 信号。低通滤波器的截止频率取得与基带数字信号的最高频率相等。由于噪声影响及传输特性的不理想，低通滤波器输出波形有失真，经抽样判决、整形后再生数字基带脉冲。

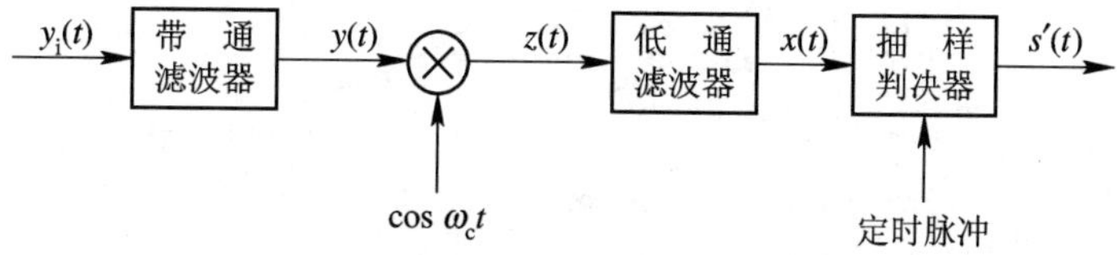

图 7－6　2ASK 信号的相干解调法的原理方框图

假设 2ASK 信号经过信道传输是无码间串扰，只有均值为零的高斯白噪声 $n_i(t)$，则它的功率谱密度为

$$P_n(f) = \frac{n_0}{2} \quad -\infty < f < \infty$$

接收端带通滤波器(BPF)之前的有用信号为 $u_i(t)$，且

$$u_i(t) = \begin{cases} A\cos\omega_c t & \text{发“1”时} \\ 0 & \text{发“0”时} \end{cases}$$

噪声 $n_i(t)$和有用信号 $u_i(t)$的合成信号为 $y_i(t)$

$$y_i(t) = \begin{cases} u_i(t) + n_i(t) & \text{发“1”时} \\ n_i(t) & \text{发“0”时} \end{cases}$$

经过 BPF 之后，有用信号被取出，而高斯白噪声变成了窄带高斯噪声 $n(t)$，这时的合成信号为 $y(t)$

$$\begin{aligned} y(t) &= \begin{cases} u_i(t) + n(t) & \text{发“1”时} \\ n(t) & \text{发“0”时} \end{cases} \\ &= \begin{cases} [A + n_c(t)]\cos\omega_c t - n_s(t)\sin\omega_c t & \text{发“1”时} \\ n_c(t)\cos\omega_c t - n_s(t)\sin\omega_c t & \text{发“0”时} \end{cases} \end{aligned}$$

2. 包络解调时 2ASK 系统的误码率

包络解调时 2ASK 系统的误码率的计算是根据发“1”和发“0”两种情况下产生的误码率之和而得来的。设信号的幅度为 A，信道中存在着高斯白噪声，当带通滤波器恰好让 ASK 信号通过时，因为发“1”时包络的一维概率密度函数为莱斯分布，其主要能量集中在“1”附近；而发“0”时包络的一维概率密度函数为瑞利分布，其信号能量主要集中在“0”附近，但是这两种分布在 $A/2$ 附近产生重叠，2ASK 信号包络解调时概率分布曲线如图 7-7 所示。若发“1”的概率为 $P(1)$，发“0”的概率为 $P(0)$，并且当 $P(0)=P(1)=1/2$ 时，取样判决器的判决门限电平取为 $A/2$，当包络的抽样值大于 $A/2$ 时，判为“1”；抽样值不大于 $A/2$ 时，判为“0”。发“1”错判为“0”的概率为 $P(0/1)$，发“0”错判为“1”的概率为 $P(1/0)$，则系统的总误码率为

$$\begin{aligned} P_e &= P(1)P(0/1) + P(0)\,P(1/0) \\ &= 1/2[P(0/1) + P(1/0)] \end{aligned} \tag{7-9}$$

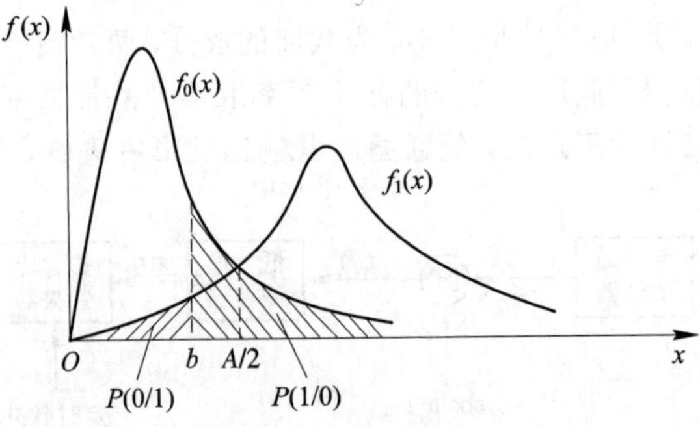

图 7-7 2ASK 信号包络解调时概率分布曲线

发“1”时包络的一维概率密度函数为莱斯分布

$$f_1(x)=\frac{v}{\sigma_n^2}J_0\left(\frac{ax}{\sigma_n^2}\right)\exp\left(-\frac{x^2+a^2}{2\sigma_n^2}\right) \tag{7-10}$$

式中，J_0 是零阶贝塞尔函数。

发“0”时包络的一维概率密度函数为瑞利分布

$$f_0(x)=\frac{x}{\sigma_n^2}\exp\left(-\frac{x^2}{2\sigma_n^2}\right) \tag{7-11}$$

实际上，P_e 就是图 7－7 中两块阴影面积之和的一半。$x=A/2$ 直线左边的阴影面积等于 P_{e1}，其值的一半表示漏报概率；$x=A/2$ 直线右边的阴影面积等于 P_{e0}，其值的一半表示虚报概率。采用包络检波的接收系统，通常工作在大信噪比的情况下，这时可近似地得出系统误码率为

$$P_e=\frac{1}{2}\int_{-\infty}^{A/2}f_1(x)\mathrm{d}x+\frac{1}{2}\int_{A/2}^{\infty}f_0(x)\mathrm{d}x=\frac{1}{2}\mathrm{e}^{-\frac{r}{4}} \tag{7-12}$$

式中，$r=\dfrac{A^2}{2\sigma_n^2}$为输入信噪比。

式(7－12)表明，在信噪比 $r\gg 1$ 的条件下，包络解调 2ASK 系统的误码率随输入信噪比 r 的增大，近似地按指数规律下降。

3. 相干解调时 2ASK 系统的误码率

相干解调时，2ASK 系统的误码率的计算是考虑经过带通滤波器、乘法器以及低通滤波器以后，信号和噪声均已检出并输入抽样判决器。

由图 7－6 可知，经过带通滤波器的信号为 $y(t)$，它是窄带信号。经过乘法器以后，信号为 $z(t)$，即

$$\begin{aligned}z(t)&=y(t)\cos\omega_c t\\&=\begin{cases}[A+n_c(t)]\cos^2\omega_c t-n_s(t)\cos\omega_c t\ \sin\omega_c t & \text{发“1”时}\\ n_c(t)\cos^2\omega_c t-n_s(t)\cos\omega_c t\ \sin\omega_c t & \text{发“0”时}\end{cases}\end{aligned}$$

经过 LPF 后，得

$$x(t)=\begin{cases}A+n_c(t) & \text{发“1”时}\\ n_c(t) & \text{发“0”时}\end{cases}$$

无论是发“1”还是发“0”，送给判决器的信号是有用信号与噪声的混合物，其瞬时值的概率密度都是正态分布的，只是均值不同而已。发“1”和发“0”时，$x(t)$的一维概率密度函数分别为

$$f_1(x)=\frac{1}{\sqrt{2\pi}\sigma_n}\exp\left[-\frac{(x-A)^2}{2\sigma_n^2}\right] \tag{7-13}$$

$$f_0(x)=\frac{1}{\sqrt{2\pi}\sigma_n}\exp\left(-\frac{x^2}{2\sigma_n^2}\right) \tag{7-14}$$

2ASK 信号相干解调时概率分布曲线如图 7－8 所示。

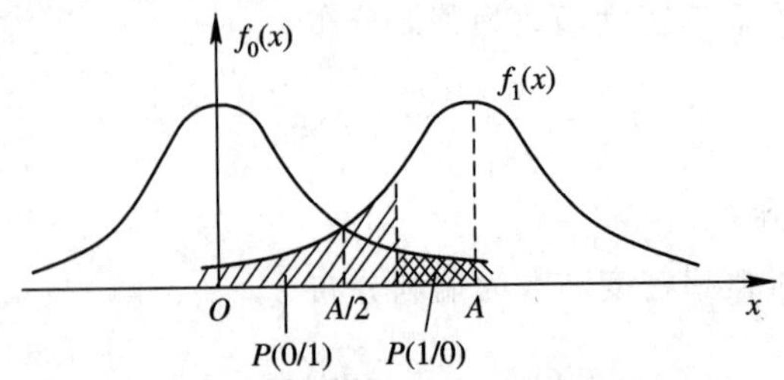

图 7 - 8　2ASK 信号相干解调时概率分布曲线

当 $P(0)=P(1)=1/2$ 时，假设判决门限电平为 $A/2$，$x>A/2$ 判为“1”；$x\leqslant A/2$ 判为“0”。发“1”错判为“0”的概率为 $P(0/1)$，发“0”错判为“1”的概率为 $P(1/0)$，这时，相干检测时 2ASK 系统的误码率为

$$\begin{aligned} P_e &= P(1)P(0/1)+P(0)P(1/0)=\frac{1}{2}\int_{-\infty}^{A/2} f_1(x)\mathrm{d}x+\frac{1}{2}\int_{A/2}^{\infty} f_0(x)\mathrm{d}x \\ &= \frac{1}{2}\operatorname{erfc}\left(\frac{\sqrt{r}}{2}\right) \end{aligned} \tag{7-15}$$

当信噪比 $r\gg 1$ 时，系统的误码率可进一步近似为

$$P_e \approx \frac{1}{\sqrt{\pi r}}\mathrm{e}^{-\frac{r}{4}} \tag{7-16}$$

式(7 - 16)表明，随着输入信噪比的增加，系统的误码率将更迅速地按指数规律下降。

将 2ASK 信号包络(非相干)解调与相干解调相比较，我们可以得出以下几点：

(1) 相干解调比非相干解调容易设置最佳判决门限电平。因为相干解调时，最佳判决门限仅是信号幅度的函数；而非相干解调时，最佳判决门限是信号和噪声的函数。

(2) 最佳判决门限时，r 一定，$P_{e相}<P_{e非}$，即信噪比一定时，相干解调的误码率小于非相干解调的误码率；P_e 一定时，$r_{相}<r_{非}$，即系统误码率一定时，相干解调比非相干解调对信号的信噪比要求低。由此可见，相干解调 2ASK 系统的抗噪声性能优于非相干解调系统。这是由于相干解调利用了相干载波与信号的相关性，起了增强信号抑制噪声作用的缘故。

(3) 相干解调需要插入相干载波，而非相干解调不需要。可见，相干解调时设备要复杂一些，而非相干解调时设备要简单一些。

一般而言，对 2ASK 系统，大信噪比条件下使用非相干解调；小信噪比条件下使用相干解调。

7.3　二进制数字频率调制

7.3.1　一般原理与实现方法

数字频率调制又称频移键控，记作 FSK(Frequency Shift Keying)，二进制频移键控记作 2FSK。数字频移键控是用载波的频率来传送数字消息的，即用所传送的数字消息控制载波的频率。由于数字消息只有有限个取值，相应地，作为已调的 FSK 信号的频率也只能有有限个取值。那么，2FSK 信号便是符号“1”对应于载频 ω_1，而符号“0”对应于载频 ω_2(与 ω_1 不同的另一载频)的已调波形，而且 ω_1 与 ω_2 之间的改变是瞬间完成的。从原理上讲，数字调频可用模拟调频法来实现，也可用键控法来实现，后者较为方便。2FSK 键控法就是利用受矩形脉冲序列控制的开关电路对两个不同的独立频率源进行选通的。图 7-9 是 2FSK 信号的原理方框图及波形图。图中，$s(t)$为代表信息的二进制矩形脉冲序列，$e_o(t)$即为 2FSK 信号。注意到相邻两个振荡波形的相位可能是连续的，也可能是不连续的。因此，有相位连续的 FSK 及相位不连续的 FSK 之分，并分别记作 CPFSK(Continuous Phase FSK)及 DPFSK(Discrete Phase FSK)。

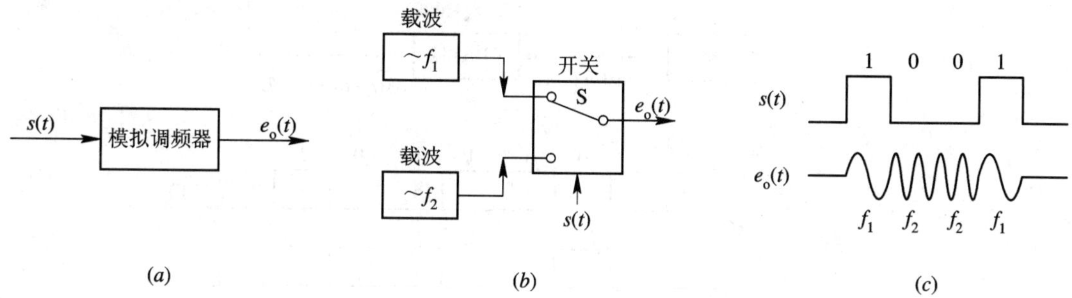

图 7-9　2FSK 信号的原理方框图及波形

(a) 模拟调制原理框图；(b) 数字调制原理框图；(c) 波形图

根据以上对 2FSK 信号的产生原理的分析，已调信号的数字表达式为

$$e_o(t)=\left[\sum_n a_n g(t-nT_s)\right]\cos(\omega_1 t+\varphi_n)+\left[\sum_n \bar{a}_n g(t-nT_s)\right]\cos(\omega_2 t+\theta_n) \tag{7-17}$$

式中，$g(t)$为单个矩形脉冲，脉宽为 T_s；φ_n、θ_n 分别是第 n 个信号码元的初始相位；

$$a_n=\begin{cases}0 & 概率为 P\\ 1 & 概率为(1-P)\end{cases} \tag{7-18}$$

$\bar{a}_n$ 是 a_n 的反码，若 $a_n=0$，则 $\bar{a}_n=1$；若 $a_n=1$，则 $\bar{a}_n=0$，于是

$$\bar{a}_n=\begin{cases}0 & 概率为(1-P)\\ 1 & 概率为 P\end{cases} \tag{7-19}$$

一般说来，键控法得到的 φ_n、θ_n 与序号 n 无关，反映在 $e_o(t)$上，仅表现出当 ω_1 与 ω_2 改变时，其相位是不连续的；而用模拟调频法时，由于 ω_1 与 ω_2 改变时 $e_o(t)$的相位是连续的，故 φ_n、θ_n 不仅与第 n 个信号码元有关，而且 φ_n 与 θ_n 之间也应保持一定的关系。

下面我们就讨论模拟调制法和数字键控法，它们分别对应着相位连续的 FSK 和相位不连续的 FSK。

1) 直接调频法(相位连续 2FSK 信号的产生)

用数字基带矩形脉冲控制一个振荡器的某些参数，直接改变振荡频率，使输出得到不同频率的已调信号。用此方法产生的 2FSK 信号对应着两个频率的载波，在码元转换时刻，两个载波相位能够保持连续，所以称其为相位连续的 2FSK 信号。

直接调频法虽易于实现，但频率稳定度较差，因而实际应用范围不广。

2) 频率键控法(相位不连续 2FSK 信号的产生)

如果在两个码元转换时刻，前后码元的相位不连续，则称这种类型的信号为相位不连续的 2FSK 信号。频率键控法又称为频率转换法，它采用数字矩形脉冲控制电子开关，使

电子开关在两个独立的振荡器之间进行转换，从而在输出端得到不同频率的已调信号。其原理框图及各点波形如图 7-10 所示。

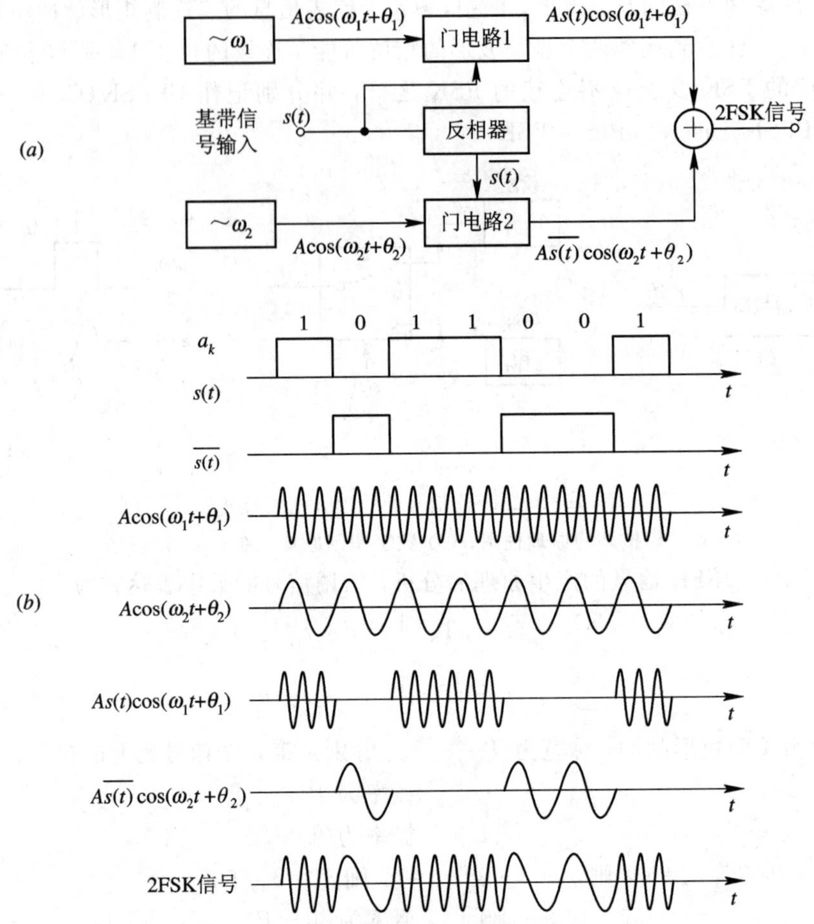

图 7-10　相位不连续的 2FSK 信号的原理框图和各点波形

(*a*) 原理框图；(*b*) 各点波形图

由图 7-10 可知，数字信号为“1”时，正脉冲使门 1 接通，门 2 断开，输出频率为 f_1；数字信号为“0”时，门 1 断开，门 2 接通，输出频率为 f_2。如果产生 f_1 和 f_2 的两个振荡器是独立的，则输出的 2FSK 信号的相位是不连续的。这种方法的特点是转换速度快，波形好，频率稳定度高，电路不太复杂，故得到广泛应用。

7.3.2　2FSK 信号的功率谱及带宽

2FSK 信号的功率谱也有两种情况，即相位不连续和相位连续的 2FSK 功率谱。

1. 相位不连续的 2FSK 情况

由前面对相位不连续的 2FSK 信号产生原理的分析，可视其为两个 2ASK 信号的叠加，其中一个载波为 f_1，另一个载波为 f_2，其信号表达式为

$$e(t)=e_1(t)+e_2(t)=s(t)\cos(\omega_1 t+\varphi_1)+\overline{s(t)}\cos(\omega_2 t+\varphi_2) \tag{7-20}$$

式中，$s(t)=\sum\limits_n a_n g(t-nT_b)$；$\overline{s(t)}$为 $s(t)$的反码且

$$a_n = \begin{cases} 0 & \text{概率为 } P \\ 1 & \text{概率为}(1-P) \end{cases}$$

于是，相位不连续的 2FSK 功率谱可写为

$$P_o(f) = P_1(f) + P_2(f)$$

当 $P=1/2$ 时，并考虑 $G(0)=T_b$，则相位不连续的 2FSK 信号的单边功率谱为

$$P_o(f) = \frac{T_b}{8}\{\text{Sa}^2[\pi(f-f_1)T_b] + \text{Sa}^2[\pi(f-f_2)T_b]\} + \frac{1}{8}[\delta(f-f_1) + \delta(f-f_2)] \tag{7-21}$$

相位不连续的 2FSK 信号的功率谱曲线如图 7-11 所示。

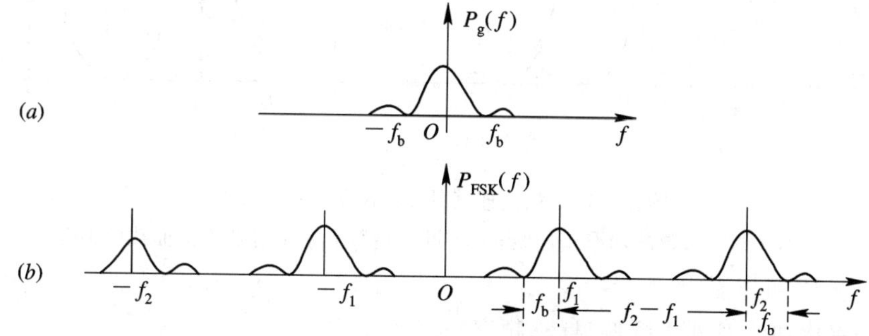

图 7-11 相位不连续的 2FSK 信号的功率谱

(*a*) 基带信号功率谱；(*b*) 2FSK 信号的功率谱

由图 7-11 可知：

(1) 相位不连续的 2FSK 信号的功率谱与 2ASK 信号的功率谱相似，同样由离散谱和连续谱两部分组成。其中，连续谱与 2ASK 信号的相同；离散谱是位于 $\pm f_1$、$\pm f_2$ 处的两对冲击，这表明相位不连续的 2FSK 信号中含有载波 f_1、f_2 的分量。

(2) 若仅计算相位不连续的 2FSK 信号功率谱第一个零点之间的频率间隔，则该 2FSK 信号的频带宽度为

$$B_{2FSK} = |f_2 - f_1| + 2R_B = (2+h)R_B \tag{7-22}$$

式中，$R_B=f_b$ 是基带信号的带宽；$h=|f_2-f_1|/R_B$ 为偏移率(调制指数)。

为了便于接收端解调，要求相位不连续的 2FSK 信号的两个频率 f_1、f_2 间要有足够的间隔。对于采用带通滤波器来分路的解调方法，通常取 $|f_2-f_1|=(3\sim5)R_B$。于是，相位不连续的 2FSK 信号的带宽为

$$B_{2FSK} \approx (5\sim7)R_B \tag{7-23}$$

相应地，这时相位不连续的 2FSK 系统的频带利用率为

$$\eta = \frac{f_b}{B_{2FSK}} = \frac{R_B}{B_{2FSK}} = \frac{1}{(5\sim7)}\ (\text{Baud/Hz}) \tag{7-24}$$

将上述结果与 2ASK 的式(7-7)和式(7-8)相比可知，当用普通带通滤波器作为分路滤波器时，相位不连续的 2FSK 信号的带宽约为 2ASK 信号带宽的 3 倍，而系统频带利用率只有 2ASK 系统的 1/3 左右。

2. 相位连续的 2FSK 情况

直接调频法是一种非线性调制，由此而获得的 2FSK 信号的功率谱不像 2ASK 信号那

样，也不同于相位不连续的 2FSK 信号的功率谱，它不可直接通过基带信号频谱在频率轴上搬移，也不能用这种搬移后频谱的线性叠加来描绘。因此对相位连续的 2FSK 信号频谱的分析是十分复杂的。图 7－12 给出了几种不同调制指数下相位连续的 2FSK 信号功率谱密度曲线。图中 $f_c=(f_1+f_2)/2$ 称为频偏，$h=|f_2-f_1|/R_B$ 称为偏移率(或频移指数或调制指数)，$R_B=f_b$ 是基带信号的带宽。

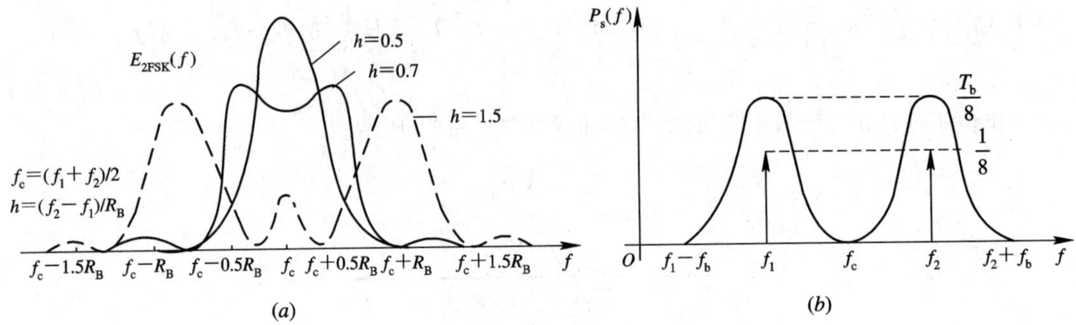

图 7－12 相位连续的 2FSK 信号的功率谱

(a) 不同调制指数的功率谱曲线；(b) 调制指数大于 1 时功率谱曲线峰值分开

由图 7－12 可以看出：

(1) 功率谱曲线对称于频偏(标称频率)f_c。

(2) 当偏移率(调制指数)h 较小，如 $h<0.7$ 时，信号能量集中在 $f_c\pm0.5R_B$ 范围内；如 $h<0.5$ 时，在 f_c 处出现单峰值，在其两边平滑地滚降。在这种情况下，相位连续的 2FSK 信号的带宽小于或等于 2ASK 信号的带宽(约为 $2R_B$)。

(3) 随着 h 的增大，信号功率谱将扩展，并逐渐向 f_1、f_2 两个频率集中。当 $h>0.7$ 后，将明显地呈现双峰；当 $h=1$ 时，达到极限情况，这时双峰恰好分开，在 f_1 和 f_2 位置上出现了两个离散谱线，如图 7－12(b)所示。继续增大 h 值，两个连续功率谱 f_1、f_2 中间就会出现有限个小峰值，且在此间隔内功率谱还出现了零点。但是，当 $h<1.5$ 时，相位连续的 2FSK 信号的带宽虽然比 2ASK 信号的宽，但还是比相位不连续的 2FSK 信号的带宽要窄。

(4) 当 h 值较大时(大约在 $h>2$ 以后)，将进入高指数调频。这时，信号功率谱扩展到很宽频带，且与相位不连续的 2FSK 信号的频谱特性基本相同。当$|f_2-f_1|=mR_B$(m 为正整数)时，信号功率谱将出现离散频率分量。

下面我们将两种 2FSK 及 2ASK(或 2PSK)信号的带宽 B 在不同的调制指数 h 值下进行比较，比较结果如表 7－1 所示。

表 7－1 几种调制信号的带宽比较

带宽 B	调制指数 h			
	0.6～0.7	0.8～1.0	1.5	>2
相位连续的 2FSK	$1.5R_B$	$2.5R_B$	$3R_B$	$(2+h)R_B$
相位不连续的 2FSK	$(2+h)R_B$	$(2+h)R_B$	$(2+h)R_B$	$(2+h)R_B$
2ASK 或 2PSK	$2R_B$	$2R_B$	$2R_B$	$2R_B$

从上述比较中可以发现，相位连续的 2FSK 信号在选择较小的调制指数 h 时，信号所

占的频带比较窄，甚至有可能小于 2ASK 信号的频带，说明此时的频带利用率较高。这种小频偏的 2FSK 方式，目前已广泛用于窄带信道系统中，特别是那些用于传输数据的移动无线电台中。

7.3.3　2FSK 信号的解调及系统误码率

数字调频信号的解调方法很多，可以分为线性鉴频法和分离滤波法两大类。线性鉴频法有模拟鉴频法、过零检测法、差分检测法等，分离滤波法又包括相干检测法、非相干检测法以及动态滤波法等。非相干检测的具体解调电路是包络检测法，相干检测的具体解调电路是同步检波法。下面介绍过零检测法、包络检测法及同步检波法。

1. 过零检测法

单位时间内信号经过零点的次数可以用来衡量频率的高低。数字调频波的过零点数随不同载频而异，故根据检出过零点数可以得到关于频率的差异，这就是过零检测法的基本思想。过零检测法又称为零交点法、计数法。2FSK 信号的过零检测法的原理方框图及波形图如图 7 - 13 所示。

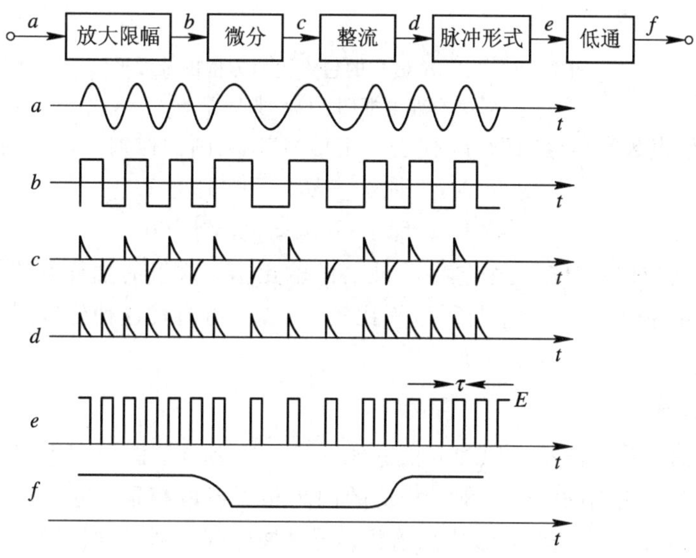

图 7 - 13　2FSK 信号的过零检测法的原理方框图及波形

考虑一个相位连续的 FSK 信号 a，经放大限幅得到一个矩形方波 b，经微分电路得到双向微分脉冲 c，经整流电路得到单向尖脉冲 d。单向尖脉冲的密集程度反映了输入信号的频率高低，单向尖脉冲的个数就是信号过零点的数目。单向尖脉冲触发一脉冲发生器，产生一串幅度为 E、宽度为 τ 的矩形归零脉冲 e。脉冲串 e 的直流分量代表着信号的频率，脉冲越密，直流分量越大，输入信号的频率就越高。经低通滤波器就可得到脉冲串 e 的直流分量 f。这样就完成了频率—幅度变换，从而再根据直流分量幅度上的区别还原出数字信号“1”和“0”。

2. 包络检测法

2FSK 信号的包络检测的原理方框图及波形如图 7 - 14 所示。用两个窄带的分路滤波器分别滤出频率为 f_1 及 f_2 的高频脉冲，经包络检测后分别取出它们的包络。把两路输出同时送到抽样判决器进行比较，从而判决输出基带数字信号。

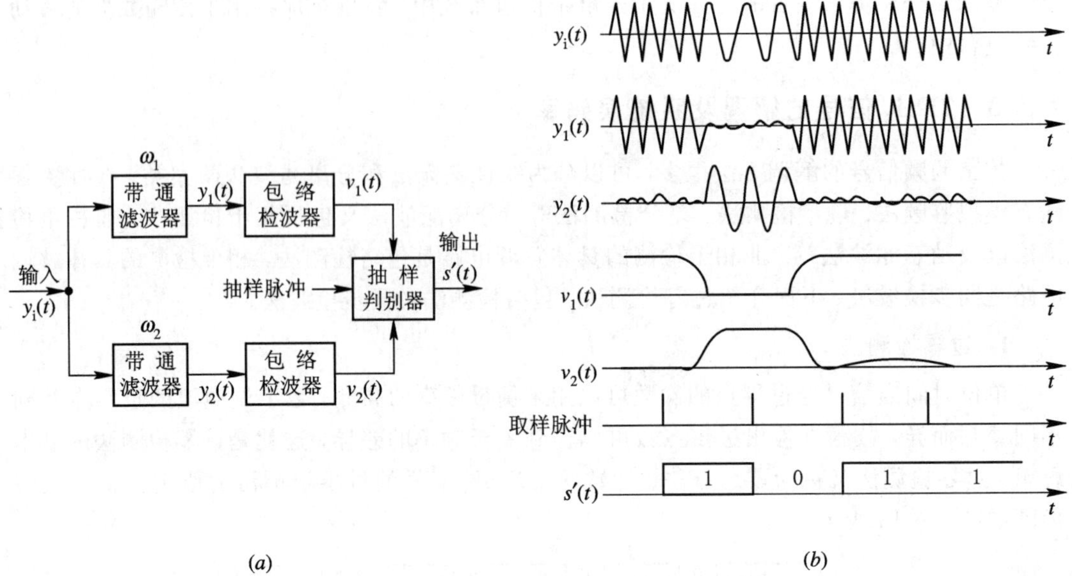

图 7－14　2FSK 信号的包络检测方框图及波形

(*a*) 原理方框图；(*b*) 波形图

设频率 f_1 代表数字信号“1”，f_2 代表数字信号“0”，则抽样判决器的判决准则应为

$$\begin{cases} v_1 > v_2 & \text{即 } v_1 - v_2 > 0\text{，判为 } 1 \\ v_1 < v_2 & \text{即 } v_1 - v_2 < 0\text{，判为 } 0 \end{cases} \tag{7－25}$$

式中，v_1、v_2 分别为抽样时刻两个包络检波器的输出值。这里的抽样判决器用以比较 v_1、v_2 的大小，或者说把差值 v_1-v_2 与零电平比较。因此，有时称这种比较判决器的判决门限为零电平。

3. 同步检波法

2FSK 信号的同步检波法的原理方框图如图 7－15 所示。图中两个带通滤波器的作用同上，起分路作用。它们的输出分别与相应的同步相干载波相乘，再分别经低通滤波器取出含基带数字信息的低频信号，滤掉二倍频信号，抽样判决器在抽样脉冲到来时对两个低频信号进行比较判决，即可还原出基带数字信号。请读者自己画出图 7－15 中各波形。

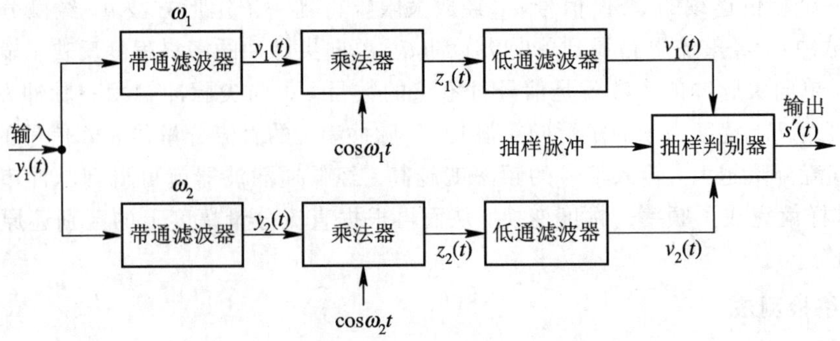

图 7－15　2FSK 信号的同步检波法的原理方框图

与 2ASK 系统相仿，相干解调能提供较好的接收性能，但是要求接收机提供具有准确频率和相应的相干参考电压，这样就增加了设备的复杂性。

通常，当 2FSK 信号的频偏 $|f_2-f_1|$ 较大时，多采用分离滤波法；而在 $|f_2-f_1|$ 较小时，多采用线性鉴频法。

4. 2FSK 系统的误码率

与 2ASK 系统的情形相对应，我们分别以包络(非相干)解调法和相干解调法两种情况来讨论 2FSK 系统的抗噪声性能，给出误码率，并比较其特点。

包络解调时，2FSK 系统的误码率计算可认为信道噪声为高斯白噪声，两路带通信号分别经过各自的包络检波器已经检出了带有噪声的信号包络 $v_1(t)$ 和 $v_2(t)$。$v_1(t)$ 对应频率 f_1 的概率密度函数为：发“1”时为莱斯分布，发“0”时为瑞利分布。$v_2(t)$ 对应频率 f_2 的概率密度函数为：发“1”时为瑞利分布，发“0”时为莱斯分布。那么，漏报概率 $P(0/1)$ 就是发“1”时 $v_1<v_2$ 的概率，即

$$P(0/1)=P(v_1<v_2)=\frac{1}{2}e^{-\frac{r}{2}} \tag{7-26}$$

虚报概率 $P(1/0)$ 为发“0”时 $v_1>v_2$ 的概率，即

$$P(1/0)=P(v_1>v_2)=\frac{1}{2}e^{-\frac{r}{2}} \tag{7-27}$$

系统的误码率为

$$\begin{aligned}P_e&=P(1)\cdot P(0/1)+P(0)\cdot P(1/0)\\&=\frac{1}{2}e^{-\frac{r}{2}}[P(1)+P(0)]=\frac{1}{2}e^{-\frac{r}{2}}\end{aligned} \tag{7-28}$$

由以上公式可见，包络解调时，2FSK 系统的误码率将随输入信噪比的增加而成指数规律下降。

相干解调时的系统误码率与包络解调时的情形有所不同，不同之处在于带通滤波器后接有乘法器和低通滤波器，低通滤波器输出的就是带有噪声的有用信号，它们的概率密度函数均属于高斯分布。经过计算，其漏报概率 $P(0/1)$ 为

$$P(0/1)=\frac{1}{2}\operatorname{erfc}\sqrt{\frac{r}{2}} \tag{7-29}$$

虚报概率 $P(1/0)$ 为

$$P(1/0)=\frac{1}{2}\operatorname{erfc}\sqrt{\frac{r}{2}} \tag{7-30}$$

系统的误码率为

$$\begin{aligned}P_e&=P(1)\cdot P(0/1)+P(0)\cdot P(1/0)\\&=\frac{1}{2}\operatorname{erfc}\sqrt{\frac{r}{2}}[P(1)+P(0)]\\&=\frac{1}{2}\operatorname{erfc}\sqrt{\frac{r}{2}}\end{aligned} \tag{7-31}$$

将 2FSK 信号相干解调与包络(非相干)解调进行比较，可以发现：

(1) 两种解调方法均可工作在最佳门限电平。

(2) 在输入信号信噪比 r 一定时，相干解调的误码率小于非相干解调的误码率；当系

统的误码率一定时，相干解调比非相干解调对输入信号的信噪比要求低。所以相干解调2FSK系统的抗噪声性能优于非相干解调。但当输入信号的信噪比 r 很大时，两者的相对差别不明显。

(3) 相干解调时，需要插入两个相干载波，因此电路较为复杂；非相干解调就无需相干载波，因而电路较为简单。

一般而言，对2FSK系统而言，大信噪比条件下常用非相干解调，小信噪比时使用相干解调，这与2ASK系统的情况相同。

7.4 二进制数字相位调制

7.4.1 绝对相移和相对相移

1. 绝对码和相对码

绝对码和相对码是相移键控的基础。绝对码是以基带信号码元的电平直接表示数字信息的。如假设高电平代表“1”，低电平代表“0”，如图7-16中$\{a_n\}$所示。相对码(差分码)是用基带信号码元的电平相对前一码元的电平有无变化来表示数字信息的。假若相对电平有跳变表示“1”，无跳变表示“0”，由于初始参考电平有两种可能，因此相对码也有两种波形，如图7-16中$\{b_n\}_1$和$\{b_n\}_2$所示。显然$\{b_n\}_1$、$\{b_n\}_2$相位相反，当用二进制数码表示波形时，它们互为反码。上述对相对码的约定也可作相反的规定。

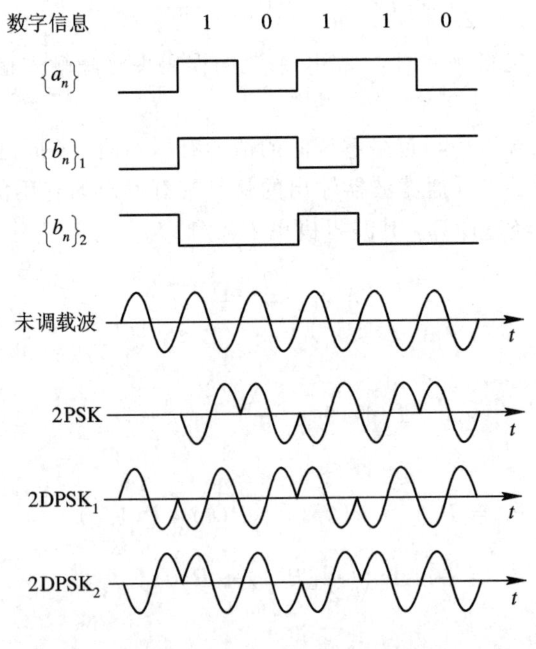

图7-16 二相调相波形

绝对码和相对码是可以互相转换的。实现的方法就是使用模二加法器和延迟器(延迟一个码元宽度 T_b)，如图7-17所示。图7-17(a)是把绝对码变成相对码的方法，称其为差分编码器，完成的功能是 $b_n=a_n\oplus b_{n-1}$($n-1$ 表示 n 的前一个码)。图7-17(b)是把相对码变为绝对码的方法，称其为差分译码器，完成的功能是 $a_n=b_n\oplus b_{n-1}$。

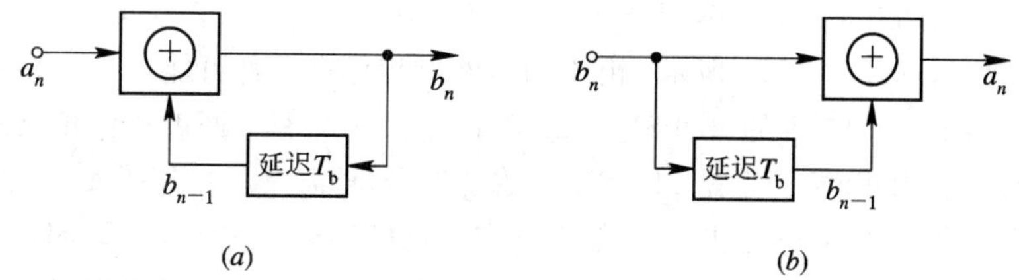

图 7－17　绝对码与相对码的互相转换
(a) 绝对码变成相对码；(b) 相对码变成绝对码

2. 绝对相移

绝对相移是利用载波的相位偏移(指某一码元所对应的已调波与参考载波的初相差)直接表示数据信号的相移方式。假若规定：已调载波与未调载波同相表示数字信号“0”，与未调载波反相表示数字信号“1”，见图 7－16 中 2PSK 波形。此时的 2PSK 已调信号的表达式为

$$e(t)=s(t)\cos\omega_c t \tag{7-32}$$

式中，$s(t)$为双极性数字基带信号，表达式为

$$s(t)=\sum_n a_n g(t-nT_b) \tag{7-33}$$

式中，$g(t)$是高度为 1、宽度为 T_b 的门函数且

$$a_n=\begin{cases}+1 & 概率为 P\\ -1 & 概率为(1-P)\end{cases} \tag{7-34}$$

为了作图方便，一般取码元宽度 T_b 为载波周期 T_c 的整数倍(这里令 $T_b=T_c$)，取未调载波的初相位为 0。由图 7－16 可见，2PSK 各码元波形的初相相位与载波初相相位的差值直接表示着数字信息，即相位差为 0 表示数字“0”，相位差为 π 表示数字“1”。

值得注意的是，在相移键控中往往用矢(向)量偏移(指一码元初相与前一码元的末相差)表示相位信号，调相信号的矢量表示如图 7－18 所示。在 2PSK 中，若假定未调载波 $\cos\omega_c t$ 为参考相位，则矢量 **A** 表示所有已调信号中具有 0 相(与载波同相)的码元波形，它代表码元“0”；矢量 **B** 表示所有已调信号具有 π 相(与载波反相)的码元波形，可用数字式 $\cos(\omega_c t+\pi)$来表示，它代表码元“1”。

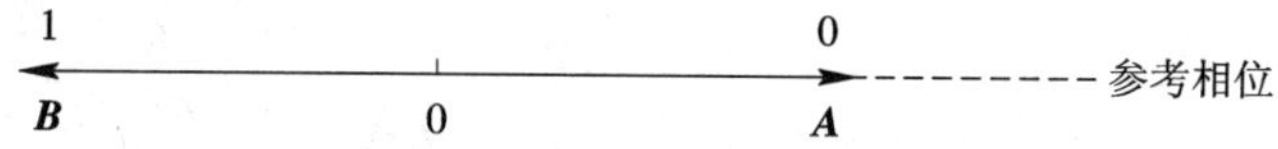

图 7－18　二相调相信号的矢量表示

当码元宽度不等于载波周期的整数倍时，已调载波的初相(0 或 π)不直接表示数字信息(“0”或“1”)，必须与未调载波比较才能看见它所表示的数字信息。

3. 相对相移

相对相移是利用载波的相对相位变化表示数字信号的相移方式。所谓相对相位，是指本码元的初相与前一码元的末相的相位差(即向量偏移)。有时为了讨论问题方便，也可用相位偏移来描述。在这里，相位偏移指的是本码元的初相与前一码元(参考码元)的初相相

位差。当载波频率是码元速率的整数倍时，向量偏移与相位偏移是等效的，否则是不等效的。

假若规定：已调载波(2DPSK 波形)相对相位不变表示数字信号“0”，相对相位改变 π 表示数字信号“1”，如图 7-16 所示。由于初始参考相位有两种可能，因此相对相移波形也有两种形式，如图 7-16 中的 $2DPSK_1$、$2DPSK_2$ 所示，显然，两者相位相反。然而，我们可以看出，无论是 $2DPSK_1$，还是 $2DPSK_2$，数字信号“1”总是与相邻码元相位突变相对应，数字信号“0”总是与相邻码元相位不变相对应。我们还可以看出，$2DPSK_1$、$2DPSK_2$ 对 $\{a_n\}$来说都是相对相移信号，然而它们又分别是$\{b_n\}_1$、$\{b_n\}_2$ 的绝对相移信号。因此，相对相移本质上就是对由绝对码转换而来的差分码的数字信号序列的绝对相移。那么，2DPSK 信号的表达式与 2PSK 的表达式(7-32)、(7-33)、(7-34)应完全相同，所不同的只是式中的 $s(t)$信号表示的差分码数字序列。

2DPSK 信号也可以用矢量表示。此时的参考相位不是初相为零的固定载波，而是前一个已调载波码元的末相。也就是说，2DPSK 信号的参考相位不是固定不变的，而是相对变化的。矢量 **A** 表示本码元的初相与前一码元的末相相位差为 0，它代表“0”；矢量 **B** 表示本码元的初相与前一码元的末相相位差为 π，它代表“1”。

7.4.2 2PSK 信号的产生与解调

1. 2PSK 信号的产生

(1) 直接调相法：用双极性数字基带信号 $s(t)$与载波直接相乘，其原理图及波形图如图 7-19 所示。根据前面的规定，产生 2PSK 信号时，必须使 $s(t)$为正电平时代表“0”，为负电平时代表“1”。若原始数字信号是单极性码，则必须先进行极性变换再与载波相乘。图 7-19(*a*) 中 *A* 点电位高于 *B* 点电位时，$s(t)$代表“1”，二极管 V_1、V_3导通，V_2、V_4 截止，载波经变压器正向输出 $e(t)=\cos\omega_c t$。*A* 点电位低于 *B* 点电位时，$s(t)$代表“0”，二极管 V_2、V_4导通，V_1、V_3截止，载波经变压器反向输出 $e(t)=-\cos\omega_c t=\cos(\omega_c t-\pi)$，即绝对移相 π。

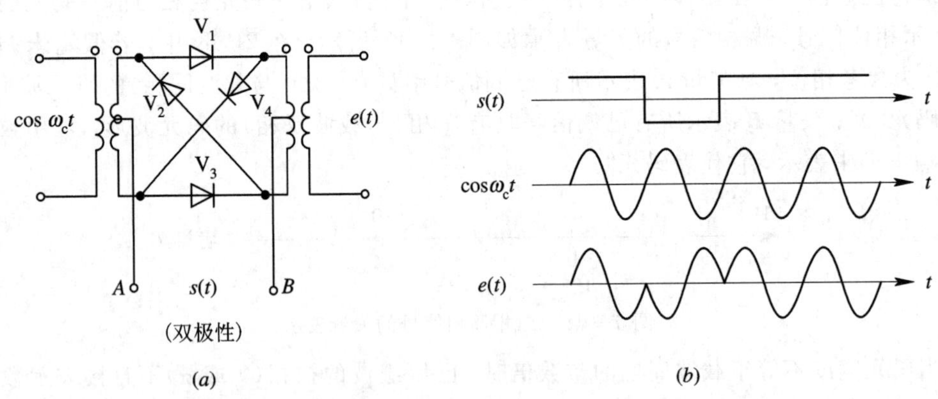

图 7-19 直接调相法产生 2PSK 信号的原理图及波形

(*a*) 原理图；(*b*) 波形图

与产生 2ASK 信号的方法比较，使用直接调相法产生 2PSK 信号时，只是对 $s(t)$要求不同，因此，2PSK 信号可以看作是双极性基带信号作用下的调幅信号。

（2）相位选择法：用数字基带信号 $s(t)$ 控制门电路，选择不同相位的载波输出，其方框图如图 7－20 所示。此时，$s(t)$ 通常是单极性的。$s(t)=0$ 时，门电路 1 通，门电路 2 闭，输出 $e(t)=\cos\omega_c t$；$s(t)=1$ 时，门电路 2 通，门电路 1 闭，输出 $e(t)=-\cos\omega_c t$。

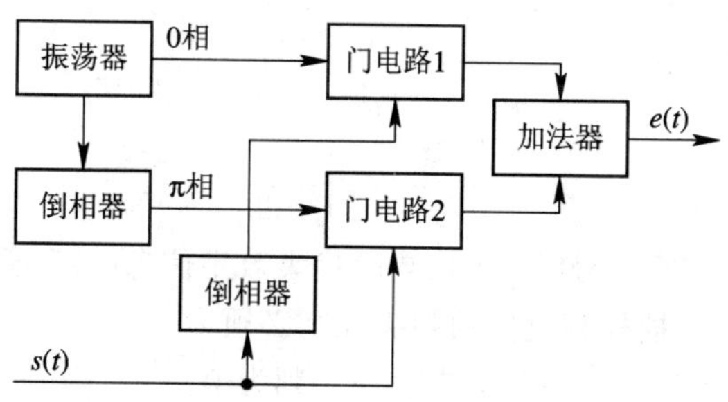

图 7－20　相位选择法产生 2PSK 信号的方框图

2. 2PSK 信号的解调及系统误码率

2PSK 信号的解调不能采用分路滤波、包络检测的方法，只能采用相干解调的方法（又称为极性比较法），其方框图如图 7－21(*a*)所示。通常本地载波是用输入的 2PSK 信号经载波信号提取电路产生的。

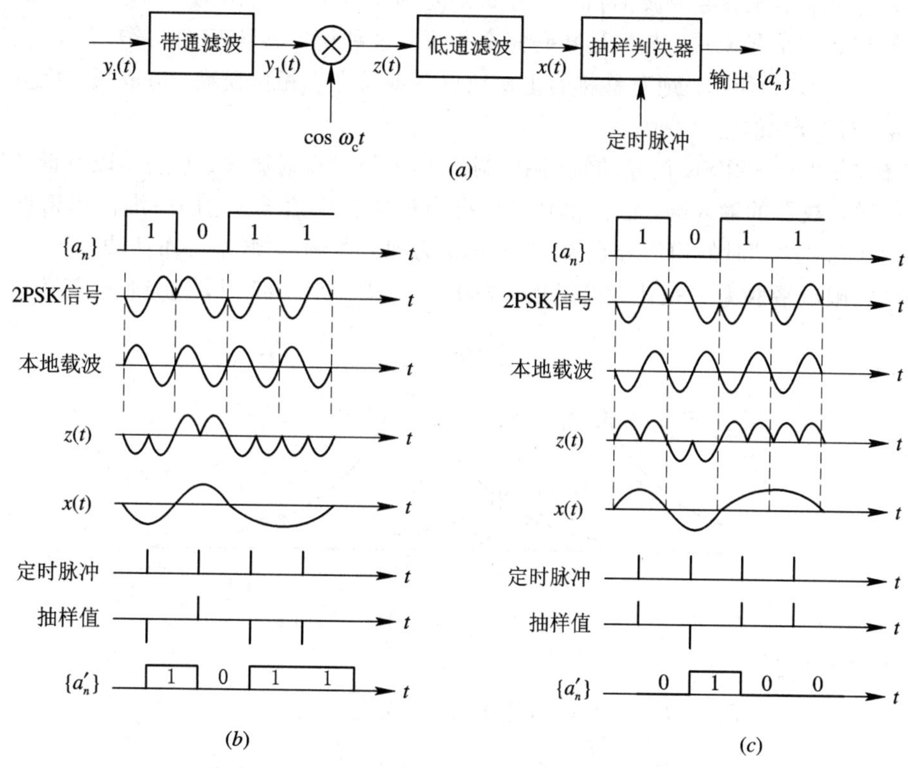

图 7－21　2PSK 信号的解调方框图及波形

(*a*) 方框图；(*b*) 正常工作波形图；(*c*) 反向工作波形图

不考虑噪声时，带通滤波器输出可表示为

$$y_1(t)=\cos(\omega_c t+\varphi_n) \tag{7-35}$$

式中，φ_n 为 2PSK 信号某一码元的初相，$\varphi_n=0$ 时，代表数字“0”；$\varphi_n=\pi$ 时，代表数字“1”。

与同步载波 $\cos\omega_c t$ 相乘后，输出为

$$z(t)=\cos(\omega_c t+\varphi_n)\cos\omega_c t=\frac{1}{2}\cos\varphi_n+\frac{1}{2}\cos(2\omega_c t+\varphi_n) \tag{7-36}$$

低通滤波器输出为

$$x(t)=\frac{1}{2}\cos\varphi_n=\begin{cases}\dfrac{1}{2} & \varphi_n=0\\ -\dfrac{1}{2} & \varphi_n=\pi\end{cases} \tag{7-37}$$

根据发送端产生 2PSK 信号时 φ_n(0 或 π)代表数字信息("0" 或"1")的规定，以及接收端$x(t)$与 φ_n 关系的特性，抽样判决器的判决准则必须为

$$\begin{cases}x>0 & 判为 0\\ x\leqslant 0 & 判为 1\end{cases} \tag{7-38}$$

式中，x 为抽样时刻的值。

采用相干解调的方法产生 2PSK 信号时，正常工作时的各处波形如图 7-21(b)所示。

我们知道，2PSK 信号是以一个固定初相的未调载波为参考的。因此，解调时必须有与此同频同相的同步载波。如果同步不完善，存在相位偏差，就容易造成错误判决，称为相位模糊。如果本地参考载波倒相，变为 $\cos(\omega_c t+\pi)$，低通输出为 $x(t)=-(\cos\varphi_n)/2$，判决器输出数字信号全错，与发送数码完全相反，这种情况称为反向工作。反向工作时的波形如图 7-21(c)所示。绝对移相的主要缺点是容易产生相位模糊，造成反向工作。这也是它实际应用较少的主要原因。

在图 7-21(a) 2PSK 信号的解调中，输入信号经过带通滤波、乘法器以及低通滤波器后，在抽样判决器的输入端，已经得到了含有噪声的有用信号。它的一维概率密度呈高斯分布，发"0"、发"1"时的均值分别为 a、$-a$(a 为载波振幅)，概率分布曲线如图 7-22 所示。判决门限电平取为 0 是比较合适的，在 $P(1)=P(0)=1/2$ 时，这是最佳门限电平。

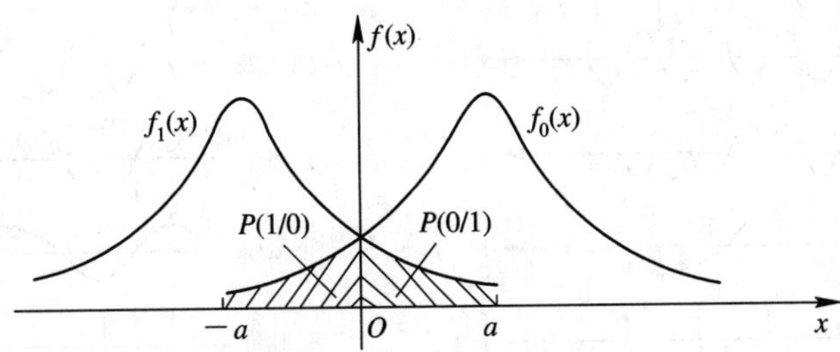

图 7-22　2PSK 信号概率分布曲线

这时系统误码率为

$$\begin{aligned}P_e&=P(0)P(1/0)+P(1)P(0/1)\\&=P(0)\int_{-\infty}^{0}f_0(x)\mathrm{d}x+P(1)\int_{0}^{\infty}f_1(x)\mathrm{d}x\\&=\int_{0}^{\infty}f_1(x)\mathrm{d}x[P(0)+P(1)]\\&=\frac{1}{2}\mathrm{erfc}(\sqrt{r})\end{aligned} \tag{7-39}$$

7.4.3　2DPSK 信号的产生与解调

1. 2DPSK 信号的产生

由于 2DPSK 信号对绝对码$\{a_n\}$来说是相对移相信号，对相对码$\{b_n\}$来说则是绝对移相信号，因此，只需在 2PSK 调制器前加一个差分编码器，就可产生 2DPSK 信号。其原理方框图如图 7 - 23(a)所示。数字信号$\{a_n\}$经差分编码器，把绝对码转换为相对码$\{b_n\}$，再用直接调相法产生 2DPSK 信号。极性变换器是把单极性$\{b_n\}$码变成双极性信号，且负电平对应$\{b_n\}$的 1，正电平对应$\{b_n\}$的 0，图 7 - 23(b)的差分编码器输出的两路相对码(互相反相)分别控制不同的门电路实现相位选择，产生 2DPSK 信号。这里差分码编码器由与门及双稳态触发器组成，输入码元宽度是振荡周期的整数倍。设双稳态触发器初始状态为 $Q=0$，波形如图 7 - 23(c)所示。与图 7 - 16 对照，这里输出的 $e(t)$为 $2DPSK_2$。若双稳态触发器初始状态为 $Q=1$，则输出的 $e(t)$为 $2DPSK_1$。

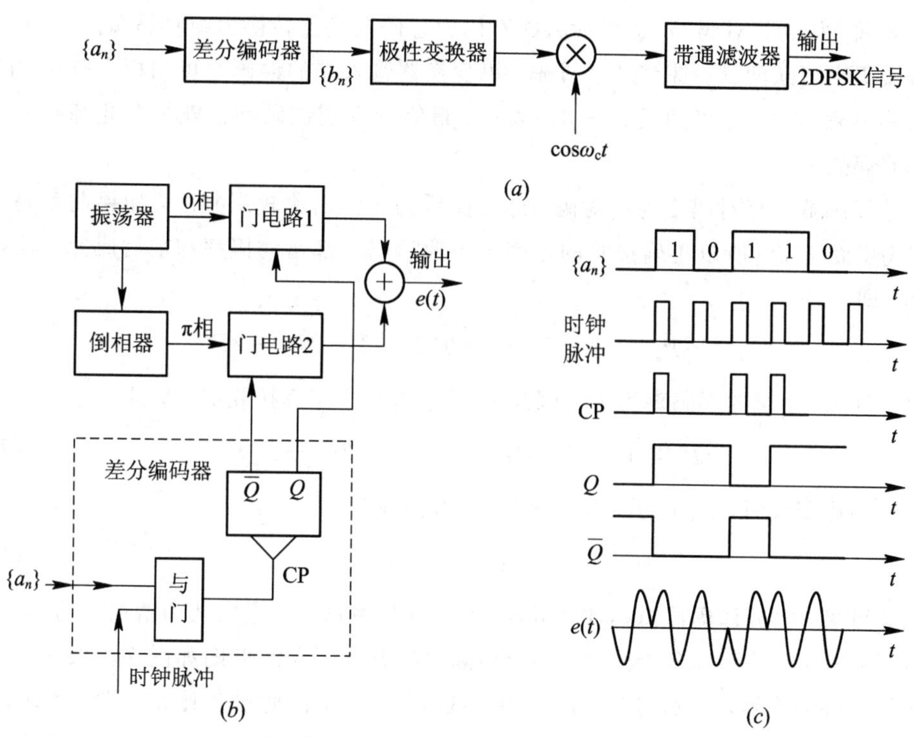

图 7 - 23　2DPSK 信号的产生

(a) 原理图；(b) 逻辑电路图；(c) 波形图

2. 2DPSK 信号的解调及系统误码率

(1) 极性比较—码变换法。此法即是 2PSK 解调加差分译码，其方框图如图 7 - 24 所示。2DPSK 解调器将输入的 2DPSK 信号还原成相对码$\{b_n\}$，再由差分译码器把相对码转换成绝对码，输出$\{a_n\}$。前面提到，2PSK 解调器存在"反向工作"问题，那么 2DPSK 解调器是否也会出现"反向工作"问题呢？回答是不会。这是由于当 2PSK 解码器的相干载波倒相时，使输出的 b_n 变为 $\bar{b}_n$(b_n 的反码)。然而差分译码器的功能是 $b_n \oplus b_{n-1} = a_n$，b_n 反向后，仍使等式 $\bar{b}_n \oplus \bar{b}_{n-1} = a_n$ 成立。因此，即使相干载波倒相，2DPSK 解调器仍然能正常工作。读者可以试画波形图来说明。由于相对移相调制无"反向工作"问题，因此得到广泛的应用。

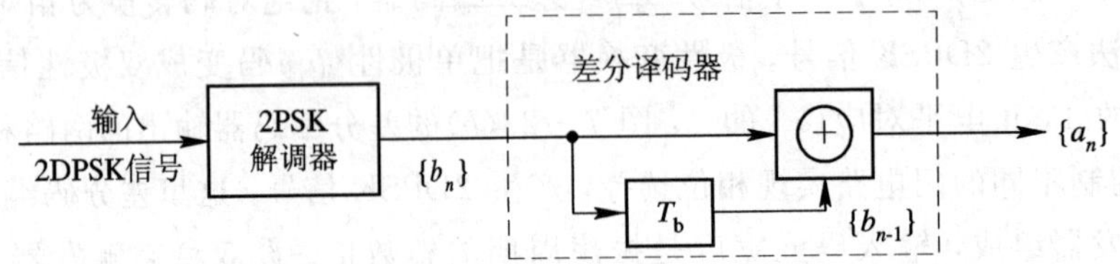

图 7-24 极性比较—码变换法解调 2DPSK 信号的方框图

由于极性比较—码变换法解调 2DPSK 信号是先对 2DPSK 信号用相干检测 2PSK 信号方法解调，得到相对码$\{b_n\}$，然后将相对码通过码变换器转换为绝对码$\{a_n\}$。显然，此时的系统误码率可从两部分来考虑。首先，码变换器输入端的误码率可用相干解调 2PSK 系统的误码率来表示，即可用式(7-39)表示。最终的系统误码率也就是在此基础上再考虑差分译码误码率即可。

差分译码器将相对码变为绝对码，即对前后码元作出比较来判决，如果前后码元都错了，判决反而正确。所以正确接收的概率等于前后码元都错的概率与前后码元都不错的概率之和，即

$$P_e P_e + (1 - P_e)(1 - P_e) = 1 - 2P_e + 2P_e^2$$

设 2DPSK 系统的误码率为 P_e'，因此 P_e' 等于 1 减去正确接收概率，即

$$P_e' = 1 - [1 - 2P_e + 2P_e^2] = 2(1 - P_e)P_e \tag{7-40}$$

在信噪比很大时，P_e 很小，式(7-40)可近似写为

$$P_e' \approx 2P_e = \text{erfc}(\sqrt{r}) \tag{7-41}$$

由此可见，差分译码器总是使 2DPSK 系统误码率增加，通常认为增加一倍。

(2) 相位比较法—差分检测法。差分检测法的方框图和波形图如图 7-25 所示。这种方法不需要码变换器，也不需要专门的相干载波发生器，因此设备比较简单、实用。图 7-25(*a*)中 T_b 延时电路的输出起着参考载波的作用。乘法器起着相位比较(鉴相)的作用。

差分检测时，2DPSK 系统的误码率为

$$P_e = P(1)P(0/1) + P(0)P(1/0) = \frac{1}{2}e^{-r} \tag{7-42}$$

式(7-42)表明，差分检测时 2DPSK 系统的误码率随输入信噪比的增加成指数规律下降。

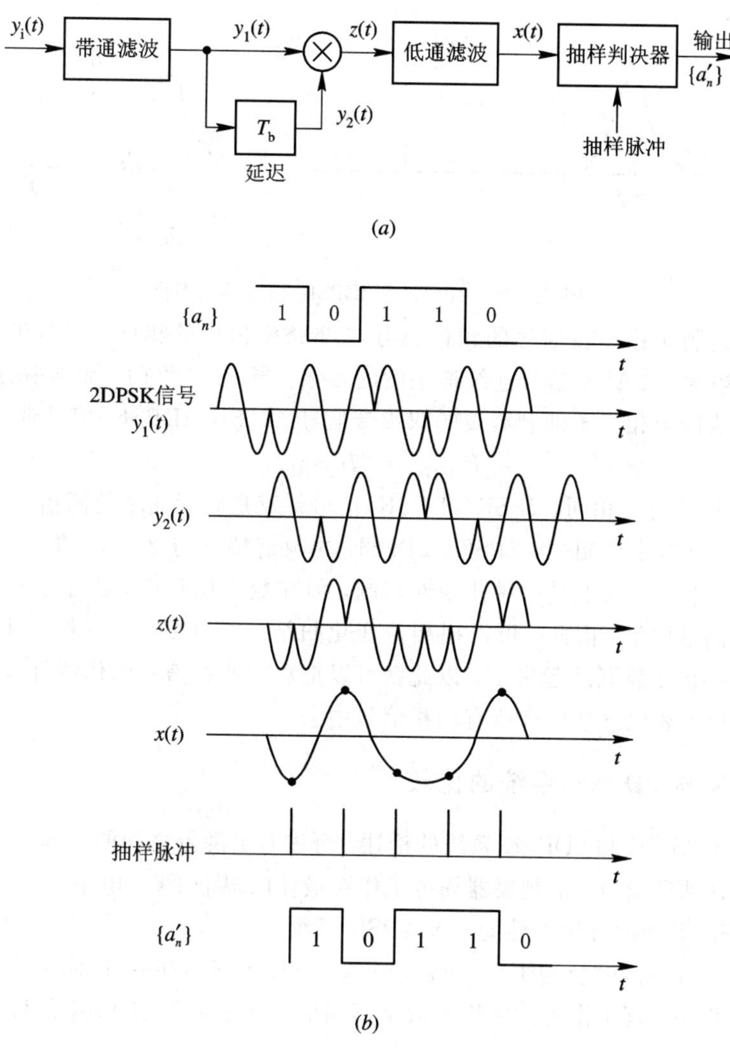

图 7-25　差分检测法解调 2DPSK 信号的方框图及波形

(a) 方框图；(b) 波形图

7.4.4　二进制相移信号的功率谱及带宽

由前讨论可知，无论是 2PSK 还是 2DPSK 信号，就波形本身而言，它们都可以等效成双极性基带信号作用下的调幅信号，无非是一对倒相信号的序列。因此，2PSK 和 2DPSK 信号具有相同形式的表达式，所不同的是，2PSK 表达式中的 $s(t)$ 是数字基带信号，2DPSK 表达式中的 $s(t)$ 是由数字基带信号变换而来的差分码数字信号。它们的功率谱密度应是相同的，功率谱为

$$P_e(f)=\frac{T_b}{4}\{\mathrm{Sa}^2[\pi(f+f_c)T_b]+\mathrm{Sa}^2[\pi(f-f_c)T_b]\}\tag{7-43}$$

2PSK(或 2DPSK)信号的功率谱如图 7-26 所示。

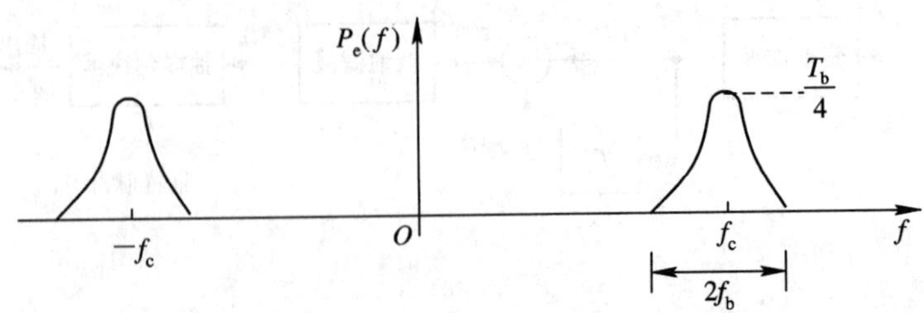

图 7 - 26 2PSK(或 2DPSK)信号的功率谱

可见，二进制相移键控信号的频谱成分与 2ASK 信号的相同，当基带脉冲幅度相同时，其连续谱幅度是 2ASK 信号连续谱幅度的 4 倍。当 $P=1/2$ 时，无离散分量，此时二相相移键控信号实际上相当于抑制载波的双边带信号。2PSK(2DPSK)信号带宽为

$$B_{2DPSK}^{2PSK} = 2B_b = 2f_b \tag{7-44}$$

与 2ASK 信号宽度相同，2PSK(2DPSK)信号带宽是码元速率的两倍。

这就表明，在数字调制中，2PSK、2DPSK 的频谱特性与 2ASK 的十分相似。相位调制和频率调制一样，本质上是一种非线性调制。但在数字调相中，由于表征信息的相位变化只有有限的离散取值，因此，可以把相位变化归结为幅度变化。这样一来，数字调相同线性调制的数字调幅就联系起来了，以此就可以把数字调相信号当作线性调制信号来处理了。但是不能把上述概念推广到所有调相信号中去。

7.4.5 2PSK 与 2DPSK 系统的比较

通过上述对 2PSK 和 2DPSK 系统的论述，可以看出两者之间的差异。

(1) 检测这两种信号时，判决器均可工作在最佳门限电平(零电平)。

(2) 2DPSK 系统的抗噪声性能不及 2PSK 系统。

(3) 2PSK 系统存在“反向工作”问题，而 2DPSK 系统不存在“反向工作”问题。

在实际应用中，真正作为传输用的数字调相信号几乎都是 2DPSK 信号。

7.5 多进制数字调制

7.5.1 多进制数字振幅键控(MASK)

在多进制数字调制中，在每个符号间隔 T_b 内，可能发送的符号有 M 种，在实际应用中，通常取 $M=2^n$，n 为大于 1 的正整数，也就是说，M 是一个大于 2 的数字。这种状态数目大于 2 的调制信号称为多进制信号。将多进制数字信号(也可由基带二进制信号变换而成)对载波进行调制，在接收端进行相反的变换，这种过程就叫多进制数字调制与解调，或简称为多进制数字调制。

当已调信号携带信息的参数分别为载波的幅度、频率或相位时，可以有 M 进制振幅键控(MASK)、M 进制频移键控(MFSK)以及 M 进制相移键控(MPSK 或 MDPSK)，当然还有一些别的多进制调制形式，如 M 进制幅相键控(MAPK)或它的特殊形式 M 进制正交幅度调制(MQAM)。

与二进制数字调制系统相比，多进制数字调制系统具有以下特点：

(1) 在码元速率(传码率)相同的条件下，可以提高信息速率(传信率)。当码元速率相同时，M 进制数传系统的信息速率是二进制的 lb$M$ 倍。

(2) 在信息速率相同的条件下，可降低码元速率，以提高传输的可靠性。当信息速率相同时，M 进制的码元宽度是二进制的 lb$M$ 倍，这样可以增加每个码元的能量和减小码间串扰的影响。

(3) 在接收机输入信噪比相同的条件下，多进制数传系统的误码率比相应的二进制系统要高。

(4) 设备复杂。

M 进制振幅键控信号中，载波振幅有 M 种取值，每个符号间隔 T'_b 内发送一种幅度的载波信号，其结果由多电平的随机基带矩形脉冲序列对余弦载波进行振幅调制而成。

图 7 - 27(a)和(b)分别为四进制数字序列 $s(t)$和已调信号 $e(t)$的波形图。图 7 - 27(b)波形可以等效为图 7 - 27(c)各波形的叠加。

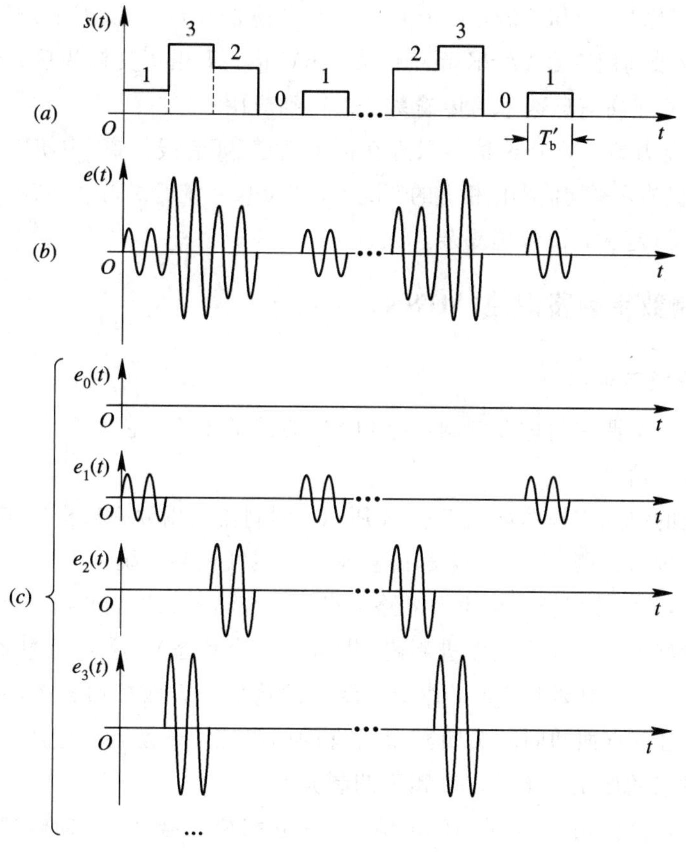

图 7 - 27 多电平调制波形

(a) 四进制数字序列；(b) 已调信号波形；(c) 等效波形

MASK 信号的功率谱与 2ASK 信号的功率谱完全相同，它是由 $m-1$ 个 2ASK 信号的功率谱叠加而成的。尽管 $m-1$ 个 2ASK 信号叠加后频谱结构复杂，但就信号的带宽而言，MASK 信号与其分解的任一个 2ASK 信号的带宽是相同的。MASK 信号的带宽可表示为

$$B_{\text{MASK}} = 2f_b' \tag{7-45}$$

式中，$f_b'=1/T_b'$是多进制码元速率。

当以码元速率考虑频带利用率 η 时，有

$$\eta = \frac{f_b'}{B_{\text{MASK}}} = \frac{f_b'}{2f_b'} = \frac{1}{2}\ (\text{Baud/Hz})$$

这与 2ASK 系统的频带利用率相同。

但通常是以信息速率来考虑频带利用率的，因此有

$$\eta = \frac{kf_b'}{B_{\text{MASK}}} = \frac{kf_b'}{2f_b'} = \frac{k}{2}\ (\text{b/(s}\cdot\text{Hz))} \tag{7-46}$$

它是 2ASK 系统的 k 倍。这说明在信息速率相等的情况下，MASK 系统的频带利用率高于 2ASK 系统的频带利用率。

MASK 信号具有以下特点：

(1) 传输效率高。与二进制相比，码元速率相同时，多进制调制的信息速率比二进制的高，它是二进制的 $k=\text{lb}M$ 倍，频带利用率与二进制相同。在相同的信息速率情况下，MASK 系统的频带利用率是 2ASK 系统的 $k=\text{lb}M$ 倍。采用正交调幅后，还可以再增加两倍。因此，MASK 在高信息速率的传输系统中得到应用。

(2) 抗衰落能力差。MASK 信号只宜在恒参信道(如有线信道)中使用。

(3) 在接收机输入平均信噪比相等的情况下，MASK 系统的误码率比 2ASK 系统的要高。

(4) 电平数 M 越大，设备越复杂。

7.5.2 多进制数字频移键控(MFSK)

1. MFSK 系统方框图

多进制数字频率调制简称多频制，是 2FSK 方式的推广。它用多个频率的正弦振荡分别代表不同的数字信息。

多频制系统的组成方框图如图 7-28 所示。调制器是用频率选择法实现的。解调器是用非相干检测—包络检测法实现的，因而它属于非线性调制系统。

图 7-28 中，串/并变换器和逻辑电路 1 将一组组输入二进制码(k 个码元为一组)对应地转换成有多种状态的一个个的多进制码(共 $m=2^k$ 个状态)。这 m 个状态分别对应 m 种频率，当某组 k 位二进制码到来时，逻辑电路 1 的输出一方面接通某个门电路，让相应的载频发送出去；另一方面却同时关闭其余所有的门电路。于是当一组组二进制码输入时，经相加器组合输出的便是一个多进制频率调制波形。

多频制的解调部分由 m 个带通滤波器、m 个包络检波器、一个抽样判决器、逻辑电路 2 和并/串变换器组成。各带通滤波器的中心频率分别对应发送端的各个载频。因此，当某一已调载频信号到来时，只有与发送端频率相同的一个带通滤波器有信号及噪声通过，其他带通滤波器只有噪声通过。抽样判决器的任务就是在某时刻比较所有包络检波器输出的电压，判决哪一路的电压最大，也就是判决对方送来的是什么频率，并选出最大者进行输出，这个输出相当于一个多进制码。逻辑电路 2 把这个输出译成用 k 位二进制并行码表示

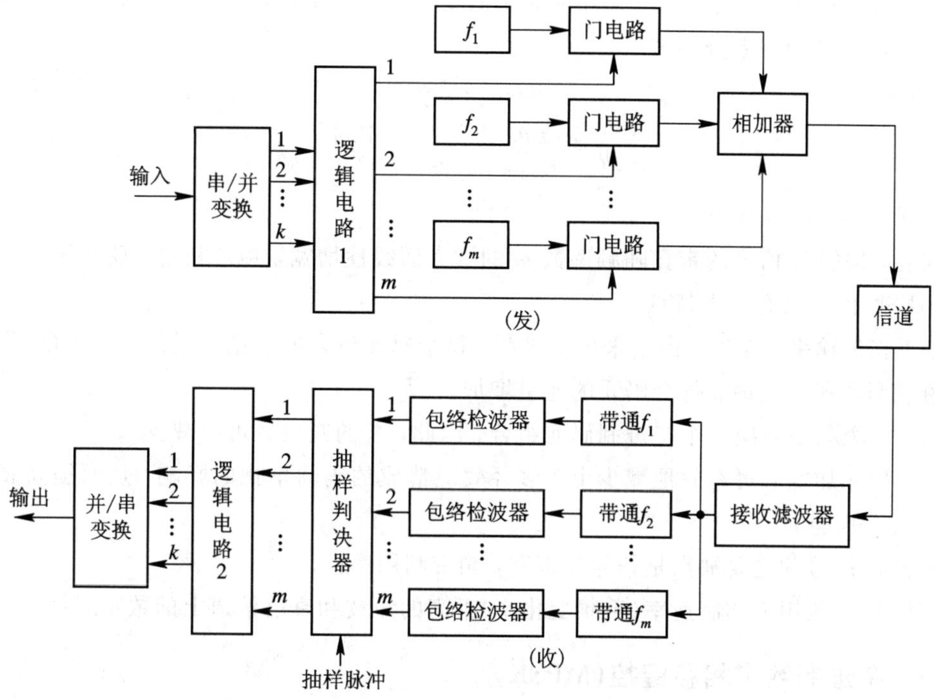

图 7-28　多频制系统的组成方框图

的 m 进制数，再送并/串变换器恢复成串行的二进制输出信号，从而完成数字信号的传输。

2. MFSK 信号的带宽及频带利用率

键控法产生的 MFSK 信号，其相位是不连续的，可用 DPMFSK 表示。它可以看作由 m 个振幅相同、载频不同、时间上互不相容的 2ASK 信号叠加的结果。设 MFSK 信号码元的宽度为 T_b'，即传输速率 $f_b'=1/T_b'$(Baud)，则 m 频制信号的带宽为

$$B_{MFSK}=f_m-f_1+2f_b' \tag{7-47}$$

式中，f_m 为最高频率；f_1 为最低频率。

设 $f_D=\dfrac{f_m-f_1}{2}$ 为最大频偏，则式(7-47)可表示为

$$B_{MFSK}=2(f_D+f_b') \tag{7-48}$$

DPMFSK 信号功率谱 $P(f)$ 与 f 的关系曲线如图 7-29 所示。

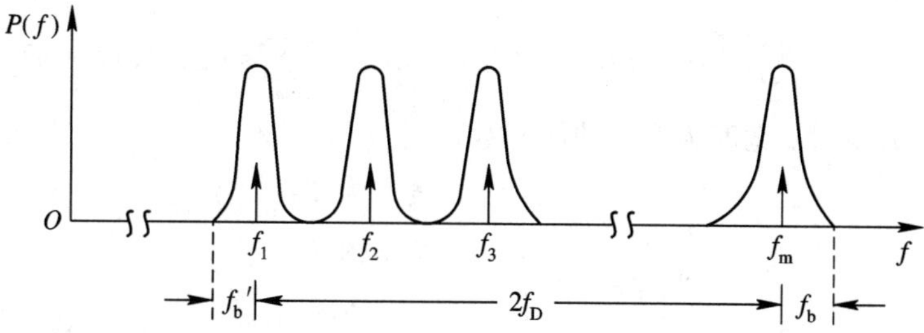

图 7-29　DPMFSK 信号的功率谱 $P(f)$ 与 f 的关系曲线图

若相邻载频之差等于 $2f_b'$，即相邻频率的功率谱主瓣刚好互不重叠，这时的 MFSK 信号的带宽及频带利用率分别为

$$B_{MFSK} = 2mf_b' \tag{7-49}$$

$$\eta = \frac{kf_b'}{B_{MFSK}} = \frac{k}{2m} = \frac{\mathrm{lb}m}{2m} \tag{7-50}$$

式中，$m=2^k$，$k=2, 3, \cdots$

可见，MFSK 信号的带宽随频率数 m 的增大而线性增宽，频带利用率明显下降。

MFSK 信号具有以下特点：

(1) 在传输率一定时，由于采用多进制，每个码元包含的信息量增加，码元宽度加宽，因而在信号电平一定时，每个码元的能量增加。

(2) 一个频率对应一个二进制码元组合，因此，总的判决数可以减少。

(3) 码元加宽后可有效地减少由于多径效应造成的码间串扰的影响，从而提高衰落信道下的抗干扰能力。

MFSK 信号的主要缺点是信号频带宽，频带利用率低。

MFSK 一般用于调制速率(载频变化率)不高的短波和衰落信道上的数字通信。

7.5.3 多进制数字相移键控(MPSK)

多进制数字相位调制又称多相制，是二相制的推广。它用多个相位状态的正弦振荡分别代表不同的数字信息。通常，相位数用 $m=2^k$ 计算，有 2、4、8、16 相制等(k 分别为 1、2、3、4 等)m 种不同的相位，分别与 k 位二进制码元的不同组合(简称 k 比特码元)相对应。多相制也有绝对相移 MPSK 和相对相移 MDPSK 两类。

多相制信号可以看作 m 个振幅及频率相同、初相不同的 2ASK 信号之和，当已调信号码元速率不变时，其带宽与 2ASK、MASK 及二相制信号的是相同的，此时信息速率与 MASK 的相同，是 2ASK 及二相制的 $\mathrm{lb}m$ 倍。可见，多相制是一种频带利用率较高的高效率传输方式，再加之有较好的抗噪声性能，因而得到广泛的应用。而 MDPSK 比 MPSK 用得更广泛一些。

1. 多相制的表达式及相位配置

设载波为 $\cos\omega_c t$，相对于参考相位的相移为 φ_n，则 m 相制调制波形可表示为

$$\begin{aligned} e(t) &= \sum_n g(t-nT_b')\cdot\cos(\omega_c t+\varphi_n) \\ &= \cos\omega_c t\cdot\sum_n\cos\varphi_n\cdot g(t-nT_b') - \sin\omega_c t\cdot\sum_n\sin\varphi_n\cdot g(t-nT_b') \end{aligned} \tag{7-51}$$

式中，$g(t)$是高度为 1、宽度为 T'_b 的门函数；

$$\varphi_n = \begin{cases} \theta_1 & \text{概率为 } P_1 \\ \theta_2 & \text{概率为 } P_2 \\ \vdots & \quad\vdots \\ \theta_m & \text{概率为 } P_m \end{cases} \tag{7-52}$$

由于一般都是在 $0\sim2\pi$ 范围内等间隔划分相位的，因此相邻相移的差值为

$$\Delta\theta = \frac{2\pi}{m} \tag{7-53}$$

令

$$a_n = \cos\varphi_n = \begin{cases} \cos\theta_1 & \text{概率为 } P_1 \\ \cos\theta_2 & \text{概率为 } P_2 \\ \vdots & \vdots \\ \cos\theta_m & \text{概率为 } P_m \end{cases} \tag{7-54}$$

$$b_n = \sin\varphi_n = \begin{cases} \sin\theta_1 & \text{概率为 } P_1 \\ \sin\theta_2 & \text{概率为 } P_2 \\ \vdots & \vdots \\ \sin\theta_m & \text{概率为 } P_m \end{cases} \tag{7-55}$$

且

$$P_1 + P_2 + \cdots + P_m = 1$$

则式(7－51)可变为

$$e(t) = \left[\sum_n a_n \cdot g(t - nT_b')\right]\cos\omega_c t - \left[\sum_n b_n \cdot g(t - nT_b')\right]\sin\omega_c t \tag{7-56}$$

可见，多相制信号可等效为两个正交载波进行多电平双边带调制所得信号之和。这样，就把数字调制和线性调制联系起来，给 m 相制波形的产生提供了依据。

根据以上的分析，我们知道相邻两个相移信号其矢量偏移为 $2\pi/m$。但是，用矢量表示各相移信号时，其相位偏移有两种形式。相位配置的两种形式如图 7－30 所示。图中注明了各相位状态所代表的 k 比特码元，虚线为基准位(参考相位)。对绝对相移而言，参考相

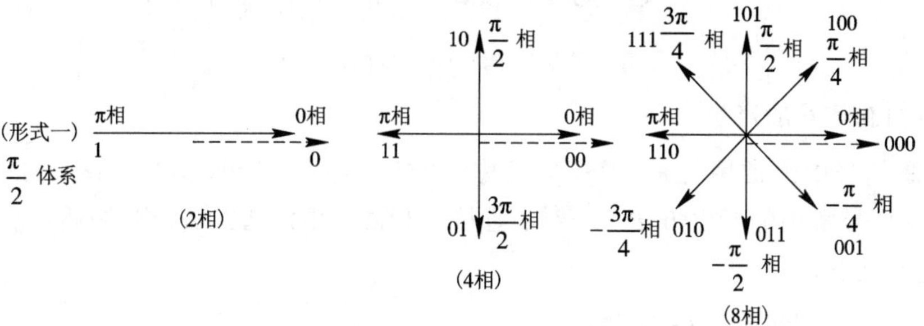

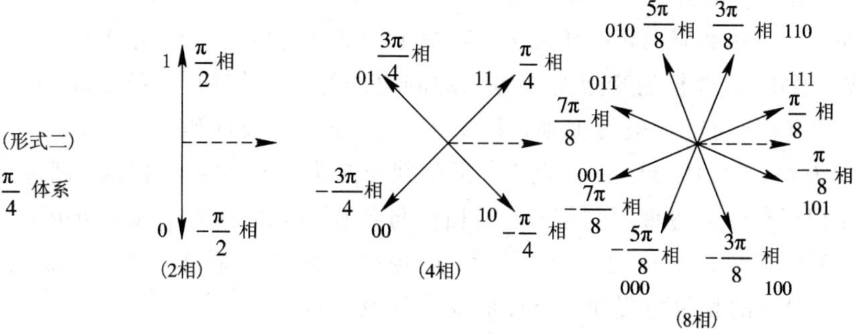

图 7－30　相位配置矢量图

位为载波的初相；对差分相移而言，参考相位为前一已调载波码元的末相(当载波频率是码元速率的整数倍时，也可认为是初相)。各相位值都是对参考相位而言的，正为超前，负为滞后。两种相位配置形式都采用等间隔的相位差来区分相位状态，即 m 进制的相位间隔为 $2\pi/m$。这样造成的平均差错概率将最小。图 7 - 30 的形式一称为 $\pi/2$ 体系，形式二称为 $\pi/4$ 体系。两种形式均分别有 2 相、4 相和 8 相制的相位配置。

图 7 - 31 是四相制信号的波形图。图中示出了 4PSK 的 $\pi/4$ 及 $\pi/2$ 配置的波形和 4DPSK 的 $\pi/4$ 及 $\pi/2$ 配置的波形图。图中的 T_b' 是四进制码元的周期，一个 T_b' 周期是由两个二进制比特数构成的。在这里选取载波周期与四进制码元周期相等。

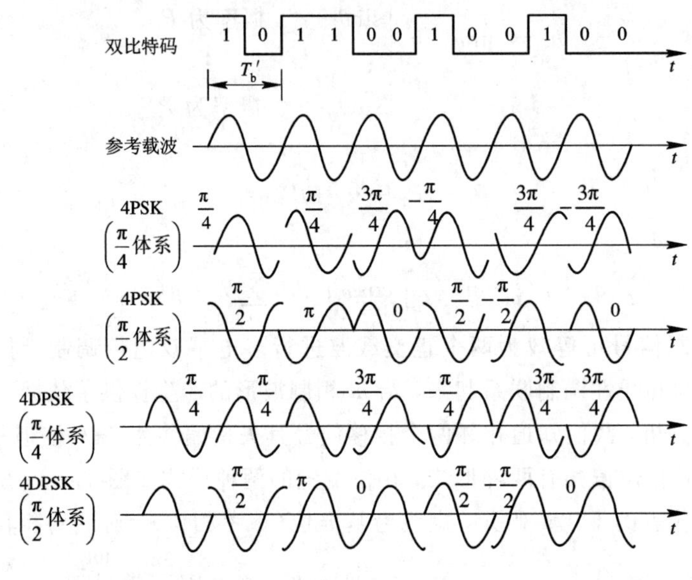

图 7 - 31　四相制信号的波形图

2. 多相制信号的产生

多相制信号中最常用的是 4PSK，又称 QPSK，还有 8PSK 信号。我们着重介绍四相制。多相制信号常用的产生方法有三种：直接调相法、相位选择法及脉冲插入法。

1) 直接调相法

(1) 4PSK 信号的产生($\pi/4$ 体系)。

4PSK 常用正交调制法来直接产生调相信号，其原理方框图如图 7 - 32(a)所示，它属于 $\pi/4$ 体系。二进制数码两位一组输入，习惯上把双比特的前一位用 A 代表，后一位用 B 代表。首先，经串/并变换后变成宽度为二进制码元宽度两倍的并行码(A、B 码元时间上是对齐的)。然后分别进行极性变换，把单极性码变成双极性码(0→−1，1→+1)，如图 7 - 32(b)中 $I(t)$、$Q(t)$波形所示。接着，再分别与互为正交的载波相乘，两路乘法器输出的信号是互相正交的双边带调制信号，其相位与各路码元的极性有关，分别由 A、B 码元决定，如图 7 - 32 中的矢量图所示。最后，经相加电路(也可看作是矢量相加)后输出两路的合成波形。对应的相位配置如 4PSK 的 $\pi/4$ 体系矢量图所示。

若要产生 4PSK 的 $\pi/2$ 体系，只需适当改变相移网络就可实现。

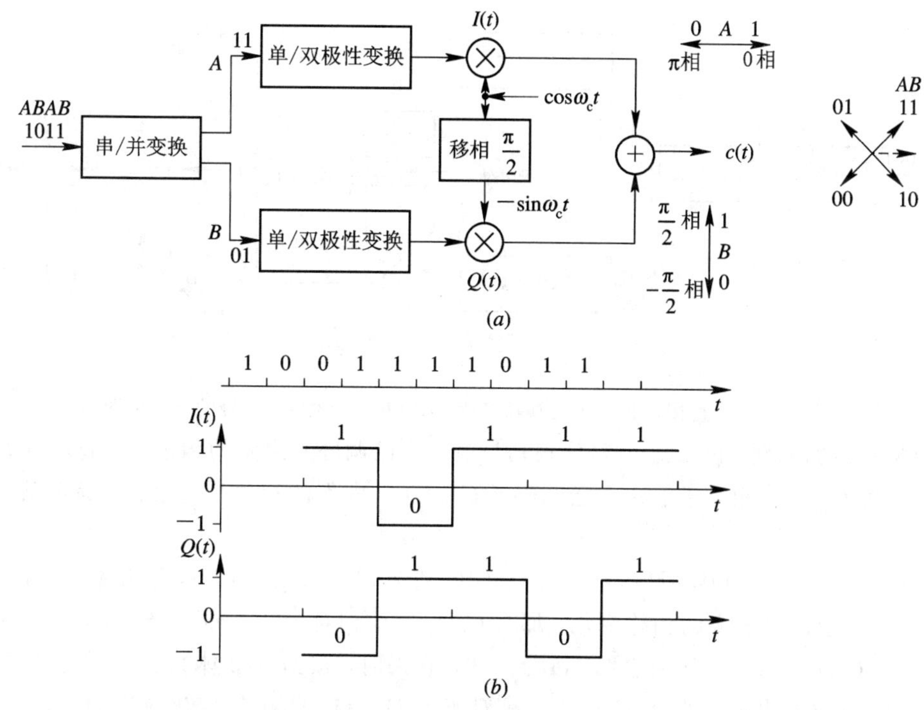

图 7-32　直接调相法产生 4PSK 信号的原理方框图及码变换波形

(a) 原理框图；(b) 码变换波形图

例 7-1　二进制信号 101100100100，信息速率为 10^3 b/s，载波为 $\cos 2\pi\times10^3 t$，采用上述 $\pi/4$ 体系进行调制，4PSK 调制的各点波形如图 7-33 所示。

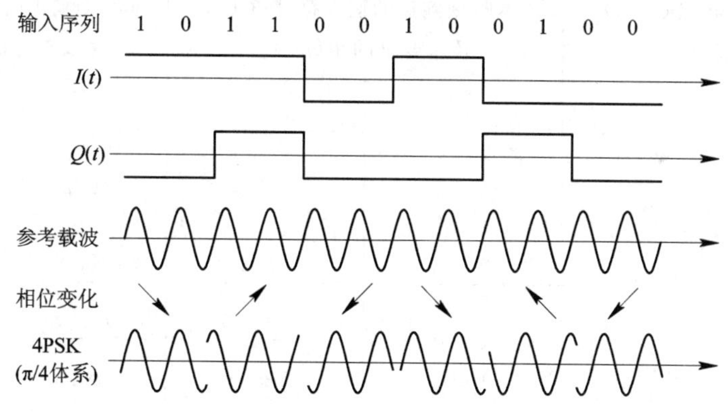

图 7-33　例 7-1 图

(2) 4DPSK 信号的产生($\pi/2$ 体系)。

在直接调相的基础上加码变换器，就可形成 4DPSK 信号。图 7-34 示出了直接调相—码变法产生 4DPSK($\pi/2$ 体系)信号的原理框图。图中的单/双极性变换的规律与 4PSK 信号的情况相反，即 0→+1，1→−1，相移网络也与 4PSK 信号的不同，其目的是要形成 $\pi/2$ 体系矢量图。也就是说，4DPSK 信号的形成过程是：先把串行二进制码变换为并行 AB 码，再把并行码变换为差分 CD 码，用差分码直接进行绝对调相，即可得到 4DPSK 信号(其码变换波形作为课后作业，自行完成)。

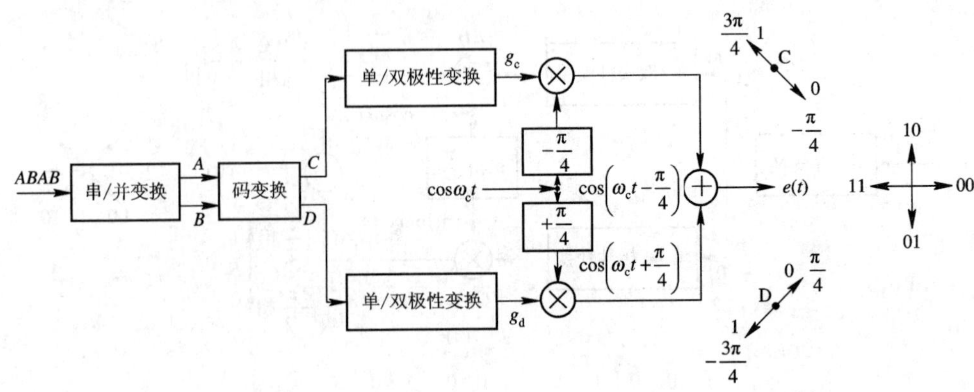

图 7-34　直接调相—码变换法产生 4DPSK(π/2 体系)信号的原理框图

码型变换的原理：设 $\Delta\varphi_n$ 为差分码元与前一个已调码元之间的相位差。输入 A_nB_n，得到的差分码 C_nD_n 应相对于前一个已调码元 $C_{n-1}D_{n-1}$ 发生的相位变化 $\Delta\varphi_n$，满足某一相位配置体系。

假若 $C_{n-1}D_{n-1}=00$，下一组 $A_nB_n=10$ 到来时，按照 π/2 体系相位配置，这个 $A_nB_n=10$ 要求产生 π/2 的相移变化，那么 C_nD_n 就要相对于 $C_{n-1}D_{n-1}$ 产生 $\Delta\varphi_n=\pi/2$ 的相移，所以，$C_nD_n=10$；当又一组 $A_{n+1}B_{n+1}=01$ 到来时，按照 π/2 体系相位配置关系，$\Delta\varphi_n$ 应该发生 $-\pi/2$ 的相移，那么 $C_{n+1}D_{n+1}$ 相对于 $C_nD_n=10$ 的相位变化应当为 $-\pi/2$，所以 $C_{n+1}D_{n+1}=00$。以此类推，就可产生所有的相对码，完成码变换之功能。表 7-2 示出了 4DPSK(π/2 体系)C_nD_n 与 A_nB_n 的逻辑关系。

表 7-2　4DPSK(π/2 体系)C_nD_n 与 A_nB_n 的逻辑关系

前一输出的符号状态 $C_{n-1}D_{n-1}$ 及对应的相位 φ_{n-1}		本时刻到达的输入符号 A_nB_n 及所要求的相位 $\Delta\varphi_n$		本时刻输出的符号状态 C_nD_n 及对应的相位 φ_n	
$C_{n-1}D_{n-1}$	φ_{cn-1}	A_nB_n	φ_n	φ_{cn}	C_nD_n
0 0	0	0 0	0	0	0 0
		1 0	π/2	π/2	1 0
		1 1	π	π	1 1
		0 1	3π/2	3π/2	0 1
1 0	π/2	0 0	0	π/2	1 0
		1 0	π/2	π	1 1
		1 1	π	3π/2	0 1
		0 1	3π/2	0	0 0
1 1	π	0 0	0	π	1 1
		1 0	π/2	3π/2	0 1
		1 1	π	0	0 0
		0 1	3π/2	π/2	1 0
0 1	3π/2	0 0	0	3π/2	0 1
		1 0	π/2	0	0 0
		1 1	π	π/2	1 0
		0 1	3π/2	π	1 1

例 7－2　二进制信号 0010011110…，信息速率为 10^3 b/s，载波为 $\cos 2\pi\times10^3 t$，采用 $\pi/2$ 体系进行调制，若 CD 的起始码为 00，4DPSK 调制的波形如图 7－35 所示。

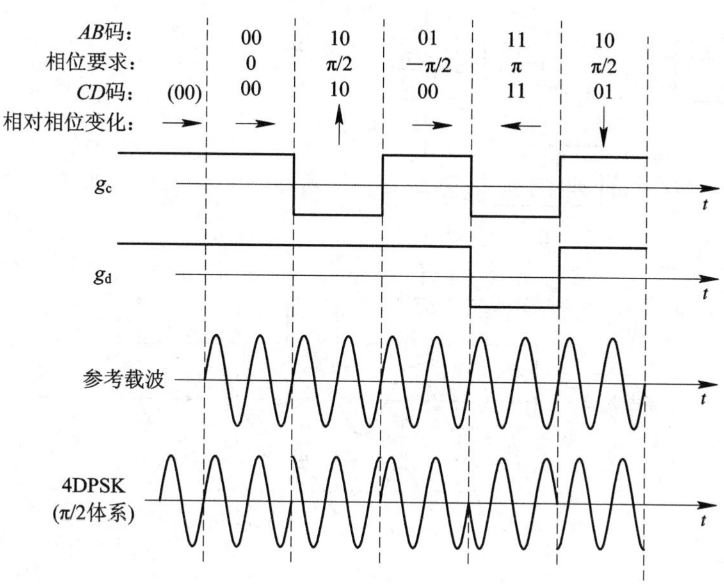

图 7－35　例 7－2 图

例 7－3　画出 4PSK 信号采用正交调制的原理框图，并完成下列问题：

(1) 写出产生的 4PSK 信号的时间表达式。

(2) 画出产生 4PSK 信号的矢量合成关系图。

(3) 画出输入数据信息$\{a_k\}$＝01101000 时的 4PSK 信号波形。

(4) 若 4PSK 信号经过非线性信道传输，则信号的时间波形和频谱特性会发生哪些变化？

解　4PSK 信号采用正交调制的原理框图如图 7－36(a)所示。

(1) 4PSK 信号的时间表达式为

$$e(t)=\sum_{n=1}^{4}g(t-nT_{\mathrm{b}}')\cos(\omega_0 t+\varphi_n)$$

式中，$g(t)$是高度为 1、密度为 T_{b}'(载波周期)的门函数；

$$\varphi_n=\begin{cases}\theta_1 & 概率\ P_1\\ \theta_2 & 概率\ P_2\\ \theta_3 & 概率\ P_3\\ \theta_4 & 概率\ P_4\end{cases}$$

且 $P_1+P_2+P_3+P_4=1$。

(2) 产生 4PSK 信号的矢量合成关系图如图 7－36(b)所示。

(3) 输入数据信息$\{a_n\}$时的 4PSK 信号波形如图 7－36(c)所示。

(4) 若该 4PSK 信号经过非线性信道传输后，信号的时间波形发生失真，则会造成码间串扰，信号的频谱特性将发生变化，造成失真和相位误差。

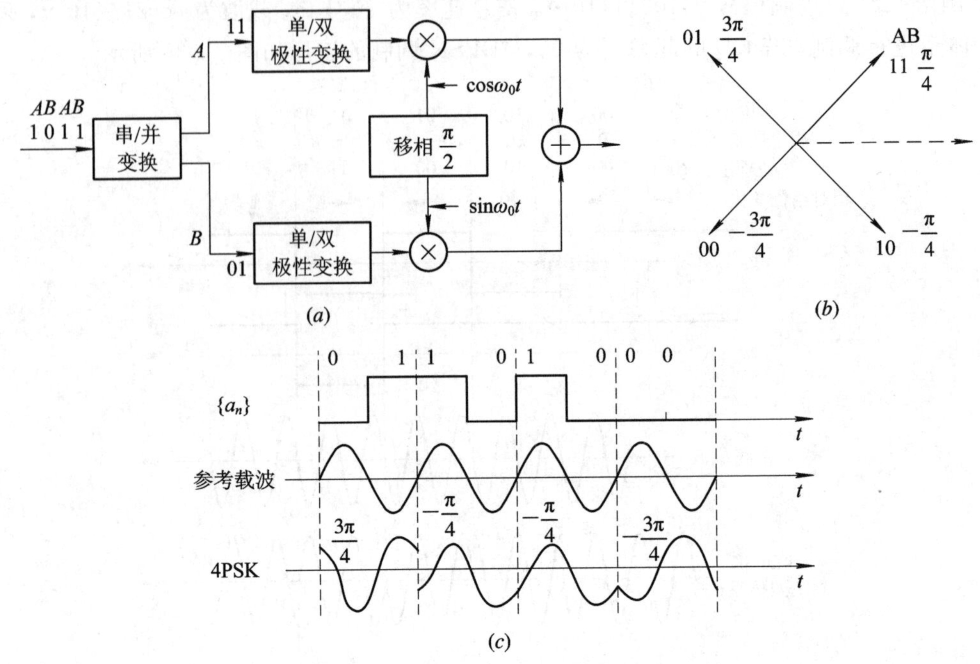

图 7-36　例 7-3 解图

(*a*) 原理框图；(*b*) 矢量合成关系图；(*c*) 波形图

例 7-4　在四相绝对移相 4PSK 系统中，输入双比特信息与载波相位的关系如表 7-3 所示。

表 7-3　4PSK 输入双比特信息与载波相位的关系

输入双比特信息		载波相位
A	*B*	φ_0
1	1	45°
0	1	135°
0	0	225°
1	0	315°

(1) 若输入的数字信息为 10110010011101，试画出 QPSK 信号的波形示意图。

(2) 试画出调制解调器的组成原理方框图，并简述其工作原理。

解　(1) 图 7-37(*a*)为输入数字信息为 101100100111101 时的波形图。

(2) 四相绝对移相调制器组成框图如图 7-37(*b*)所示。二进制数码两位一组输入，首先经串/并变换后变成宽度加倍的并行码；然后再分别进行极性变换，把单极性变成双极性码；接着分别与互为正交的载波相乘，两路相乘器输出的信号是互相正交的双边带调制信号；最后，经相加电路输出两路的合成波形即是 4PSK 信号。

四相绝对移相解调器组成框图如图 7-37(*c*)所示。4PSK 信号是两个正交的 2PSK 信号的合成，因此可仿照 2PSK 相干检测法，用两个正交的相干载波分别检测两个分量 *A* 和 *B*，然后还原成二进制双比特串行数字信号。

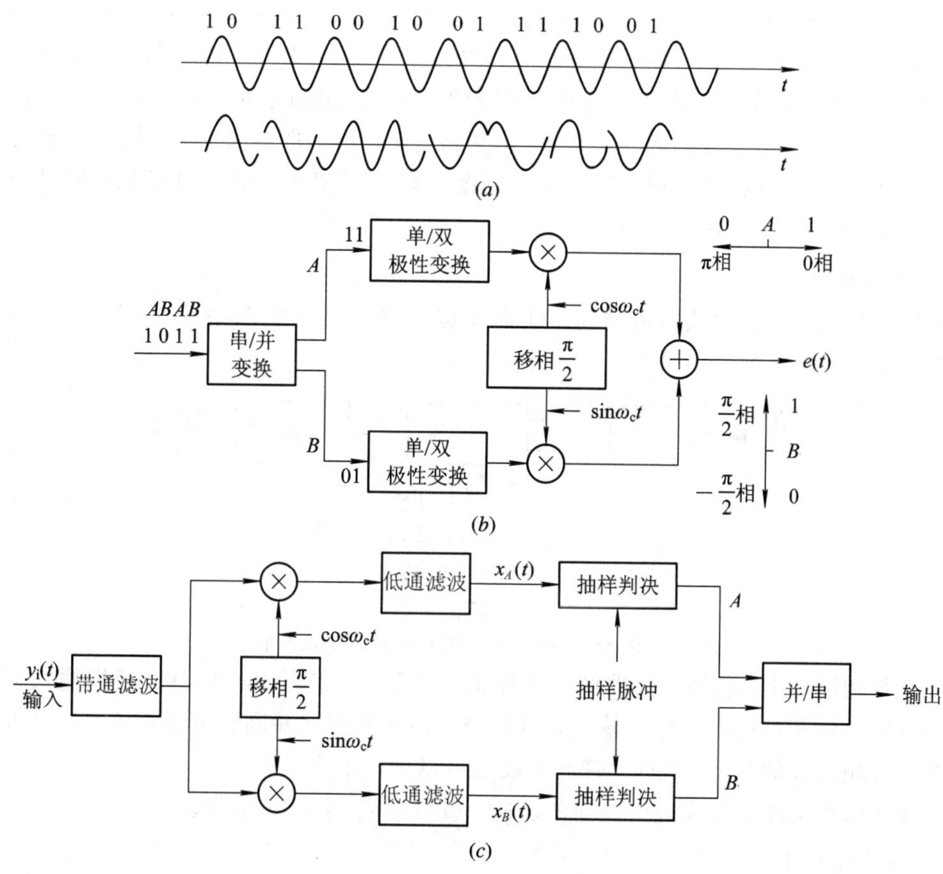

图 7-37　例 7-4 解图

(a) 输入数字信息的波形图；(b) 四相绝对移相调制器组成框图；(c) 四相绝对移相解决器组成框图

(3) 8PSK 信号的产生($\pi/4$ 体系)。

8PSK 正交调制器方框图如图 7-38(a)所示。输入二进制信号序列经串/并变换每次产生一个 3 bit 码组 $b_1b_2b_3$，因此，符号率为比特率的 1/3 。在 $b_1b_2b_3$ 控制下，同相路和正交路分别产生两个四电平基带信号 $I(t)$和 $Q(t)$。b_1 用于确定同相路信号的极性，b_2 用于确定正交路信号的极性，b_3 则用于确定同相路和正交路信号的幅度。不难算出，若 8PSK 信

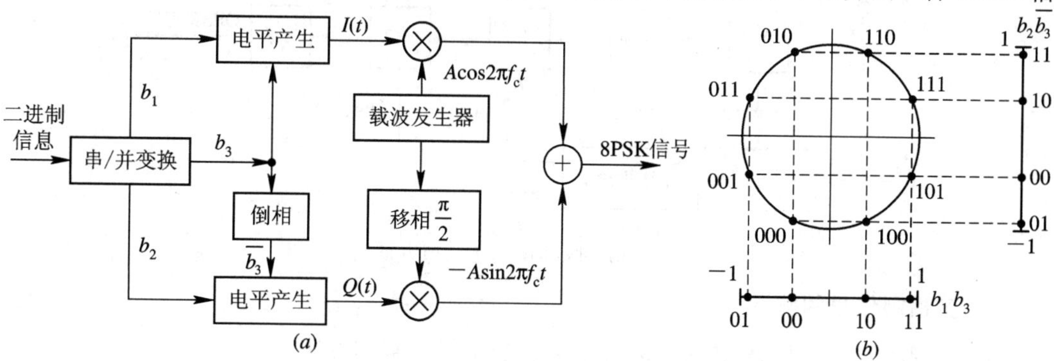

图 7-38　8PSK 正交调制器($\pi/4$ 体系)的方框图及矢量图

(a) 方框图；(b) 矢量图

号幅度为 1，则 $b_3=1$ 时同相路信号的幅度为 0.924，而正交路的幅度为 0.383；$b_3=0$ 时同相路信号的幅度为 0.383，而正交路信号的幅度为 0.924。因此，同相路与正交路基带信号的幅度是互相关联的，不能独立选取。例如，当 3 bit 二进制序列 $b_1b_2b_3=101$ 时，同相路 $b_1b_3=11$，其幅度在水平方向为 +0.924，正交路 $b_2b_3=01$，即 $b_2\bar{b}_3=00$，这时的正交路产生的幅度在垂直方向为 −0.383。将这两个幅度不同而互相正交的矢量相加，就可得到幅度为 1 的矢量 101，其相移为 $-\pi/8$，如图 7-38(*b*)所示。

2) 相位选择法

相位选择法是直接用数字信号选择所需相位的载波以产生 *M* 相制信号。相位选择法产生四相制信号的方框图如图 7-39 所示。

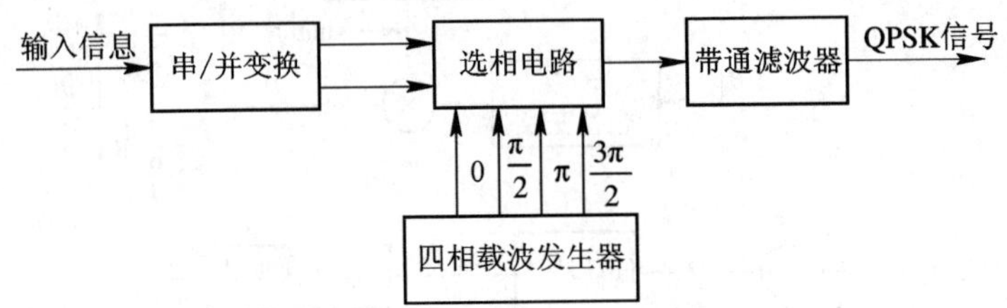

图 7-39　相位选择法产生四相制信号的方框图

在这种调制器中，载波发生器产生四种相位的载波，经逻辑选相电路根据输入信息每次选择其中一种相移的载波作为输出，然后经带通滤波器滤除高频分量。显然这种方法比较适合于载频较高的场合，此时，带通滤波器可以做得很简单。

若逻辑选相电路还能完成码变换的功能，就可形成 4DPSK 信号。

3) 脉冲插入法

图 7-40 所示是脉冲插入法原理方框图，它可实现 $\pi/2$ 体系相移。主振频率为 4 倍载波的定时信号，经两级二分频输出。输入信息经串/并变换逻辑控制电路，产生 $\pi/2$ 推动脉冲和 π 推动脉冲。在 $\pi/2$ 推动脉冲作用下，第一级二分频电路相当于分频链输出提前 $\pi/2$ 相位；在 π 推动脉冲作用下，第二级二分频多分频一次，相当于提前 π 相位。因此可以用控制两种推动脉冲的办法得到不同相位的载波。显然，分频链输出也是矩形脉冲，需经带通滤波才能得到以正弦波作为载波的 QPSK 信号。用这种方法也可实现 4DPSK 调制。

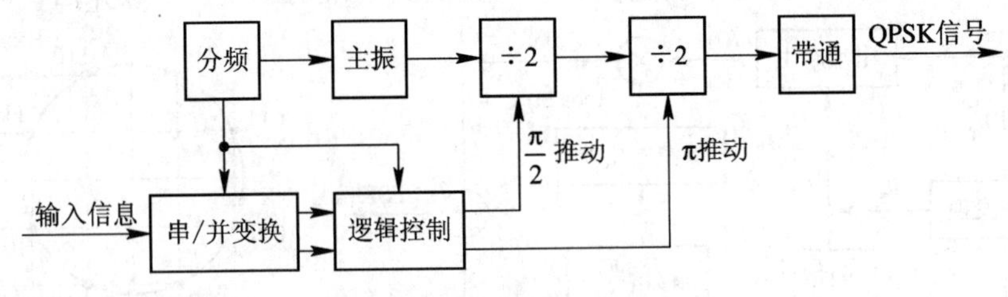

图 7-40　脉冲插入法原理方框图

3. 多相制信号的解调

这里，我们将介绍几种具有代表性的多相制信号的解调方法。

1) 相干正交解调(极性比较法)

4PSK(QPSK)信号的相干正交解调方法的原理框图如图 7-41 所示。因为 4PSK($\pi/4$

体系)信号是由两个正交的 2PSK 信号合成的，因此可仿照 2PSK 信号的相干检测法，在同相路和正交路中分别设置两个相关器。首先用两个相互正交的相干信号分别对两个二相信号进行相干解调，得到 $I(t)$和 $Q(t)$，然后再经电平判决和并/串变换即可恢复原始数字信息。相干正交解调法也称为极性比较法。

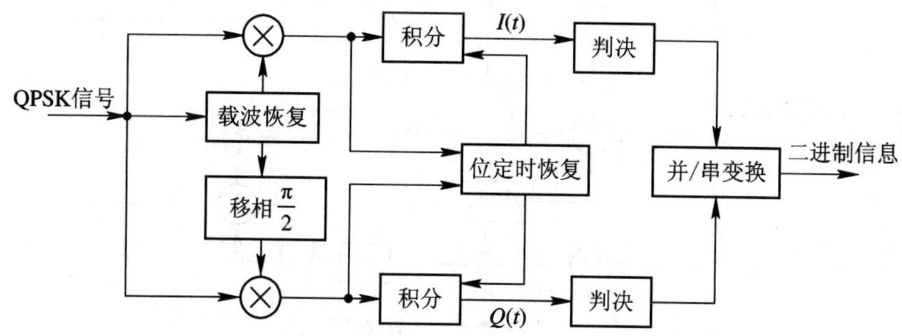

图 7 - 41　(4PSK)QPSK 信号的相干正交解调方法的原理框图

2) 差分正交解调(相位比较法)

对于 4DPSK 信号往往使用差分正交解调法。多相制差分调制的优点就在于它能够克服载波相位模糊的问题。由于多相制信号的相位偏移是相邻两码元相位的偏差，因此，在解调过程中，也可同样采用相干解调和差分译码的方法。

4DPSK 信号的解调是仿照 2DPSK 信号的差分检测法，即首先用两个正交的相干载波分别检测出两个分量 A 和 B，然后还原成二进制双比特串行数字信号。差分正交解调法也称为相位比较法。

差分正交解调法解调 4DPSK(π/2 体系)信号的方框图如图 7 - 42 所示。由于相位比较法比较的是前后相邻两个码元载波的初相，因而图中的延迟和相移网络以及相干解调就完成了 π/2 体系信号的差分正交解调的过程，且这种电路仅对载波频率是码元速率整数倍时的 4DPSK 信号有效。

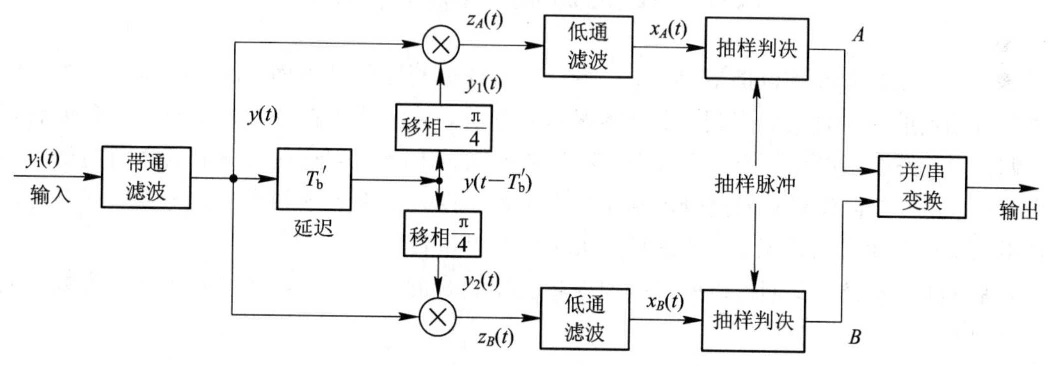

图 7 - 42　差分正交解调法解调 4DPSK$\left(\frac{\pi}{2}\text{体系}\right)$信号的方框图

3) 8PSK 信号的解调

8PSK 信号也可采用相干解调器，区别在于电平判决由二电平判决改为四电平判决。判决结果经逻辑运算后得到了比特码组，再进行并/串变换。通常我们使用的是双正交相干解调，其方框图如图 7 - 43 所示。

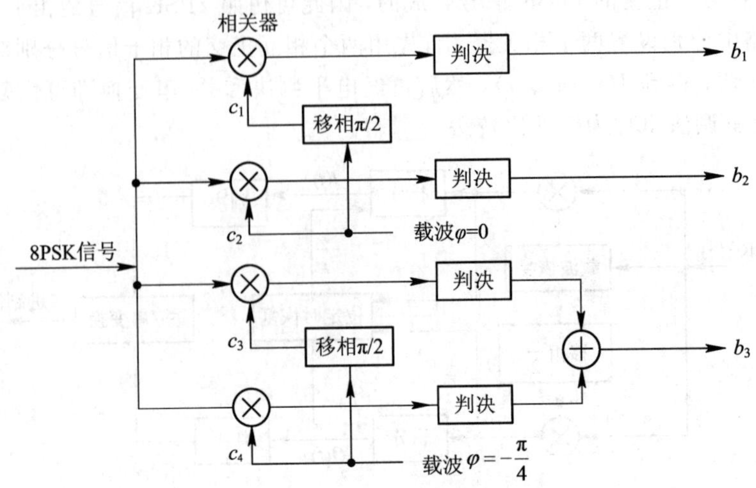

图 7-43 8PSK 信号的双正交相干解调的方框图

双正交相干解调器由两组正交相干解调器组成。其中一组的参考载波信号相位为 0 和 $\pi/2$，另一组的参考载波信号相位为 $-\pi/4$ 和 $\pi/4$。四个相干解调器后接四个二电平判决器，对其进行逻辑运算后即可恢复出图 7-38 中的 $b_1b_2b_3$，然后进行并/串变换，得到原始的串行二进制信息。图 7-43 中载波 $\varphi=0$ 对应 $\cos\omega_c t$；载波 $\varphi=-\pi/4$ 对应着 $\cos(\omega_c t-\pi/4)$。c_1、c_2、c_3、c_4 就是这两个相干载波的移相信号，在这里就是上面所说的二组参考载波的四个相移信号。

上述方法可以推广到任意的 MPSK 系统。

随着数字技术的发展，多相制信号的产生与解调较多采用脉冲插入法和相位选择法，解调时较多采用以脉冲计数为基础的判决方法。

7.6 正交振幅调制(QAM)

单独使用振幅或相位携带信息时，不能最充分地利用信号平面，这可以由矢量图中信号矢量端点的分布直观观察到。多进制振幅调制时，矢量端点在一条轴上分布；多进制相位调制时，矢量端点在一个圆上分布。随着进制数 M 的增大，这些矢量端点之间的最小距离也随之减小。但如果我们充分地利用整个平面，将矢量端点重新合理地分布，则有可能在不减小最小距离的情况下，增加信号矢量的端点数目。

基于上述概念，我们可以引出振幅与相位相结合的调制方式，这种方式常称为数字复合调制方式。

7.6.1 QAM 的调制解调原理

QAM 的调制解调原理方框图如图 7-44 所示。在调制器中，输入数据先经过串/并变换分成两路，再分别经过二电平到 L 电平的变换，形成 A_m 和 B_m。为了抑制已调信号的带外辐射，A_m 和 B_m 要首先通过预调制低通滤波器；然后再分别与相互正交的两路载波相乘，形成两路 ASK 调制信号；最后，将两路信号相加就可以得到不同的幅度和相位的已调 QAM 输

出信号 $y_{QAM}(t)$。

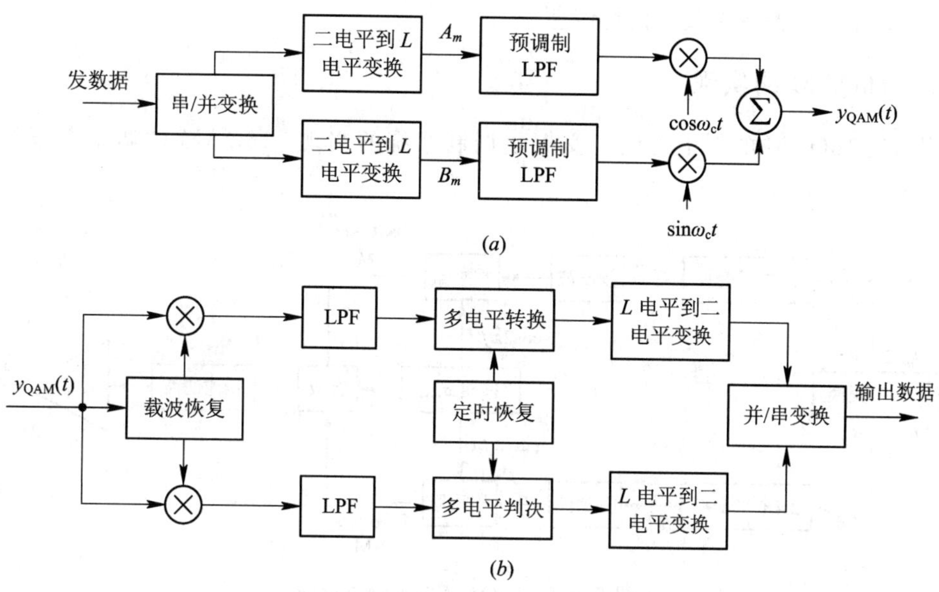

图 7-44　QAM 的调制解调原理方框图
(a) QAM 的调制方框图；(b) QAM 的解调方框图

在解调器中，输入信号分成两路，首先分别与本地恢复的两个正交载波相乘；然后再经过低通滤波器、多电平判决和 L 电平到二电平转换；最后经过并/串变换，就得到了输出数据序列。

7.6.2 QAM 信号的星座图

信号矢量端点的分布图称为星座图。多进制 QAM(MQAM)信号的星座图常为矩形或十字形，如图 7-45 所示。其中，$M=4$，16，64，256 时，星座图为矩形；$M=32$，128 时，

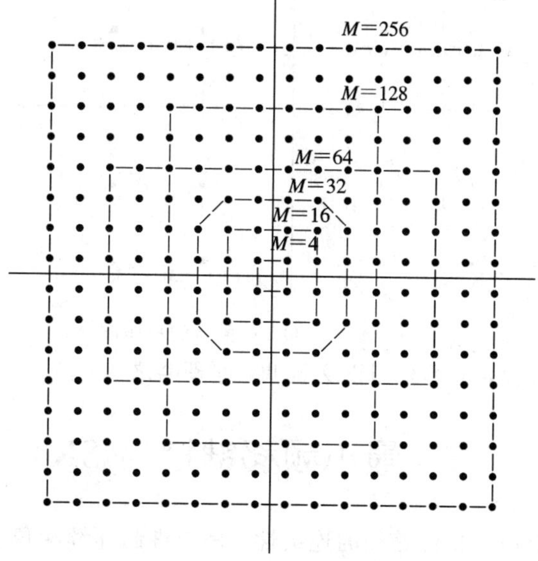

图 7-45　多进制 QAM(MQAM)信号的星座图

星座图为十字形。前者 M 为 2 的偶次方，即每个符号携带偶数个比特信息；后者为 2 的奇次方，即每个符号携带奇数个比特信息。

7.6.3　16QAM 的实现

现通过 16QAM 的例子说明正交振幅调制系统的实现，16QAM 的调制方框图如图 7 - 46 所示。

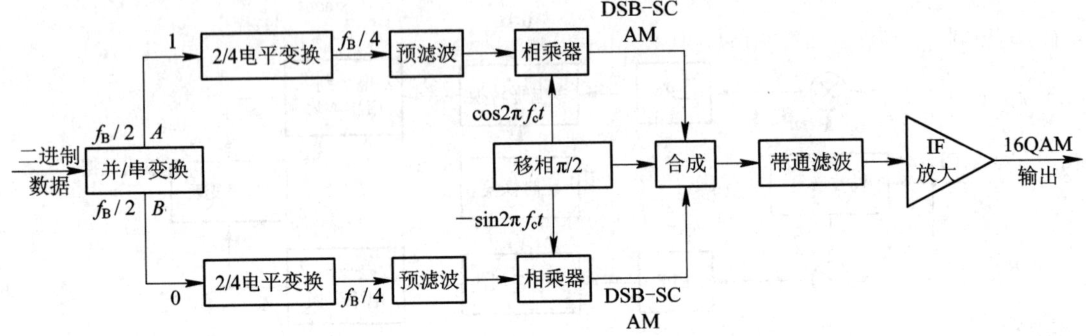

图 7 - 46　16QAM 的调制方框图

假设二进制数据的速率为 f_B，经串/并变换成为 $f_B/2$，经 2/4 电平变换后成为 $f_B/4$。2/4 电平变换后的电平为±1 V 和±3 V 的四种电平，各电平经预滤波限带后送入乘法器进行抑制载波双边带调幅(DSB - SC)，乘法器的输出就是抑制载波的四电平调幅信号。由于两个载波是正交的，所以乘法器输出的两个调幅信号也是正交的，经过矢量合成，再经过带通滤波放大，即可得出 16QAM 信号。图 7 - 47 是 16QAM 信号的星座图，呈方形，共有 16 个状态。

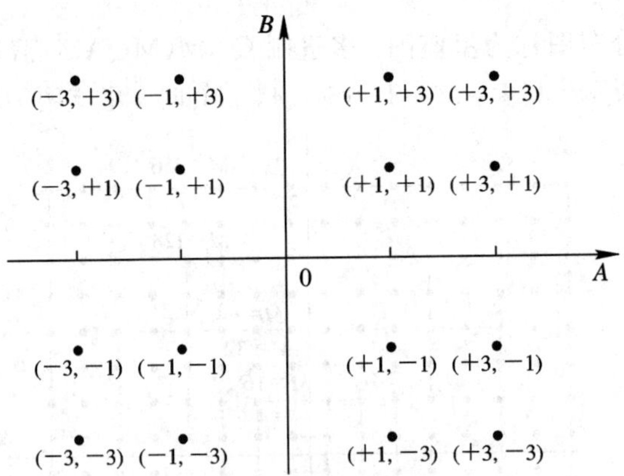

图 7 - 47　16QAM 信号的星座图

解调是调制的逆过程，也可采用正交解调，原理略之。

7.7　最小频移键控(MSK)

最小频移键控追求信号相位路径的连续性，是二进制连续相位 FSK(CPFSK)的一种。MSK 又称快速频移键控(FFSK)，“快速”二字指的是这种调制方式对于给定的频带，它能比 2PSK 传输更高速的数据，且在带外的频谱分量要比 2PSK 衰减得快；而最小频移键控中的"最小"二字指的是这种调制方式能以最小的调制指数($h=0.5$)获得正交的调制信号。

7.7.1 MSK 的基本原理

在一个码元时间 T_b 内，CPFSK 信号可表示为

$$s_{\mathrm{CPFSK}}(t) = A\cos[\omega_c t + \theta(t)] \tag{7-57}$$

当 $\theta(t)$为时间连续函数时，已调波在所有时间上是连续的。若传"0"码时载频为 ω_1，传"1"码时载频为 ω_2，它们相对于未调载频 ω_c 的偏移为 $\Delta\omega$，则式(7-57)又可写为

$$s_{\mathrm{CPFSK}}(t) = A\cos[\omega_c t \pm \Delta\omega t + \theta(0)] \tag{7-58}$$

其中

$$\begin{aligned} \omega_c &= \frac{\omega_1 + \omega_2}{2} \\ \Delta\omega &= \frac{\omega_2 - \omega_1}{2} \end{aligned} \tag{7-59}$$

比较式(7-58)和式(7-59)可以看出，在一个码元时间内，相角 $\theta(t)$为时间的线性函数，即

$$\theta(t) = \pm\Delta\omega t + \theta(0) \tag{7-60}$$

式中，$\theta(0)$为初相角，取决于过去码元调制的结果。它的选择要防止相位的任何不连续性。

对于 FSK 信号，当 $2\Delta\omega T_b = n\pi$(n 为整数)时，就认为它是正交的。为了提高频带利用率，$\Delta\omega$ 要小。当 $n=1$ 时，$\Delta\omega$ 达最小值，有

$$\Delta\omega T_b = \frac{\pi}{2} \tag{7-61}$$

或者

$$2\Delta f T_b = \frac{1}{2} = h \tag{7-62}$$

式中，h 称为调制指数。由式(7-62)可以看出，频偏 $\Delta f=\frac{1}{4T_b}$，频差 $2\Delta f=\frac{1}{2T_b}$，它等于码元速率的一半，这是最小频差。所谓的最小频移键控(MSK)，正是取调制指数 $h=0.5$，在满足信号正交的条件下，使频移 Δf 最小。利用式(7-60)和式(7-61)，相角 $\theta(t)$又可写为

$$\theta(t) = \pm\frac{\pi}{2T_b}t + \theta(0) \tag{7-63}$$

为了方便，假定 $\theta(0)=0$，同时，假定"+"号对应于"1"码，"−"号对应于"0"码。当 $t>0$ 时，在几个连续码元时间内，$\theta(t)$的可能值示于 MSK 信号相位轨迹图中，如图 7-48 所示。传"1"码时，相位增加$\pi/2$；传"0"码时，相位减少 $\pi/2$。当 $t=T_b$ 时，式(7-63)可写为

$$\theta(T_b) - \theta(0) = \begin{cases} \dfrac{\pi}{2} & \text{传“1”码} \\ -\dfrac{\pi}{2} & \text{传“0”码} \end{cases} \tag{7-64}$$

因此，图 7-48 中正斜率直线表示传"1"码时的相位轨迹，负斜率直线表示传"0"码时的相位轨迹。这种由可能的相位轨迹构成的图形称为相位网格图。在每一码元时间内，相

位对于前一码元载波相位不是增加 $\pi/2$，就是减少 $\pi/2$。在 T_b 的奇数倍上取 $\pm\pi/2$ 两个值，偶数倍上取 0、π 两个值。例如，图 7-48 中粗线路径所对应的信息序列为 11010100。

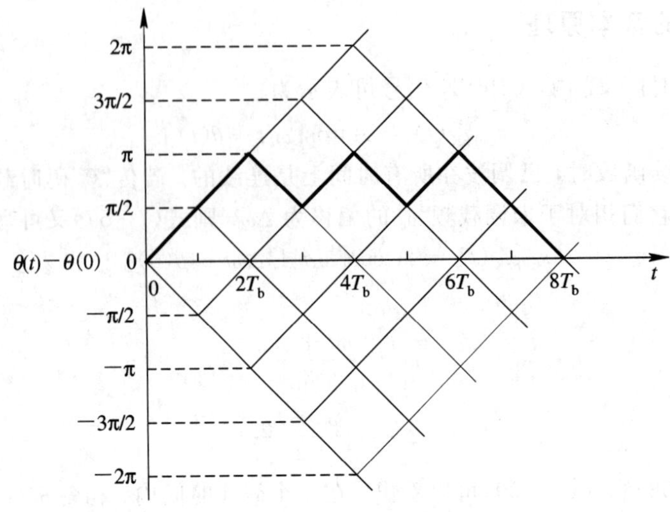

图 7-48 MSK 信号相位轨迹

若将式(7-63)扩展到多个码元时间上，则可写为

$$\theta(t) = \frac{\pi t}{2T_b}P_k + \theta_k \tag{7-65}$$

式中，P_k 为二进制双极性码元，取值为 ±1；θ_k 为截距，其值为 π 的整数倍，即 $\theta_k = n\pi$，k 为整数。这表明，MSK 信号的相位是分段线性变化的，同时在码元转换时刻相位仍是连续的，所以有

$$\theta_{k-1}(kT_b) = \theta_k(kT_b)$$

或者

$$\theta_k = \theta_{k-1} + (P_{k-1} - P_k)k \cdot \left(\frac{\pi}{2}\right) \tag{7-66}$$

现在，将式(7-65)代入式(7-57)，便可写出 MSK 波形的表达式为

$$s_{\text{MSK}}(t) = A\cos\left(\omega_c t + \frac{\pi t}{2T_b}P_k + \theta_k\right) \tag{7-67}$$

利用三角等式并注意到 $\sin\theta_k = 0$，有

$$\begin{aligned} s_{\text{MSK}}(t) &= A\left[a_I(t)\cos\left(\frac{\pi t}{2T_b}\right)\cos\omega_c t - a_Q\sin\left(\frac{\pi t}{2T_b}\right)\sin\omega_c t\right] \\ &= A[I(t)\cos\omega_c t - Q(t)\sin\omega_c t] \end{aligned} \tag{7-68}$$

其中

$$I(t) = a_I(t)\cos\left(\frac{\pi t}{2T_b}\right)$$

$$Q(t) = a_Q(t)\sin\left(\frac{\pi t}{2T_b}\right)$$

$$a_I(t) = \cos\theta_k$$

$$a_Q(t) = P_k\cos\theta_k$$

式(7-68)即为 MSK 信号的正交表示形式。其同相分量为

$$x_{\mathrm{I}}(t) = I(t)\cos\omega_c t$$

也称为 I 支路。其正交分量为

$$x_{\mathrm{Q}}(t) = Q(t)\sin\omega_c t$$

也称为 Q 支路。$[\pi t/(2T_b)]$称为加权函数。

7.7.2　MSK 调制解调的实现

根据式(7－67)，我们可以画出 MSK 调制器的方框图，如图 7－49 所示。

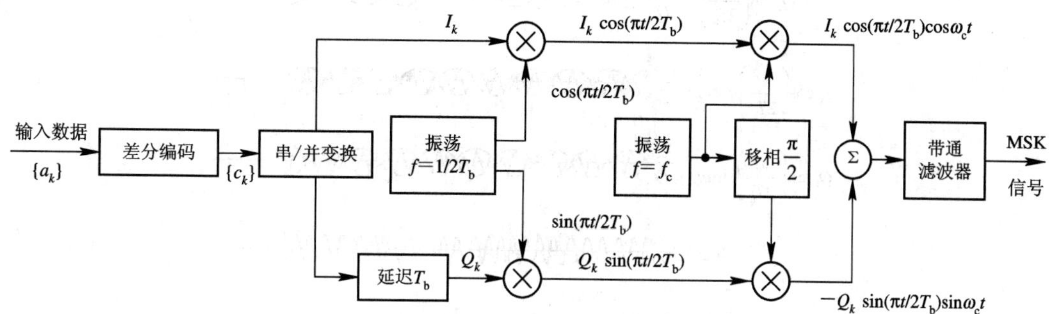

图 7－49　MSK 调制器的方框图

MSK 信号的产生过程如下：

(1) 对输入数据序列进行差分编码；

(2) 把差分编码器的输出数据用串/并变换器分成两路，并相互交错一个比特宽度 T_b；

(3) 用加权函数 $\cos\left(\frac{\pi t}{2T_b}\right)$和 $\sin\left(\frac{\pi t}{2T_b}\right)$分别对两路数据进行加权；

(4) 用两路加权后的数据分别对正交载波 $\cos\omega_c t$ 和 $\sin\omega_c t$ 进行调制；

(5) 把两路输出信号进行叠加。

假如给定一组输入数据序列 111010011110100010011，共 21 位码，那么 MSK 信号的变换关系及相应的波形图分别见表 7－4 和图 7－50。

表 7－4　MSK 信号的变换关系

k	0	1	2	3	4	5	6	7	8	9	10	11	12	13	14	15	16	17	18	19	20
输入数据a_k	1	1	1	−1	1	−1	−1	1	1	1	1	−1	1	−1	−1	−1	1	−1	−1	1	1
差分编码	−1	1	−1	−1	1	1	1	−1	1	−1	1	1	−1	−1	−1	−1	1	1	1	−1	1
同相数据I_k		1		−1		1		−1		−1		1		−1		−1		1		−1	
正交数据Q_k			−1		1		1		1		1		−1		−1		1		1		1
ϕ_k(模2π)	0	0	0	π	π	0	0	π	π	π	π	0	0	π	π	π	π	0	0	π	π
$I_k=\cos\phi_k$		1	1	−1	−1	1	1	−1	−1	−1	−1	1	1	−1	−1	−1	−1	1	1	−1	−1
$Q_k=-a_k\cos\phi_k$			−1	−1	1	1	1	1	1	1	1	1	−1	−1	−1	−1	1	1	1	1	1
频　率	f_2	f_2	f_2	f_1	f_2	f_1	f_1	f_2	f_2	f_2	f_2	f_1	f_2	f_1	f_1	f_1	f_2	f_1	f_1	f_2	f_2

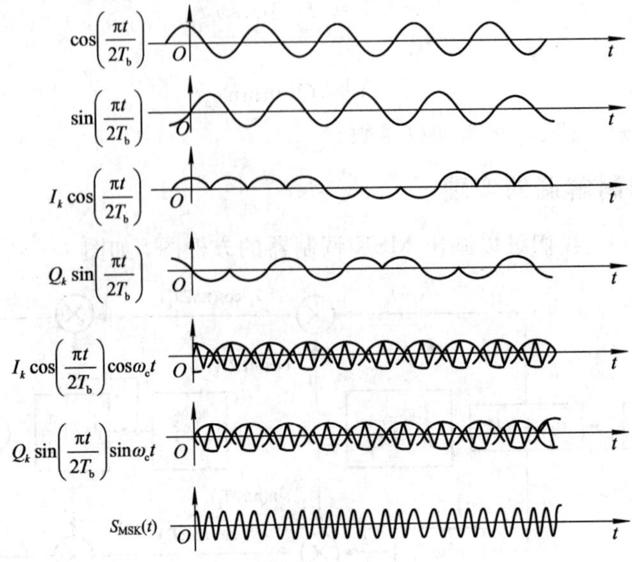

图 7 - 50 MSK 信号的波形

综合以上分析可知，MSK 信号必须具有以下特点：

(1) 已调信号的振幅是恒定的；

(2) 信号的频率偏移严格地等于$\pm 1/(4T_b)$，相应的调制指数$h=\Delta f T_b=(f_2-f_1)T_b=1/2$；

(3) 以载波相位为基准的信号相位在一个码元期间内准确地线性变化$\pm\pi/2$；

(4) 在一个码元期间内，信号应包括 1/4 载波周期的整数倍；

(5) 在码元转换时刻，信号的相位是连续的，或者说信号的波形没有突跳。

MSK 信号属于数字鉴频调制信号，因此可以采用一般鉴频器方式进行解调。鉴频器解调方式结构简单，容易实现。MSK 信号鉴频器解调原理图如图 7 - 51 所示。

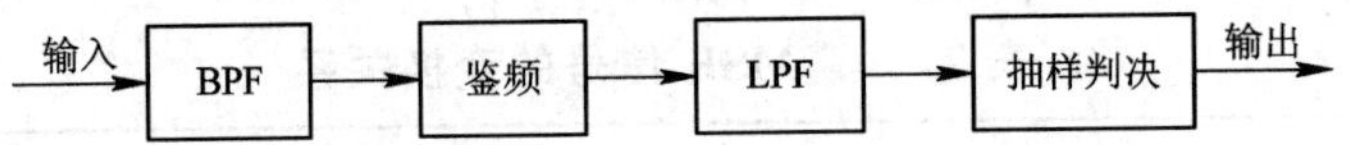

图 7 - 51 MSK 信号鉴频器解调原理图

由于 MSK 信号解调指数较小，采用一般鉴频器方式进行解调误码率性能不太好，因此在对误码率有较高要求时大多采用相干解调方式。图 7 - 52 是 MSK 信号相干解调器原理图，它由相干载波提取和相干解调两部分组成。

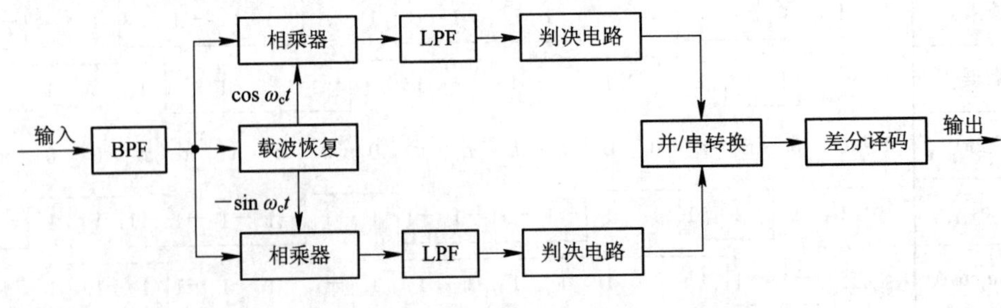

图 7 - 52 MSK 信号相干解调器原理图

7.7.3 MSK 系统的性能

可以证明，相干解调时 MSK 系统的误码率与 2PSK 系统的相同，即

$$P_e = \frac{1}{2}\operatorname{erfc}(\sqrt{r})$$

MSK 信号的单边功率谱密度可表示为

$$P_{\mathrm{MSK}}(f) = \frac{8T_b}{\pi^2[1-16(f-f_c)^2T_b^2]^2}\cos^2[2\pi(f-f_c)T_b]$$

根据上式画出 MSK 信号的功率谱密度如图 7 - 53 所示。为了便于比较，图中还画出了 2PSK 信号的功率谱密度。

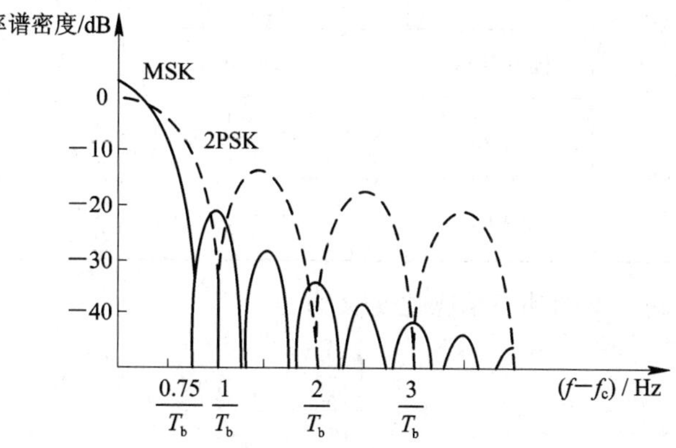

图 7 - 53 MSK 信号与 2PSK 信号的功率谱密度

由图 7 - 49 可以看出，与 2PSK 信号相比，MSK 信号的功率谱更加紧凑，其第一个零点出现在 $0.75/T_b$ 处，而 2PSK 信号的第一个零点出现在 $1/T_b$ 处。这表明，MSK 信号的功率谱以 $(f-f_c)^{-4}$ 的速率衰减，它要比 2PSK 信号的衰减速率快得多，因此对邻道的干扰也较小。

7.8 数字调制系统性能比较

7.8.1 二进制数字调制系统的性能比较

与基带传输方式相似，数字频带传输系统的传输性能也可以用误码率来衡量。对于各种调制方式及不同的检测方法，二进制数字调制系统误码率公式总结于表 7 - 5 中。

表 7 - 5 中公式是在下列条件下得到的：

(1) 二进制数字信号“1”和“0”是独立的且等概率出现的；

(2) 信道加性噪声 $n(t)$ 是零均值高斯白噪声，功率谱密度为 n_0（单边）；

(3) 通过接收滤波器 $H_R(\omega)$ 后的噪声为窄带高斯噪声，其均值为零，方差为 σ_n^2，则

$$\sigma_n^2 = \frac{1}{2\pi}\int_{-\infty}^{\infty}\frac{n_0}{2}\,|\,H_R(\omega)\,|^2\,d\omega \qquad (7-69)$$

(4) 接收滤波器引起的码间串扰很小，可以忽略不计；

(5) 接收端产生的相干载波的相位误差为 0。

表 7-5 二进制数字调制系统误码率公式

调制方式		误码率公式
2ASK	相干	$P_e=\frac{1}{2}\operatorname{erfc}\left(\sqrt{\frac{r}{4}}\right)$
	非相干	$P_e\approx\frac{1}{2}\exp\left(-\frac{r}{4}\right)$
2PSK 相干		$P_e=\frac{1}{2}\operatorname{erfc}(\sqrt{r})$
2DPSK	相位比较	$P_e=\frac{1}{2}\exp(-r)$
	极性比较	$P_e\approx\operatorname{erfc}(\sqrt{r})$
2FSK	相干	$P_e=\frac{1}{2}\operatorname{erfc}\left(\sqrt{\frac{r}{2}}\right)$
	非相干	$P_e=\frac{1}{2}\exp\left(-\frac{r}{2}\right)$

这样，解调器输入端的功率信噪比定义为

$$r=\frac{\left(\frac{A}{\sqrt{2}}\right)^2}{\sigma_n^2}=\frac{A^2}{2\sigma_n^2} \tag{7-70}$$

式中，A 为输入信号的振幅；$(A/\sqrt{2})^2$ 为输入信号功率；σ_n^2 为输入噪声功率；r 是输入功率信噪比。

图 7-54 给出各种二进制调制的误码率曲线。由误码率公式和误码率曲线可知，2PSK 相干解调的抗白噪声能力优于 2ASK 和 2FSK 相干解调。在相同误码率条件下，

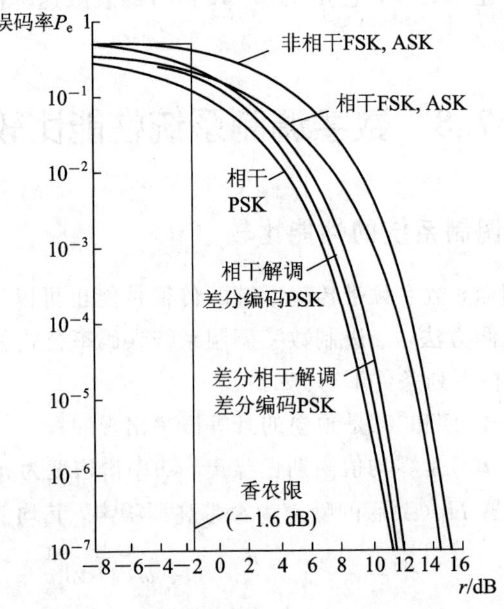

图 7-54 二进制调制的误码率曲线

2PSK 相干解调所要求的信噪比 r 比 2ASK 和 2FSK 的要低 3 dB，这意味着发送信号能量可以降低一半。

总的来说，二进制数字传输系统的误码率与信号形式(调制方式)、噪声的统计特性、解调及译码判决方式等因素有关。无论采用何种方式、何种检测方法，其共同点是输入信噪比增大时，系统的误码率就降低；反之，误码率增大。由此可得出以下两点。

(1) 对于同一调制方式不同检测方法，相干检测的抗噪声性能优于非相干检测。但是，随着信噪比 r 的增大，相干与非相干误码性能的相对差别越不明显，误码率曲线就越靠拢。另外，相干检测系统的设备比非相干的要复杂。

(2) 同一检测方法不同调制方式的比较，有以下几点：

① 相干检测时，在相同误码率条件下，信噪比 r 的要求是：2PSK 比 2FSK 小 3 dB，2FSK 比 2ASK 小 3 dB。非相干检测时，在相同误码率条件下，信噪比 r 的要求是：2DPSK 比 2FSK 小 3 dB，2FSK 比 2ASK 小 3 dB。

② 2ASK 要严格工作在最佳判决门限电平较为困难，其抗振幅衰落性能差。2FSK、2PSK、2DPSK 最佳判决门限电平为 0，容易设置，均有很强的抗振幅衰落性能。

③ 2FSK 的调制指数 h 通常大于 0.9，此时在相同传码率条件下，2FSK 的传输带宽比 2PSK、2DPSK、2ASK 的宽，即 2FSK 的频带利用率最低。

7.8.2　多进制数字调制系统的性能比较

多进制数字调制系统的误码率是平均信噪比 ρ 及进制数 M 的函数。对移频、移相制 ρ 就是 r；对移幅制 ρ 是各电平等概率出现时的信号平均功率与噪声平均功率之比。当 M 一定，ρ 增大时，P_e 减小，反之增大；当 ρ 一定，M 增大时，P_e 增大。可见，随着进制数的增多，抗干扰性能降低。

(1) 对多电平振幅调制系统而言，在要求相同的误码率 P_e 的条件下，多电平振幅调制的电平数愈多，需要信号的有效信噪比就越高；反之，有效信噪比就可能下降。在 M 相同的情况下，双极性相干检测的抗噪声性能最好，单极性相干检测性能次之，单极性非相干检测性能最差。虽然 MASK 系统的抗噪声性能比 2ASK 系统的差，但其频带利用率高，是一种高效传输方式。

(2) 多频调制系统中相干检测和非相干检测时的误码率 P_e 均与信噪比 ρ 及进制数 M 有关。在一定的进制数 M 条件下，信噪比 ρ 越大，误码率越小；在一定的信噪比条件下，M 值越大，误码率也越大。MFSK 与 MASK、MPSK 比较，随 M 增大，其误码率增大得不多，但其频带占用宽度将会增大，频带利用率降低。另外，对相干检测与非相干检测性能进行比较，M 相同时，相干检测的抗噪声性能优于非相干检测。但是，随着 M 的增大，两者之间的差距将会有所减小，而且在同一 M 条件下，随着信噪比的增加，两者性能将会趋于同一极限值。由于非相干检测易于实现，因此，非相干 MFSK 的实际应用多于相干 MFSK 的。

(3) 在多相调制系统中，M 相同时，相干检测 MPSK 系统的抗噪声性能优于差分检测 MDPSK 系统的抗噪声性能。在相同误码率条件下，M 值越大，差分移相比相干移相在信噪比上损失得越多，M 很大时，这种损失约为 3 dB。但是，由于 MDSKP 系统无反向工作(即相位模糊)问题，接收端设备没有 MPSK 系统的复杂，因而 MDSKP 系统的实际应用比 MPSK 系统的多。多相制的频带利用率高，是一种高效传输方式。

(4) 多进制数字调制系统主要采用非相干检测的 MFSK、MDPSK 和 MASK。一般在信号功率受限，而带宽不受限的场合多用 MFSK；功率不受限制的场合用 MDPSK；在信道带宽受限，而功率不受限的恒参信道用 MASK。

(5) MQAM 信号具有和 MPSK 信号相同的频带利用率，但在信号平均功率相等的条件下，MQAM 的抗噪声性能优于 MPSK。

由前面的分析我们已经看出，二进制数字调制系统的传码率等于其传信率，2ASK 和 2PSK 的系统带宽近似等于传信率的两倍，频带利用率为 1/2 b/(s·Hz)；而 2FSK 系统的带宽近似为$|f_1-f_2|+2R_B>2R_B$，频带利用率小于 1/2 b/(s·Hz)。而在多进制数字调制系统中，系统的传码率和传信率是不相等的，即 $R_b=kR_B$。在相同的信息速率条件下，多进制数字调制系统的频带利用率低于二进制的情形。

信道特性变化的灵敏度对最佳判决门限有一定的影响。在 2FSK 系统中，是比较两路解调输出的大小来作出判决的，没有人为设置的判决门限。在 2PSK 系统中，判决器的最佳判决门限为零，与接收机输入信号的幅度无关，因此它不随信道特性的变化而改变，这时接收机容易保持在最佳判决门限状态。对于 2ASK 系统，判决器的最佳判决门限为 $A/2$，与接收机输入信号的幅度有关。当信道特性发生变化时，接收机输入信号的幅度 A 将随之变化，相应地，判决器的最佳判决门限也随之发生变化，这时接收机不容易保持在最佳判决门限状态，从而导致误码率增大。所以当信道特性变化较为敏感时，不宜选择 2ASK 调制方式。

当信道有严重衰落时，通常采用非相干解调或差分相干解调，因为这时在接收端不易得到相干解调所需的相干参考信号。当发射机有严格的功率限制时，如卫星通信中，卫星上转发器输出功率受电能的限制，从宇宙飞船上发回遥测数据时，飞船所载有的电能和产生功率的能力都是有限的，这时可考虑采用相干解调，因为在给定的传码率及误码率情况下，相干解调所要求的信噪比较非相干解调小。

就设备的复杂度而言，2ASK、2PSK 及 2FSK 发送端设备的复杂度相差不多，而接收端的复杂程度则和所用的调制解调方式有关。对于同一种调制方式，相干解调时的接收设备比非相干解调的接收设备复杂；同为非相干解调时，2DPSK 的接收设备最复杂，2FSK 次之，2ASK 的设备最简单。就多进制而言，不同调制解调方式设备的复杂程度的关系与二进制的情况相同。但总体讲，多进制数字调制与解调的设备复杂程度要比二进制的复杂得多。

从以上几个方面对各种数字调制系统做的比较可以看出，在选择调制和解调方式时，要考虑的因素是比较多的。只有对系统要求做全面地考虑，并且抓住其中最主要的因素，才能做出比较正确的抉择。如果抗噪声性能是主要的，则应考虑相干 2PSK 和 2DPSK，而 2ASK 是不可取的；如果带宽是主要的因素，则应考虑多进制 PSK、相干 2PSK、2DPSK 以及 2ASK，而 2FSK 最不值得考虑(除非选择调制指数较小的 2FSK)；如果设备的复杂性是一个必须考虑的重要因素，则非相干方式比相干方式更为适宜。目前，在高速数据传输中，4PSK、相干 4PSK 及 4DPSK 用得较多；在中、低速数据传输中，特别是在衰落信道中，相干 2FSK 用得较为普遍。

本章小结

振幅键控是最早应用的数字调制方式，它是一种线性调制系统。其优点是设备简单、频带利用率较高，缺点是抗噪声性能差，而且它的最佳判决门限与接收机输入信号的振幅有关，因而不易使取样判决器工作在最佳状态。

频移键控是数字通信中的一种重要调制方式。其优点是抗干扰能力强，缺点是占用频带较宽，尤其是多进制调频系统，频带利用率很低。目前主要应用于中、低速数据传输系统中。

相移键控分为绝对相移和相对相移两种。绝对相移信号在解调时有相位模糊的缺点，因而在实际中很少采用。但绝对相移是相对相移的基础，有必要熟练掌握。相对相移不存在相位模糊的问题，因为它是依靠前后两个接收码元信号的相位差来恢复数字信号的。相对相移的实现通常是先进行码变换，即将绝对码转换为相对码，然后对相对码进行绝对相移；相对相移信号的解调过程是进行相反的变换，即先进行绝对相移解调，然后再进行码的变换，最后恢复出原始信号。相移键控是一种高传输效率的调制方式，其抗干扰能力比振幅键控和频移键控都强，因此在高、中速数据传输中得到了广泛应用。

MSK 是调频指数 $h=0.5$ 的连续相位移频键控方式，是 FSK 方式的一种改进，是特殊频率键控形式。MSK 的频带利用率高，带外辐射小，抗噪声性能好，在实际系统中得到广泛的应用。

随着电路、滤波和均衡技术的发展，应高速数据传输的需要，多电平调制技术的应用越来越受到人们的重视。多进制调频系统比较简单，但频带利用率低，不多采用。多进制相移键控信号可以看作是振幅相等而相位不同的振幅调制，它是一种频带利用率高的高效率传输方式，其抗噪声性能也好，因而得到了广泛的应用。MDPSK 用得更广一些。

QAM 也是一种常用的调制方式，它的传输速率高、误码率低，较易实现，目前正向更高进制的调制方式发展。

1. 频率键控中的频率间隔的选取

在二进制或多进制频率键控系统中，各个频率之间的间隔要适度，间隔太大，浪费频带；间隔过小，不利于接收端分辨各个频率。所以，选取频率间隔的原则就是接收端能分辨出各个频率信号即可，占用频带越小越好。

2. 相位键控中参考相位的确定

在 PSK 信号中，相位变化是以未调载波的相位作为参考基准的。因此 2PSK 相干解调时，由于载波恢复中相位有 0、π 模糊性，因此会导致解调过程出现“反向工作”现象。

在 DPSK 信号中，相位变化是以前一码元载波的相位作为参考的。也就是说，DPSK 信号的相位并不直接代表信息码元，而前后码元相对相位的差才唯一决定信息码元。因此在 2DPSK 系统中，不会受初始状态的影响(即最初的 b_{n-1} 可任意设定)，且在相干解调时，由于码反变换(差分译码)的 $a_n=b_n\oplus b_{n-1}=\bar{b}_n\oplus\bar{b}_{n-1}$，从而克服了因载波相位模糊导致的“反向工作”现象。

相对相移键控 DPSK 信号是用本码元初始相位与前一码元的末相位之差 $\Delta\varphi$ 的大小来表示数字信号“0”和“1”的，$\Delta\varphi$ 也有定义为当前码元初始相位与前一码元初始相位之差的。只有码元周期和载波周期成整数倍关系时，两种定义才一致，在画 2DPSK 信号时应注意。

3. 2FSK 信号的包络检波解调带宽问题

2ASK、2FSK、2PSK、2DPSK 产生的方法都有键控法和模拟方法；接收方法有相干解调法和非相干解调法(PSK/DPSK 没有)。

在 2FSK 信号的相干解调或包络检波方案中，其解调原理是把 2FSK 信号分成上、下两路 2ASK 信号分别进行解调，因此上、下支路中的带通滤波器的通带宽度应等于 2ASK 信号的带宽，而不是 2FSK 的带宽。所以在求 2FSK 的误码率 $\frac{1}{2}\operatorname{erfc}\left(\sqrt{\frac{r}{2}}\right)$(相干解调)和 $\frac{1}{2}e^{-r/2}$(包络检波)时，其解调器输入端信噪比 $r=\frac{a^2}{2\sigma_n^2}$，其中的噪声功率 $\sigma_n^2=n_0B_{2ASK}=n_0\cdot\frac{2}{T_b}$，而不是 $\sigma_n^2B_{2FSK}$。

思考与练习 7

7-1 数字载波调制与连续模拟调制有什么异同点?

7-2 画出 2ASK 系统的方框图，并说明其工作原理。

7-3 2ASK 信号的功率谱有什么特点?

7-4 试比较相干检测 2ASK 系统和包络检测 2ASK 系统的性能及特点。

7-5 产生 2FSK 信号和解调 2FSK 信号各有哪些常用的方法?

7-6 画出频率键控法产生 2FSK 信号和包络检测法解调 2FSK 信号时系统的方框图及波形图。

7-7 试比较相干检测 2FSK 系统和包络检测 2FSK 系统的性能和特点。

7-8 已知数字信息为 1101001，并设码元宽度是载波周期的两倍，试画出绝对码、相对码、2PSK 信号、2DPSK 信号的波形。

7-9 试画出 2PSK 系统的方框图，并说明其工作原理。

7-10 试画出 2DPSK 系统的方框图，并说明其工作原理。

7-11 画出相位比较法解调 2DPSK 信号的方框图及波形图。

7-12 2PSK、2DPSK 信号的功率谱有什么特点?

7-13 试比较 2PSK、2DPSK 系统的性能和特点。

7-14 二进制数字调制系统的误码率与哪些因素有关? 试比较各种数字调制系统的误码性能。

7-15 8 电平调制的 MASK 系统，其信息传输速率为 4800 b/s，求其码元传输速率及传输带宽。

7-16 画出 4PSK($\pi/4$ 体系)系统的方框图，并说明其工作原理。

7-17 画出 4DPSK($\pi/2$ 体系)系统(采用差分检测)的方框图，并说明其工作原理。

7-18 试简述振幅键控、频移键控和相移键控三种调制方式各自的主要优点和缺点。

7-19 设发送的数字信息序列为 011011100010，试画出 2ASK 信号的波形示意图。

7-20 已知 2ASK 系统的传码率为 1000 Baud，调制载波为 $A\cos 140\pi\times10^6t$ V。

(1) 求该 2ASK 信号的频带宽度。

(2) 若采用相干解调器接收，请画出解调器中的带通滤波器和低通滤波器的传输函数幅频特性示意图。

7-21 2ASK 包络检测接收机输入端的平均信噪功率比 ρ 为 7 dB，输入端高斯白噪声的双边功率谱密度为 $2\times10^{-14}\,V^2/Hz$，码元传输速率为 50 Baud，设“1”“0”等概率出现。

试计算最佳判决门限、最佳归一化门限及系统的误码率。

7－22　已知某 2FSK 系统的码元传输速率为 1200 Baud，发“0”时载频为 2400 Hz，发“1”时载频为 4800 Hz，若发送的数字信息序列为 011011010，试画出序列对应的相位连续 2FSK 信号波形图。

7－23　说明：

(1) 相位不连续 2FSK 信号与 2ASK 信号的区别与联系；

(2) 相位不连续 2FSK 解调系统与 2ASK 解调系统的区别与联系。

7－24　某 2FSK 系统的传码率为 2×10^6 Baud，“1”码和“0”码对应的载波频率分别为 $f_1=10$ MHz，$f_2=15$ MHz。在频率转换点上相位不连续。

(1) 请问相干解调器中的两个带通滤波器及两个低通滤波器应具有怎样的幅频特性？画出示意图说明。

(2) 试求该 2FSK 信号占用的频带宽度。

7－25　一相位不连续的 2FSK 信号，发“1”及发“0”时波形分别为 $s_1(t)=A\cos(2000\cdot\pi t+\varphi_1)$ 及 $s_0(t)=A\cos(8000\pi t+\varphi_0)$。码元速率为 600 Baud，采用普通分路滤波器检测，系统频带宽度最小应为多少？

7－26　已知接收机输入信噪功率比 $r=10$ dB，试分别计算非相干 4FSK、相干 4FSK 系统的误码率。

7－27　已知数字信息 $\{a_n\}=1011010$，分别以下列两种情况画出 2PSK、2DPSK 及相对码 $\{b_n\}$ 的波形：

(1) 码元速率为 1200 Baud，载波频率为 1200 Hz；

(2) 码元速率为 1200 Baud，载波频率为 1800 Hz。

7－28　在数字调相信号中，若码元速率为 1200 Baud，载频 $f_c=1800$ Hz，波形如图 7－55 所示，则该二相差分移相信号的相位偏移和向量偏移各为多少？在上述条件下，它们的关系如何？

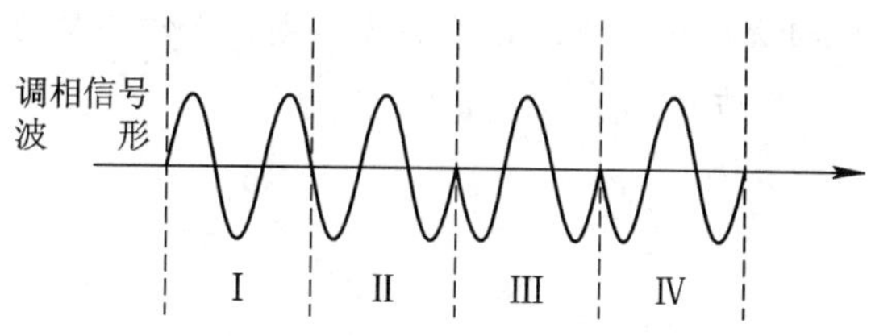

图 7－55　题 7－28 图

7－29　在二相制中，已知载波频率 $f_c=1800$ Hz，码元速率为 1200 Baud，数字信息为 0101。试分别画出按右表规定的两种编码方式(A、B 方式)的绝对相移与相对相移的已调信号波形图。

数字信息		0	1
相位偏移	A 方式	180°	0°
	B 方式	270°	90°

7－30　设某相移键控信号的波形如图 7－56 所示，试问：

(1) 若此信号是绝对相移信号，它所对应的二进制数字序列是什么？

(2) 若此信号是相对相移信号，且已知相邻相位差为 0 时对应“1”码元，相位差为 π 时对应“0”码元，则它所对应的二进制数字序列又是什么？

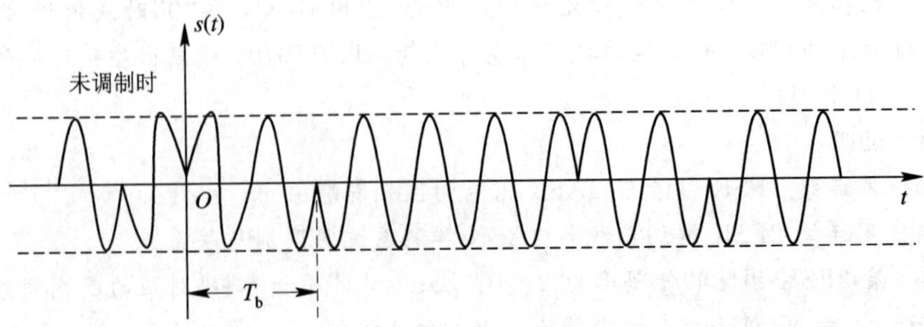

图 7-56 题 7-30 图

7-31 若载频为 2400 Hz，码元速率为 1200 Baud，发送的数字信息序列为 010110，试画出 $\Delta\varphi_n=270°$ 代表“0”码，$\Delta\varphi_n=90°$ 代表“1”码的 2DPSK 信号波形(注：$\Delta\varphi_n=\varphi_n-\varphi_{n-1}$)。

7-32 设 2DPSK 信号相位比较法解调原理方框图及输入信号波形如图 7-57 所示。试画出 b、c、d、e、f 各点的波形。

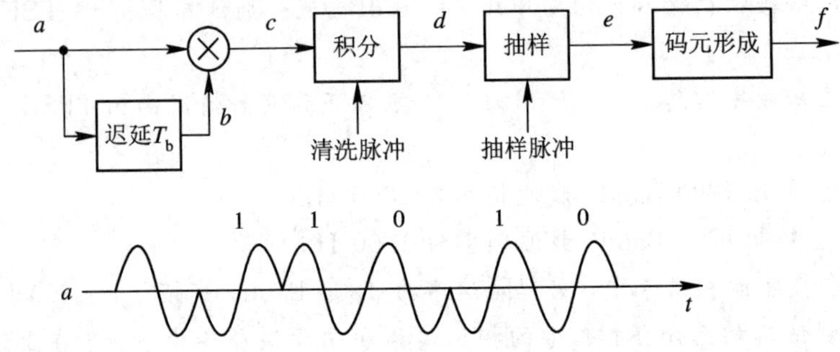

图 7-57 题 7-32 图

7-33 画出直接调相法产生 4PSK 信号的方框图，并作必要的说明。该 4PSK 信号的相位配置矢量图如图 7-58 所示。

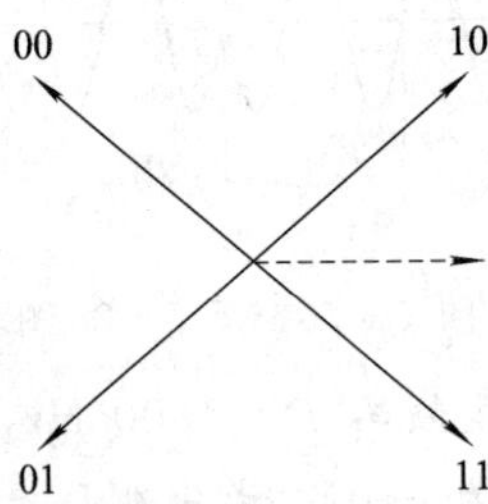

图 7-58 题 7-33 图

7-34 四相调制系统输入的二进制码元速率为 2400 Baud，载波频率为 2400 Hz，已知码字与相位的对应关系为：“00”←→0°，“01”←→90°，“11”←→180°，“10”←→270°。当输入码序列为 011001110100 时，试画出 4PSK 信号波形图。

7-35 已知数字基带信号的信息速率为 2048 kb/s，请问分别采用 2PSK 方式及 4PSK 方式传输时所需的信道带宽为多少？频带利用率为多少？

7－36 当输入数字消息分别为00、01、10、11时，试分析图7－59所示电路的输出相位。

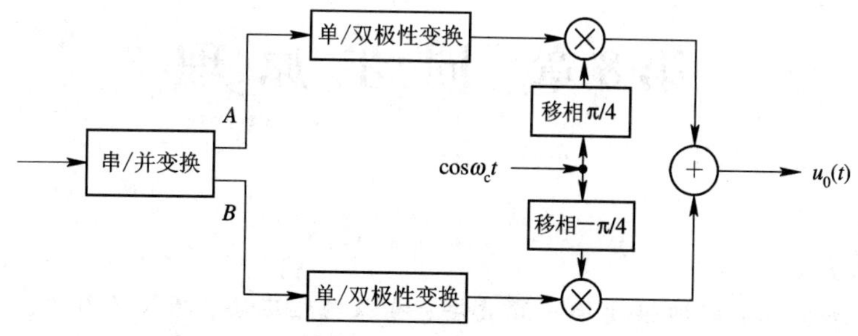

图7－59 题7－36图

注：① 当输入为“01”时，A 端输出为“0”，B 端输出为“1”。

② 单/双极性变换电路将输入的“1”“0”码分别变换为 A 及 $-A$ 两种电平。

7－37 设4DPSK信号的四个相位差分别为π/4、3π/4、5π/4、7π/4。试分析图7－60所示的4DPSK差分解调器的工作原理。

（注：抽样判决器的规则为：输入信号为正极性时判为“1”，为负极性时判为“0”。）

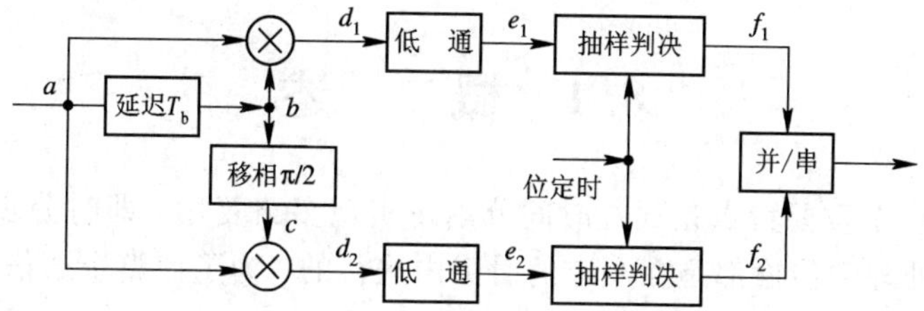

图7－60 题7－37图

7－38 设数字序列为{+1－1－1+1+1－1－1+1－1}，试画出对应的MSK信号相位变化图形。

7－39 画出4QAM调制原理框图，并画出各点波形图。

第8章 同步原理

【教学要点】

- 载波同步技术：非线性变换—滤波法、特殊锁相环法、插入导频法。
- 位同步技术：插入导频法、自同步法。
- 群同步技术：起止式同步法、连贯式插入法、间歇式插入法。
- 网同步技术：全网同步系统、准同步系统、SDH 网同步结构。

通信是收、发双方的事情，要使收端和发端的设备在时间上协调一致地工作，就必然涉及同步问题。在数字通信系统以及某些采用相干解调的模拟通信系统中，同步是一个非常重要的实际问题。本章将讨论同步的基本工作原理、实现方法及其性能指标。

8.1 概　　述

数字通信的一个重要特点是通过时间分割来实现多路复用，即时分多路复用。在通信过程中，信号的处理和传输都是在规定的时隙内进行的。为了使整个通信系统有序、准确、可靠地工作，收、发双方必须有一个统一的时间标准。这个时间标准就是靠定时系统去完成收、发双方时间的一致性，即同步。同步系统性能的好坏将直接影响通信质量的好坏，甚至会影响通信能否正常进行。可以形象地讲，如果电源是数字通信设备和系统的血液，那么，同步系统就是数字通信设备和系统的神经。

在第 7 章中，我们曾经提及过同步这个概念，如同步解调、位同步脉冲等，其实同步的方式很多。在这里，我们先将同步归类划分，并对各种同步方式进行概要介绍，然后在后续的节次中对各种同步实现的方法再全面叙述。

8.1.1 不同功用的同步

在数字通信系统中，按照同步的功用来区分，有载波同步、位同步(码元同步)、群同步(帧同步)和网同步(通信网络中使用)四种。

1. 载波同步

数字调制系统的性能是由解调方式决定的。相干解调中，首先要在接收端恢复出相干载波，这个相干载波应与发送端的载波在频率上同频，在相位上保持某种同步关系。在接收端恢复这一相干载波的过程称为载波跟踪、载波提取或载波同步。载波同步是实现相干解调的先决条件。

2. 位同步

位同步又称码元同步。不管是基带传输，还是频带传输(相干或非相干解调)，都需要位同步。因为在数字通信系统中，消息是由一连串码元传递的，这些码元通常均具有相同的持续时间。由于传输信道的不理想，以一定速率传输到接收端的基带数字信号，必然是混有噪声和干扰的失真了的波形。为了从该波形中恢复出原始的基带数字信号，就要对它进行取样判决。因此，要在接收端产生一个“码元定时脉冲序列”，这个码元定时脉冲序列的重复频率和相位(位置)要与接收码元一致，以保证：① 接收端的定时脉冲重复频率和发送端的码元速率相同；② 取样判决时刻对准最佳取样判决位置。这个码元定时脉冲序列称为“码元同步脉冲”或“位同步脉冲”。

我们把位同步脉冲与接收码元的重复频率和相位的一致称为码元同步或位同步，而把位同步脉冲的取得称为位同步提取。

3. 群同步

群同步也叫帧同步。对于数字信号传输来说，有了载波同步就可以利用相干解调解调出含有载波成分的基带信号包络，有了位同步就可以从不规则的基带信号中判决出每一个码元信号，形成原始的基带数字信号。然而，这些数字信号是按照一定数据格式传送的，一定数目的信息码元组成一“字”，又用若干“字”组成一“句”，若干“句”构成一“帧”，从而形成群的数字信号序列。在接收端要正确地恢复消息，就必须识别句或帧的起始时刻。在数字时分多路通信系统中，各路信码都安排在指定的时隙内传送，形成一定的帧结构。在接收端为了正确地分离各路信号，首先要识别出每帧的起始时刻，从而找出各路时隙的位置。也就是说，接收端必须产生与“字”“句”和“帧”起止时刻相一致的定时脉冲序列。我们称获得这些定时脉冲序列的过程为群同步或帧同步。

4. 网同步

通信网也有模拟网和数字网之分。在一个数字通信网中，往往需要把各个方向传来的信码按它们的不同目的进行分路、合路和交换，为了有效地完成这些功能，必须实现网同步。

8.1.2 不同传输方式的同步

同步也是一种信息，按照传输同步信息方式的不同，同步可分为外同步法和自同步法。

1. 外同步法

由发送端发送专门的同步信息，接收端把这个专门的同步信息检测出来作为同步信号的方法，称为外同步法。

2. 自同步法

发送端不发送专门的同步信息，接收端设法从收到的信号中提取同步信息的方法，称为自同步法。

由于外同步法需要传输独立的同步信号，因此，要付出额外功率和频带。在实际应用中，外同步法和自同步法都有采用。在载波同步中，采用两种同步方法，而自同步法用得较多；在位同步中，大多采用自同步法，外同步法也有采用；在群同步中，一般都采用外同步法。

无论采用哪种同步方式，对正常的信息传输来说，都是必要的，只有收、发设备之间建立了同步后才能开始传输信息。同步以同步误差小、相位抖动小、同步建立时间短、同步保持时间长等为其主要指标，它是系统正常工作的前提。同步性能的好坏将直接影响通信系统的性能，如果出现同步误差，就会导致数字通信设备的抗干扰性能下降，误码增加。

如果同步丢失(或失步),将会使整个系统无法工作。

因此,在数字通信同步系统中,要求同步信息传输的可靠性高于信号传输的可靠性。

8.2 载波同步技术

载波同步的方法通常有直接法(自同步法)和插入导频法(外同步法)两种。

直接法又可分为非线性变换—滤波法和特殊锁相环法。有些信号不含有载波分量,但如果采用非线性变换—滤波法,首先对接收到的已调信号进行非线性处理,以得到相应的载频分量;然后,再用窄带滤波器或锁相环进行滤波,滤除调制谱与噪声引入的干扰。非线性变换—滤波法的常用方法有平方变换法和平方环法两种。用直接法提取载波分量的另一途径是采用特殊锁相环。这种特殊锁相环具有从已调信号中消除调制和滤除噪声的功能,所以能鉴别接收已调信号中被抑制了的载波分量与本地 VCO 输出信号之间的相位误差,从而恢复出相应的相干载波。通常采用的特殊锁相环有:同相—正交环、逆调制环、判决反馈环和基带数字处理载波跟踪环等。

插入导频法也可以分为两种:一种是在频域插入导频,即在发送信息的频谱中或频带外插入相关的导频;另一种是在时域插入导频,即在一定的时段上传送载波信息。

对载波同步的要求是:发送载波同步信息所占的功率尽量小,频带尽量窄。载波同步的具体实现方案与采用的数字调制方式有着一定的关系。也就是说,具体采用哪一种载波同步方式,应视具体的调制方式而定。

8.2.1 直接法(自同步法)

1. 平方变换法

平方变换法适合于抑制载波的双边带信号。图 8-1 所示是平方变换法提取同步载波成分的方框图。

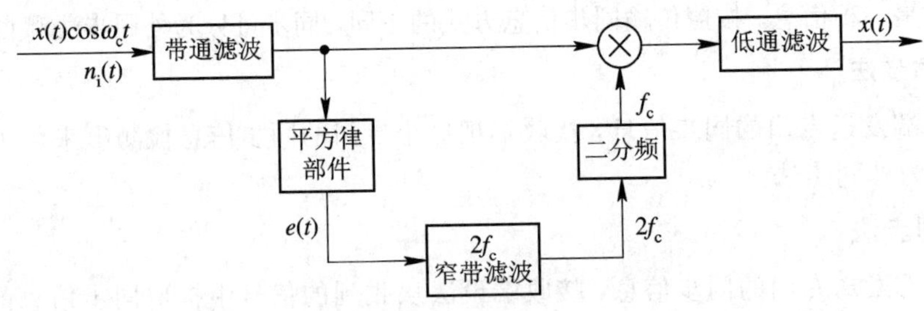

图 8-1 平方变换法提取同步载波成分的方框图

假设输入信号是 2PSK 信号,其已调信号为 $x(t)\cos\omega_c t$,同时有加性高斯白噪声,经过带通滤波器以后滤除了带外噪声。其中,信号 $x(t)\cos\omega_c t$ 经过平方律部件以后输出$e(t)$为

$$e(t) = [x(t)\ \cos\omega_c t]^2 = \frac{1}{2}x^2(t) + \frac{1}{2}x^2(t)\ \cos 2\omega_c t \tag{8-1}$$

式(8-1)的第二项$(\cos 2\omega_c t)/2$ 中含有二倍频 $2\omega_c$ 成分,经过中心频率为 $2f_c$ 的窄带滤波器以后就可取出 $2f_c$ 的频率成分。这就是对已调信号进行非线性变换的结果。实际上,对于 2PSK 信号,$x(t)$是双极性矩形脉冲,设 $x(t)=\pm 1$,则 $x^2(t)=1$,这样已调信号

$x(t)\ \cos\omega_c t$ 经过非线性变换—平方律部件后得

$$e(t) = \frac{1}{2} + \frac{1}{2}\cos 2\omega_c t \tag{8-2}$$

由此可知，从 $e(t)$ 中很容易通过窄带滤波器取出 $2f_c$ 频率成分，再经过一个二分频器就可得到 f_c 的频率成分，这就是所需要的同步载波。如果二分频电路处理不当，将会使 f_c 信号倒相，造成的结果就是“相位模糊”，即“反向工作”。对 2DPSK 则不存在相位模糊的问题。

2. 平方环法

伴随信号一起进入接收机的还有加性高斯白噪声，为了改善平方变换法的性能，使恢复的相干载波更为纯净，常常在非线性处理之后加入锁相环。具体做法是在平方变换法的基础上，把窄带滤波器改为锁相环，其原理方框图如图 8－2 所示，这样实现的载波同步信号的提取就是平方环法。由于锁相环具有良好的跟踪、窄带滤波和记忆功能，平方环法比一般的平方变换法的性能更好。因此，平方环法提取载波得到了广泛的应用。

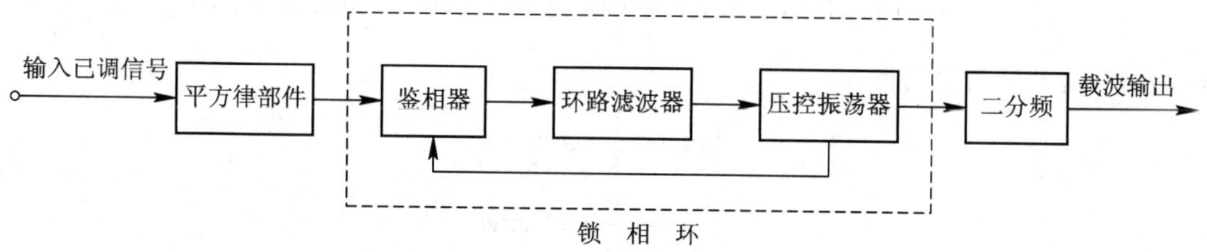

图 8－2 平方环法提取载波的原理方框图

3. 关于相位含糊问题的讨论

从图 8－2 中可以看出，由频率为 $2f_c$ 的窄带滤波器得到的是 $\cos 2\omega_c t$，经过二分频以后得到的可能是 $\cos\omega_c t$，也可能是 $\cos(\omega_c t+\pi)$。这种相位的不确定性称为相位含糊或相位模糊。相位含糊对模拟通信系统关系不大，因为耳朵听不出相位的变化。但对于数字通信来说情况就不同了。相位不同将使解调后码元反相，它有可能使 2PSK 相干解调后出现“反向工作”的问题，因此要克服相位模糊对相干解调影响的最常用而有效的方法是采用相对移相(2DPSK)。

4. 同相—正交环(科斯塔斯环)法

1) 方框图及工作原理

同相—正交环法又叫科斯塔斯(Costas)环法，其原理图如图 8－3 所示。在这种环路中，压控振荡器(VCO)提供两路相互正交的载波，与输入的二相 PSK 信号分别在同相和正交两个鉴相器中进行鉴相，经低通滤波器后得到 v_5 和 v_6，再送到一个乘法器相乘，去掉 v_5 和 v_6 中的数字信号，得到反映 VCO 与输入载波相位之差的误差控制电压信号 v_7。

假定环路已锁定，若不考虑噪声，则环路的输入信号为

$$x(t)\ \cos\omega_c t \tag{8-3}$$

同相与正交两鉴相器的本地参考电压信号分别为

$$\begin{cases} v_1 = \cos(\omega_c t + \theta) \\ v_2 = \cos(\omega_c t + \theta - 90°) = \sin(\omega_c t + \theta) \end{cases} \tag{8-4}$$

式中，θ 为 VCO 输出信号与输入已调信号载波之间的相位误差。

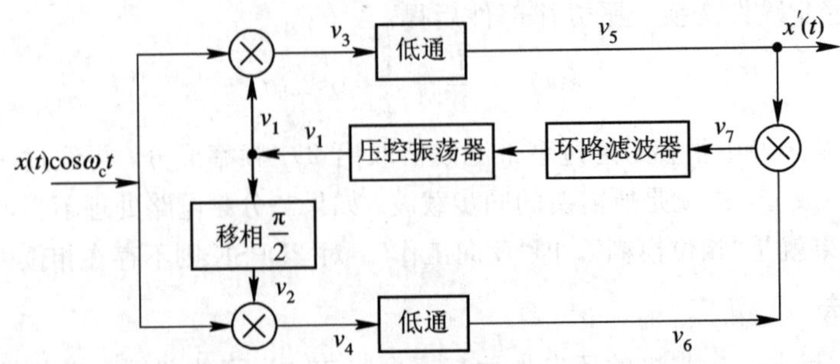

图 8-3 科斯塔斯环法的原理图

因此输入信号与 v_1、v_2 相乘后得

$$\begin{cases} v_3 = x(t)\cos\omega_c t \cdot \cos(\omega_c t + \theta) = \dfrac{1}{2}x(t)[\cos\theta + \cos(2\omega_c t + \theta)] \\ v_4 = x(t)\cos\omega_c t \cdot \sin(\omega_c t + \theta) = \dfrac{1}{2}x(t)[\sin\theta + \sin(2\omega_c t + \theta)] \end{cases} \tag{8-5}$$

经过低通滤波器后分别得

$$\begin{cases} v_5 = \dfrac{1}{2}x(t)\cos\theta \\ v_6 = \dfrac{1}{2}x(t)\sin\theta \end{cases} \tag{8-6}$$

v_5、v_6 经过乘法器后得

$$v_7 = v_5 \cdot v_6 = \frac{1}{4}x^2(t)\sin\theta\cos\theta = \frac{1}{8}x^2(t)\sin 2\theta \approx \frac{1}{8}x^2(t)\cdot 2\theta = \frac{1}{4}x^2(t)\cdot\theta \tag{8-7}$$

v_7 经过环路滤波器后控制 VCO 振荡频率，使它与 ω_c 同频，相位只差一个很小的 θ。此时 $v_1=\cos(\omega_c t+\theta)$ 就是要提取的同步载波，而 $v_5=\dfrac{1}{2}x(t)\cos\theta\approx\dfrac{1}{2}x(t)$ 就是解调器的输出。

2) 科斯塔斯环的优缺点

科斯塔斯环的优点有两个：一是科斯塔斯环工作在 ω_c 频率上，比平方环工作频率低，且不用平方器件和分频器；二是当环路正常锁定后，同相鉴相器的输出就是所需要解调的原数字序列。因此，这种电路具有提取载波和相干解调的双重功能。

科斯塔斯环的缺点是电路较复杂以及存在着相位模糊的问题。初看起来，这种方法中没有二分频器，似乎没有相位含糊问题，但仔细分析起来同样存在相位含糊问题。因为，当 $v_1=\cos(\omega_c t+\theta+180°)$ 时，经过计算得到的 v_7 也是 $[x^2(t)/8]\sin 2\theta$，所以 v_1 的相位也是不确定的。

5. 直接法的特点

直接法具有以下特点：

(1) 不占用导频功率，因此信噪功率比可以大一些。

(2) 可以防止插入导频法中导频和信号间由于滤波不好而引起的相互干扰，也可以防止信道不理想引起导频相位的误差(在信号和导频范围引起不同的畸变)。

(3) 有的调制系统不能用直接法(如 SSB 系统)。

8.2.2　插入导频法(外同步法)

有些信号中没有载波成分(如DSB信号、2PSK信号等)，对于这些信号可以用直接法(自同步法)提取同步载波，另外也可以用插入导频法(外同步法)提取之；有的信号(如VSB信号)虽然含有载波但不易取出，对于这种信号可以用插入导频法；有的信号(如SSB信号)既没有载波又不能用直接法提取载波，此时只能用插入导频法。因此，我们有必要对插入导频法进行介绍。

1. 在DSB信号中插入导频

插入导频的位置应该在信号频谱为0的位置，否则导频与信号频谱成分重叠在一起，接收时不易取出。对于模拟调制的信号，如DSB和SSB等信号，在载波f_c附近信号频谱为0；但对于2PSK和2DPSK等数字调制的信号，在f_c附近的频谱不但有，而且比较大，因此对于这样的数字信号，在调制以前先对基带信号$x(t)$进行相关编码。相关编码的作用是把如图8-4(a)所示的基带信号频谱函数变为如图8-4(b)所示的频谱函数，这样经过双边带调制以后可以得到如图8-4(c)所示的频谱函数，在f_c附近频谱函数很小，且没有离散谱，如此就可以在f_c处插入频率为f_c的导频(这里仅画出正频域)。

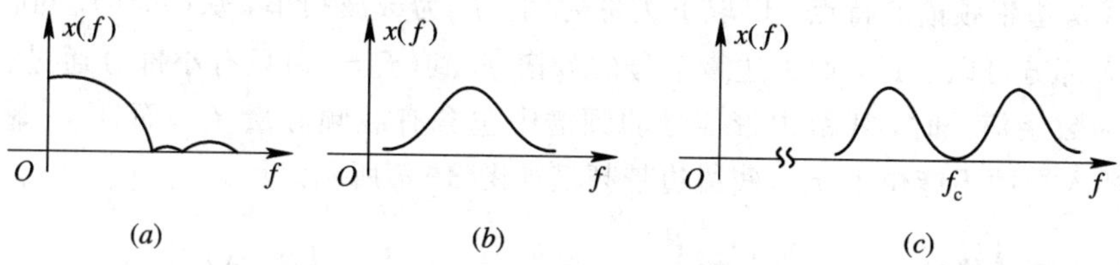

图8-4　几种信号的正频域频谱图

(a) 基带信号$x(t)$频谱函数；(b) 对$x(t)$进行相关编码得到的频谱函数；

(c) 双边带调制后得到的频谱函数

由正向频谱可以看出，由于插入的这个导频与传输的上、下边带是不重叠的，接收端容易通过窄带滤波器提取导频作为相干载波。关于在DSB发射机中插入导频的方框图如图8-5所示。图中除正常产生双边带信号外，振荡器的载波经移相$-\pi/2$电路产生一个正交的导频信号，二者叠加成输出信号$u_o(t)$。显然

$$u_o(t) = Ax'(t)\ \sin\omega_c t - a\ \cos\omega_c t$$

由于$x'(t)$中无直流成分，因此$Ax'(t)\ \sin\omega_c t$中无f_c成分，而$a\ \cos\omega_c t$是插入的正交载波(导频)。

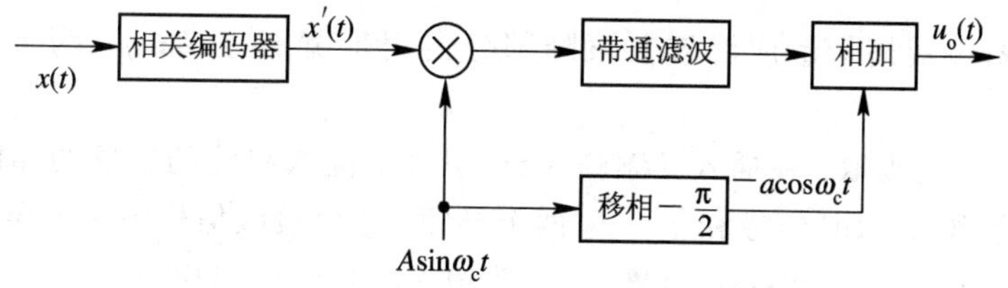

图8-5　DSB发射机中插入导频的方框图

接收机中的解调是采用相干解调器，其方框图如图8-6所示。

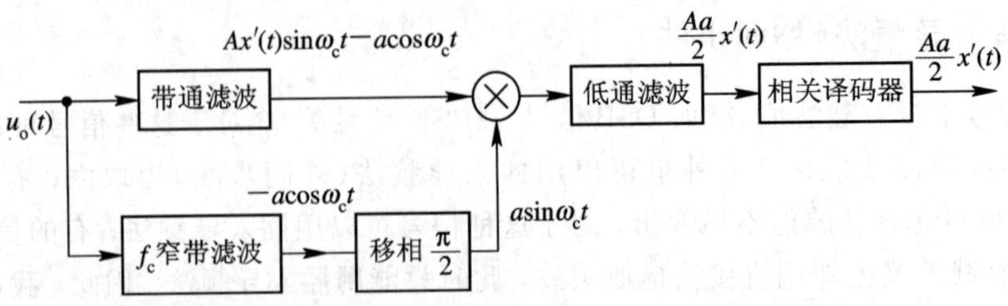

图 8-6 相干解调器的方框图

假设接收到的信号就是 $u_o(t)$，$u_o(t)$中的导频经过 f_c 窄带滤波器滤出来，再经过移相 $\frac{\pi}{2}$电路后得 $a\ \sin\omega_c t$，$u_o(t)$与 $a\ \sin\omega_c t$ 加到乘法器输出，即

$$
\begin{aligned}
[Ax'(t)\ \sin\omega_c t - a\ \cos\omega_c t]\cdot(a\ \sin\omega_c t) &= Aax'(t)\ \sin^2\omega_c t - a^2\ \sin\omega_c t\ \cos\omega_c t \\
&= \frac{1}{2}Aax'(t) - \frac{1}{2}Aax'(t)\ \cos 2\omega_c t - \frac{1}{2}a^2\ \sin 2\omega_c t
\end{aligned}
$$

经过低通滤波器以后，得 $Aax'(t)/2$。

2. 在残留边带信号中插入导频

(1) 残留边带频谱的特点。以取下边带为例，f_c 为载波频率，从(f_c-f_m)到 f_c 的下边带频谱绝大部分可以通过，而上边带信号的频谱 f_c 到(f_c+f_r)只有小部分通过。这样，当基带信号为数字信号时，残留边带信号的频谱中包含有载频分量 f_c，而且 f_c 附近都有频谱，因此插入导频不能位于 f_c，残留边带频谱如图 8-7 所示。

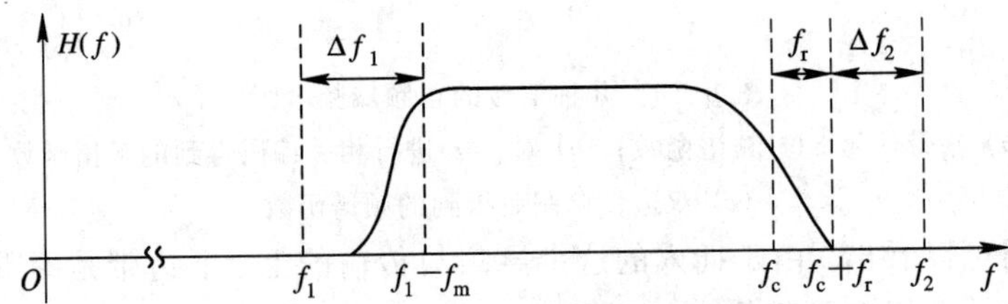

图 8-7 残留边带频谱

(2) 插入导频 f_1、f_2 的选择。可以在残留边带频谱的两侧插入 f_1 和 f_2。f_1 和 f_2 不能与(f_c-f_m)和(f_c+f_r)靠得太近，太近不易滤出 f_1 和 f_2；但也不能太远，太远占用过多频带。假设

$$f_1 = (f_c - f_m) - \Delta f_1 \tag{8-8}$$

$$f_2 = (f_c + f_r) + \Delta f_2 \tag{8-9}$$

式中，f_r 是残留边带信号形成滤波器滚降部分占用带宽的一半；f_m 为基带信号的最高频率。

(3) 载波信号的提取。在插入导频的 VSB 信号中提取载波的方框图如图 8-8 所示。接收的信号中包含有 VSB 信号和 f_1、f_2 两个导频。假设接收信号中两个导频是

$$
\begin{cases}
\cos(\omega_1 t + \theta_1) & \theta_1 \text{ 为第一个导频的初相} \\
\cos(\omega_2 t + \theta_2) & \theta_2 \text{ 为第二个导频的初相}
\end{cases}
$$

发送端的载波为 $\cos(\omega_c t+\theta_c)$，接收端提取的同步载波也应该是 $\cos(\omega_c t+\theta_c)$。

如果两个导频经信道传输后，使其和已调信号中的载波都产生了频偏 $\Delta\omega(t)$和相偏

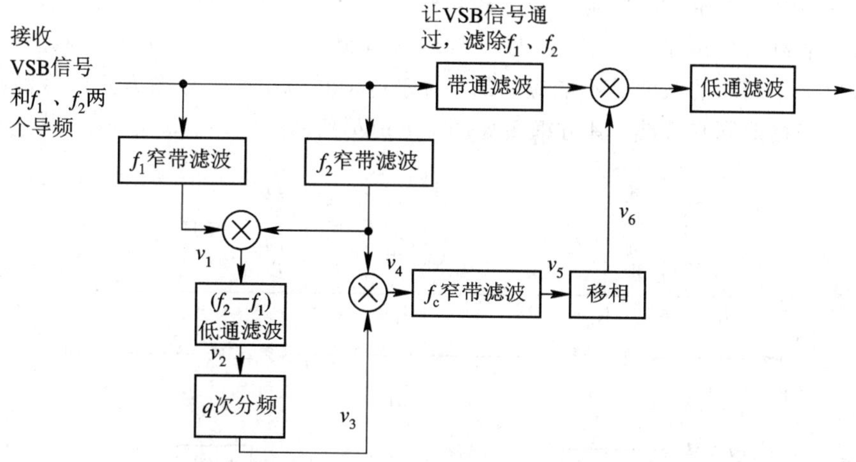

图 8-8 插入导频的 VSB 信号中提取载波的方框图

$\theta(t)$，那么提取出的载波也应该有相同频偏和相偏，才能达到真正的相干解调。从图 8-8 中我们可以看出，带通滤波器仅让 VSB 信号通过，而 f_1、f_2 被滤除。下面的两个窄带滤波器恰好分别让 f_1 和 f_2 通过，将 f_1 和 f_2 相乘后，得到一个频率成分较复杂的信号

$$v_1 = \cos[\omega_1(t) + \Delta\omega(t)t + \theta_1 + \theta(t)]\cos[\omega_2 t + \Delta\omega(t)t + \theta_2 + \theta(t)] \quad (8-10)$$

将这一信号再经过一个(f_2-f_1)的低通滤波器，得到仅含有(f_2-f_1)的信号

$$v_2 = \frac{1}{2}\cos[2\pi(f_r + \Delta f_2)q \cdot t + \theta_2 - \theta_1] \quad (8-11)$$

其中

$$q = 1 + \frac{f_m + \Delta f_1}{f_r + \Delta f_2} \quad (8-12)$$

将其再 q 次分频，得到信号

$$v_3 = a\cos[2\pi(f_r + \Delta f_2)t + \theta_q] \quad (8-13)$$

将 v_3 与 f_2 再相乘，又得到 v_4 信号。v_4 信号中含有载频成分，于是将其进行窄带滤波，得到仅含有的信号

$$f_c = \frac{1}{2}a\cos[\omega_c t + \Delta\omega(t)t + \theta(t) + \theta_2 - \theta_q] \quad (8-14)$$

将这一信号进行适当的相位调整，就得到了我们最终所需要的载波信号

$$v_6 = \frac{a}{2}\cos[\omega_c t + \Delta\omega(t)t + \theta_c + \theta(t)] \quad (8-15)$$

这种插入导频法在提取同步载波时，由于使用了 q 次分频器，因此也有相位模糊问题。

3. 时域中插入导频法

除了在频域中插入导频的方法以外，还有一种在时域中插入导频以传送和提取同步载波的方法。时域插入法中对被传输数据信号和导频信号在时间上加以区别，例如按图 8-9(a) 那样分配。把一定数目的数字信号分作一组，称为一帧。在每一帧中，除有一定数目的数字信号外，在 $t_0 \sim t_1$ 的时隙中传送位同步信号；在 $t_1 \sim t_2$ 的时隙内传送帧同步信号；在 $t_2 \sim t_3$ 的时隙内传送载波同步信号；在 $t_3 \sim t_4$ 时间内传送数字信息，以后各帧都如此。这种时域插入导频只是在每帧的一小段时间内才作为载频标准，其余时间是没有载频

标准的。在接收端用相应的控制信号将载频标准取出以形成解调用的同步载波。但是由于发送端发送的载波标准是不连续的，在一帧内只有很少一部分时间存在，因此如果用窄带滤波器取出这个间断的载波是不能应用的。对于这种时域中插入导频方式的载波提取往往采用锁相环来提取同步载波，其方框图如图 8-9(*b*)所示。

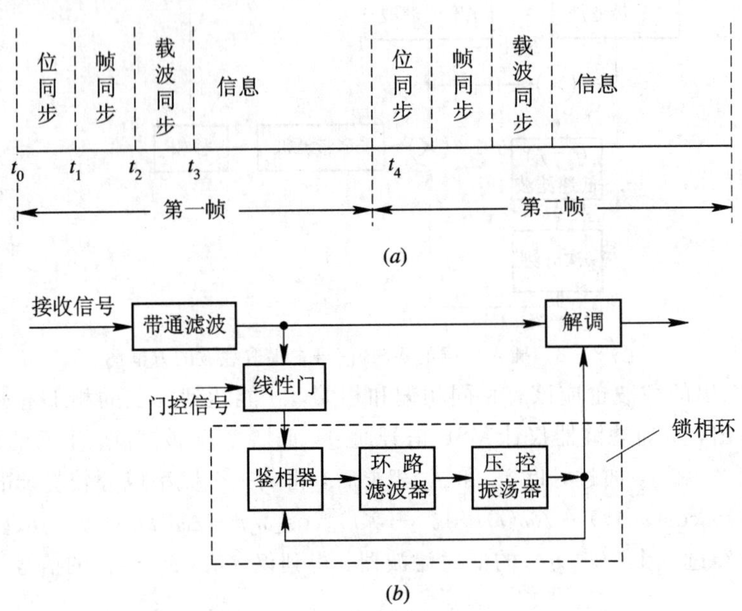

图 8-9　时域中插入导频法

(*a*) 导频信号分配图；(*b*) 锁相环路法方框图

4. 插入导频法的特点

插入导频法具有如下特点：

(1) 有单独的导频信号，一方面可以提取同步载波，另一方面可以利用它作为自动增益控制。

(2) 有些不能用直接法提取同步载波的调制系统只能用插入导频法。

(3) 插入导频法要多消耗一部分不带信息的功率，因此与直接法比较，在总功率相同条件下信噪功率比还要小一些。

8.2.3　载波同步系统的性能指标

载波同步系统的主要性能指标有效率、精度、同步建立时间和同步保持时间。这些指标与提取的电路、信号及噪声的情况有关。当采用性能优越的锁相环提取载波时，这些指标主要取决于锁相环的性能。如稳态相位误差就是锁相环的剩余误差，即

$$\theta_e = \frac{\Delta\omega}{K_V}$$

式中，$\Delta\omega$ 为压控振荡角频率与输入载波角频率之差；K_V是锁相环路直流总增益。

随机相差 σ_φ 实际是由噪声引起的输出相位抖动，它与环路等效噪声带宽 B_L 及输入噪声功率谱密度等有关，B_L 的大小反映了环路对输入噪声的滤除能力，B_L 越小，σ_φ 越小。又如同步建立时间 t_s 具体表现为锁相环的捕捉时间，而同步保持时间 t_c 具体表现为锁相环

的同步保持时间。

(1) 效率。为获得同步，载波信号应尽量少地消耗发送功率。在这方面直接法由于不需要专门发送导频，因此是高效率的；而插入导频法由于插入导频要消耗一部分发送功率，因此效率要低一些。载波同步追求的就是高效率。

(2) 精度。精度是指提取的同步载波与需要的载波标准比较，应该有尽量小的相位误差。如需要的同步载波为 $\cos\omega_c t$，提取的同步载波为 $\cos(\omega_c t+\Delta\varphi)$，$\Delta\varphi$ 就是相位误差，$\Delta\varphi$ 应尽量小。通常 $\Delta\varphi$ 又分为稳态相位误差 θ_e 和随机相位误差 σ_φ 两部分，即

$$\Delta\varphi = \theta_e + \sigma_\varphi$$

稳态相位误差与提取的电路密切相关，而随机相位误差则是由噪声引起的。

① 稳态相位误差主要是指载波信号通过同步信号提取电路以后，在稳态下所引起的相位误差。用不同方式提取载波同步信号，所引起的稳态相位误差就有所不同，我们期望 $\Delta\varphi$ 越小越好。

② 随机相位误差是由于随机噪声的影响而引起同步信号的相位误差。实际上，随机相位误差的大小也与载波提取电路的形式有关，不同形式就会有不同的结果。例如使用窄带滤波器提取载波同步，假设所使用的窄带滤波器为一个简单的单调谐回路，其品质因数为 Q，在考虑稳态相位误差 $\Delta\varphi$ 时，我们希望 Q 值小，而保证较小的稳态相位误差；但在考虑随机相位误差时，我们却希望 Q 值高，以减小随机相位误差。可见，这两种情况对 Q 值的要求是有矛盾的。因此，我们在选择载波提取电路时，要合理地选择参数，照顾主要因素，使相位误差减小到尽可能小的程度，以确保载波同步的高精度。

(3) 同步建立时间 t_s。对 t_s 的要求是越短越好，这样同步建立得快。

(4) 同步保持时间 t_c。对 t_c 的要求是越长越好，这样一旦建立同步以后可以保持较长的时间。

8.3 位同步技术

8.3.1 位同步的概念

位同步是数字通信系统中非常重要的一个同步技术。位同步与载波同步是截然不同的两种同步方式。在模拟通信中，没有位同步的问题，只有载波同步的问题，而且只有接收机采用同步解调时才有载波同步的问题。但在数字通信中，一般都有位同步的问题。不论基带传输还是频带传输，在非相干解调中，不论是数字信号还是模拟信号都不需要同步载波；只有在相干解调中，才有同步载波提取的问题。另外，在基带信号传输中也不需要同步载波的提取，因为基带传输时没有载波调制和解调的问题。

载波同步信号一般要从频带信号中提取，而位同步信号一般可以在解调后的基带信号中提取，只有在特殊情况下才直接从频带信号中提取。

对位同步信号的要求有两点：一是使收信端的位同步脉冲频率和发送端的码元速率相同；二是使收信端在最佳接收时刻对接收码元进行抽样判决。在一般接收时可在码元的中间位置抽样判决，而在最佳接收时在码元的终止时刻抽样判决。

位同步方法也有直接法(自同步法)和插入导频法(外同步法)两种。直接法也有滤波法

和锁相法。

8.3.2　插入导频法(外同步法)

在无线通信中，基带数字信号一般都采用不归零的矩形脉冲，并以此对高频载波作各种调制。解调后得到的也是不归零的矩形脉冲，码元速率为 f_b，码元宽度为 T_b。这种信号的功率谱在 f_b 处为 0，例如，双极性码的功率谱密度如图 8－10(*a*)所示，此时可以在 f_b 处插入位定时导频。

如果将基带信号先进行相关编码，经相关编码后的功率谱密度如图 8－10(*b*)所示，此时可在 $f_b/2$ 处插入位定时导频，接收端取出 $f_b/2$ 以后，经过二倍频得到 f_b。

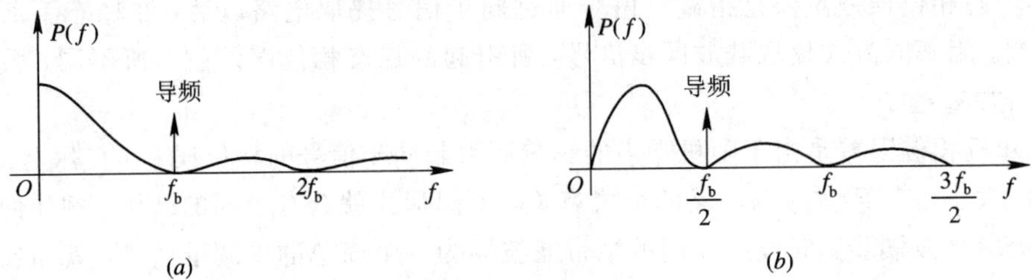

图 8－10　功率谱密度特性

(*a*) 双极性码的功率谱密度；(*b*) 基带信号经相关编码后的功率谱密度

图 8－11(*a*)和(*b*)分别画出了发送端和接收端插入位定时导频和提取位定时导频的方框图。首先在发送端要注意插入导频的相位，使导频相位对于数字信号在时间上具体有如下的关系：当信号为正、负最大值(即取样判决时刻)时，导频正好是零点。这样避免了导频对信号取样判决的影响。但即使在发送端做了这样的安排，接收端仍要考虑抑制导频的问题，这是因为对信道的均衡不一定完善，即所有频率的时延不一定相等，因而信号和导频在发送端所具有的时间关系会受到破坏。

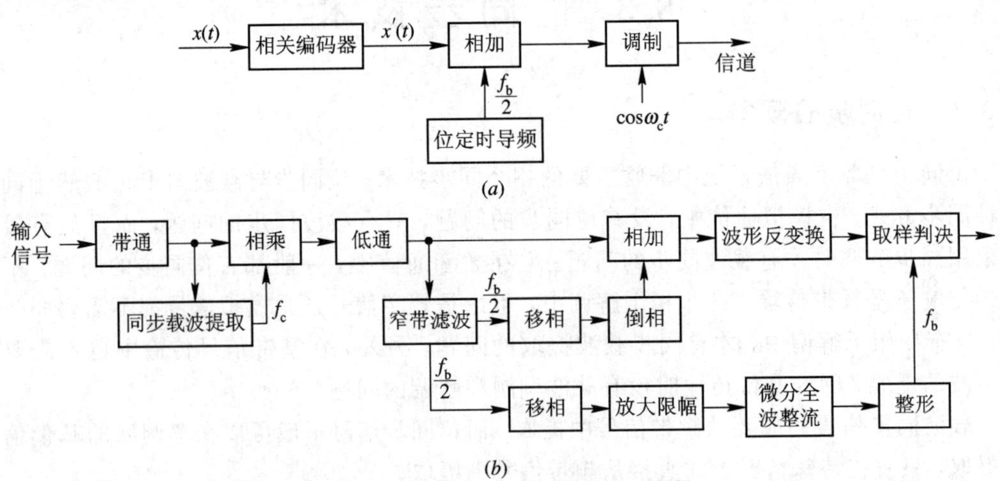

图 8－11　位定时导频插入法方框图

(*a*) 发送端；(*b*) 接收端

由接收端抑制插入导频的方框图 8－11(*b*)可以看出，窄带滤波器取出的导频 $f_b/2$ 先经过移相和倒相，再经过相加器把基带数字信号中的导频成分抵消掉。由窄带滤波器取出

的导频 $f_b/2$ 的另一路经过移相、放大限幅、微分全波整流、整形等电路，产生位定时脉冲，微分全波整流电路起到倍频器的作用。因此，虽然导频是 $f_b/2$，但定时脉冲的重复频率变为与码元速率相同的 f_b，图中两个移相器都是用来消除窄带滤波器等引起的相移，这两个移相器可以合用。

外同步法还有包络调制法和时域插入位同步法等。所谓包络调制法，就是用位同步信号的某种波形(通常采用升余弦脉冲波形)对移相键控或移频键控这样的恒包络数字已调信号进行附加的幅度调制，使其包络随着位同步波形而变化；在接收端利用包络检波器和窄带滤波器就可以分离出位同步信号。所谓时域插入位同步，是在传送数字信息信号之前先传送位同步信息，同步信息不同于数字信息，在接收端首先鉴别出位同步信息，形成位同步基准。

8.3.3　自同步法

自同步法的收端位同步提取电路，从功能上讲，一般都由两部分组成：第一部分是非线性变换处理电路，它的作用是使接收信号或解调后的数字基带信号经过非线性变换处理后含有位同步频率分量或位同步信息；第二部分是窄带滤波器或锁相环路，它的作用是滤除噪声和其他谱分量，提取纯净的位同步信号。有一些特殊的锁相环可以同时完成上述两部分电路的功能。

1. 从基带数字信号中提取同步信息

从基带数字信号中提取同步信息主要有以下 3 种方法。

(1) 微分、全波整流滤波法。通常的基带数字信号是不归零脉冲序列，如果传输系统的频率是不受限制的，则解调电路输出的基带数字信号是比较好的方波。于是可以采用微分、全波整流的方法将不归零序列变换成归零序列，然后用窄带滤波器来滤取位同步线谱分量。由于一般传输系统的频率总是受限的，因此解调电路输出的基带数字信号不可能是方波，所以在微分、全波整流电路之前通常加一放大限幅器，用它来形成方波。微分、全波整流滤波法是一种常规的位同步提取方法。这种方法的方框图和各点波形如图 8 - 12 所示。

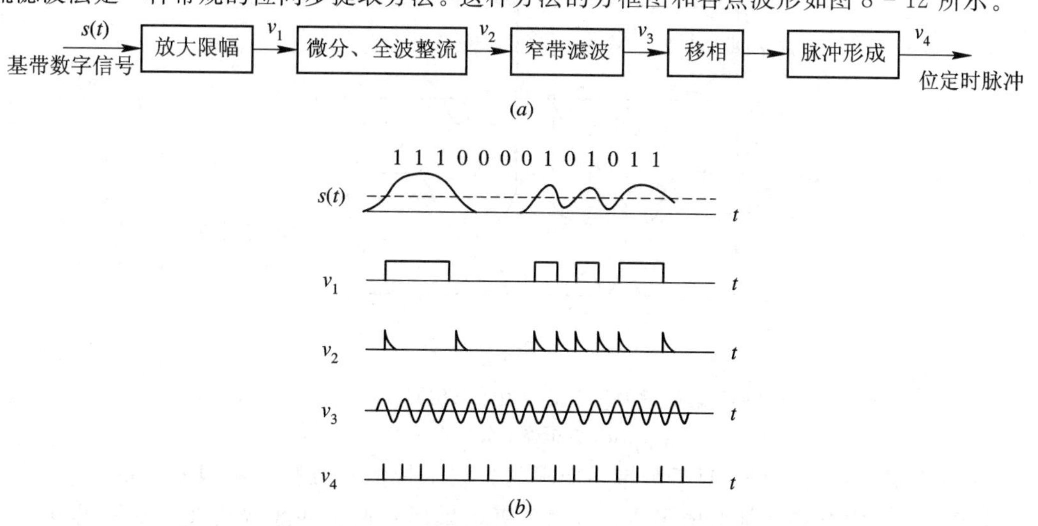

图 8 - 12　微分、全波整流滤波法方框图及各点波形图

(a) 方框图；(b) 波形图

图 8-12 中 $s(t)$为基带输入信号，v_1 为放大限幅得到的矩形基带信号，v_2 为微分、全波整流后的信号波形，属于归零形式的波形，含有 f_b 离散频率成分，经窄带滤波后可得到输出频率 f_b 的波形，如图中 v_3。v_3 再经过移相电路及脉冲形成电路就可得到有确定起始位置的位定时脉冲 v_4。采用这种方案在进行电路设计时，要注意放大限幅器的过零点性能和微分电路时间参数的选择以及全波整流的对称性，以便获得幅度尽可能大的位同步分量，避免由于电路不理想造成的干扰和抖动。

(2) 从延迟解调的基带信号中滤取位同步分量法。频带受限的相对移相的 PSK 信号经延迟解调后，其频谱中就包含有位同步分量，这是因为在二相相对移相系统中，任何一个码的载波相位都是以它前一个码的载波相位为参考的。对于连 1 码，每个码的载波都有 180°的相位反转。由于传输频带是受限的，在相位反转处就产生包络的“陷落”，经过延迟解调后，就在基带信号的下半部波形上形成了“凹陷”。而对于连 0 码，载波没有相位反转，所以下半部分不会出现“凹陷”。正是下半部波形上的“凹陷”，使得延迟解调的基带信号中含有位同步分量。从延迟解调的基带信号中滤取位同步分量的方框图及波形图如图 8-13 所示。图中的窄带滤波器前端的信号，应是经过延迟解调而得到的基带数字信号，图中的后半部分对位同步信号的处理与上一方法基本相同。不同之处是首先取出信号中“凹陷”部分含有位同步信息的成分 v_2。

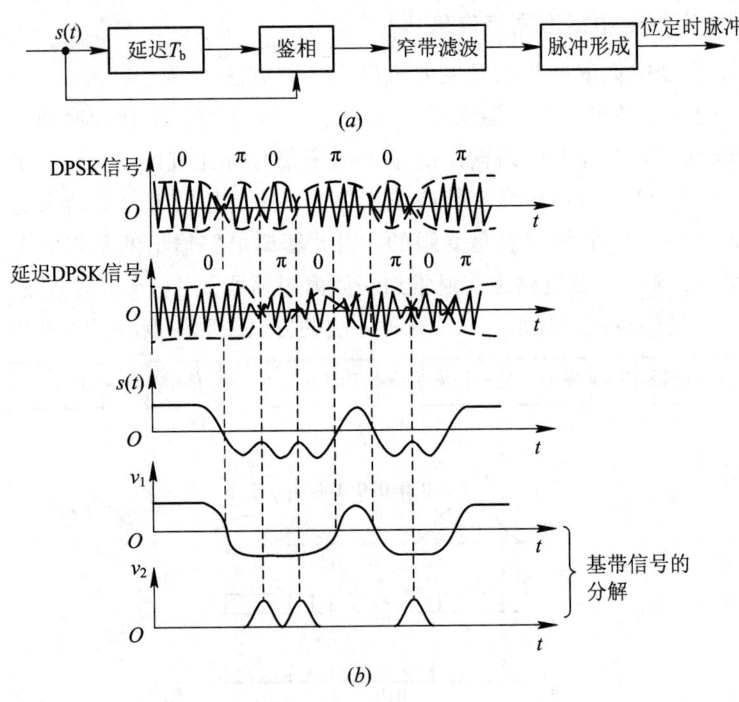

图 8-13 从延迟解调的基带信号中滤取位同步分量的方框图及波形图
(a) 方框图；(b) 波形图

(3) 延迟相乘滤波法。对于频带不受限的方波基带信号或频带受限的基带信号，预先经过了方波形成电路将其变成了方波，因此可以采用延迟相乘滤波法来提取位同步信号。因为基带信号 $s(t)$和延迟相乘基带信号 $s(t-\tau)$相乘后，就能产生归零的窄脉冲序列，所以经过窄带滤波器就能滤出位同步线谱分量。此法的方框图及波形图如图 8-14 所示。

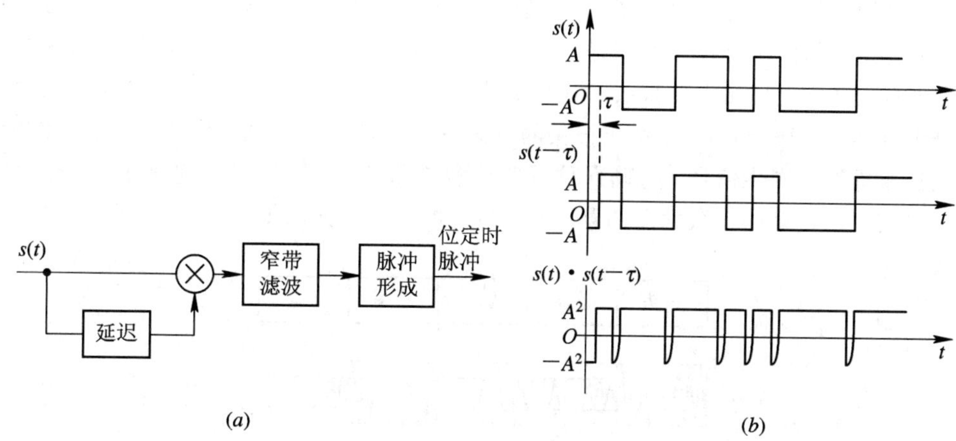

图 8－14 延迟相乘滤波法方框图及波形图

(*a*) 方框图；(*b*) 波形图

2. 从已调信号中提取位同步信息

从中频已调信号中提取位同步信息的方法在数字微波中继通信和数字卫星通信系统中也常采用。从解调基带信号中提取位同步信息要求先恢复载波同步，而从中频已调信号中提取位同步信息则可以和提取载波同步信息一起进行。从已调信号中提取位同步信息的方法有包络检波滤波法、延迟相干滤波法和特殊锁相环法。

1) 包络检波滤波法

(1) 采用包络检波滤波法从频带受限的中频 PSK 信号提取同步信息。由于频带受限的中频 PSK 信号在相位反转点处形成幅度的“陷落”，所以可以采用包络检波滤波法来提取位同步信息。这种方法的方框图和波形图如图 8－15 所示。已调中频 PSK 信号 $e(t)$经过包络检波后获得包络信号 $s(t)$。$s(t)$可以看成 v_1 与 v_2 相减，而 v_2 是具有一定脉冲形状的归零码序列，含有位同步的线谱分量，可以用窄带滤波器滤取出。

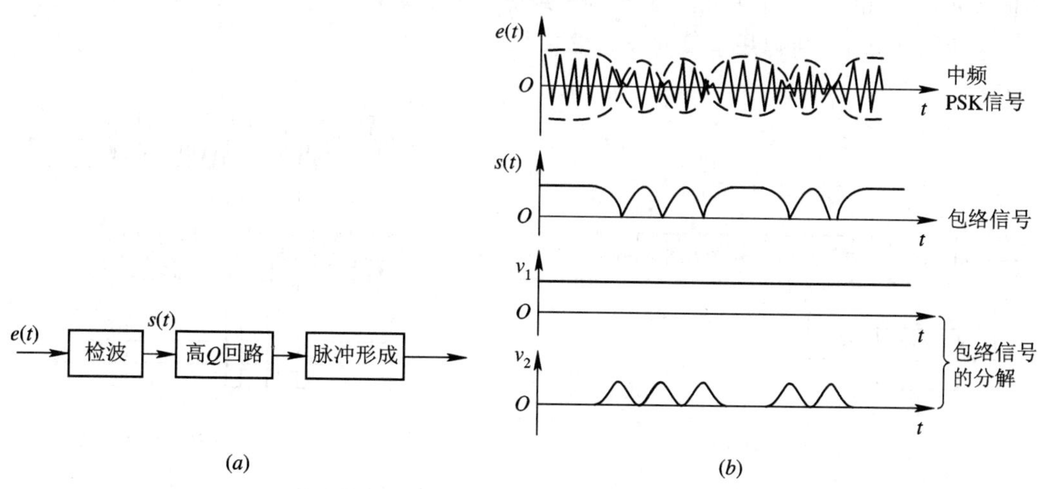

图 8－15 包络检波滤波法从中频 PSK 信号中提取位同步信息的方框图和波形图

(*a*) 方框图；(*b*) 波形图

(2) 采用包络检波滤波法从报头中提取位同步信息。在时分多址数字卫星通信系统中，各地球站的信息都是按子帧传送的。每一子帧都有一报头，用于载波恢复时间和位定时恢复时间。通常地球站发射报头时功率大，发射信息部分时功率小，分帧结构及对应的调幅波形如图 8－16(*a*)所示。由于报头的宽度是一个码元宽度的整数倍，故可以用包络检波滤波法来提取位同步信号。为确保位同步恢复在报头内实现，并一直保持到分帧结束，在滤波之前加了一个冲击激励振荡器。这种方案的方框图如图 8－16(*b*)所示。

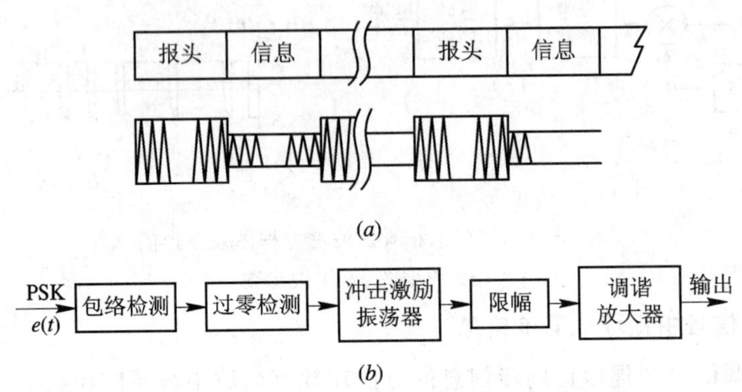

图 8－16　采用包络检波滤波法从报头中提取位同步信息
(*a*) 分帧结构及对应的调幅波形；(*b*) 原理框图

2) 延迟相干滤波法

当中频滤波器的带宽远大于信号频谱宽度或由于在中频放大器中采用了对称限幅器而将包络削平时，无法采用包络检波滤波法来提取位同步信息。

在这种频带不受限的情况下，采用延迟相干滤波法从中频 PSK 信号中提取位同步信息是一种可行的方案，其方框图和波形图如图 8－17 所示。这里延迟时间为 τ，码元长度为 T_s，且 $\tau<T_s$，从波形图可以看出，经移相的中频二相 PSK 信号 $e_1(t)$和经过延迟 τ 时间的信号 $e_2(t)$在相位检波器中相乘后得到一组脉冲宽度为 τ 的归零序列 $v(t)$，因此，它包含有位同步频率分量，可以用窄带滤波器滤取出。

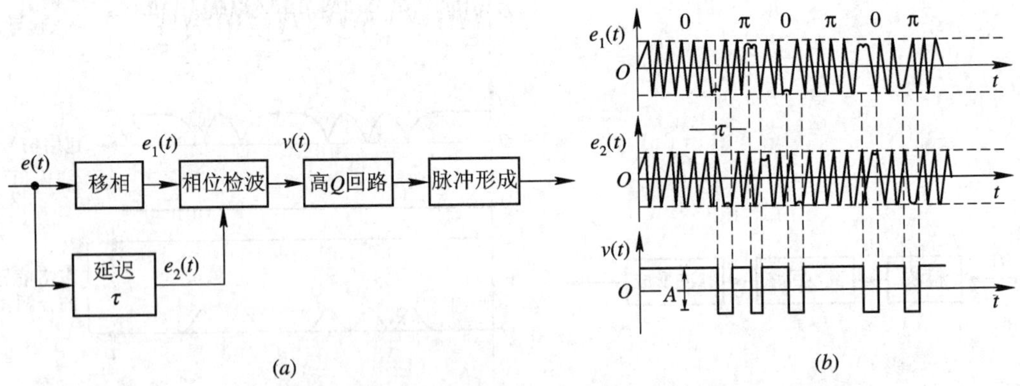

图 8－17　延迟相干滤波法的方框图及波形图
(*a*) 方框图；(*b*) 波形图

很显然，归零脉冲序列 $v(t)$所含位同步分量的大小是和归零脉冲的幅度和宽度有关的，而脉冲的宽度决定延迟时间 τ。在一定的延迟时间 τ 情况下，脉冲的幅度和移相器的移相值 φ 有关。当 $\tau \to T_s$ 时，$v(t)$将变为非归零码，它将不再含有位同步分量；当 $\tau \to 0$ 时，$v(t)$的每个宽度趋于零，它含的位同步分量也将趋于无穷小。可见在 $0 \sim T_s$ 之间，延迟时间 τ 有一最佳值，它能使 $v(t)$中的位同步分量达到最大值。实际上，当 τ 值等于码元长度 T_s 的一半(即 $T_s/2$)时，所含的位同步分量达到最大值。所以采用延迟相干滤波法从频带不受限的中频 PSK 信号中提取位同步信息时，应该选取延迟时间等于码元长度 T_s 的 1/2。

3）锁相法

前面介绍的两种滤波法中的窄带滤波器可以用简单谐振电路等滤波电路，也可以用锁相环路，用锁相环路替代一般窄带滤波器以提取位同步信号的方法就是锁相法。锁相法的基本原理是在接收端利用一个相位比较器，比较接收码元与本地码元定时(位定时)脉冲的相位，若两者相位不一致，即超前或滞后，就会产生一个误差信号，通过控制电路去调整定时脉冲的相位，直至获得精确的同步为止。在数字通信中，常用数字锁相法，其原理方框图如图 8－18 所示。

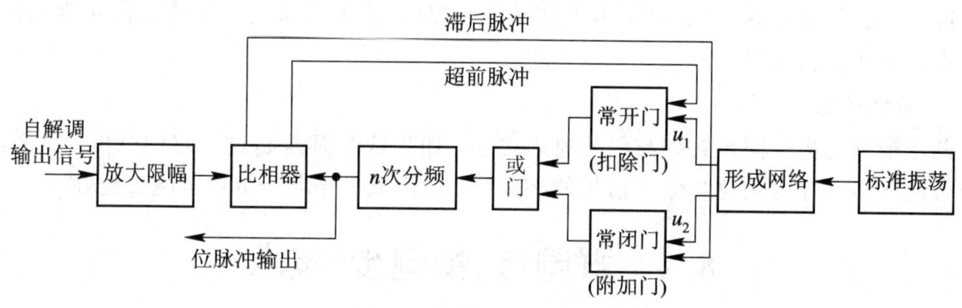

图 8－18 数字锁相的原理方框图

由图 8－18 可知，由晶体组成的高稳定度标准源产生的信号，经形成网络获得周期为 T_0 和周期为 T_0 但相位滞后 $T_0/2$ 的两列脉冲序列 u_1 和 u_2。u_1 通过常开门和或门，加到分频器，经分频形成本地位同步脉冲序列。为了与发送端时钟同步，分频器输出信号与接收到的码元序列同时加到比相器进行比相。如果二者完全同步，此时比相器没有误差信号，本地位同步信号作为同步时钟；如果本地位同步信号相位超前于码元序列时，比相器输出一个超前脉冲去关闭常开门，扣除 u_1 中的一个脉冲，使分频器输出的位同步脉冲滞后 $1/n$ 周期；如果本地位同步脉冲比码元脉冲相位滞后时，比相器输出一个滞后脉冲去打开常闭门，使 u_2 中的一个脉冲能通过此门和或门，正因为 u_1 和 u_2 相差半个周期，所以 u_2 中的一个脉冲能插入到 u_1 中，且不产生重叠。正是由于在分频前插入一个脉冲，因此，其输出同步脉冲提前 $1/n$ 周期，这就实现了相位的离散式调整。经过若干次调整后即可达到本地码元与接收码元的同步。标准振荡器产生的脉冲信号周期为 T_0，重复频率为 nf_1，n 次分频器输出信号频率为 f_1，经过调整后其输出频率为 f_b，但在相位上与输入相位基准有一个很小的误差。

8.3.4 位同步系统的性能指标

位同步系统的性能指标除了效率以外，主要有相位误差(精度)、同步建立时间、同步保持时间和同步带宽等。

1. 相位误差

位同步信号的平均相位和最佳取样点的相位之间的偏差称为静态相差。静态相差越小，误码率越低。

对于数字锁相法提取位同步信号而言，相位误差主要是由于位同步脉冲的相位在跳变地调整时所引起的。每调整一次，相位改变 $2\pi/n$(n 是分频器的分频次数)，故最大的相位误差为 $2\pi/n$，用角度表示为 $360°/n$。可见，n 越大，最大的相位误差越小。

2. 同步建立时间

同步建立时间是指开机或失去同步后重建同步所需的最长时间。通常要求同步建立的时间要短。

3. 同步保持时间

当同步建立后，一旦输入信号中断，由于收发双方的固有位定时重复频率之间总存在频差 Δf，接收端同步信号的相位就会逐渐发生漂移，时间越长，相位漂移越大，直至漂移量达到某一准许的最大值，就算失去同步了。这个从含有位同步信息的接收信号消失开始，到位同步提取电路输出的正常位同步信号中断为止的这段时间，称为同步保持时间，同步保持时间越长越好。

4. 同步带宽

同步带宽是指位同步频率与码元速率之差。如果这个频差超过一定的范围，就无法使接收端位同步脉冲的相位与输入信号的相位同步。因此，要求同步带宽越小越好。

8.4　群同步(帧同步)技术

载波同步解决了同步解调问题，即把频带信号解调为基带信号。而位同步确定数字通信中各个码元的抽样判决时刻，即把每个码元加以区别，使接收端得到一连串的码元序列。这一连串的码元序列代表一定的信息，通常由若干个码元代表一个字母(或符号、数字)，而由若干个字母组成一个“字”，又用若干“字”组成一个“句”，若干“句”构成一个“帧”。在传输数据时则把若干个码元组成一个码组。群同步的任务就是在位同步的基础上识别出数字信息群(字、句、帧)的起始时刻，使接收设备的群定时与接收到的信号中的群定时处于同步状态。

数字信号的结构在进行系统设计时都是事先安排好的，字、句、帧都是由一定的码元组成的，因此，字、句、帧的周期都是码元长度的整数倍。所以接收端在恢复出位同步信号之后，经过对位同步脉冲分频就很容易获得与发送端字、句、帧同频的相应的群定时信号。但是，这样并没有完全解决群同步的问题，虽然重复频率相同了，但它们的起始时刻还没有与接收信号中的字、句、帧的起始时刻对齐。也就是说，还有一个相位标准问题，所以发送端应向接收端传送群同步信息来完成这一标准。这就是群同步技术需要解决的问题。

实现群同步，通常采用的方法是起止式同步法和插入特殊同步码组的同步法，而插入特殊同步码组的方法有两种：一种为连贯式插入法，另一种为间隔式插入法。

8.4.1　对群同步系统的基本要求

群同步问题实质上是一个对群同步标志进行检测的问题。对群同步系统的基本要求是：

(1) 正确建立同步的概率要大，即漏同步概率要小，错误同步或假同步的概率要小。

(2) 捕获时间要短，即同步建立的时间要短。

(3) 稳定地保持同步。采取保持措施，使同步保持时间持久稳定。

(4) 在满足群同步性能要求条件下，群同步码的长度应尽可能短些，这样可以提高信息传输效率。

8.4.2 起止式同步法

电传机中广泛使用起止式同步法。它用 5 个码元代表一个字母(或符号)等，在每个字母开始时，先发送一个码元宽度的负值脉冲，再传输 5 个单元编码信息，接着再发送一个宽度为 1.5 个码元的正值脉冲。开头的负值脉冲称为“起脉冲”，它起着同步的作用；末尾的正值脉冲称为“止脉冲”，它使下一个字母开始之前产生一个间歇。那么接收端就是根据 1.5 个码元宽度的正电平第一次转换到负电平这一特殊规律，确定一个字的起始位置，从而实现群同步。一个字母实际上由图 8-19 所示的占有 7.5 个码元宽度的波形组成。

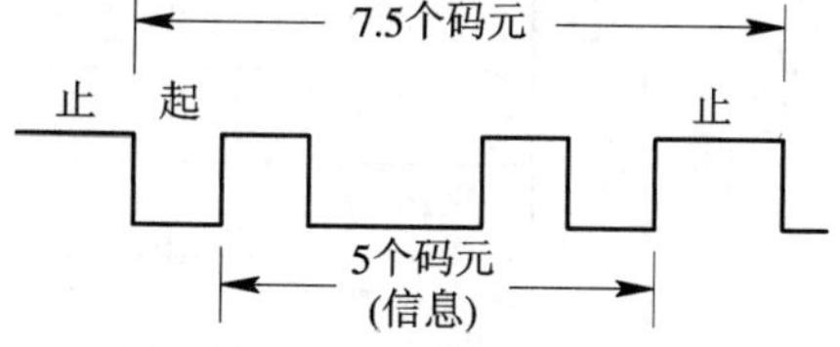

图 8-19　起止式同步法波形

由于这种同步方式中的止脉冲宽度与码元宽度不一致，会给同步数字传输带来不便。另外，在这种起止式同步方式中，7.5 个码元中只有 5 个码元用于传输信息，传输效率较低。但起止同步有简单易行的优点。

8.4.3 连贯式插入法

连贯式插入法又称为集中插入法。这种方式就是将帧同步码以集中的形式插入信息码流中，帧同步码集中插入一帧的开始。此方法的关键是要找出作为群同步码组的特殊码组，这个特殊码组一方面在信息码元序列中不易出现以便识别，另一方面识别器也要尽量简单。最常用的群同步码组是巴克码或其他码型。例如在 PCM 30/32 路系统中，群同步的方式采用的就是连贯式插入法，它们的码型是“0011011”。连贯式插入法的优点是能够迅速地建立群同步。下面重点论述巴克码。

1. 巴克码

巴克码是一种具有特殊规律的二进制码组，是有限长的非周期序列。它的特殊规律是：若一个 n 位的巴克码$\{x_1, x_2, x_3, \cdots, x_n\}$，每个码元 x_i 只可能取值+1 或−1，则它必然满足条件

$$R(j)=\sum_{i=1}^{n-j}x_i x_{i+j}=\begin{cases}n & j=0\\ 0,\ +1,\ -1 & 0<j<n\\ 0 & j\geqslant n\end{cases}\qquad(8-16)$$

式中，$R(j)=\sum\limits_{i=1}^{n-j}x_i x_{i+j}$ 称为局部自相关函数。

目前已找到的巴克码组如表 8-1 所示。表中“+”表示+1，“−”表示−1。

以 $n=7$ 为例，它的局部自相关函数如下：

当 $j=0$ 时 $R(j)=\sum_{i=1}^{7}x_i^2=1+1+1+1+1+1+1=7$;

当 $j=1$ 时 $R(j)=\sum_{i=1}^{6}x_ix_{i+1}=1+1-1+1-1-1=0$;

当 $j=2$ 时 $R(j)=\sum_{i=1}^{5}x_ix_{i+2}=1-1-1-1+1=-1$。

表 8-1 巴 克 码 组

位数 n	巴 克 码 组
2	++;-+
3	++-
4	+++-;++-+
5	+++-+
7	+++--+-
11	+++---+--+-
13	+++++--++-+-+

同样可以求出 $j=3, 5, 7$ 时 $R(j)=0$;$j=2, 4, 6$ 时 $R(j)=-1$;$j=0$ 时 $R(j)=7$。根据这些值,利用偶函数性质,可以作出 7 位巴克码的 $R(j)$ 与 j 的关系曲线,如图 8-20 所示。

由图 8-20 可以看出,自相关函数在 $j=0$ 时具有尖锐的单峰特性。局部自相关函数具有尖锐的单峰特性正是连贯式插入群同步码组的主要要求之一。

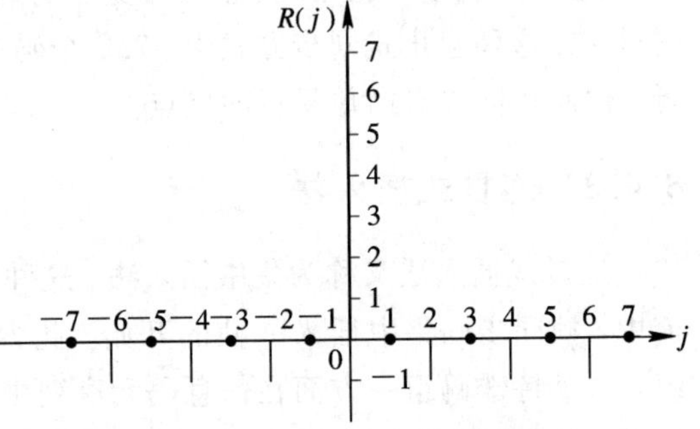

图 8-20 7 位巴克码的自相关函数

2. 巴克码识别器

仍以 7 位巴克码为例。用七级移位寄存器、相加器和判决器就可以组成一个巴克码识别器,如图 8-21 所示。七级移位寄存器的 1、0 按照 1110010 的顺序接到相加器,接法与巴克码的规律一致。当输入码元加到移位寄存器时,如果图中某移位寄存器进入的是 1 码,该移位寄存器的 1 端输出电平为+1,0 端输出电平为-1;反之,当某移位寄存器进入的是 0 码,该移位寄存器的 1 端输出电平为-1,0 端输出电平为+1。实际上巴克码识别器是对输入的巴克码进行相关运算,当一帧信号到来时,首先进入识别器的是群同步码组,只有当 7 位巴克码在某一时刻正好全部进入 7 个移位寄存器时,7 个移位寄存器输出端都输出+1,相加后的最大输出为+7,其余情况相加结果均小于+7。对于数字信息序列,几乎不可能出现与巴克码组相同的信息,故识别器的相加输出也只能小于+7。若判别器的判决门限电平定为+6,那么就在 7 位巴克码的最后一位 0 进入识别器时,识别器输出一个同步脉冲表示一群的开头。一般情况下,信息码不会正好都使移位寄存器的输出电平为+1,因此实际上更容易判定巴克码全部进入移位寄存器的位置。

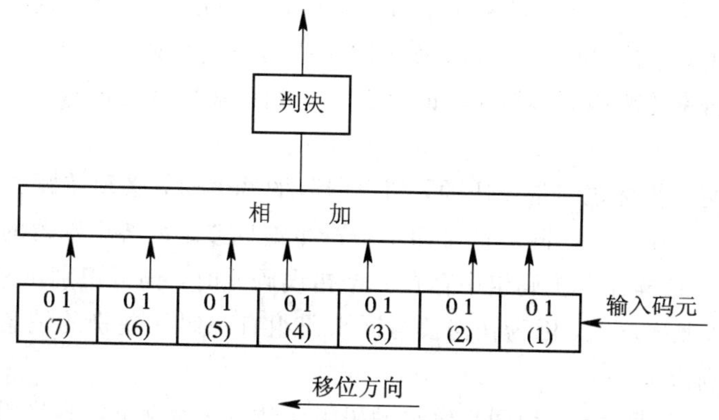

图 8-21 7位巴克码识别器

8.4.4 间歇式插入法

间歇式插入法又称为分散插入法，它是将帧同步码以分散的形式插入信息码流中。这种方式比较多地用在多路数字电路系统中。间歇式插入的示意图如图 8-22 所示，帧同步码均匀地分散插入在一帧之内。帧同步码可以是 1、0 交替码型。例如 24 路 PCM 系统中，一个抽样值用 8 位码表示，此时 24 路电话都抽样一次共有 24 个抽样值，192 个信息码元。192 个信息码元作为一帧，在这一帧插入一个帧同步码元，这样一帧共有 193 个码元。接收端检出群同步信息后，再得出分路的定时脉冲。

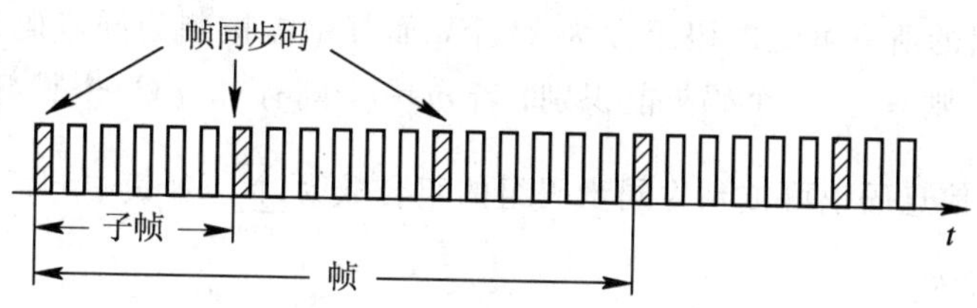

图 8-22 间歇式插入群同步方式

间歇式插入法的缺点是当群失步时，同步恢复时间较长。这是因为如果发生了群失步，则需要逐个码位进行比较检验，直到重新收到群同步的位置，才能恢复群同步。此法的另一缺点是设备较复杂，因为它不像连贯式插入法那样，群同步信号集中插入在一起，而是要将群同步在每一子帧里插入一位码，这样群同步码编码后还需要加以存储。

8.4.5 群同步系统的性能指标

本节在开头就对群同步系统提出了具体要求，这些要求基本反映了群同步系统的性能情况。群同步实质上就是要正确地检测群同步的标志问题，防止漏检，同时还要防止错检。群同步系统应该建立时间短，并且在群同步建立后应有较强的抗干扰能力。通常用漏同步概率 P_1，假同步概率 P_2 和群同步平均建立时间 t_s 以及群同步的效率来衡量这些性能。

1. 群同步可靠性

群同步可靠性受两个因素的影响。第一，由于干扰的存在，接收的同步码组中可能出现一些错误码元，从而使识别器漏识别已发出的同步码组，出现这种情况的概率称为漏同步概率，记为 P_1。第二，在接收的数字信号序列中，也可能在表示信息的码元中出现与同步码组相同的码组，它被识别器识别出来并被误认为是同步码组，从而形成假同步信号，出现这种情况的概率称为假同步概率，记为 P_2。这两种概率就是衡量群同步可靠性的主要指标。

P_1 与 P_2 这两个指标之间是矛盾的，判决门限的选值时，必须兼顾二者的要求。例如在连贯式插入法中，要识别群同步信号而不致产生漏同步，可将识别器的判决门限电平由 +6 V 降为 +4 V，这样在同步码组中存在一个错误码元时，仍可识别出来。但是，这样一来，就会使假同步概率增大，因为任何仅与同步码组有一码元差别的消息码元，都可以被当作同步码组识别出来。

设 P_e 为码元错误概率，n 为同步码组的码组元数，m 为判决器容许码组中的错误码元最大数，则同步码组码元 n 中所有不超过 m 个错误码元的码组都能被识别器识别，因而，未漏同步概率为

$$\sum_{r=0}^{m} C_n^r P_e^r (1-P_e)^{n-r}$$

故漏同步概率为

$$P_1 = 1 - \sum_{r=0}^{m} C_n^r P_e^r (1-P_e)^{n-r} \tag{8-17}$$

假同步概率 P_2 的计算就是计算信息码元中能被判为同步码组的组合数与所有可能的码组数之比。设二进制信息码中 1、0 码等概率出现，即 $P(1)=P(0)=0.5$，则由该二进制码元组成 n 位码组的所有可能的码组数为 2^n 个，而其中能被判为同步码组的组合数也与 m 有关。若 $m=0$，则只有 C_n^0 个码组能识别；若 $m=1$，则有 $C_n^0+C_n^1$ 个码组能识别，其余类推。写成普遍式，信息码中可被判为同步码组的组合数为 $\sum_{r=0}^{m} C_n^r$（其中 $r\leqslant m$），由此可得假同步概率的普遍式为

$$P_2 = \frac{1}{2^n}\sum_{r=0}^{m} C_n^r \quad r\leqslant m \tag{8-18}$$

例 8-1　设群同步码组中的码元数 $n=7$，系统的码元错误概率 $P_e=10^{-3}$，当最大错码数 $m=1$ 时，试求其可靠性指标。

解　漏同步概率为

$$\begin{aligned} P_1 &= 1 - \sum_{r=0}^{1} C_7^r (1-10^{-3})^{7-r} \times 10^{-3} \\ &= 1 - (1-10^{-3})^7 \times 10^{-3} - 7 \times (1-10^{-3}) \times 10^{-3} \\ &\approx 2.1 \times 10^{-5} \end{aligned}$$

假同步概率为

$$P_2 = \frac{1}{2^7}\sum_{r=0}^{1} C_7^r = \frac{1}{2^7}(1+7) = 6.3 \times 10^{-2}$$

从式(8-17)和式(8-18)以及例题 8-1 可以看出，当 m 增大时，P_1 减小很快，而 P_2 在增加；当 n 增大时，P_1 在增加，而 P_2 减小很快，P_1 和 P_2 总是有矛盾的。因此对 m 和 n 的选择要兼顾对 P_1 和 P_2 的要求。

2. 平均同步建立时间 t_s

对于连贯式插入法，假设漏同步和假同步都不出现，在最不利的情况下，实现群同步最多需要一帧的时间。设每帧的码元数为 N，每码元的时间宽度为 T_b，则一帧的时间为 NT_b。在建立同步过程中，如出现一次漏同步，则建立时间要增加 NT_b；如出现一次假同步，建立时间也要增加 NT_b，因此，帧同步的平均建立时间为

$$t_s \approx (1 + P_1 + P_2)NT_b \tag{8-19}$$

对于分散式插入法，其平均建立时间经过分析计算可得

$$t_s \approx N^2 T_b \tag{8-20}$$

帧同步平均建立时间越短，通信的效率越高，通信的性能就越好。因此，我们希望帧同步的平均建立时间越短越好。

将连贯式平均建立时间 t_s(见式(8-19))和分散式平均建立时间 t_s(见式(8-20))进行比较可以看出，连贯式插入法的 t_s 比分散式插入法的 t_s 要短得多，因而在数字传输系统中被广泛应用。

另外，要提高通信的效率，无论是连贯式还是分散式插入法帧同步，都应该减少帧同步的插入次数和帧同步码的长度，使其减少到最小程度。当然，这一切要求都是在满足帧同步性能的前提下提出来的。

帧同步一旦建立，就要有相应的保护措施，这一保护措施也是根据帧同步的规律而提出来的，既要保证较低的假同步概率，也要保证较低的漏同步概率。前面的保护电路对此已做了说明。

8.4.6 群同步的保护

在数字通信系统中，由于噪声和干扰的影响，当有误码存在时，有漏同步的问题；另外，由于信息码中也可能偶然出现与群同步码完全一致的码组，这样就产生假同步的问题。为此，要增加群同步的保护措施，以提高群同步性能。下面着重讲述连贯式插入法中的群同步保护问题。

要提高群同步的工作性能，就必须要求漏同步概率 P_1 和假同步概率 P_2 都要低，但这一要求对识别器判决门限的选择是矛盾的。因为在群同步识别器中，只有降低判决门限电平，才能减少漏同步，但是为了减少假同步，只有提高判决门限电平。因此，我们把同步过程分为两种不同的状态，以便在不同状态对识别器的判决门限电平提出不同的要求，达到降低漏同步和假同步的目的。最常用的保护措施是将群同步的工作划分为两种状态，即捕捉态和维持态。

捕捉态：判决门限提高，判决器容许群同步码组中最大错码数就会下降，假同步概率 P_2 就会下降。

维持态：判决门限降低，判决器容许群同步码组中最大错码数就会上升，但漏同步概率 P_1 就会下降。

连贯式插入法群同步保护的原理图如图 8-23 所示。在同步未建立时，系统处于捕捉态，状态触发器 C 的 Q 端为低电平，此时同步码组识别器的判决电平较高，因而减小了假同步概率。一旦识别器有输出脉冲，由于触发器 C 的 $\bar{Q}$ 端此时为高电平，于是经或门使与门 1 产生输出。与门 1 的一路输出加至分频器使之置“1”，这时分频器输出一个脉冲加至

与门 2，该脉冲还分出一路经过或门又加至与门 1。与门 1 的另一路输出加至状态触发器 C，使系统由捕捉态转为维持态，这时 Q 端变为高电平，打开与门 2，分频器输出的脉冲通过与门 2 形成群同步脉冲输出，因而同步建立。

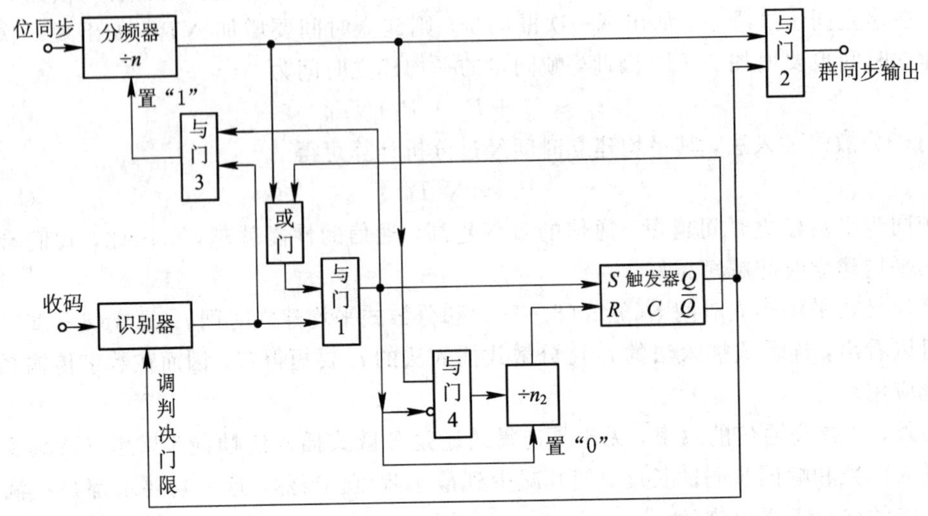

图 8 - 23 连贯式插入法群同步保护的原理图

同步建立以后，系统处于维持态。为了提高系统的抗干扰和抗噪声的性能以减小漏同步概率，具体做法就是利用触发器在维持态时 Q 端输出高电平去降低识别器的判决门限电平，这样就可以减小漏同步概率。另外，同步建立以后，若在分频器输出群同步脉冲的时刻，识别器无输出，这可能是系统真的失去同步，也可能是由偶然的干扰引起的，只有连续出现 n_2 次这种情况才能认为真的失去同步。这时与门 1 连续无输出，经取“非”后加至与门 4 的便是高电平，分频器每输出一个脉冲，与门 4 就输出一个脉冲。这样连续 n_2 个脉冲使“$\div n_2$”电路计满，随即输出一个脉冲至状态触发器 C，使状态由维持态转为捕捉态。当与门 1 不是连续无输出时，“$\div n_2$”电路未计满就会被置“0”，状态就不会转换，因此增加了系统在维持态时的抗干扰能力。

同步建立以后，信息码中的假同步码组也可能使识别器有输出而造成干扰。然而，在维持态下，这种假识别的输出与分频器的输出是不会同时出现的，因而这时与门 1 就没有输出，故不会影响分频器的工作，因此这种干扰对系统没有影响。

8.5 网同步技术

载波同步、位同步和群同步主要解决的是点对点之间的通信问题，但实际通信往往需要在许多通信点之间实现数字信息的相互交换与复接以构成通信网，这就有必要在通信网内建立一个网同步系统，以保证通信网正常可靠地运行。网同步实际上就是在网内建立一个统一的时间标准。

在第 4 章中，我们曾经讲过数字复接技术，其过程需要合路器和分路器来完成。其中，合路器的作用是将多个速率较低的数据流合为一个速率较高的数据流；分路器的作用是将高速数据流分离为一个速率较低的数据流图。要完成多点之间数字信息的相互交换和复接就离不开网同步技术。

保证通信网中各个支路都有共同的时钟信号是网同步的任务。实现网同步的方式主要有两大类：一类是全网同步，即在通信网中使各站的时钟彼此同步，各地的时钟频率和相位都保持一致。实现全网同步的主要方式有主从同步方式和相互同步方式。另一类是准同步，即在各站均采用高稳定性的时钟，相互独立，允许其速率偏差在一定的范围之内，在转接设备中设法把各支路输入的数码流进行调整和处理之后，使之变成相互同步的数码流，变异步为同步，即所谓准同步工作。实现准同步的方法也有两种，即码速调整法和水库法。

8.5.1　全网同步

1. 主从同步方式

一个主从同步方式示意图如图 8 - 24 所示，在通信网内设立了一个主站，它备有一个高稳定度的主时钟源，主时钟源产生的时钟将会按照图中箭头所示的方向逐站传送至网内的各站，因而保证网内各站的频率和相位都相同。由于主时钟到各站的传输线路长度不等，会使各站引入不同的时延，因此，各站都需设置时延调整电路，以补偿不同的时延，使各站的时钟不仅频率相同，相位也一致。

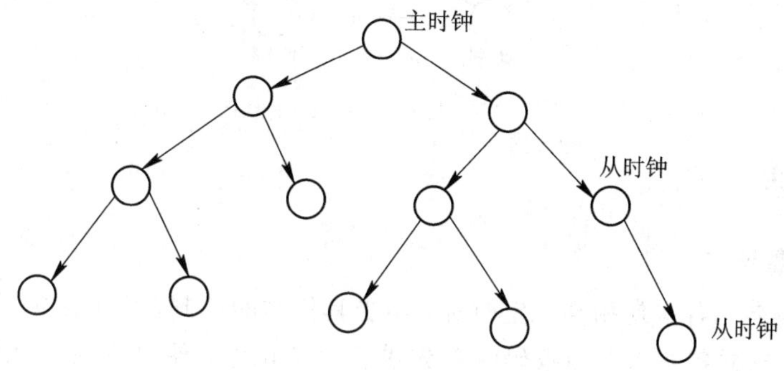

图 8 - 24　主从同步方式

目前公用网中实际使用的主时钟主要有下列几种类型：

① 铯原子钟。

② 石英晶体振荡器。

③ 铷原子钟。

从时钟工作在主从同步方式中，节点从时钟有三种工作模式：

① 正常工作模式。

② 保持模式。

③ 自由运行模式。

主从同步方式一般采用等级制，目前 ITU - T 将时钟划分为四级：

① 一级时钟——基准主时钟，由 G.811 建议规范。

② 二级时钟——转接局从时钟，由 G.812 建议规范。

③ 三级时钟——端局从时钟，由 G.812 建议规范。

④ 四级时钟——数字小交换机(PBX)、远端模块或 SDH 网络单元从时钟，由 G.81S 建议规范。

从主从同步方式拓扑结构可以看出，此方式有一个关键节点，就是主时钟。一旦主时钟发生故障，将导致整个通信系统崩溃，而且中间站局的故障也会影响后继站的工作。当然，主从同步方式相对比较简单、易行、经济，在小型数字通信系统中应用比较广泛。

2. 相互同步方式

为了克服主从同步方式过分依赖主时钟源的缺点，让网内各站都有自己的时钟，并将数字网高度互连实现同步。各站的时钟频率都锁定在各站固有振荡频率的平均值上，这个平均值称为网频率，从而实现网同步。这是一个相互控制的过程，当网中某一站发生故障时，网频率将平滑地过渡到一个新的值，其余各站仍能正常工作，因此提高了通信网工作的可靠性。这种方法的缺点是每一站的设备都比较复杂。相互同步方式示意图如图 8－25 所示。

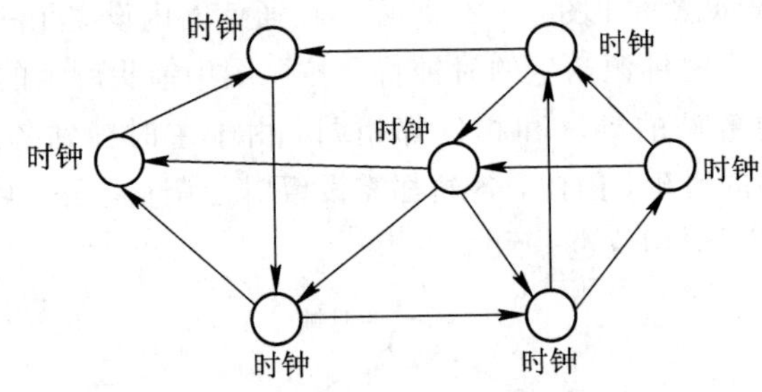

图 8－25 相互同步方式示意图

8.5.2 准同步

1. 码速调整法

准同步系统各站各自使用高稳定时钟，不受其他站的控制，它们之间的时钟频率允许有一定的容差。这样各站送来的数码流首先进行码速调整，使之变成相互同步的数码流，即对本来是异步的各路数码进行码速调整。

图 8－26 为数字网写入/读出示意图，可用在码速调制中。

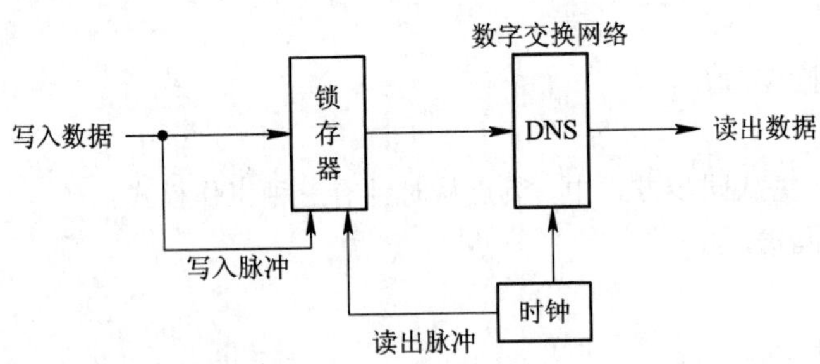

图 8－26 数字网写入/读出示意图

(1) 当写入速率大于读出速率时，将会造成存储器溢出，致使输入信息比特丢失(即漏读)，如图 8－27(a)所示。对于准同步系统而言，利用这种漏读的效果可把高速率的时钟调制到一个低速率时钟上。

(2) 当写入速率小于读出速率时，可能会造成某些比特被读出两次，即重复读出(重读)，如图 8－27(b)所示。利用这种重读的效果可把低速率的时钟调制到一个高速率时钟上。

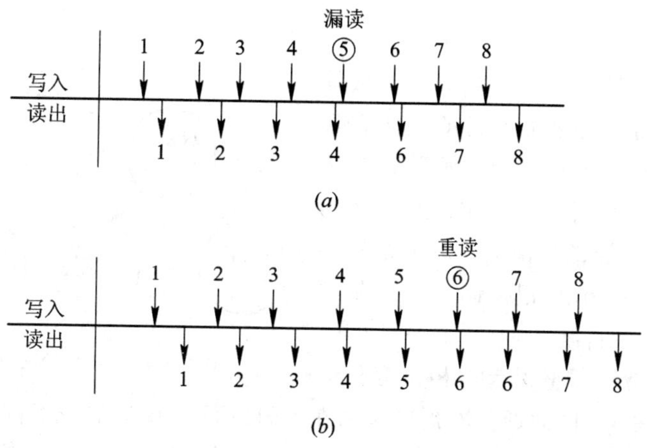

图 8-27 漏读、重读现象示意图(图中↓表示1个比特)

码速调整的主要优点是各站可工作于准同步状态，而无需统一时钟，故使用起来灵活、方便，这对大型通信网有着重要的实用价值。

2. 水库法

水库法是依靠在各交换站设置极高稳定度的时钟源和容量大的缓冲存储器，使得在很长的时间间隔内不发生“取空”或“溢出”的现象。容量足够大的存储器就像水库一样，既很难将水抽干，也很难将水库灌满。因而可用作水流量的自然调节，故称为水库法。

现在来计算存储器发生一次“取空”或“溢出”现象的时间间隔 T。设存储器的位数为 $2n$，起始为半满状态，存储器写入和读出的速率之差为 $\pm\Delta f$，则有

$$T=\frac{n}{\Delta f} \tag{8-21}$$

设数字码流的速率为 f，相对频率稳定度为 s，并令

$$s=\frac{|\pm\Delta f|}{f} \tag{8-22}$$

则

$$fT=\frac{n}{s} \tag{8-23}$$

式(8-23)是水库法进行计算的基本公式。

例 8-2 设 $f=512$ kb/s，$s=10^{-9}$，并且需要使 T 不小于 24 h，则利用水库法的基本公式(8-23)可求出 $n=45$ 位。

显然，这样的设备不难实现。若采用更高稳定度的振荡器，例如镓原子振荡器，其频率稳定度可达 5×10^{-11}。因此，可在更高速率的数字通信网中采用水库法作网同步。但水库法每隔一个相当长的时间总会发生“取空”或“溢出”现象，所以每隔一定时间要对准同步系统校准一次。

8.5.3 SDH 网同步结构

1. 局间应用

局间同步时钟分配采用树形结构，使 SDH 网内所有节点都能同步。各级时钟间关系

如图 8 - 28 所示。

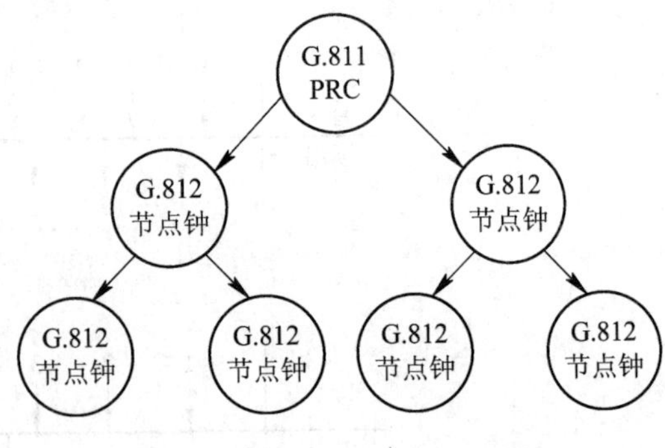

图 8 - 28　局间分配的同步网结构

需要注意的是：

① 低等级的时钟只能接收更高等级或同一等级时钟的定时。这样做的目的是防止形成定时环路，造成同步不稳定。所谓定时环路，是指传送时钟的路径(包括主用和备用路径)形成一个首尾相连的环路，其后果是使环中各节点的时钟一个个互相控制以脱离基准时钟，而且容易产生自激。

② 由于 TU 指针调整引起的相位变化会影响时钟的定时性能，因而通常不提倡采用在 SDHTU 内传送的一次群信号(2.048 Mb/s 或 1.544 Mb/s)作为局间同步分配，而是直接采用高比特率的 STM - N 信号传送同步信息。

③ 为了能够自动进行捕捉并锁定于输入基准定时信号，设计较低等级时钟时还应有足够宽的捕捉范围。

2. 局内应用

所有网元时钟都直接从本局内最高质量的时钟——综合定时供给系统(BITS)获取。综合定时供给系统也称通信楼综合定时供给系统，它属于受控时钟源。

BITS 是整个通信楼内或通信区域内的专用定时钟供给系统，它从来自别的交换节点的同步分配链路中提取定时，并能一直跟踪至全网的基准时钟，并向楼内或区域内所有被同步的数字设备提供各种定时时钟信号。BITS 是专门设置的定时时钟供给系统，从而能在各通信楼内或通信区域内用一个时钟统一控制各种网的定时时钟，如数字交换设备、分组交换网、数字数据网、7 号信令网、SDH 设备以及宽带网等。

3. 同步方式

SDH 网同步有四种工作方式：

(1) 同步方式。同步方式指在网中的所有时钟都能最终跟踪到同一个网络的基准主时钟。

(2) 伪同步方式。伪同步方式是在网中有几个都遵守 G.811 建议要求的基准主时钟，它们具有相同的标称频率，但实际频率仍略有差别。

(3) 准同步方式。准同步方式是同步网中有一个或多个时钟的同步路径或替代路径出现故障时，失去所有外同步链路的节点时钟，进入保持模式或自由运行模式工作。

(4) 异步方式。异步方式是网络中出现很大的频率偏差(即异步的含义)，当时钟精度达不到ITU - TG.81S 所规定的数值时，SDH 网不再维持业务而将发送 AIS 告警信号。

本 章 小 结

1. 同步的重要性

同步是通信系统中一个非常重要的实际问题，是进行信息传输的前提和基础，是解决数字通信的关键技术和先决条件，同步性能的好坏直接影响通信系统的性能。

无论采取何种同步方式，对正常的信息传输都是必要的。只有收发之间建立了同步，才能准确地传输信息。要求同步信息传输的可靠性高于信号传输的可靠性。

2. 载波同步、位同步、群同步及网同步之间的运用

载波同步的目的是为了解决同步解调问题，把频带信号解调为基带信号，而且只有在相干解调时，才需要提取同步载波的问题。

位同步的目的是使每个码元得到最佳的解调和判决。位同步技术在数字通信中一般都要用到，不论是基带传输还是频带传输。位同步信号一般可以从解调后的基带信号中提取。位同步脉冲控制抽样判决器判决的最佳时刻，以便恢复出原始数字序列。

群同步的目的是能够正确地将接收码元序列分组，使接收信息能够被正确理解。群同步技术与位同步技术有一定的联系，因为群信号是由若干个位信号组成的。因此，只要有了位同步信号，经若干次分频后就可以得到群同步脉冲的频率。只要将群同步脉冲的起始相位与群信号的“起头”和“结尾”的时刻对准，就解决了群同步的问题。

网同步技术解决的是多点之间的信息传输问题，它是在网内建立一个统一的时间标准，以保障全网正常运行。

在接收数字信号时，确定接收码元的抽样判决时刻，在最佳接收机中确定每个码元的积分区间以正确求得码元的能量，在码元变换器(差分译码)、帧同步器、延时电路以及PCM译码器中作为时钟信号。

码元定时脉冲是周期性的归零脉冲序列，其周期与接收码元周期相同，即频率等于码元速率，相位应根据用途而定。

在数字带通传输系统的接收机中，同步的先后顺序是：载波同步(相干解调时)、位同步、群同步。

无论采用哪种同步方式，对正常的信息传输来说，都是必要的。只有收发之间建立了同步才能准确地传输信息。因此要求同步信息传输的可靠性高于信号传输的可靠性。

思考与练习8

8-1 数字通信系统的同步是指哪几种同步？它们各有哪几种同步的方法？

8-2 有了位同步，为什么还要群同步？试举一个不要群同步的模拟信号数字传输的例子。

8-3 载波提取电路有哪几种方法？各有什么样的特点？

8-4 载波同步提取中为什么出现相位模糊问题？它对模拟和数字通信各有什么影响？在本书中讲到的几种载波同步提取方法中哪些有相位模糊问题？

8-5 在载波提取和位同步提取中广泛地采用锁相环路，与其他提取电路相比它有哪些优越性？

8-6 插入导频法用在什么场合？插入导频为什么要用正交载波？

8-7 单边带信号能否用自同步法提取同步载波？

8-8 对抑制载波的双边带信号、残留边带信号和单边带信号用插入导频法实现载波同步时，所插入的导频信号形式有何异同点？

8-9 同步载波的频偏 $\Delta\omega$ 和相位偏移对通信质量有什么影响？

8-10 已知单边带信号的表达式为

$$s_{SSB}(t)=x(t)\cos\omega_c t\mp\hat{x}(t)\sin\omega_c t$$

试问能否用平方环提取所需要的载波信号？为什么？

8-11　数字锁相环由哪几个主要部件组成？主要功能是什么？

8-12　用插入法时，发送端位定时的相位怎样确定？接收端又是怎样防止位定时导频对信号干扰的？

8-13　位同步的主要性能指标是什么？在用数字锁相法的位同步系统中这些指标都与哪些因素有关？

8-14　位同步系统中相位误差$|\theta_e|$对数字通信的性能有什么影响？

8-15　试述群同步与位同步的主要区别(指使用的场合上)，群同步能不能直接从信息中提取(也就是说能否用自同步法)？

8-16　对于一个时分多路复用的数字通信系统，是否只提取帧同步信号而不用位同步信号？试说明之。

8-17　简述巴克码识别器的工作原理。

8-18　为什么连贯式同步建立的时间比间歇式同步建立的时间快？

8-19　什么是假帧同步？什么是假失步？它们是如何引起的？怎样克服？

8-20　已知单边带信号为$x_s(t)=x(t)\cos\omega_c t+x(t)\sin\omega_c t$，试证明不能用图8-2所示的平方变换法提取同步载波。

8-21　用单谐振电路作为滤波器提取同步载波，已知同步载波频率为1000 kHz，回路$Q=100$，把达到稳定值40%的时间作为同步建立时间(和同步保持时间)，求载波同步的建立时间和保持时间t_s和t_c。

8-22　如果用Q为100的单谐振电路作为窄带滤波器提取同步载波，设同步载波频率为1000 kHz，求单谐振电路自然谐振频率分别为999 kHz、995 kHz和990 kHz时的稳态相位差$\Delta\varphi_0$。

8-23　传输速率为1 kb/s的一个通信系统，设误码率$P_e=10^{-4}$，群同步采用连贯式插入的方法，同步码组的位数$n=7$，试分别计算$m=0$和$m=1$时漏同步概率P_1和假同步概率P_2各为多少。若每群中的信息位数为153，估算群同步的平均建立时间。

8-24　若7位巴克码组的前后全为“1”序列加于图8-21的码元输入端，且各移位寄存器的初始状态均为0，试画出识别器的输出波形。

8-25　若7位巴克码组的前后全为“0”序列加于图8-21的码元输入端，且各移位寄存器的初始状态均为0，试画出识别器的输出波形。

8-26　设某数字传输系统中的群同步采用7位长的巴克码(1110010)，采用连贯式插入法。

(1) 试画出群同步码识别器原理方框图。

(2) 若输入二进制序列为01011100111100100，试画出群同步码识别器输出波形(设判决门限电平为4.5)。

(3) 若码元错误概率为P_e，识别器判决门限电平为4.5，试求该识别器的假同步概率。

8-27　PCM七位巴克码(1110010)前后为数字码流，设“1”码和“0”码等概率出现，且误码率为P_e。求假同步概率(设$m=0$)和漏同步概率。

第 9 章　差错控制编码

【教学要点】

- 检错与纠错：纠错码的分类、纠错编码的原理。
- 简单差错控制码：奇偶监督码、水平奇偶监督码、行列监督码、群计数码、恒比码。
- 线性分组码：汉明码、监督矩阵、生成矩阵、校正和检错、线性分组码的性质。
- 循环码：循环特性、生成多项式与生成矩阵、监督多项式及监督矩阵、编码方法、解码方法。
- 卷积码：卷积码的概念、卷积码的图解表示、卷积码的译码。

差错控制编码又称信道编码、可靠性编码、抗干扰编码或纠错码。它是提高数字信号传输可靠性的有效方法之一。

9.1 概　　述

9.1.1 信道编码

在数字通信中，根据不同的目的，编码可分为信源编码和信道编码。信源编码是为了提高数字信号的有效性以及为了使模拟信号数字化而采取的编码。信道编码是为了降低误码率，提高数字通信的可靠性而采取的编码。

数字信号在传输过程中，加性噪声、码间串扰等都会产生误码。为了提高系统的抗干扰性能，可以加大发射功率，降低接收设备本身的噪声，以及合理选择调制、解调方法等。此外，还可以采用信道编码技术。

正如第 1 章在通信系统模型中所述，信源编码是去掉信源的多余度；而信道编码是按一定的规则加入多余度。具体地讲，就是在发送端的信息码元序列中，以某种确定的编码规则，加入监督码元，以便在接收端利用该规则进行解码，才有可能发现错误、纠正错误。

9.1.2 差错控制方式

常用的差错控制方式有三种：检错重发方式、前向纠错方式和混合纠错方式。

1. 检错重发方式

检错重发又称自动请求重传(ARQ，Automatic Repeat Request)方式。由发送端发送能够发现错误的码，接收端检验收到的码字有无错误，如果发现错误，则接收端通过反向信道把这一判决结果反馈给发送端，然后，发送端把接收端认为错误的信息再次重发，直到接收端认为收到正确的码字为止。该方式的特点是需要反馈信道，译码设备简单，对突发错误和信道干扰较严重时有效，但实时性差，主要在计算机数据通信中得到应用。

2. 前向纠错方式

前向纠错(FEC, Forword Error-Correction)方式。发送端发送能够纠正错误的码，接收端收到信码后自动地纠正传输中的错误。这种方式的特点是单向传输，实时性好，但译码设备较复杂。

3. 混合纠错方式

混合纠错(HEC, Hybrid Error-Correction)方式是 FEC 和 ARQ 两种方式的结合。发送端发送具有自动纠错同时又具有检错能力的码。接收端收到码后，检查差错情况，如果错误在码的纠错能力范围以内，则自动纠错；如果超过了码的纠错能力，但能检测出来，则经过反馈信道请求发送端重发。这种方式具有自动纠错和检错重发的优点，可达到较低的误码率，因此近年来得到广泛应用。

以上三种方式可以结合使用，它们的系统构成如图 9-1 所示，图中有斜线的方框图表示在该端检出错误。

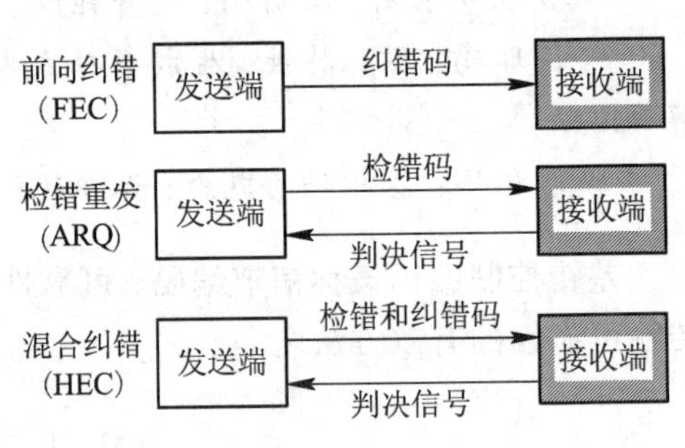

图 9-1　差错控制方式

另外，按照噪声和干扰的变化规律，可把信道分为三类：随机信道、突发信道和混合信道。恒参高斯白噪声信道是典型的随机信道，其中错误的出现是随机的，而且错误之间是统计独立的；具有脉冲干扰的信道是典型的突发信道，其中错误是成串成群出现的，即在短时间内出现大量错误；短波信道和对流层散射信道是混合信道，随机错误和成串错误都占有相当比例。对于不同类型的信道，应采用不同的差错控制方式。

9.2 检错与纠错

9.2.1 纠错码的分类

纠错码的分类方法如下：

(1) 根据纠错码各码组信息元和监督元的函数关系，纠错码可分为线性码和非线性码。如果函数关系是线性的，即满足一组线性方程式，则称为线性码，否则称为非线性码。

(2) 根据上述关系涉及的范围，可分为分组码和卷积码。分组码的各码元仅与本组的信息元有关；卷积码中的码元不仅与本组的信息元有关，而且还与前面若干组的信息元有关。

(3) 根据码的用途，可分为检错码和纠错码。检错码以检错为目的，不一定能纠错；而纠错码以纠错为目的，一定能检错。

另外，还可以根据纠错码组中信息元是否隐蔽来分，根据纠(检)错的类型来分，根据码元取值的进制来分等，这里不再赘述。

9.2.2 纠错编码的基本原理

下面我们以分组码为例来说明纠错码检错和纠错的基本原理。

1. 分组码

分组码一般可用(n, k)表示。其中，k是每组二进制信息码元的数目，n是编码码组的码元总位数，又称为码组长度，简称码长。$n-k=r$为每个码组中的监督码元数目。简单地说，分组码是对每段k位长的信息组以一定的规则增加r个监督元，组成长为n的码字。在二进制情况下，共有2^k个不同的信息组，相应地可得到2^k个不同的码字，称为许用码组。其余2^n-2^k个码字未被选用，称为禁用码组。

在分组码中，非零码元的数目称为码字的汉明重量，简称码重，用w表示。例如，码字10110的码重$w=3$。

两个等长码组之间相应位取值不同的数目称为这两个码组的汉明距离，简称码距，用d表示。例如，码字11000与10011之间的距离$d=3$。码组集中任意两个码字之间距离的最小值称为码的最小距离，用d_0表示。最小码距是码的一个重要参数，它是衡量码检错、纠错能力的依据。

2. 检错和纠错能力

我们以重复码为例说明，为什么纠错码能够检错或纠错。

若分组码码字中的监督元在信息元之后，而且是信息元的简单重复，则称该分组码为重复码。它是一种简单实用的检错码，并有一定的纠错能力。例如(2,1)重复码，两个许用码组是00与11，$d_0=2$，接收端译码，出现01、10禁用码组时，可以发现传输中的一位错误。如果是(3,1)重复码，两个许用码组是000与111，$d_0=3$；当接收端出现两个或三个1时，判为1，否则判为0。此时，可以纠正单个错误，或者该码可以检出两个错误。

从上面的例子中可以看出，码的最小距离d_0直接关系着码的检错和纠错能力。任一(n,k)分组码，若要在码字内：

(1) 检测e个随机错误，则要求码的最小距离$d_0 \geqslant e+1$；

(2) 纠正t个随机错误，则要求码的最小距离$d_0 \geqslant 2t+1$；

(3) 纠正t个同时检测$e(\geqslant t)$个随机错误，则要求码的最小距离$d_0 \geqslant t+e+1$。

3. 编码效率

用差错控制编码提高通信系统的可靠性，是以降低有效性为代价换来的。我们定义编码效率R来衡量有效性，且

$$R=\frac{k}{n} \tag{9-1}$$

式中，k是信息元的个数；n为码长。

对纠错码的基本要求是：检错和纠错能力尽量强；编码效率尽量高；编码规律尽量简单。实际中要根据具体指标要求，保证有一定纠、检错能力和编码效率，并且易于实现。

9.3 常用差错控制码

纠错编码的种类很多，较早出现的、应用较多的大多属于分组码。本节仅介绍其中一些较为常用的简单编码。

9.3.1 奇偶监督码

奇偶监督码是在原信息码后面附加一个监督元，使得码组中“1”的个数是奇数或偶数。或者说，它是含一个监督元，码重为奇数或偶数的$(n, n-1)$系统分组码。奇偶监督码又分为奇监督码和偶监督码。

设码字$A=[a_{n-1}, a_{n-2}, \cdots, a_1, a_0]$，对偶监督码有

$$a_{n-1} \oplus a_{n-2} \oplus \cdots \oplus a_1 \oplus a_0 = 0 \tag{9-2}$$

式中，$a_{n-1}, a_{n-2}, \cdots, a_1$为信息元；$a_0$为监督元。

由于该码的每一个码字均按同一规则构成式(9-2)，故又称为一致监督码。接收端译码时，按式(9-2)将码组中的码元模2相加，若结果为“0”，则认为无错；若结果为“1”，则可断定该码组经传输后有奇数个错误。

奇监督码情况相似，只是码组中“1”的数目为奇数，即满足条件

$$a_{n-1} \oplus a_{n-2} \oplus \cdots \oplus a_0 = 1 \tag{9-3}$$

奇监督码检错能力与偶监督码相同。

奇偶监督码的编码效率R为

$$R = \frac{n-1}{n}$$

9.3.2 水平奇偶监督码

为了提高奇偶监督码的检错能力，特别是克服其不能检测突发错误的缺点，可以将经过奇偶监督的码元序列按行排成方阵，每行为一组奇偶监督码，如表9-1所示。发送端按列的顺序传输，接收端仍将码元序列还原为发送时的方阵形式，然后按行进行奇偶校验。由于按行进行奇偶校验，因此称为水平奇偶监督码。

表9-1 水平奇偶监督码

信息码元	监督码元
1110011000	1
1101001101	0
1000011101	1
0001000010	0
1100111011	1

9.3.3 行列监督码

奇偶监督码不能发现偶数个错误。为了改善这种情况，引入行列监督码。这种码不仅对水平(行)方向的码元，而且对垂直(列)方向的码元实施奇偶监督。这种码既可以逐行传输，也可以逐列传输。一般地，$L\times M$个信息元附加$L+M+1$个监督元，组成$(LM+L+M+1, LM)$行列监督码的一个码字($L+1$行，$M+1$列)。表9-2是(66,50)行列监督码的一个($L=5$，$M=10$)码字。这种码具有较强的检测能力，适于检测突发错误，还可用于纠错。

表9-2 (66, 50)行列监督码

1	1	0	0	1	0	1	0	0	0	0
0	1	0	0	0	0	1	1	0	1	0
0	1	1	1	1	0	0	0	0	1	1
1	0	0	1	1	1	0	0	0	0	0
1	0	1	0	1	0	1	0	1	0	1
1	1	0	0	0	1	1	1	1	0	0

9.3.4　群计数码

把信息码元中“1”的个数用二进制数字表示，并作为监督码元放在信息码元的后面，这样构成的码称为群计数码。例如，一码组的信息码元为 1010111，其中“1”的个数为 5，用二进制数字表示为“101”，将它作为监督码元附加在信息码元之后，即传输的码组为 1010111 101。群计数码有较强的检错能力，除了同时出现码组中“1”变“0”和“0”变“1”的成对错误外，它还能纠正所有形式的错误。

9.3.5　恒比码

码字中“1”的个数与“0”的个数保持恒定比例的码称为恒比码。由于恒比码中，每个码组均含有相同个数的“1”和“0”，因此恒比码又称等重码或定 1 码。这种码在检测时，只要计算接收码元中“1”的个数是否正确，就知道有无错误。

目前我国电传通信中普遍采用 3∶2 码，又称“5 中取 3”的恒比码，即每个码组的长度为 5，其中有 3 个“1”。这时可能编成的不同码组数目等于从 5 中取 3 的组合数 10，这 10 个许用码组恰好可表示 10 个阿拉伯数字，如表 9 - 3 所示。而每个汉字又是以 4 位十进制数来代表的。实践证明，采用这种码后，我国汉字电报的差错率大为降低。

目前国际上通用的 ARQ 电报通信系统中采用 3∶4 码，即“7 中取 3”的恒比码。

表 9 - 3　3∶2 恒比码

数字	码　字
0	0 1 1 0 1
1	0 1 0 1 1
2	1 1 0 0 1
3	1 0 1 1 0
4	1 1 0 1 0
5	0 0 1 1 1
6	1 0 1 0 1
7	1 1 1 0 0
8	0 1 1 1 0
9	1 0 0 1 1

9.4　线性分组码

9.4.1　基本概念

在(n,k)分组码中，若每一个监督元都是码组中某些信息元按模 2 和而得到的，即监督元是按线性关系相加而得到的，则称线性分组码。或者说，可用线性方程组表述码规律性的分组码称为线性分组码。线性分组码是一类重要的纠错码，应用很广泛。

现以(7，3)分组码为例说明线性分组码的意义和特点。设(7，3)分组码的码字为 $A=[a_6, a_5, a_4, a_3, a_2, a_1, a_0]$，其中前 3 位是信息元，后 4 位是监督元，可以用下列线性方程组来表述这种线性分组码。4 位监督元可以用 3 个信息元表示为

$$\begin{cases} a_3 = a_6 + a_4 \\ a_2 = a_6 + a_5 + a_4 \\ a_1 = a_6 + a_5 \\ a_0 = a_5 + a_4 \end{cases} \tag{9-4}$$

方程组(9-4)中各方程是线性无关的。给出信息元 a_6、a_5、a_4 的 8 个可能的取值，就可以得到(7, 3)分组码的 8 个码字，如表 9-4 所示。

表 9-4　(7, 3)分组码

序　号	码　元		序　号	码　元	
	信息元	监督元		信息元	监督元
0	000	0000	4	100	1110
1	001	1101	5	101	0011
2	010	0111	6	110	1001
3	011	1010	7	111	0100

我们可以把(n, k)线性分组码看成一个 n 维线性空间，每一个码字就是这个空间的一个矢量。n 维线性空间长度为n 的码组共有 2^n 个，但线性分组码的码字共有 2^k 个，$k<n$。显然，线性分码组的 2^k 个码字构成了 n 维线性空间的 K 维线性子空间，它是线性分组码的许用码组，剩余的空间构成的码组是禁用码组。

9.4.2　汉明码

汉明码是一种用来纠正单个错误的线性分组码，已作为差错控制码广泛用于数字通信和数据存储系统中。

一般来说，若码长为 n，信息位为 k，则监督元为 $r=n-k$。如果求用 r 个监督位构造出 r 个监督方程能纠正 1 位或 1 位以上错误的线性码，则必须有

$$2^r-1 \geqslant n \tag{9-5}$$

现以(n,k)汉明码为例来说明线性分组码的特点。

在前面讨论奇偶监督码时，如考虑偶监督，用式(9-2)作为监督方程，而在接收端译码时，实际是按下式计算：

$$S = a_{n-1} \oplus a_{n-2} \oplus \cdots \oplus a_1 \oplus a_0 \tag{9-6}$$

式中，S 称为校正子或校验子。

若 $S=0$，则认为无错；若 $S=1$，则认为有错，我们称式(9-6)为监督方程，校正子(校验子)S 又称伴随式。如果增加一位监督元，就可以写出两个监督方程，计算出两个校正子 S_1 和 S_2。S_1S_2 为 00 时，表示无错；S_1S_2 为 01、10、11 时，指示 3 种不同的错误图样。由此可见，若有 r 位监督元，就可以构成 r 个监督方程，计算得到的校正子有 r 位，可用来指示2^r-1 种不同的错误图样，r 位校正子为全零时，表示无错。

设分组码中信息位 $k=4$，又假设该码能纠正一位错码，这时，$d_0 \geqslant 3$。要满足 $2^r-1 \geqslant n$，取 $r \leqslant 3$，当 $r=3$ 时，$n=k+r=7$，这样就构成了(7, 4)汉明码。这里用 $A=[a_6, a_5, a_4, a_3, a_2, a_1, a_0]$表示码字，其中，前 4 位是信息元，后 3 位是监督元。用 S_1、S_2、S_3 表示由 3 个监督方程得到的 3 个校正子。3 个校正子 S_1、S_2、S_3 指示 2^3-1 种不同的错误图样。校正子与错码位置的对应关系如表 9-5 所示。

由表 9-5 可知，校正子 S_1 为 1 的错码位置为 a_2、a_4、a_5、a_6；校正子 S_2 为 1 的错码位置为 a_1、a_3、a_5、a_6；校正子 S_3 为 1 的错码位置为 a_0、a_3、a_4、a_6。这样，我们可以写出 3 个监督方程，即

$$S_1 = a_6 \oplus a_5 \oplus a_4 \oplus a_2 \tag{9-7}$$

$$S_2 = a_6 \oplus a_5 \oplus a_3 \oplus a_1 \tag{9-8}$$

$$S_3 = a_6 \oplus a_4 \oplus a_3 \oplus a_0 \tag{9-9}$$

表 9 - 5　校正子与错码位置的对应关系

S_1　S_2　S_3	错码位置	S_1　S_2　S_3	错码位置
0　0　1	a_0	1　0　1	a_4
0　1　0	a_1	1　1　0	a_5
1　0　0	a_2	1　1　1	a_6
0　1　1	a_3	0　0　0	无错

在发送端编码时，a_6、a_5、a_4、a_3 为信息元，由传输的信息决定；而监督元 a_2、a_1、a_0 则由监督方程(9 - 7)、(9 - 8)、(9 - 9)来决定。当 3 个校正子 S_1、S_2、S_3 均为 0 时，编码组中无错码发生，于是有下列方程组：

$$\begin{cases} a_6 \oplus a_5 \oplus a_4 \oplus a_2 = 0 \\ a_6 \oplus a_5 \oplus a_3 \oplus a_1 = 0 \\ a_6 \oplus a_4 \oplus a_3 \oplus a_0 = 0 \end{cases} \tag{9-10}$$

由式(9 - 10)可以求得监督元 a_2、a_1、a_0 为

$$\begin{cases} a_2 = a_6 \oplus a_5 \oplus a_4 \\ a_1 = a_6 \oplus a_5 \oplus a_3 \\ a_0 = a_6 \oplus a_4 \oplus a_3 \end{cases} \tag{9-11}$$

若已知信息元 a_6、a_5、a_4、a_3，则可以直接由式(9 - 11)计算出监督元 a_2、a_1、a_0。由此得到(7, 4)汉明码的 16 个许用码组，如表 9 - 6 所示。

表 9 - 6　(7,4)汉明码的许用码组

序号	码字		序号	码字	
	信息元	监督元		信息元	监督元
0	0 0 0 0	0 0 0	8	1 0 0 0	1 1 1
1	0 0 0 1	0 1 1	9	1 0 0 1	1 0 0
2	0 0 1 0	1 0 1	10	1 0 1 0	0 1 0
3	0 0 1 1	1 1 0	11	1 0 1 1	0 0 1
4	0 1 0 0	1 1 0	12	1 1 0 0	0 0 1
5	0 1 0 1	1 0 1	13	1 1 0 1	0 1 0
6	0 1 1 0	0 1 1	14	1 1 1 0	1 0 0
7	0 1 1 1	0 0 0	15	1 1 1 1	1 1 1

在接收端收到每组码后，按监督方程(9 - 7)、(9 - 8)、(9 - 9)计算出 S_1、S_2 和 S_3。如不全为 0，则可按表 9 - 5 确定误码的位置，然后加以纠正。

汉明码有较高的编码效率，其编码效率为

$$R=\frac{k}{n}=\frac{n-k}{n}=1-\frac{r}{2^r-1}$$

9.4.3 监督矩阵

不难看出，上述(7, 4)码的最小码距 $d_0=3$，它能纠正一个错误或检测两个错误。可将式(9 - 10)所述(7,4)汉明码的 3 个监督方程式改写成以下线性方程组：

$$\begin{cases}1\cdot a_6+1\cdot a_5+1\cdot a_4+0\cdot a_3+1\cdot a_2+0\cdot a_1+0\cdot a_0=0\\1\cdot a_6+1\cdot a_5+0\cdot a_4+1\cdot a_3+0\cdot a_2+1\cdot a_1+0\cdot a_0=0\\1\cdot a_6+0\cdot a_5+1\cdot a_4+1\cdot a_3+0\cdot a_2+0\cdot a_1+1\cdot a_0=0\end{cases} \tag{9-12}$$

这组线性方程可用矩阵形式表示为

$$\begin{bmatrix}1&1&1&0&1&0&0\\1&1&0&1&0&1&0\\1&0&1&1&0&0&1\end{bmatrix}\begin{bmatrix}a_6\\a_5\\a_4\\a_3\\a_2\\a_1\\a_0\end{bmatrix}=\begin{bmatrix}0\\0\\0\end{bmatrix} \tag{9-13}$$

并简记为

$$\boldsymbol{HA}^{\mathrm{T}}=\boldsymbol{0}^{\mathrm{T}} \quad 或 \quad \boldsymbol{AH}^{\mathrm{T}}=\boldsymbol{0} \tag{9-14}$$

式中，$\boldsymbol{A}^{\mathrm{T}}$ 是 $\boldsymbol{A}$ 的转置；$\boldsymbol{0}^{\mathrm{T}}$ 是 $\boldsymbol{0}=[0\quad 0\quad 0]$的转置；$\boldsymbol{H}^{\mathrm{T}}$ 是 $\boldsymbol{H}$ 的转置，且

$$\boldsymbol{H}=\begin{bmatrix}1&1&1&0&1&0&0\\1&1&0&1&0&1&0\\1&0&1&1&0&0&1\end{bmatrix} \tag{9-15}$$

称为监督矩阵。一旦 $\boldsymbol{H}$ 给定，信息位和监督位之间的关系也就确定了。$\boldsymbol{H}$ 为 $r\times n$ 阶矩阵，$\boldsymbol{H}$ 矩阵每行之间是彼此线性无关的。式(9 - 15)所示的 $\boldsymbol{H}$ 矩阵可分成两部分：

$$\boldsymbol{H}=\begin{bmatrix}1&1&1&0&1&0&0\\1&1&0&1&0&1&0\\1&0&1&1&0&0&1\end{bmatrix}=[\boldsymbol{P}\quad \boldsymbol{I}_r] \tag{9-16}$$

式中，$\boldsymbol{P}$ 为 $r\times k$ 阶矩阵；$\boldsymbol{I}_r$ 为 $r\times r$ 阶单位矩阵。

可以写成 $\boldsymbol{H}=[\boldsymbol{P}\quad \boldsymbol{I}_r]$形式的矩阵称为典型监督矩阵。

$\boldsymbol{HA}^{\mathrm{T}}=\boldsymbol{0}^{\mathrm{T}}$，说明 $\boldsymbol{H}$ 矩阵与码字的转置乘积必为 $\boldsymbol{0}$。这个式子可以用来作为判断接收码字 $\boldsymbol{A}$ 是否出错的依据。

9.4.4 生成矩阵

若把监督方程补充为下列方程

$$\begin{cases} a_6 = a_6 \\ a_5 = \quad a_5 \\ a_4 = \quad\quad a_4 \\ a_3 = \quad\quad\quad a_3 \\ a_2 = a_6 + a_5 + a_4 \\ a_1 = a_6 + a_5 + \quad a_3 \\ a_0 = a_6 + \quad a_4 + a_3 \end{cases} \tag{9-17}$$

则可改写为矩阵形式

$$\begin{bmatrix} a_6 \\ a_5 \\ a_4 \\ a_3 \\ a_2 \\ a_1 \\ a_0 \end{bmatrix} = \begin{bmatrix} 1 & 0 & 0 & 0 \\ 0 & 1 & 0 & 0 \\ 0 & 0 & 1 & 0 \\ 0 & 0 & 0 & 1 \\ 1 & 1 & 1 & 0 \\ 1 & 1 & 0 & 1 \\ 1 & 0 & 1 & 1 \end{bmatrix} \cdot \begin{bmatrix} a_6 \\ a_5 \\ a_4 \\ a_3 \end{bmatrix} \tag{9-18}$$

即

$$\boldsymbol{A}^{\mathrm{T}} = \boldsymbol{G}^{\mathrm{T}} \cdot \begin{bmatrix} a_6 \\ a_5 \\ a_4 \\ a_3 \end{bmatrix} \tag{9-19}$$

变换为

$$\boldsymbol{A} = [a_6 \quad a_5 \quad a_4 \quad a_3] \cdot \boldsymbol{G}$$

其中

$$\boldsymbol{G} = \begin{bmatrix} 1 & 0 & 0 & 0 & 1 & 1 & 1 \\ 0 & 1 & 0 & 0 & 1 & 1 & 0 \\ 0 & 0 & 1 & 0 & 1 & 0 & 1 \\ 0 & 0 & 0 & 1 & 0 & 1 & 1 \end{bmatrix} \tag{9-20}$$

称为生成矩阵，由 $\boldsymbol{G}$ 和信息组就可以产生全部码字。$\boldsymbol{G}$ 为 $k \times n$ 阶矩阵，各行也是线性无关的。生成矩阵也可以分为两部分，即

$$\boldsymbol{G} = [\boldsymbol{I}_k \quad \boldsymbol{Q}] \tag{9-21}$$

其中

$$\boldsymbol{Q} = \begin{bmatrix} 1 & 1 & 1 \\ 1 & 1 & 0 \\ 1 & 0 & 1 \\ 0 & 1 & 1 \end{bmatrix} = \boldsymbol{P}^{\mathrm{T}} \tag{9-22}$$

式中，$\boldsymbol{Q}$ 为 $k \times r$ 阶矩阵；$\boldsymbol{I}_k$ 为 k 阶单位阵。

可以写成式(9－21)形式的 $\boldsymbol{G}$ 矩阵称为典型生成矩阵。非典型形式的矩阵经过运算也一定可以化为典型矩阵形式。

9.4.5 校正和检错

设发送码组 $\boldsymbol{A} = [a_{n-1}, a_{n-2}, \cdots, a_1, a_0]$，在传输过程中可能发生误码。接收码组 $\boldsymbol{B} =$

$[b_{n-1}, b_{n-2}, \cdots, b_1, b_0]$，则收发码组之差定义为错误图样 $\boldsymbol{E}$，也称为误差矢量，即

$$\boldsymbol{E} = \boldsymbol{B} - \boldsymbol{A} \tag{9-23}$$

式中，$\boldsymbol{E}=[e_{n-1}, e_{n-2}, \cdots, e_1, e_0]$，且

$$e_i = \begin{cases} 0 & b_i = a_i \\ 1 & b_i \neq a_i \end{cases} \tag{9-24}$$

故式(9－23)也可写作

$$\boldsymbol{B} = \boldsymbol{A} + \boldsymbol{E} \tag{9-25}$$

令 $\boldsymbol{S}=\boldsymbol{B}\boldsymbol{H}^{\mathrm{T}}$，称为伴随式或校正子，且

$$\boldsymbol{S} = \boldsymbol{B}\boldsymbol{H}^{\mathrm{T}} = (\boldsymbol{A} + \boldsymbol{E})\boldsymbol{H}^{\mathrm{T}} = \boldsymbol{E}\boldsymbol{H}^{\mathrm{T}} \tag{9-26}$$

由此可见，伴随式 $\boldsymbol{S}$ 与错误图样 $\boldsymbol{E}$ 之间有确定的线性变换关系。接收端译码器的任务就是先从伴随式确定错误图样，然后从接收到的码字中减去错误图样。

上述(7，4)码的伴随式与错误图样的对应关系如表 9－7 所示。

表 9－7　(7,4)码 S 与 E 的对应关系

序号	错误码位	$\boldsymbol{E}$							$\boldsymbol{S}$		
		e_6	e_5	e_4	e_3	e_2	e_1	e_0	s_2	s_1	s_0
0	/	0	0	0	0	0	0	0	0	0	0
1	b_0	0	0	0	0	0	0	1	0	0	1
2	b_1	0	0	0	0	0	1	0	0	1	0
3	b_2	0	0	0	0	1	0	0	1	0	0
4	b_3	0	0	0	1	0	0	0	0	1	1
5	b_4	0	0	1	0	0	0	0	1	0	1
6	b_5	0	1	0	0	0	0	0	1	1	0
7	b_6	1	0	0	0	0	0	0	1	1	1

从表 9－7 中可以看出，伴随式 $\boldsymbol{S}$ 的 2^r 种形式分别代表 $\boldsymbol{A}$ 码无错和 2^{r-1} 种有错的图样。

9.4.6　线性分组码的性质

线性分组码是一种群码，对于模 2 加运算，其性质满足以下几条：

(1) 封闭性。所谓封闭性，是指群码中任意两个许用码组之和仍为一许用码组，这种性质也称为自闭率。

(2) 有零码。所有信息元和监督元均为零的码组，称为零码，即 $A_0=[0, 0, \cdots, 0]$。任一码组与零码相运算其值不变，即

$$A_i + A_0 = A_i$$

(3) 有负元。一个线性分组码中任一码组即是它自身的负元，即

$$A_i - A_i = A_0$$

(4) 结合律。即

$$(A_1 + A_2) + A_3 = A_1 + (A_2 + A_3)$$

(5) 交换律。即

$$A_2 + A_3 = A_3 + A_2$$

(6) 最小码距等于线性分组码中非全零码组的最小重量。

线性分组码的封闭性表明，码组集中任意两个码组模2相加所得的码组一定在该码组集中，因而两个码组之间的距离必是另一码组的重量。为此，码的最小距离也就是码的最小重量，即

$$d_0 = W_{\min}(A_i) \qquad A_i \in [n, k], \quad i \neq 0$$

线性分组码还具有以下特点：

(1) $d(A_1, A_2) \leqslant W(A_1) + W(A_2)$；

(2) $d(A_1, A_2) + d(A_2, A_3) \geqslant d(A_1, A_3)$；

(3) 码字的重量或全部为偶数，或奇数重量的码字数等于偶数重量的码字数。

9.5 循 环 码

循环码是一类重要的线性分组码，它是以现代代数理论作为基础建立起来的。

9.5.1 循环特性

循环码的前 k 位为信息码，后 r 位为监督码元。它除了具有线性码的一般性质外，还具有循环性，即循环码组中任一非零码组循环移位所得的码组仍为一个许用码组。表9-8中给出一种(7,3)循环码的全部码组。

表9-8 (7,3)循环码

码组序号	信息元			监督元			
	a_6	a_5	a_4	a_3	a_2	a_1	a_0
1	0	0	0	0	0	0	0
2	0	0	1	0	1	1	1
3	0	1	0	1	1	1	0
4	0	1	1	1	0	0	1
5	1	0	0	1	0	1	1
6	1	0	1	1	1	0	0
7	1	1	0	0	1	0	1
8	1	1	1	0	0	1	0

在代数理论中，为了便于计算，常用码多项式表示码字。(n,k)循环码的码字，其码多项式(以降幂顺序排列)为

$$A(x) = a_{n-1}x^{n-1} + a_{n-2}x^{n-2} + \cdots + a_1 x + a_0 \tag{9-27}$$

如表9-8中第5组码字可用多项式表示为

$$\begin{aligned} A_5(x) &= 1 \cdot x^6 + 0 \cdot x^5 + 0 \cdot x^4 + 1 \cdot x^3 + 0 \cdot x^2 + 1 \cdot x + 1 \cdot x^0 \\ &= x^6 + x^3 + x + 1 \end{aligned}$$

在循环码中，若 $A(x)$是一个长为 n 的许用码组，则 $x^i \cdot A(x)$在按模 x^n+1 运算下也是一个许用码组。也就是说，一个长为 n 的(n, k)分组码必定是按模 x^n+1 运算的一个余式。

9.5.2 生成多项式与生成矩阵

如果一种码的所有码多项式都是多项式 $g(x)$的倍式，则称 $g(x)$为该码的生成多项

式。在(n,k)循环码中，任意码多项式$A(x)$都是最低次码多项式的倍式。

因此，循环码中次数最低的多项式(全0码字除外)就是生成多项式$g(x)$。可以证明，$g(x)$是常数项为1的$r=n-k$次多项式，是x^n+1的一个因式。

循环码的生成矩阵常用多项式的形式来表示，即

$$\boldsymbol{G}(x)=\begin{bmatrix} x^{k-1}g(x) \\ x^{k-2}g(x) \\ \vdots \\ xg(x) \\ g(x) \end{bmatrix} \tag{9-28}$$

其中

$$g(x)=x^r+g_{r-1}x^{r-1}+\cdots+g_1x+1 \tag{9-29}$$

例如，表9-8的(7,3)循环码，$n=7$，$k=3$，$r=4$，其生成多项式及生成矩阵分别为

$$g(x)=A_2(x)=x^4+x^2+x+1$$

$$\boldsymbol{G}(x)=\begin{bmatrix} x^2g(x) \\ xg(x) \\ g(x) \end{bmatrix}=\begin{bmatrix} x^6+0+x^4+x^3+x^2 & +0 & +0 \\ 0+x^5+0+x^3+x^2 & +x & +0 \\ 0+0+x^4+0+x^2 & +x & +1 \end{bmatrix} \tag{9-30}$$

即

$$\boldsymbol{G}=\begin{bmatrix} 1 & 0 & 1 & 1 & 1 & 0 & 0 \\ 0 & 1 & 0 & 1 & 1 & 1 & 0 \\ 0 & 0 & 1 & 0 & 1 & 1 & 1 \end{bmatrix} \tag{9-31}$$

将上式变换为典型生成矩阵(将矩阵中第一行与第三行相加后取代第一行)，可得到

$$\boldsymbol{G}=\left[\begin{array}{ccc:cccc} 1 & 0 & 0 & 1 & 0 & 1 & 1 \\ 0 & 1 & 0 & 1 & 1 & 1 & 0 \\ 0 & 0 & 1 & 0 & 1 & 1 & 1 \end{array}\right]=[\boldsymbol{I}_k \quad \boldsymbol{P}^{\mathrm{T}}] \tag{9-32}$$

将信息元与生成矩阵相乘就可以得到全部码组，即

$$\boldsymbol{A}=\boldsymbol{MG} \tag{9-33}$$

$$A(x)=[a_6a_5a_4]\boldsymbol{G}(x)=[a_6a_5a_4]\begin{bmatrix} x^2g(x) \\ xg(x) \\ g(x) \end{bmatrix}=(a_6x^2+a_5x+a_4)g(x) \tag{9-34}$$

由此可见，任一循环码$A(x)$都是$g(x)$的倍式，即都可以被$g(x)$整除，而且任一次数不大于$(k-1)$的多项式乘$g(x)$都是码多项式。

式(9-34)实际上可以表示为

$$A(x)=m(x)g(x)$$

其中，$m(x)$为信息组多项式，最高次数为$k-1$。

一般而言，知道$m(x)$和$g(x)$就可以生成全部码字。但是由式(9-34)直接产生的码字并非系统码，因为信息元和监督元没有分开。只有使用典型生成矩阵并按照式(9-33)得出的码字才是系统码，或者运用代数算法求出系统循环码。由于循环码的所有码多项式都是$g(x)$的倍数，最高次数为$n-1$，因此系统循环码多项式可以表示为

$$A(x) = x^{n-k} \cdot m(x) + [x^{n-k} \cdot m(x)]' \tag{9-35}$$

式中，前一部分代表信息元；后一部分代表监督元，$[x^{n-k} \cdot m(x)]'$表示 $x^{n-k} \cdot m(x)$被 $g(x)$除后所得的余式。

上述(7,3)循环码的生成多项式 $g(x)$是 x^n+1 的一个 $n-k=4$ 的一个因式，因为

$$x^n + 1 = (x+1)(x^3+x^2+1)(x^3+x+1)$$

所以 $n-k=4$ 的因式有两个，即

$$(x+1)(x^3+x^2+1) = x^4+x^2+x+1 \tag{9-36}$$

$$(x+1)(x^3+x+1) = x^4+x^3+x^2+1 \tag{9-37}$$

式(9-36)和式(9-37)都可以作为码生成多项式 $g(x)$。选用的生成多项式不同，产生的循环码的码组也不同。这里的(7,3)循环码对应的码生成多项式 $g(x)$是式(9-36)，所产生的循环码就是表 9-8 列出的码。

9.5.3 监督多项式及监督矩阵

为了便于对循环码编码，通常还定义监督多项式，令

$$h(x) = \frac{x^n+1}{g(x)} = x^k + h_{k-1}x^{k-1} + \cdots + h_1 x + 1 \tag{9-38}$$

式中，$g(x)$是常数项为 1 的 r 次多项式，是生成多项式；$h(x)$是常数项为 1 的 k 次多项式，称为监督多项式。同理，可得监督矩阵 $\boldsymbol{H}$

$$\boldsymbol{H}(x) = \begin{bmatrix} x^{n-k-1}h^*(x) \\ \vdots \\ xh^*(x) \\ h^*(x) \end{bmatrix} \tag{9-39}$$

其中

$$h^*(x) = x^k + h_1 x^{k-1} + h_2 x^{k-2} + \cdots + h_{k-1}x + 1$$

是 $h(x)$的逆多项式。例如，(7，3)循环码，

$$g(x) = x^4 + x^2 + x + 1$$

则

$$h(x) = x^3 + x + 1$$

$$h^*(x) = x^3 + x^2 + 1$$

$$\boldsymbol{H}(x) = \begin{bmatrix} x^6 + x^5 + x^3 \\ x^5 + x^4 + x^2 \\ x^4 + x^3 + x \\ x^3 + x^2 + 1 \end{bmatrix}$$

即

$$\boldsymbol{H} = \begin{bmatrix} 1 & 1 & 0 & 1 & 0 & 0 & 0 \\ 0 & 1 & 1 & 0 & 1 & 0 & 0 \\ 0 & 0 & 1 & 1 & 0 & 1 & 0 \\ 0 & 0 & 0 & 1 & 1 & 0 & 1 \end{bmatrix}$$

9.5.4 编码方法

在编码时，首先要根据给定的(n, k)值选定生成多项式$g(x)$，即应在x^n+1的因式中选$r=n-k$次多项式作为$g(x)$。设编码前的信息多项式$m(x)$为

$$m(x) = a_1 + a_2 x + a_3 x^2 + \cdots + a_k x^{k-1} \tag{9-40}$$

且$m(x)$的最高幂次为$k-1$。循环码中的所有码多项式都可被$g(x)$整除，根据这条原则，就可以对给定的信息进行编码。用x^r乘$m(x)$，得到$x^r m(x)$，$x^r m(x)$的次数小于n。用$g(x)$去除$x^r m(x)$，得到余式$R(x)$，$R(x)$的次数必小于$g(x)$的次数，即小于$(n-k)$。将此余式加于信息位之后作为监督位，即将$R(x)$与$x^r m(x)$相加，得到的多项式必为一个码多项式。因为它必能被$g(x)$整除，且商的次数不大于$(k-1)$。因此循环码的码多项式可表示为

$$A(x) = x^r m(x) + R(x) \tag{9-41}$$

其中，$x^r m(x)$代表信息位；$R(x)$是$x^r m(x)$与$g(x)$相除得到的余式，代表监督位。

编码电路的主体由生成多项式构成的除法电路，再加上适当的控制电路组成。当$g(x)=x^4+x^2+x+1$时，(7,3)循环码的编码电路如图 9-2 所示。

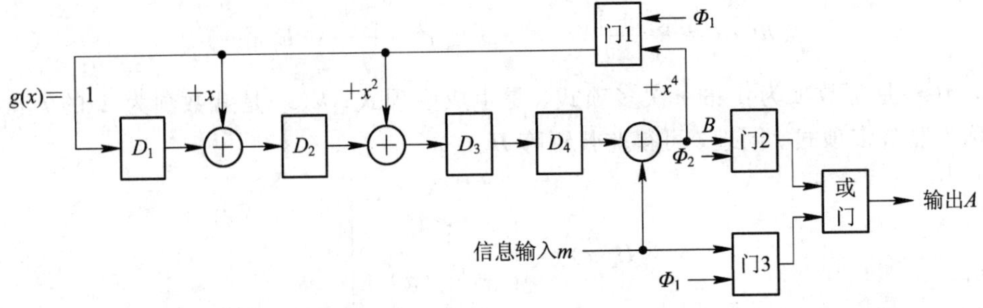

图 9-2 (7,3)循环码的编码电路

$g(x)$的次数等于移位寄存器的级数。这里$g(x)$的x^0，x^1，x^2，…，x^r的非零系数对应移位寄存器的反馈抽头。首先，移位寄存器清零，3 位信息元输入时，控制信号Φ_1使门 1 和门 3 接通，门 2 断开，信息元一方面送入除法器进行运算，另一方面直接输出。第 3 次移位脉冲到来时，将除法电路运算所得的余数存入移位寄存器。第 4～7 次移位时，输入端送入 4 个 0，门 1 和门 3 断开，Φ_2控制门 2 接通，这时移位寄存器通过门 2 和或门直接输出监督元，附加在信息元的后面，这个监督元取自移位寄存器的除法余数项。当输入信息元为 110 时，输出码组为 110 0101，这就是表 9-8 中的A_7，具体编码过程如表 9-9 所示。

表 9-9 (7,3)循环码的编码过程

移位次序	输入	门 2	门 1 和门 3	移位寄存器 D_1	D_2	D_3	D_4	输出
0	/	断开	接通	0	0	0	0	/
1	1			1	1	1	0	1
2	1			1	0	0	1	1
3	0			1	0	1	0	0
4	0	接通	断开	0	1	0	1	0
5	0			0	0	1	0	1
6	0			0	0	0	1	0
7	0			0	0	0	0	1

9.5.5　译码方法

接收端译码的目的是检错和纠错。由于任一码多项式 $A(x)$都应能被生成多项式 $g(x)$整除，所以在接收端可以将接收码组 $B(x)$用生成多项式去除。当传输中未发生错误时，接收码组和发送码组相同，即 $A(x)=B(x)$，故接收码组 $B(x)$必定能被 $g(x)$整除。若码组在传输中发生错误，则 $B(x)\neq A(x)$，$B(x)$除以 $g(x)$时除不尽而有余项。所以，可以用余项是否为 0 来判别码组中有无误码。

对于纠正单个错误，单个错误出现在接收码组首位时的(7,3)循环码译码电路如图 9-3 所示。由于循环码的伴随式也具有移位特性，因此利用移存器的循环移位就可以纠正任何一位上的单个错误。

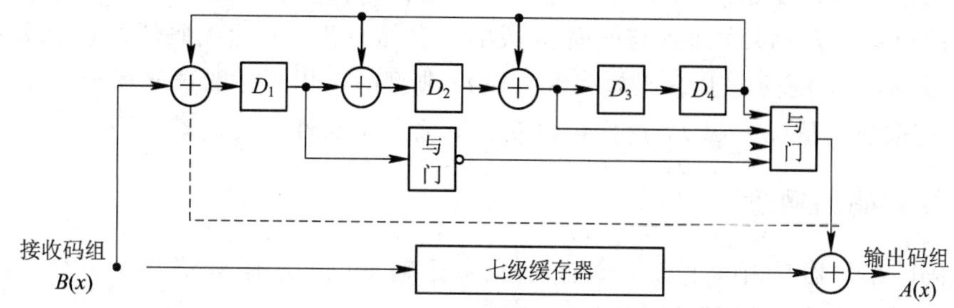

图 9-3　单个错误出现在接收码组首位时的(7,3)循环码译码电路

图 9-3 中接收到的 $B(x)$一方面送入七级缓存器，一方面送入 $g(x)$除法电路计算伴随式 $S(x)$。经过七次移位后，7 位码元全部送入缓存器，这时 $B(x)$中的首位 b_6 输出，同时$g(x)$除法电路也得到了伴随式 $S(x)$(存放在四个除法电路的移存器里)，若首位 b_6 有错，则 D_1、D_2、D_3、D_4 的状态分别为 0、1、1、1。经与门输出 1(纠错信号)和缓存器模 2 加即可纠正 b_6 的错误，同时该纠错信号也送到 $S(x)$计算电路去清零。其译码过程如表 9-10 所示(接收的码组是表 9-8 的 A_2，第一位出错变为(1)010111)。

表 9-10　(7,3)循环码的译码过程

移位次序	接收码组	移存器 D_1	D_2	D_3	D_4	与门输出	缓存输出	译码输出
0	/	0	0	0	0			
1	(1)	1	0	0	0	0		
2	0	0	1	0	0	0		
3	1	1	0	1	0	0		
4	0	0	1	0	1	0		
5	1	0	0	1	0	0		
6	1	1	0	0	1	0		
7	1	0	1	1	1	1	1	0
8		0	0	0	0	0	0	0
9		0	0	0	0	0	1	1
10		0	0	0	0	0	0	0
11		0	0	0	0	0	1	1
12		0	0	0	0	0	1	1
13		0	0	0	0	0	1	1

9.6 卷 积 码

卷积码又称连环码，是1955年埃里亚斯(Elias)最早提出的。随后，于1957年和1963年，伍成克拉夫(Wozencraft)和梅西(Massey)先后提出了不同的译码方法，使卷积码从理论走向实用化。而后1967年维特比(Viterbi)提出了最大似然译码法，并广泛用于现代通信中。

卷积码是一种非分组纠错码，它和分组码有明显的区别。在(n,k)线性分组码中，本组$r=n-k$个监督元仅与本组k个信息元有关，与其他各组无关。也就是说，分组码编码器本身并无记忆性。卷积码则不同，每个(n,k)码段(也称子码，通常较短)内的n个码元不仅与该码段内的信息元k有关，而且与前面m段的信息元有关，m为编码器的存储器数，卷积码常用符号(n,k,m)表示，其编码效率$R=k/n$。典型的卷积码一般选n和k($k<n$)值较小，存储器m可取较大值($m<10$)，这样可以获得既简单又高性能的信道编码。

9.6.1 卷积码的概念

卷积码的编码器是由一个有k个输入位、n个输出位，且有m级移位寄存器构成的有限状态的有记忆系统，其原理图如图9-4所示。

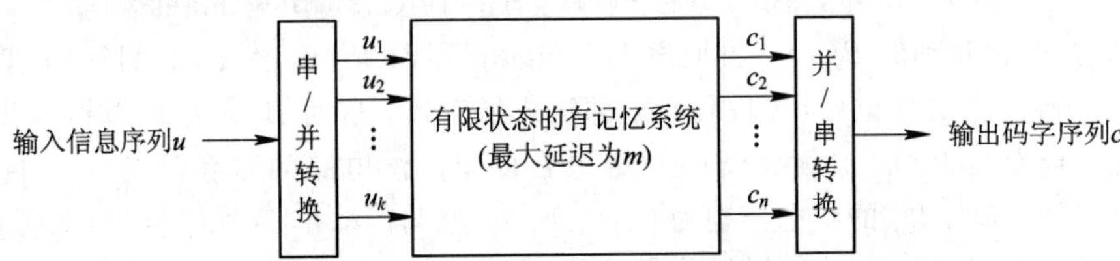

图9-4　卷积码的编码器原理图

图9-5是一个卷积码(2,1,2)的编码器原理图。它由移位寄存器、模2加法器及开关电路组成。

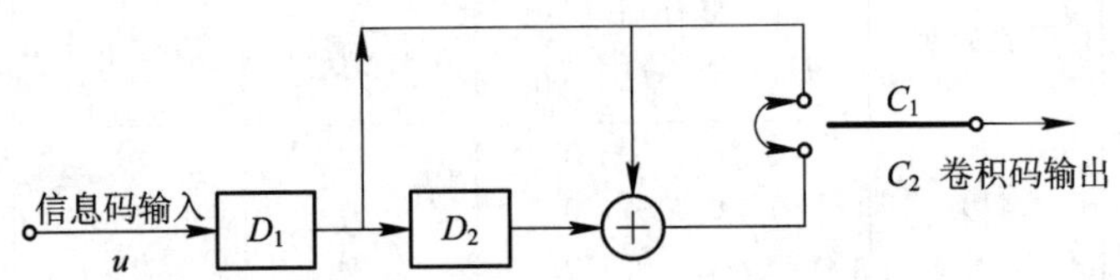

图9-5　卷积码(2,1,2)编码器

起始状态各级移位寄存器清零，即D_1D_2为00。u等于当前输入数据，而移位寄存器状态D_1D_2存储以前的数据，输出码字C_i由下式确定：

$$\begin{cases} C_1 = u \\ C_2 = D_1 \oplus D_2 \end{cases}$$

当输入数据$D=u_1, u_2, \cdots, u_i$时，输出码字为$(C_1C_2)_1$，$(C_1C_2)_2$，…，$(C_1C_2)_i$。

从上述的计算可知，每1位数据影响$m+1$个输出子码，称$m+1$为编码约束度。每个子码有n个码元，在卷积码中有约束关系的最大码元长度则为$(m+1)\cdot n$，称为编码约束长度。(2,1,2)卷积码的编码约束度为 3，约束长度为 6。

对于上述卷积码的解码方法可用图 9－6 来完成。设收到的码序列为 $C_1'C_2'$，解码器输入端的电子开关按节拍将 C_1' 和 C_2' 分开，并分别送入上端和下端。3 个移存器的节拍比码序列推迟一拍：当 C_1' 到达时，D_1、D_2 开始移位，D_3 保持原态不变；当 C_2' 到达时，D_3 开始移位，D_1、D_2 保持原态不变。移存器 D_1、D_2 和模 2 加法器 1 构成了与发端一样的编码器，从接收的码序列中计算出 C_2；模 2 加法器 2 与接收到的 C_2' 进行比较，如果两者相同则输出 0，否则输出 1，表明接收的码有错。移存器 D_3、与门和模 2 加法器 3 共同组成了判决输出电路，如果模 2 加法器 2 的输出 S(校正子)为 0，模 2 加法器 3 输出正确码组；如果 S 为 1，表明接收的码有错，模 2 加法器 3 将接收错码并予以纠正，得到正确码组。

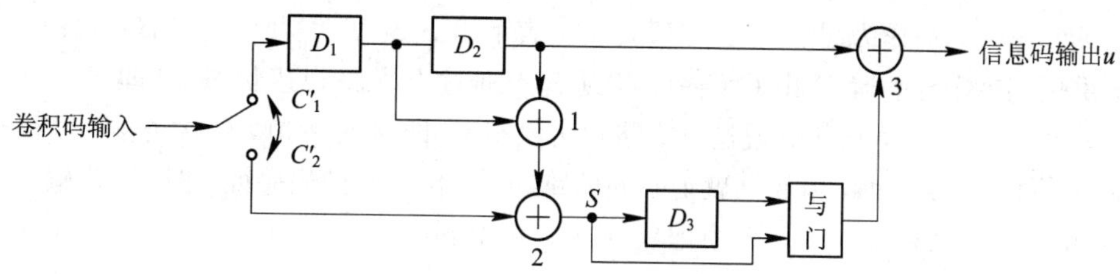

图 9－6　卷积码(2,1,2)解码器

9.6.2　卷积码的图解表示

卷积码同样也可以用矩阵的方法描述，但较抽象。因此，我们采用图解的方法直观描述其编码过程。常用的图解法有三种：树图、状态图和格图。

1. 树图

树图描述的是在任何数据序列输入时，码字所有可能的输出。有一个(2,1,2)卷积码的编码电路如图 9－7 所示，可以画出其树图如图 9－8 所示。当输入码组为 11010 时，编码器的工作过程如表 9－11 所示。

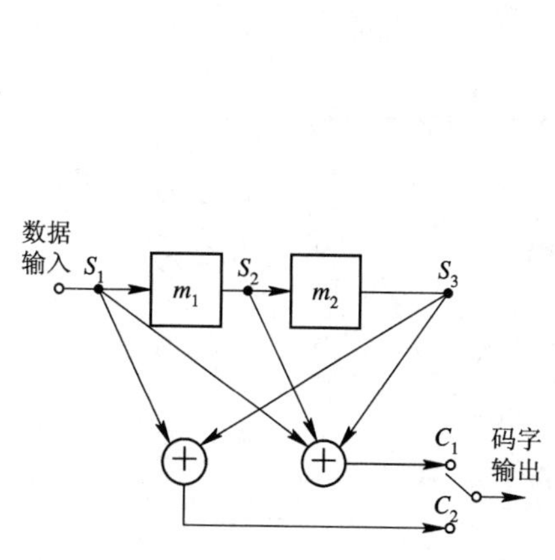

图 9－7　(2,1,2)卷积码的编码电路

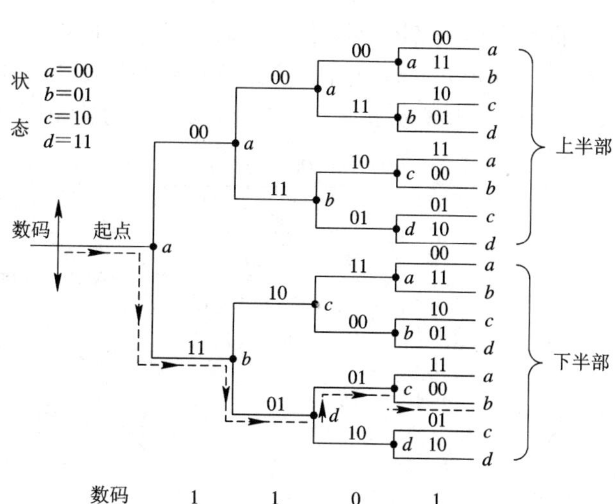

图 9－8　(2,1,2)卷积码的树图

表 9-11　(2,1,2)编码器的工作过程

输入 S_1	1	1	0	1	0	0	0	0
存储 S_3S_2	00	01	11	10	01	10	00	00
输出 C_1C_2	11	01	01	00	10	11	00	00
存储状态	a	b	d	c	b	c	a	a

表 9-11 中存储状态指的是在输入新的码组时，存储器已具有的状态 D_2D_1 的值：$a=00$，$b=01$，$c=10$，$d=11$。

以 $S_1S_2S_3=000$ 作为起点，用 a、b、c 和 d 表示出 S_3S_2 的 4 种可能状态：00、01、10 和 11。若第一位数据 $S_1=0$，输出 $C_1C_2=00$，从起点通过上支路到达状态 a，即 $S_3S_2=00$；若 $S_1=1$，输出 $C_1C_2=11$，从起点通过下支路到达状态 b，即 $S_3S_2=01$，依次类推，可得整个树图。输入不同的信息序列，编码器就走不同的路径，输出不同的码序列。例如，当输入数据为[1 1 0 1 0]时，其路径如图 9-8 中虚线所示，并得到输出码序列为[1 1 0 1 0 1 0 0 …]，与表 9-11 的结果一致。

2. 状态图

除了用树图表示编码器的工作过程外，还可以用状态图来描述。图 9-9 就是该(2,1,2)卷积码的状态图。

在图 9-9 中有 4 个节点 a、b、c、d，同样分别表示 S_3S_2 的四种可能状态。每个节点有两条线离开该节点，实线表示输入数据为 0，虚线表示输入数据为 1，线旁的数字即为输出码字。

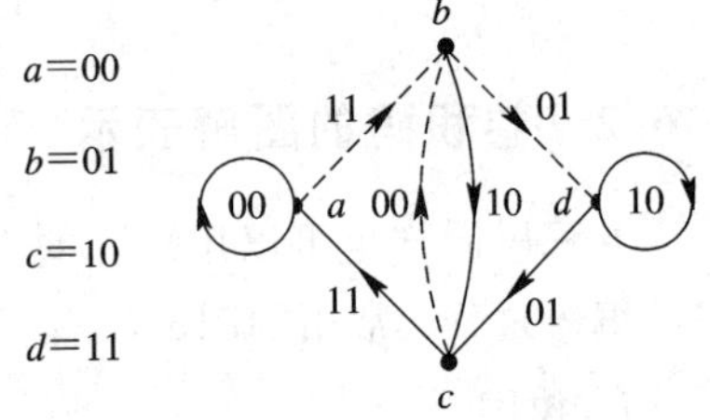

图 9-9　(2,1,2)卷积码的状态图

3. 格图

格图也称网络图或篱笆图，它由状态图在时间上展开而得到，(2, 1, 2)卷积码的格图如图 9-10 所示。图中画出了所有可能的数据输入时，状态转移的全部可能轨迹，实线表示数据为 0，虚线表示数据为 1，线旁数字为输出码字，节点表示状态。

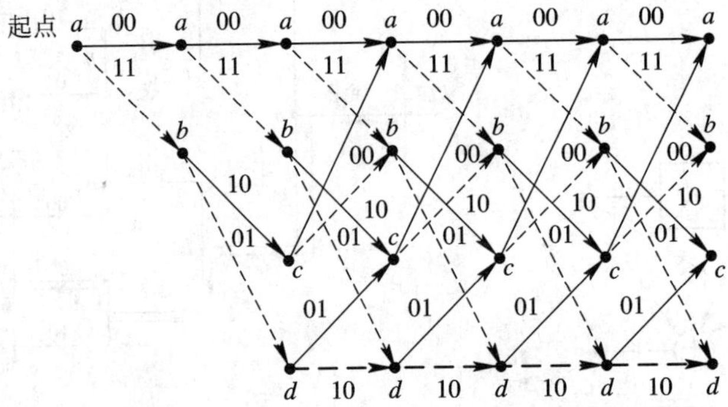

图 9-10　(2,1,2)卷积码的格图

上述三种卷积码的描述方法不但有助于求解输出码字，了解编码工作过程，而且对研究解码方法也很有用。

9.6.3　卷积码的译码

卷积码的译码可分为代数译码和概率译码两大类。代数译码是利用生成矩阵和监督矩阵来译码的，最主要的方法是大数逻辑译码。概率译码比较实用的有两种：维特比译码和序列译码。目前，概率译码已成为卷积码最主要的译码方法。本节我们将简要讨论维特比译码和序列译码。

1. 维特比译码

维特比译码是一种最大似然译码算法。最大似然译码算法的基本思路是：把接收码字与所有可能的码字比较，选择一种码距最小的码字作为解码输出。由于接收序列通常很长，所以维特比译码时对最大似然译码做了简化，即它把接收码字分段累接处理，每接收一段码字，计算、比较一次，保留码距最小的路径，直至译完整个序列。

现以上述(2,1,2)卷积码为例说明维特比译码过程。设发送端的信息数据为[1 1 0 1 0 0 0 0]，由编码器输出的码字为[1 1 0 1 0 1 0 0 1 0 1 1 0 0 0 0]，接收端接收的码序列为[0 1 0 1 0 1 1 0 1 0 0 1 0 0 1 0]，有 4 位码元差错。下面参照图 9-10 的格状图说明译码过程。

维特比译码的格图如图 9-11 所示，先选前 3 个码作为标准，对到达第 3 级的 4 个节点的 8 条路径进行比较，逐步算出每条路径与接收码字之间的累计码距。累计码距分别用括号内的数字标出，对照后保留一条到达该节点的码距较小的路径作为幸存路径。再将当前节点移到第 4 级，计算、比较、保留幸存路径，直至最后得到到达终点的一条幸存路径，即为解码路径，如图 9-11 中实线所示。根据该路径，得到解码结果。

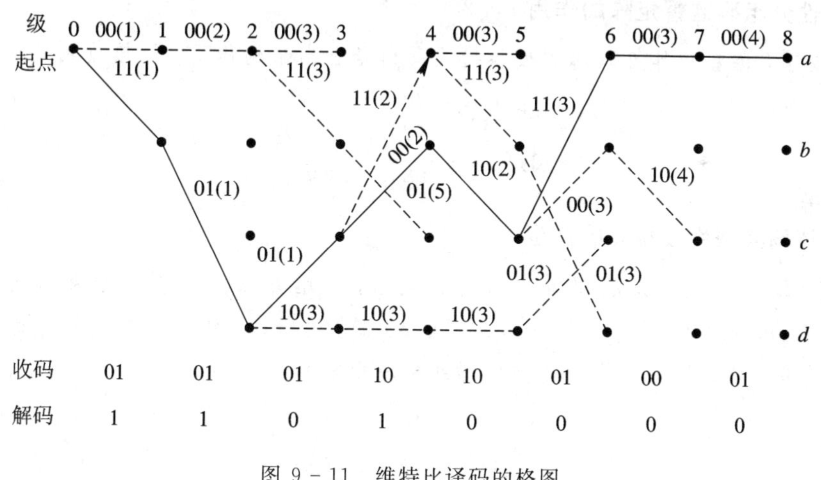

图 9-11　维特比译码的格图

2. 序列译码

当 m 很大时，可以采用序列译码法，其过程如下：

译码先从码树的起始节点开始，把接收到的第一个子码的 n 个码元与自始节点出发的两条分支按照最小汉明距离进行比较，沿着差异最小的分支走向第二个节点。在第二个节点上，译码器仍以同样原理到达下一个节点，以此类推，最后得到一条路径。若接收码组有错，则自某节点开始，译码器就一直在不正确的路径中行进，译码也一直错误。因此，译码器有一个门限值，当接收码元与译码器所走的路径上的码元之间的差异总数超过门限值时，译码器判定有错，并且返回试走另一分支。经数次返回找出一条正确的路径，最后译码输出。

本章小结

差错控制的方式有三种，即前向纠错(FFC)方式、检错重发(ARQ)方式以及混合纠错(HEC)方式。它们在不同的通信方式中都得到了广泛应用。

差错控制编码的类型很多，大致可分为检错码、线性分组码和卷积码。目前应用较多的是线性分组码中的汉明码和循环码，卷积码在新的编码技术中也得到了广泛应用。

1. 线性分组码典型监督矩阵的形成

由模 2 加的行列多项式可得到线性分组码矩阵表达式为

$$\boldsymbol{H}\boldsymbol{A}^{\mathrm{T}} = \boldsymbol{0}^{\mathrm{T}}$$

式中，$\boldsymbol{H}$ 即为监督矩阵。把监督矩阵转化为下列形式：

$$\boldsymbol{H} = [\boldsymbol{P} \quad \boldsymbol{I}_r]$$

这时的 $\boldsymbol{H}$ 就是典型监督矩阵；$\boldsymbol{P}$ 是 $r\times k$ 阶矩阵；$\boldsymbol{I}_r$ 是 r 阶单位矩阵。

2. 线性分组码生成矩阵的求法

生成矩阵可以由上面的 $\boldsymbol{P}$ 矩阵求得，即

$$\boldsymbol{G} = [\boldsymbol{I}_k \quad \boldsymbol{P}^{\mathrm{T}}] = [\boldsymbol{I}_k \quad \boldsymbol{Q}]$$

式中，$\boldsymbol{Q}$ 矩阵是 $\boldsymbol{P}$ 矩阵的转置；$\boldsymbol{I}_k$ 是 k 阶单位矩阵。

3. 线性分组码监督矩阵的作用

在接收端，监督矩阵可以起到校验接收码组是否出错的作用。设接收到的码组 B 的行列式为 $\boldsymbol{B}$，则

$$\boldsymbol{B}\boldsymbol{H}^{\mathrm{T}} = \boldsymbol{S}\begin{cases} = 0 & \text{无错} \\ \neq 0 & \text{有错} \end{cases}$$

4. 循环码典型生成矩阵的产生

在循环码中，一个(n, k)码有 2^k 个不同码组，若用 $g(x)$表示其中前 $k-1$ 位皆为 0 的码组，则 $g(x)$，$xg(x)$，$x^2g(x)$，…，$x^{k-1}g(x)$都是码组，且线性无关。找出任一(n, k)循环码的生成多项式，就可以构成此循环码的生成矩阵 $\boldsymbol{G}$，且

$$\boldsymbol{G}(x) = \begin{bmatrix} x^{k-1}g(x) \\ x^{k-2}g(x) \\ \vdots \\ xg(x) \\ g(x) \end{bmatrix}$$

$\boldsymbol{G}(x)$不是典型生成矩阵，可以通过初等变换，将其化成典型生成矩阵，即

$$\boldsymbol{G}(x) = [\boldsymbol{I}_k \quad \boldsymbol{Q}(x)]$$

这种形式就是循环码的典型生成矩阵，式中 $\boldsymbol{I}_k$ 是 k 阶单位矩阵。

5. 循环码的编码方法

设信息码多项式为 $m(x)$，其次数小于 k。

(1) 用 x^{n-k} 乘 $m(x)$。

(2) 用 $g(x)$ 除 $x^{n-k}m(x)$，得到商式 $Q(x)$ 和余式 $r(x)$，即

$$\frac{x^{n-k}m(x)}{g(x)} = Q(x) + \frac{r(x)}{g(x)}$$

(3) 编出的码组 $A(x)$ 为

$$A(x) = x^{n-k}m(x) + r(x)$$

如何计算多项式除法？例如：

$$\frac{x^6 + x^5}{x^4 + x^2 + x + 1} = ?$$

多项式除法竖式计算过程

$$\begin{array}{r}
x^2+x+1 \\
x^4+x^2+x+1 \overline{\smash{)}\, x^6+x^5 \qquad\qquad\quad} \\
x^6+x^4+x^3+x^2 \qquad\quad \\
\hline
x^5+x^4+x^3+x^2 \quad \\
x^5+x^3+x^2+x \quad \\
\hline
x^4+x \qquad\qquad \\
x^4+x^2+x+1 \\
\hline
x^2+1\text{(余式)}
\end{array}$$

于是得到

$$\frac{x^6 + x^5}{x^4 + x^2 + x + 1} = (x^2 + x + 1) + \frac{x^2 + 1}{x^4 + x^2 + x + 1}$$

6. 循环码的译码方法

(1) 用 $g(x)$ 除接收码组 $R(x)=A(x)+E(x)$，得余式 $r(x)$。

(2) 将余式用查表的方法或通过某种运算得到错误图样 $E(x)$。

(3) 从 $R(x)$ 中减去 $E(x)$，得到已纠正错误的原发送码组 $A(x)$。

思考与练习 9

9-1 信道编码与信源编码有什么不同？纠错码能检错或纠错的根本原因什么？

9-2 差错控制的基本工作方式有哪几种？各有什么特点？

9-3 分组码的检(纠)错能力与最小码距有什么关系？检、纠错能力之间有什么关系？

9-4 二维偶监督码其检测随机及突发错误的性能如何？能否纠错？

9-5 线性分组码的最小距离与码的最小重量有什么关系？最小距离的最大值与监督元数目有什么关系？

9-6 汉明码有哪些特点？

9-7 系统分组码的监督矩阵、生成矩阵各有什么特点？相互之间有什么关系？

9-8 伴随式检错及纠错的原理是什么?

9-9 循环码的生成多项式、监督多项式各有什么特点?

9-10 (1) 已知信息多项式 $m(x)$ 的最高次数为 $k-1$，写出 (n,k) 系统循环码多项式的表示式。

(2) 已知(7,3)循环码的生成多项式 $g(x)=x^4+x^2+x+1$，若 $m(x)$ 分别为 x^2、1，求其系统码的码字。

9-11 (5,1)重复码若用于检错，能检测出几位错码?若用于纠错，能纠正几位错码?若同时用于检错、纠错，各能检测、纠正几位错码?

9-12 已知8个码组为000000、001110、010101、011011、100011、101101、110110、111000，试求其最小码距 d_0。

9-13 上题所给的码组若用于检错，能检测出几位错码?若用于纠错，能纠正几位错码?若同时用于检错、纠错，试问检错、纠错能力各如何?

9-14 一码长 $n=15$ 的汉明码，监督位数 r 应为多少?编码效率 R 多大?试制定伴随式与错误图样的对照表并写出监督码元与信息码元之间的关系式。

9-15 汉明码(7,4)循环码的 $g(x)=x^3+x+1$，若输入信息组(0111)，试设计该(7,4)码的编码电路及工作过程，求出对应的输出码组。

9-16 一线性码的一致校验矩阵为

$$\boldsymbol{H}=\begin{bmatrix}100100110\\101010010\\011100001\\101011101\end{bmatrix}$$

求其典型校验矩阵。

9-17 有如下所示两个生成矩阵 $\boldsymbol{G}_1$ 和 $\boldsymbol{G}_2$，试说明它们能否生成相同码字。

$$\boldsymbol{G}_1=\begin{bmatrix}1011000\\0101100\\0010110\\0001011\end{bmatrix},\quad \boldsymbol{G}_2=\begin{bmatrix}1000101\\0100111\\0010110\\0001011\end{bmatrix}$$

9-18 已知(7,4)循环码的全部码组为

0000000	0001011	0010110	0011101
0100111	0101100	0110001	0111010
1000101	1001110	1010011	1011000
1100010	1101001	1110100	1111111

试写出该循环码的生成多项式 $g(x)$ 和生成矩阵 $\boldsymbol{G}(x)$，并将 $\boldsymbol{G}(x)$ 化成典型生成矩阵。

9-19 已知(7,3)分组码的监督关系式为

$$\begin{cases}x_6 + x_3 + x_2 + x_1 = 0\\ x_6 + x_2 + x_1 + x_0 = 0\\ x_6 + x_5 + x_1 = 0\\ x_6 + x_4 + x_0 = 0\end{cases}$$

求其监督矩阵、生成矩阵、全部码字及纠错能力。

9－20　已知(7,4)循环码的生成多项式 $g(x)=x^3+x+1$，

(1) 求其生成矩阵及监督矩阵。

(2) 写出系统循环码的全部码字。

9－21　已知条件同上题。

(1) 画出编码电路，并列表说明编码过程。

(2) 画出译码电路，并列表说明译码过程。

9－22　已知(15,5)循环码的生成多项式为 $g(x)=x^{10}+x^8+x^5+x^4+x+1$，求该码的生成矩阵，并写出消息码为 $m(x)=x^4+x+1$ 时的码多项式。

9－23　(15,7)循环码由 $g(x)=x^8+x^7+x^6+x^4+1$ 生成，试判断接收码组 $T(x)=x^{14}+x^5+x+1$ 是否需要重发。

9－24　已知(7,3)循环码的校验关系为

$$x_6 \oplus x_3 \oplus x_2 \oplus x_1 = 0$$
$$x_5 \oplus x_2 \oplus x_1 \oplus x_0 = 0$$
$$x_6 \oplus x_5 \oplus x_1 = 0$$
$$x_5 \oplus x_4 \oplus x_0 = 0$$

试求该循环码的校验矩阵和生成矩阵。

9－25　设计一个由 $g(x)=(x+1)(x^3+x+1)$ 生成的(7,3)循环码的编码电路和译码电路。

9－26　一个卷积码编码器包括一个两级移位寄存器(即约束度为3)、三个模2加法器和一个输出复用器，编码器的生成多项多如下：

$$g_1(x) = 1+x^2$$
$$g_2(x) = 1+x$$
$$g_3(x) = 1+x+x^2$$

画出编码器框图。

9－27　一个编码效率 $R=1/2$ 的卷积码编码器如图9－12所示，求由信息序列10111…产生的编码器输出。

9－28　图9－13所示为编码效率 $R=1/2$，约束长度为4的卷积码编码器，若输入的信息序列为10111…，求产生的编码器输出。

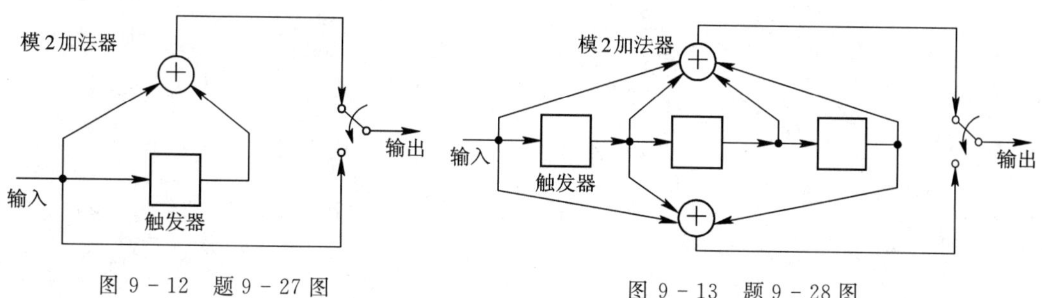

图9－12　题9－27图　　图9－13　题9－28图

9－29　画出图9－13所示卷积码编码器的树图，绘出对应于信息序列10111…的通过树的路由，把产生的编码器输出和上题所求得的结果相比较。

9－30　已知某(7，4)码的生成矩阵为

$$G=\begin{bmatrix}1&1&1&0&0&1&0\\1&0&0&0&1&1&0\\0&0&1&0&1&0&1\\1&0&1&1&0&0&0\end{bmatrix}$$

(1) 将 $\boldsymbol{G}$ 转化为典型矩阵。

(2) 写出该码中所有这样的码字，其前两个比特是 11。

(3) 写出该码的校验矩阵 $\boldsymbol{H}$。

(4) 求接收矢量 $\boldsymbol{R}=[1101011]$ 的伴随式。

9-31　已知某线性码监督矩阵为 $\boldsymbol{H}=\begin{bmatrix}1&1&1&0&1&0&0\\1&1&0&1&0&1&0\\1&0&1&1&0&0&1\end{bmatrix}$，列出所有许用码组。

第 10 章　伪随机序列及应用

【教学要点】

· *m* 序列：特征多项式、*m* 序列产生器、*m* 序列的性质。

· 伪随机序列的应用：扩展频谱通信、通信加密、误码率的测量、数字信息序列的扰码与解扰。

在通信系统中，对误码率的测量、通信加密、数据序列的扰码和解码、扩频通信以及分离多径等方面均要用到伪随机序列，伪随机序列的特性对系统的性能有重要的影响，因此，有必要了解和掌握伪随机序列的概念和特性。

10.1　伪随机序列的概念

在通信技术中，随机噪声是造成通信质量下降的重要因素，因而它最早受到人们的关注。如果信道中存在着随机噪声，对于模拟信号，输出信号就会产生失真；对于数字信号，解调输出就会出现误码。另外，如果信道的信噪比下降，那么信道的传输容量将会受到限制。

人们一方面试图设法消除和减小通信系统中的随机噪声，同时也希望获得随机噪声，并充分利用之，实现更有效的通信。根据香农编码理论，只要信息速率小于信道容量，总可以找到某种编码方法，在码周期相当长的条件下，能够几乎无差错地从受到高斯噪声干扰的信号中复制出原始信号。香农理论还指出，在某些情况下，为了实现更有效的通信，可采用有白噪声统计特性的信号来编码。白噪声是一种随机过程，它的瞬时值服从正态分布，功率谱在很宽频带内都是均匀的，具有良好的相关特性。

我们知道，可以预先确定又不能重复实现的序列称为随机序列。随机序列的特性和噪声性能类似，因此，随机序列又称为噪声序列。具有随机特性，貌似随机序列的确定序列就称为伪随机序列。所以，伪随机序列又称为伪随机码或者伪噪声序列(PN 码)。

伪随机序列应当具有类似随机序列的性质。在工程上常用二元{0，1}序列来产生伪噪声码，它具有以下几个特点：

(1) 在随机序列的每一个周期内 0 和 1 出现的次数近似相等。

(2) 每一周期内，长度为 n 的游程取值(相同码元的码元串)出现的次数比长度为 $n+1$ 的游程次数多 1 倍。

(3) 随机序列的自相关类似于白噪声自相关函数的性质。

10.2　正交码与伪随机码

若 M 个周期为 T 的模拟信号 $s_1(t)$，$s_2(t)$，…，$s_M(t)$构成正交信号集合，则有

$$\int_0^T s_i(t)s_j(t)\,\mathrm{d}t = \begin{cases} 常数 & i = j \\ 0 & i \neq j \end{cases} \tag{10-1}$$

设序列周期为 p 的编码中，码元只取 $+1$ 和 -1，而 x 和 y 是其中两个码组：

$$x = (x_1, x_2, \cdots, x_n)$$

$$y = (y_1, y_2, \cdots, y_n)$$

式中，x_i，$y_i \in (+1, -1)$，$i=1, 2, \cdots, n$，则 x 和 y 之间的互相关函数定义为

$$\rho(x, y) = \frac{\sum x_i y_i}{p} \quad -1 \leqslant \rho \leqslant +1 \tag{10-2}$$

若码组 x 和码组 y 正交，则有 $\rho(x, y)=0$。

如果一种编码码组中任意两者之间的相关系数都为 0，即码组两两正交，这种两两正交的编码就称为正交码。由于正交码各码组之间的相关性很弱，受到干扰后不容易互相混淆，因而具有较强的抗干扰能力。

类似地，对于长度为 ρ 的码组 x 的自相关函数定义为

$$\rho_x(j) = \frac{\sum_{i=1}^{n} x_i x_{i+j}}{p} \tag{10-3}$$

对于{0, 1}二进制码，式(10－2)的互相关函数定义可简化为

$$\rho(x, y) = \frac{A-D}{A+D} = \frac{A-D}{p} \tag{10-4}$$

式中，A 是 x 和 y 中对应码元相同的个数；D 是 x 和 y 中对应码元不同的个数。

式(10－3)的自相关函数也表示为

$$\rho_x(j) = \frac{A-D}{A+D} = \frac{A-D}{p} \tag{10-5}$$

式中，A 是码字 x_i 与其位移码字 x_{i+j} 的对应码元相同的个数；D 是对应码元不同的个数。伪随机码具有白噪声的统计特性，因此，对伪随机码定义可写为

(1) 若自相关函数具有下列形式：

$$\rho_x(j) = \begin{cases} \sum_{i=1}^{n} x_i^2/p = 1 & j = 0 \\ \sum_{i=1}^{n} x_i x_{i+j}/p = -1/p & j \neq 0 \end{cases} \tag{10-6}$$

则称其为伪随机码，又称为狭义伪随机码。

(2) 若自相关函数具有下列形式：

$$\rho_x(j) = \begin{cases} \sum_{i=1}^{n} x_i^2/p = 1 & j = 0 \\ \sum_{i=1}^{n} x_i x_{i+j}/p = a < 1 & j \neq 0 \end{cases} \tag{10-7}$$

则称其为广义伪随机码。

狭义伪随机码是广义伪随机码的特例。

10.3　伪随机序列的产生

编码理论的数学基础是抽象代数的有限域理论。一个有限域是指集合 F 元素个数是有限的，而且满足所规定的加法运算和乘法运算中的交换律、结合律、分配律等。常用的只含(0，1)两个元素的二元集 F_2，由于受自封性的限制，这个二元集只有对模 2 加和模 2 乘才是一个域。

一般来说，对整数集 $F_p=\{0, 1, 2, \cdots, p-1\}$，若 p 为素数，对于模 p 的加法和乘法来说，F_p 是一个有限域。

可以用线性移位寄存器作为伪随机码的产生器，产生二元域 F_2 及其扩展域 F_{2^m} 中的各个元，m 为正整数。可用域上多项式来表示一个码组，域上多项式定义为

$$f(x) = a_0 + a_1 x + a_2 x^2 + \cdots + a_n x^n = \sum_{i=0}^{n} a_i x^i \tag{10-8}$$

称式(10－8)为 F 的 n 阶多项式，加号为模 2 和。式中，a_i 是 F 的元；$a_n x^n$ 称为 $f(x)$的首项；a_n 是$f(x)$的首项系数。记 F 域上所有多项式组成的集合为 $F(x)$。

若 $g(x)$是 $F(x)$中的另一多项式，且

$$g(x) = \sum_{i=0}^{m} b_i x^i \tag{10-9}$$

如果 $n \geqslant m$，规定 $f(x)$和 $g(x)$的模 2 和为

$$f(x) + g(x) = \sum_{i=0}^{n} (a_i + b_i) x^i \tag{10-10}$$

其中，$b_{m+1}=b_{m+2}=\cdots=b_n=0$；$f(x)$和 $g(x)$的模 2 乘为

$$f(x) \cdot g(x) = \sum_{i=0}^{n+m} \sum_{j=0}^{i} (a_i \cdot b_{i-j}) x^i \tag{10-11}$$

若 $g(x) \neq 0$，则在 $F(x)$总能找到一对多项式 $q(x)$(称为商)和 $r(x)$(称为余式)使得

$$f(x) = q(x) g(x) + r(x) \tag{10-12}$$

这里 $r(x)$的阶数小于 $g(x)$的阶数。

式(10－12)称为带余除法算式。当余式 $r(x)=0$ 时，认为 $f(x)$可被 $g(x)$整除。

图 10－1 是一个四级线性移位寄存器，用它就可产生伪随机序列。规定线性移位寄存器的状态是各级存数从右至左的顺序排列而成的序列，这样的状态叫正状态或简称状态；反之，称线性移位寄存器状态是各级存数从左至右的顺序排列而成的序列为反状态。图 10－1 中的反馈逻辑为

$$a_n = a_{n-3} \oplus a_{n-4} \tag{10-13}$$

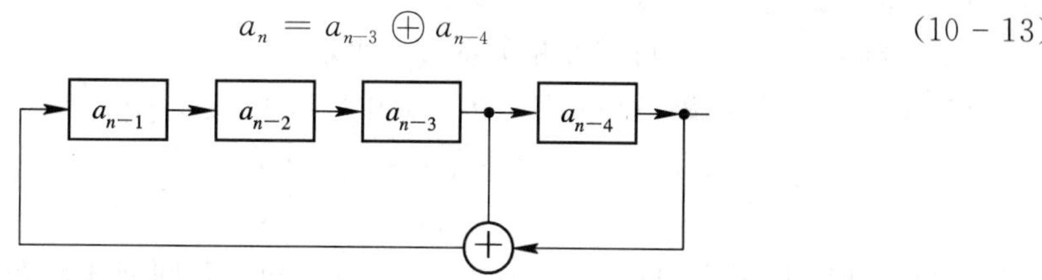

图 10－1　四级线性移位寄存器

当图 10－1 中线性移位寄存器的初始状态是 1000 时，即 $a_{n-4}=1$，$a_{n-3}=0$，$a_{n-2}=0$，$a_{n-1}=0$，经过一个时钟节拍后，各级状态自左向右移到下一级，末级输出一位数，与此同时模 2 加法器输出加到线性移位寄存器第一级，从而形成线性移位寄存器的新状态，下一个时钟节拍到来又继续上述过程，末级输出序列就是伪随机序列。在这种条件下，图10－1 产生的伪随机序列是

$$\{a_{n-4}\} = \underbrace{100010011010111}_{p=15}100010011010111\cdots$$

这是一个周期长度 $p=15$ 的随机序列。

当图 10－1 中线性移位寄存器的初始状态是 0 状态时，即 $a_{n-4}=a_{n-3}=a_{n-2}=a_{n-1}=0$，线性移位寄存器的输出是一个 0 序列。

四级线性移位寄存器共有 16 个状态，除去一个 0 状态外，还有 15 个状态。对于图 10－1 来说，只要随机序列的周期达到最大值，这时无论如何改变线性移位寄存器的初始状态，其输出只改变序列的初相，序列的排序规律不会改变。

但是，如果改变图 10－1 中四级线性移位寄存器的反馈逻辑，其输出序列就会发生变化。例如，当反馈逻辑变成

$$a_n = a_{n-2} \oplus a_{n-4} \tag{10-14}$$

时，给定不同的初始状态 1111、0001、1011，可以得到三个完全不同的输出序列

111100111100…，000101000001…，101101101101…

它们的周期分别是 6、6 和 3。

由此，我们可以得出以下几点结论：

(1) 线性移位寄存器的输出序列是一个周期序列。

(2) 当初始状态是 0 状态时，线性移位寄存器的输出是一个 0 序列。

(3) 级数相同的线性移位寄存器的输出序列与线性移位寄存器的反馈逻辑有关。

(4) 序列周期 $p<2^n-1$(n 级线性移位寄存器)的同一个线性移位寄存器的输出还与起始状态有关。

(5) 序列周期 $p=2^n-1$ 的线性移位寄存器，改变线性移位寄存器初始状态只改变序列的起始相位，而周期序列排序规律不变。

正交码与伪随机序列的区别如下：

若 M 个周期为 T 的模拟信号 $x_1(t)$，$x_2(t)$，…，$x_M(t)$满足

$$\int_0^T x_i(t)x_j(t)\,\mathrm{d}t = 0 \qquad i \neq j;\ i,\ j = 1,\ 2,\ \cdots,\ M$$

则它们互相正交。

二进制码组的正交性可用互相关系数来表示。

(1) 设长为 n 的编码中码元只取值$+1$ 和-1，以及 x 和 y 是其中两个码组：

$$x = (x_1,\ x_2,\ \cdots,\ x_n)$$

$$y = (y_1,\ y_2,\ \cdots,\ y_n)$$

其中，x_i，$y_i \in (+1,\ -1)$，$i=1,\ 2,\ \cdots,\ n$，则 x 和 y 之间的互相关系数定义为

$$\rho(x,\ y) = \frac{1}{n}\sum_{i=1}^{n} x_i y_i$$

(2) 对于{0，1}二进制，上述互相关系数定义式可变为

$$\rho(x,\ y)=\frac{A-D}{A+D}$$

式中，A 是 x 和 y 中对应码元相同的个数；D 是 x 和 y 中对应码元不同的个数。

无论哪种表示方法，若 $\rho(x,\ y)=0$，则码组 x 和 y 正交。

伪随机码具有白噪声的统计特性，因此，对于长度为 p 的码组 x，其伪随机码定义可写为下面两种形式。

(1) 若自相关函数具有下列形式：

$$\rho_x(j)=\begin{cases}\displaystyle\sum_{i=1}^{n}\frac{x_i^2}{p}=1 & j=0\\ \displaystyle\sum_{i=1}^{n}\frac{x_i x_{i+j}}{p}=-\frac{1}{p} & j\neq 0\end{cases}$$

则称其为伪随机码，又称为狭义伪随机码。

(2) 若自相关函数具有下列形式：

$$\rho_x(j)=\begin{cases}\displaystyle\sum_{i=1}^{n}\frac{x_i^2}{p}=1 & j=0\\ \displaystyle\sum_{i=1}^{n}\frac{x_i x_{i+j}}{p}=a<1 & j\neq 0\end{cases}$$

则称其为广义伪随机码。

狭义伪随机码是广义伪随机码的特例。它的正交特性与正交码有类似之处，在实际应用中由于伪随机码易于产生，随机性较强，因而得到广泛应用。

10.4　m 序　列

根据上一节的叙述，n 级线性移位寄存器能产生的序列最大可能周期是 $p=2^n-1$，这种序列称为最大长度序列，或称为 m 序列。要获得 m 序列，关键是要找到满足一定条件的线性移位寄存器的反馈逻辑。

10.4.1　特征多项式

图 10-2 给出了产生 m 序列的线性反馈移位寄存器的一般结构图。它由 n 级线性反馈移位寄存器和若干模 2 加法器组成的线性反馈逻辑网络和时钟脉冲发生器(省略未画)连接而成。

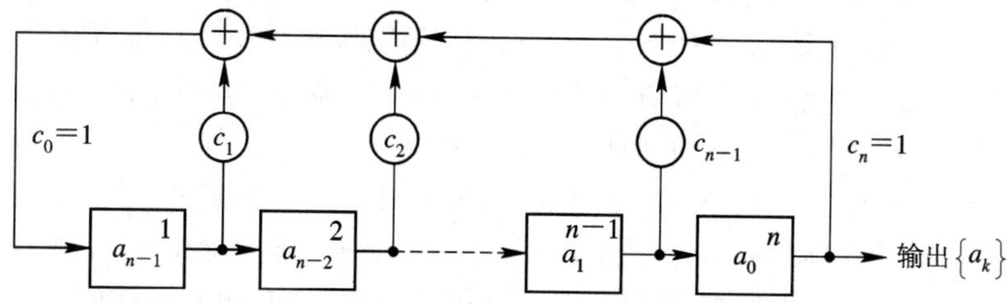

图 10-2　线性反馈移位寄存器的结构图

图 10-2 中，线性移位寄存器的状态用 a_i 表示($i=0$，1…，$n-1$)，c_i 表示反馈线的连接状态，相当于反馈系数，$c_i=1$ 表示此线接通，参与反馈逻辑运算；$c_i=0$ 表示此线断开，不参与运算；$c_0=c_n=1$。

1. 线性反馈移位寄存器的递推关系式

递推关系式又称为反馈逻辑函数或递推方程。设图 10-2 所示的线性反馈移位寄存器的初始状态为($a_0\ a_1\cdots\ a_{n-2}\ a_{n-1}$)，经一次线性反馈移位，线性反馈移位寄存器左端第一级的输入为

$$a_n = c_1 a_{n-1} + c_2 a_{n-2} + \cdots + c_{n-1} a_1 + c_n a_0 = \sum_{i=1}^{n} c_i a_{n-i}$$

若经 k 次线性反馈移位，则第一级的输入为

$$a_l = \sum_{i=1}^{n} c_i a_{l-i} \tag{10-15}$$

其中，$l=n+k-1\geqslant n$，$k=1,2,3,\cdots$

由此可见，线性反馈移位寄存器第一级的输入，由反馈逻辑及线性反馈移位寄存器的原状态所决定。式(10-15)称为递推关系式。

2. 线性反馈移位寄存器的特征多项式

用多项式 $f(x)$来描述线性反馈移位寄存器的反馈连接状态：

$$f(x) = c_0 + c_1 x + \cdots + c_n x^n = \sum_{i=0}^{n} c_i x^i \tag{10-16}$$

式(10-16)称为特征多项式或特征方程。其中，x^i 存在，表明 $c_i=1$，否则 $c_i=0$，x 本身的取值并无实际意义。c_i 的取值决定了线性反馈移位寄存器的反馈连接。由于 $c_0=c_n=1$，因此，$f(x)$是一个常数项为 1 的 n 次多项式，n 为线性反馈移位寄存器的级数。

可以证明，一个 n 级线性反馈移位寄存器能产生 m 序列的充要条件是它的特征多项式为一个 n 次本原多项式。若一个 n 次多项式 $f(x)$满足下列条件：

(1) $f(x)$为既约多项式(即不能分解因式的多项式)；

(2) $f(x)$可整除 x^p+1，$p=2^n-1$；

(3) $f(x)$除不尽 x^q+1，$q<p$。

则称 $f(x)$为本原多项式。以上内容为我们构成 m 序列提供了理论根据。

10.4.2 *m* 序列产生器

用线性反馈移位寄存器构成 m 序列产生器，关键是由特征多项式 $f(x)$来确定反馈线的状态，而且特征多项式 $f(x)$必须是本原多项式。

现以 $n=4$ 为例来说明 m 序列产生器的构成。用四级线性反馈移位寄存器产生的 m 序列，其周期为 $p=2^4-1=15$，其特征多项式 $f(x)$是 4 次本原多项式，能整除 $x^{15}+1$。先将 $x^{15}+1$ 分解因式，使各因式为既约多项式，再寻找 $f(x)$。

$$x^{15}+1 = (x+1)(x^2+x+1)(x^4+x+1)(x^4+x^3+1)(x^4+x^3+x^2+x+1)$$

因为上式中 4 次既约多项式有 3 个，但 $x^4+x^3+x^2+x+1$ 能整除 x^5+1，故它不是本原多项式。因此找到两个 4 次本原多项式 x^4+x+1 和 x^4+x^3+1。由其中任何一个都可产生 m 序列。用 $f(x)=x^4+x+1$ 构成的 m 序列产生器如图 10-3 所示。

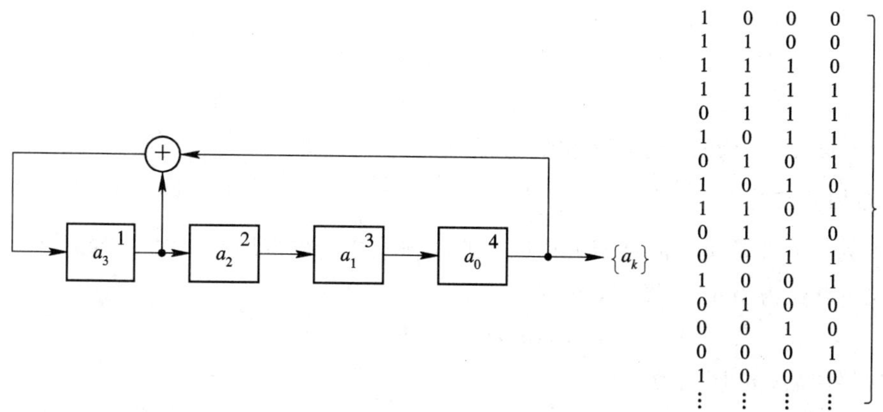

图 10 - 3　m 序列产生器

设四级线性反馈移位寄存器的初始状态为 1 0 0 0。$c_4=c_1=c_0=1$，$c_3=c_2=0$，则输出序列$\{a_k\}$的周期长度为 15。

10.4.3　*m* 序列的性质

1. 均衡特性(平衡性)

m 序列每一周期中 1 的个数比 0 的个数多 1 个。由于 $p=2^n-1$ 为奇数，因而在每一周期中 1 的个数为$(p+1)/2=2^{n-1}$(偶数)，而 0 的个数为$(p-1)/2=2^{n-1}-1$(奇数)。上例中 $p=15$，1 的个数为 8，0 的个数为 7。当 p 足够大时，在一个周期中 1 与 0 出现的次数基本相等。

2. 游程特性(游程分布的随机性)

我们把一个序列中取值(1 或 0)相同连在一起的元素合称为一个游程。在一个游程中元素的个数称为游程长度。例如图 10 - 3 中给出的 *m* 序列

$$\{a_k\} = 0\,0\,0\,1\,1\,1\,1\,0\,1\,0\,1\,1\,0\,0\,1\cdots$$

在其一个周期的 15 个元素中，共有 8 个游程，其中长度为 4 的游程 1 个，即 1 1 1 1；长度为 3 的游程 1 个，即 0 0 0；长度为 2 的游程 2 个，即 1 1 与 0 0；长度为 1 的游程 4 个，即 2 个 1 与 2 个 0。

m 序列的一个周期($p=2^n-1$)中，游程总数为 2^{n-1}。其中，长度为 1 的游程个数占游程总数的 1/2；长度为 2 的游程个数占游程总数的 $1/2^2=1/4$；长度为 3 的游程个数占游程总数的 $1/2^3=1/8$ 等。一般地，长度为 k 的游程个数占游程总数的 $1/2^k=2^{-k}$，其中 $1\leqslant k\leqslant n-2$。而且，在长度为 k 的游程中，连 1 游程与连 0 游程各占一半，长为 $n-1$ 的游程是连 0 游程，长为 n 的游程是连 1 游程。

3. 移位相加特性(线性叠加性)

m 序列和它的位移序列模 2 相加后所得序列仍是该 *m* 序列的某个位移序列。设 m_r 是周期为 p 的 *m* 序列 m_p 的 r 次延迟移位后的序列，那么

$$m_p \oplus m_r = m_s \tag{10 - 17}$$

式中，m_s 为 m_p 某次延迟移位后的序列。例如，

$$m_p = 0\,0\,0\,1\,1\,1\,1\,0\,1\,0\,1\,1\,0\,0\,1\cdots$$

m_p 延迟两位后得 m_r，再模 2 相加

$$m_r = 0\,1\,0\,0\,0\,1\,1\,1\,1\,0\,1\,0\,1\,1\,0\cdots$$

$$m_s = m_p \oplus m_r = 0\,1\,0\,1\,1\,0\,0\,1\,0\,0\,0\,1\,1\,1\,1\cdots$$

可见，$m_s=m_p\oplus m_r$ 为 m_p 延迟 8 位后的序列。

4. 自相关特性

m 序列具有非常重要的自相关特性。在 m 序列中，常常用 $+1$ 代表 0，用 -1 代表 1。此时定义：设长为 p 的 m 序列，记作

$$a_1, a_2, a_3, \cdots, a_p (p = 2^n - 1)$$

经过 j 次移位后，m 序列为

$$a_{j+1}, a_{j+2}, a_{j+3}, \cdots, a_{j+p}$$

其中，$a_{i+p}=a_i$(以 p 为周期)，以上两序列的对应项相乘然后相加，利用所得的总和

$$a_1 \cdot a_{j+1} + a_2 \cdot a_{j+2} + a_3 \cdot a_{j+3} + \cdots + a_p \cdot a_{j+p} = \sum_{i=1}^{p} a_i a_{j+i}$$

来衡量一个 m 序列与它的 j 次移位序列之间的相关程度，并把它叫作 m 序列($a_1, a_2, a_3, \cdots, a_p$)的自相关函数，记作

$$R(j) = \sum_{i=1}^{p} a_i a_{j+i} \tag{10 - 18}$$

当采用二进制数字 0 和 1 代表码元的可能取值时，式(10 - 18) 可表示为

$$R(j) = \frac{A - D}{A + D} = \frac{A - D}{p} \tag{10 - 19}$$

式中，A、D 分别是 m 序列与其 j 次移位的序列在一个周期中对应元素相同、不相同的数目。式(10 - 19)还可以改写为

$$R(j) = \frac{[a_i \oplus a_{i+j} = 0] \text{的数目} - [a_i \oplus a_{i+j} = 1] \text{的数目}}{p} \tag{10 - 20}$$

由移位相加特性可知，$a_i \oplus a_{i+j}$ 仍是 m 序列中的元素，所以式(11 - 20)分子就等于 m 序列中一个周期中 0 的数目与 1 的数目之差。另外，由 m 序列的均衡性可知，在一个周期中 0 比 1 的个数少一个，故得 $A-D=-1$(j 为非零整数时)或 p(j 为零时)，因此得

$$R(j)=\begin{cases}1 & j=0,\ \pm p \\ \dfrac{-1}{p} & j=\pm 1, \pm 2, \cdots, \pm (p-1)\end{cases} \tag{10 - 21}$$

其图像如图 10 - 4 所示。

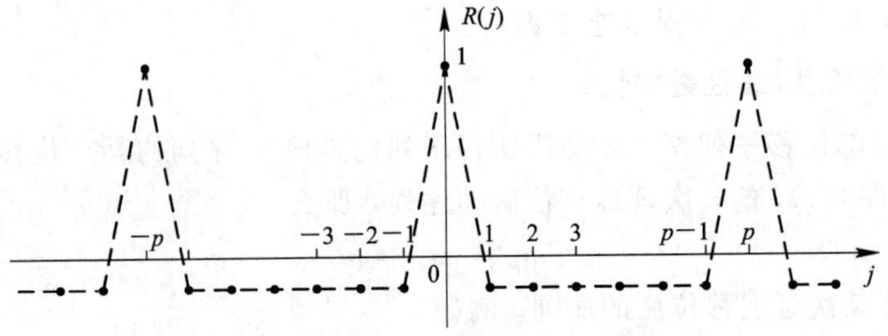

图 10 - 4　m 序列的自相关函数

m 序列的自相关函数只有两种取值(1 和 $-1/p$)。$R(j)$是一个周期函数，即

$$R(j)=R(j+kp) \tag{10-22}$$

式中，$k=1,2,\cdots$，$p=(2^n-1)$为周期，而且 $R(j)$是偶函数，即

$$R(j)=R(-j) \quad j\text{ 为整数} \tag{10-23}$$

5. 伪噪声特性

如果我们对一个正态分布白噪声取样，若取样值为正，记为+1；若取样值为负，记为−1。将每次取样所得极性排成序列，可以写成

$$\cdots,+1,-1,+1,+1,+1,-1,-1,+1,-1,\cdots$$

这是一个随机序列，它具有如下基本性质：

(1) 序列中+1 和−1 出现的概率相等；

(2) 序列中长度为 1 的游程约占 1/2，长度为 2 的游程约占 1/4，长度为 3 的游程约占 1/8，…… 一般地，长度为 k 的游程约占 $1/2^k$，而且+1、−1 游程的数目各占一半；

(3) 由于白噪声的功率谱为常数，因此其自相关函数为一冲激函数 $\delta(\tau)$。

把 m 序列与上述随机序列相比较，当周期长度 p 足够大时，m 序列与随机序列的性质是十分相似的。可见，m 序列是一种伪噪声特性较好的伪随机序列，且易产生，因此应用十分广泛。

10.5 沃尔什码

沃尔什函数集是完备的非正弦型的二元(取值为+1 与−1)正交函数集，其相应的离散沃尔什函数简称为沃尔什序列或沃尔什码，用 $W_N(n)$表示，n 为离散沃尔什函数的编号，N 为离散沃尔什函数长度(即元素或码元的个数)。只有当两个离散沃尔什函数的编号和长度相同时，这两个离散沃尔什函数才是相同的。

离散沃尔什函数可由哈达马(Hadamard)矩阵的行(或列)构成。一阶哈达马矩阵为

$$\boldsymbol{H}_1=[1]$$

高阶哈达马矩阵的递推公式如下：

$$\boldsymbol{H}_{N_m}=\begin{bmatrix}\boldsymbol{H}_{N_{m-1}} & \boldsymbol{H}_{N_{m-1}}\\ \boldsymbol{H}_{N_{m-1}} & -\boldsymbol{H}_{N_{m-1}}\end{bmatrix} \tag{10-24}$$

式中，$N_m=2^m$，$m=1, 2, 3, \cdots$。

例如：$m=1$ 时，有

$$\boldsymbol{H}_{N_1}=\boldsymbol{H}_2=\begin{bmatrix}\boldsymbol{H}_1 & \boldsymbol{H}_1\\ \boldsymbol{H}_1 & -\boldsymbol{H}_1\end{bmatrix}=\begin{bmatrix}1 & 1\\ 1 & -1\end{bmatrix}$$

$m=2$ 时，有

$$\boldsymbol{H}_{N_2}=\boldsymbol{H}_4=\begin{bmatrix}\boldsymbol{H}_2 & \boldsymbol{H}_2\\ \boldsymbol{H}_2 & -\boldsymbol{H}_2\end{bmatrix}=\left[\begin{array}{cc:cc}1 & 1 & 1 & 1\\ 1 & -1 & 1 & -1\\ \hdashline 1 & 1 & -1 & -1\\ 1 & -1 & -1 & 1\end{array}\right]$$

$m=3$ 时，有

$$H_{N_3}=H_8=\begin{bmatrix}H_4 & H_4\\ H_4 & -H_4\end{bmatrix}=\left[\begin{array}{cccc|cccc}1&1&1&1&1&1&1&1\\1&-1&1&-1&1&-1&1&-1\\1&1&-1&-1&1&1&-1&-1\\1&-1&-1&1&1&-1&-1&1\\\hline 1&1&1&1&-1&-1&-1&-1\\1&-1&1&-1&-1&1&-1&1\\1&1&-1&-1&-1&-1&1&1\\1&-1&-1&1&-1&1&1&-1\end{array}\right]$$

$m=4, 5, 6, \cdots$时，其哈达马矩阵可依次递推。

N_m 阶哈达马矩阵的通式可表示为

$$H_{N_m}=\begin{bmatrix}h_{11} & h_{12} & h_{13} & \cdots & h_{1N_m}\\ h_{21} & h_{22} & h_{23} & \cdots & h_{2N_m}\\ \vdots & \vdots & \vdots & & \vdots\\ h_{N_m1} & h_{N_m2} & h_{N_m3} & \cdots & h_{N_mN_m}\end{bmatrix} \tag{10-25}$$

式中，$N_m=2^m$，$m=1, 2, 3, \cdots$

用哈达马矩阵 H_{N_m} 的行(或列)可以构成离散沃尔什函数 $W_{N_m}(n)$，它们的对应关系如下：

$$W_{N_m}(n)=[H_{N_m}]_{n_h} \tag{10-26}$$

式中，$N_m=2^m(m=1, 2, 3, \cdots)$；$n=0, 1, 2, \cdots, 2^m-1$；$n_h=1, 2, 3, \cdots, 2^m$。

式(10-26)表明编号为 n、长度为 N_m 的离散沃尔什函数 $W_{N_m}(n)$是由 N_m 阶哈达马矩阵 H_{N_m} 的第 n_h 行(或列)构成的。

10.6 伪随机序列的应用

伪随机序列在通信领域中得到广泛应用，它可以应用在扩频通信、卫星通信的码分多址中，也可以应用在数字(数据)通信中的加密、扰码、同步、误码率测量中。本书仅对一些有代表性的应用做简要介绍。

10.6.1 扩展频谱通信

扩展频谱通信系统是将待传送的基带信号在频域上扩展为很宽的频谱，远远大于原来信号的带宽；在接收端再把已扩展频谱的信号变换到原来信号的频带上，恢复出原来的基带信号。该系统的方框图如图 10-5 所示。

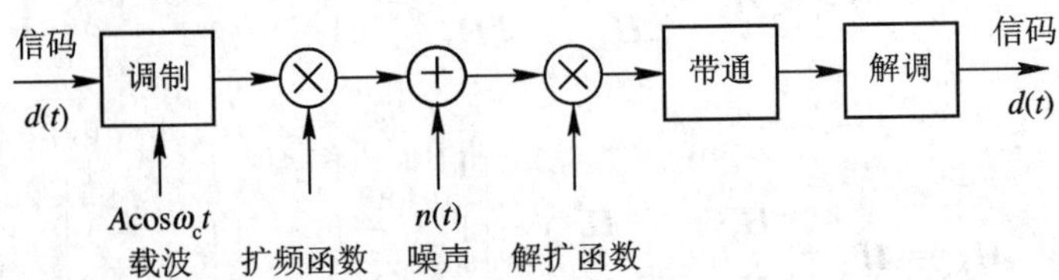

图 10-5 扩展频谱通信系统

扩展频谱技术的理论基础是香农公式。对于加性白高斯噪声的连续信道，其信道容量

C 与信道传输带宽 B 及信噪比 S/N 之间的关系可以用下式表示：

$$C = B\,\mathrm{lb}\left(1+\frac{S}{N}\right) \tag{10-27}$$

公式(10－27)表明，在保持信息传输速率不变的条件下，信噪比和带宽之间具有互换关系。就是说，可以用扩展信号的频谱作为代价，换取用很低信噪比传送信号，同样可以得到很低的差错率。

扩展频谱通信系统有以下特点：

(1) 具有选择地址能力；

(2) 信号的功率谱密度很低，有利于信号的隐蔽；

(3) 有利于加密，防止窃听；

(4) 抗干扰性强；

(5) 抗衰落能力强；

(6) 可以进行高分辨率的测距。

扩展频谱通信系统的工作方式有直接序列扩频、跳变频率扩频、跳变时间扩频和混合式扩频等方式。

1. 直接序列扩频方式

直接序列扩频(Direct Sequence Spread Spectrum)又称为直扩(DS)，它是用高速率的伪随机序列与信息序列模 2 加后的序列去控制载波的相位而获得直扩信号的。图 10－6 就是直扩系统的原理方框图和扩频信号传输图。

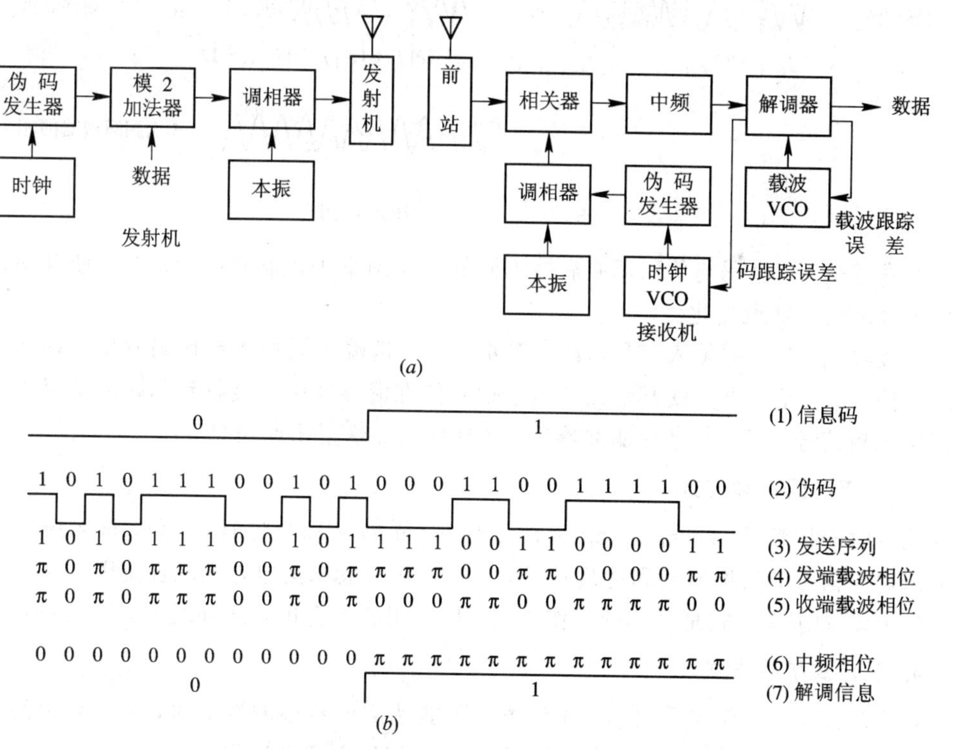

图 10－6　直扩系统的原理方框图和扩频信号传输图

(a) 直扩系统的原理方框图；(b) 扩频信号传输图

在图 10－6 中，信息码与伪码模 2 加后产生发送序列，进行 2PSK 调制后输出。在接收端用一个和发射端同步的伪随机码所调制的本地信号，与接收到的信号进行相关处理，相关器输出中频信号经中频电路和解调器，恢复原信息。

该方式同其他工作方式比较，实现频谱扩展方便，因此是一种最典型的扩频系统。

2. 跳变频率扩频方式

跳变频率扩频(Frequency Hopping Spread Spectrum)又称为跳频(FH)，它是用伪码构成跳频指令来控制频率合成器，并在多个频率中进行选择的移频键控。跳频指令由所传信息码与伪随机码模 2 加的组合来构成，它又称为跳频图案。跳频系统原理图如图 10－7 所示。

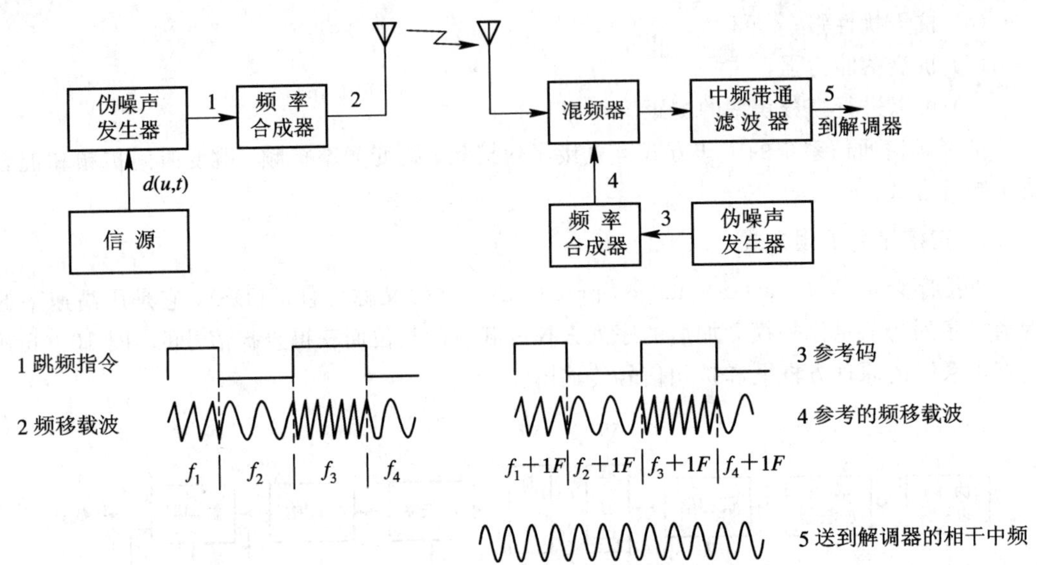

图 10－7　跳频系统原理图

在发送端，信息码与伪码调制后按不同的跳频图案去控制频率合成器，使其输出频率在信道里随机跳跃地变化。

在接收端，为了对输入信号解跳，需要有与发送端相同的本地伪码发生器构成的跳频图案去控制频率合成器，使其输出的跳频信号能在混频器中与接收到的跳频信号差频出一个固定中频信号。经中频带通滤波器后，送到解调器恢复出原信息。

3. 跳变时间扩频方式

跳变时间扩频(Time Hopping Spread Spectrum)又称为跳时(TH)，该系统是用伪码序列来启闭信号的发射时刻和持续时间的。该方式一般和其他方式混合使用。

以上 3 种工作方式是基本的工作方式，最常用的是直扩方式和跳频方式两种。

4. 混合式扩频方式

在实际系统中，仅仅采用单一工作方式不能达到所希望的性能时，往往采用两种或两种以上工作方式的混合式扩频，如 FH/DS、DS/TH、FH/TH 等。

10.6.2　码分多址(CDMA)通信

码分多址系统给每个用户分配一个多址码。要求这些码的自相关特性尖锐，而互相关特性的峰值尽量小，以便准确识别和提取有用信息。同时各个用户间的干扰可减小到最低限度。

码分多址系统有以下特点：

① 所有用户可以异步共享整个频带资源，也就是说，不同用户码元发送信号的时间并不要求同步；

② 系统容量大；

③ 信道数据率非常高。

码分多址扩频通信方式常用的扩频信号有两类：跳频信号和直接序列扩频信号。其对应的多址方式为跳频码分多址和直扩码分多址。

1) 跳频码分多址(FH - CDMA)

跳频是指将待传送码元的载波分量随着时间顺序受一个伪随机序列控制而随机跳动。在跳频码分多址系统中，每个用户根据各自的伪随机序列，动态改变其已调信号的中心频率。各用户的中心频率可在给定的系统带宽内随机改变。其主要特征是带宽通常要比各用户已调信号的带宽宽得多。

FH - CDMA 类似于 FDMA，但使用的频道是动态变化的，且各用户使用的频率序列要求相互正交，在任一时刻都不相同。FH - CDMA 系统发送端、接收端实现方框图如图 10 - 8 所示。

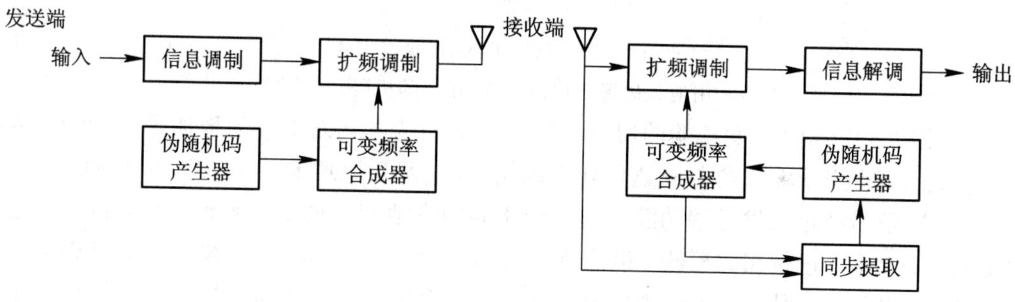

图 10 - 8　FH - CDMA 系统发送端、接收端实现框图

与传统的通信系统比较，跳频码分多址系统的发送端多了扩频调制，接收端多了扩频解调。

2) 直扩码分多址(DS - CDMA)

在直扩码分多址系统中，所有用户工作在相同的中心频率上，输入数据序列与伪随机序列相乘得到宽带信号。不同的用户(或信道)使用不同的伪随机序列。这些伪随机序列相互正交，从而可像 FDMA 和 TDMA 系统中利用频率和时隙区分不同用户一样，利用伪随机序列来区分不同的用户。

(1) DS - CDMA 系统框图。DS - CDMA 系统发送端、接收端实现框图如图 10 - 9 所示。

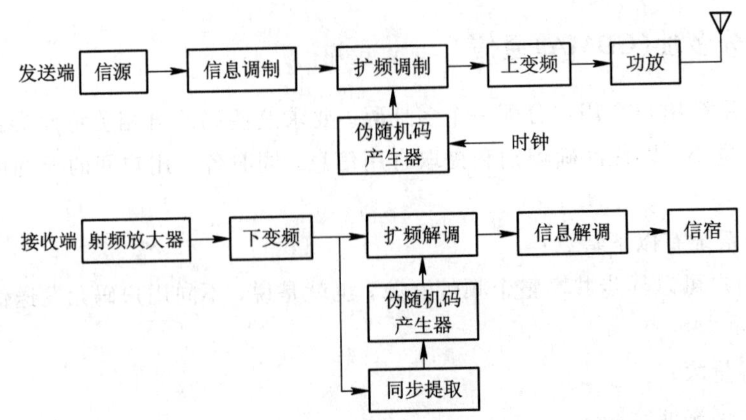

图 10 - 9　DS - CDMA 系统发送端、接收端实现框图

(2) DS - CDMA 构成方式。DS - CDMA 构成方式有两种，如图 10 - 10 所示。

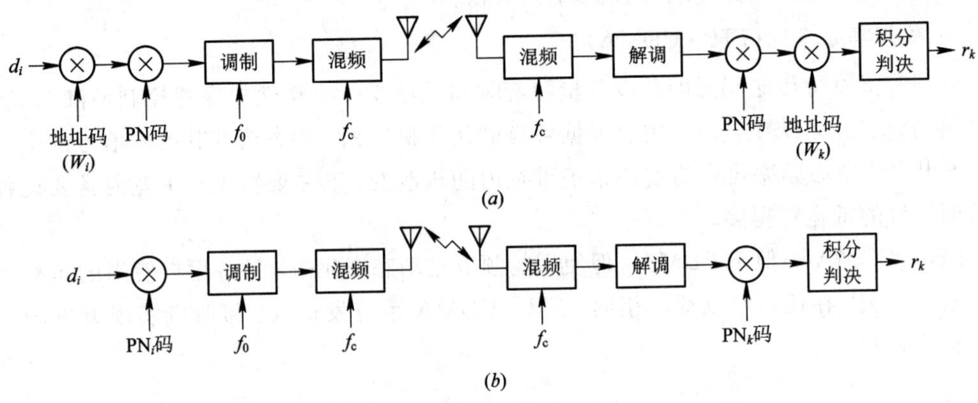

图 10 - 10　DS - CDMA 构成方式

(a) 用地址码区分用户；(b) 用伪随机码区分用户

在图 10 - 10(a)中，发送端的用户信息数据 d_i 首先与与之对应的地址码 W_i 相乘(或模 2 加)，进行地址码调制，再与高速伪随机码相乘(或模 2 加)，同时再进行扩频调制。在接收端，扩频信号经过与发送端伪随机码完全相同的本地产生的 PN 码解扩后，再与相应的地址码 $W_k(=W_i)$进行相关检测，得到所需的用户信息 $r_k(=d_i)$。系统中的地址码采用一组正交码，例如沃尔什码，每个用户分配其中的一个码。沃尔什函数最重要的性质是正交性。正交码最重要的应用之一就是用作 CDMA 通信系统的地址码。例如，码长为 64 的沃尔什码共有 64 个，用于区分同一小区内 64 个移动通信用户的前向信道，由基站发向某用户的信号需经过该前向信道码调制(二次调制)，由沃尔什函数的正交性可知，只有具有相同沃尔什码的用户可从接收到的信号中取出有用信息，而其他用户不可以，从而实现了码分多址。

在图 10 - 10(a)中，系统由于采用了完全正交的地址码组，因而各用户之间的相互影响可以完全除掉，提高了系统的性能，但系统的构成复杂。

在图 10 - 10(b)中，发送端的用户信息数据 d_i 直接与与之对应的高速伪随机码 PN_i 码相乘(或模 2 加)，进行地址调制，同时又进行扩频调制。在接收端，扩频信号经过和发送端伪随机码完全相同的本地伪随机码 PN_k 码解扩，相关检测得到所需的用户信息

$r_k(=d_i)$。在这种系统中，伪随机码不是一个，而是一组正交性良好的伪随机码组，其两两之间的互相关值接近于 0。该组伪随机码既可用作用户的地址码，又可用来加扩和解扩，增强了系统的抗干扰能力。由于去掉了单独的地址码组，用不同的伪随机码来代替，整个系统相对更简单一些。其缺点是由于 PN_i 码不是完全正交的，即码组内任意两个伪随机码的互相关值不为 0，因此各用户之间的相互影响不可能完全除掉，使整个系统的性能受到一定的影响。

(3) DS - CDMA 系统的特点。DS - CDMA 系统具有如下几个特点。

① 具有抗干扰和抗多径衰落的能力。数字信息的扩展频谱信号占有带宽 BW 远远大于基带信号带宽 BS。BW 与 BS 之比称为扩频增益 GP(GP＝BW/BS)。它表示扩频系统解扩后信噪比的改善程度。GP 越大，抗干扰能力越强。

② 保密性能强。无论是直扩还是跳频，扩频后其频谱均为近似白噪声，因此具有良好的保密性能。

③ 易于实现大容量多址通信。降低系统干扰，可直接提高系统容量。CDMA 的系统容量为 FDMA 系统容量的 20 倍左右。

④ 良好的隐蔽性能。由于扩频属于宽带系统，因而频带越宽，功率谱密度就越低。

⑤ 可与窄带系统共存。许多码分信道共用一个载波频率，扩频传输的抗干扰能力可使 CDMA 系统在相邻小区重复使用该频率，这不仅可使频率分配和管理简单，而且可以与窄带 FDMA、TDMA 系统共享频带，相互影响很小。

⑥ 存在自身多址干扰和远近效应。自身多址干扰的存在是因为所有用户都工作在相同的频率上，且各用户的地址不可能完全正交。因此进入接收机的信号除了所希望的有用信号外，还叠加有其他用户的地址码信号(即多址干扰)。我们知道，多址干扰直接限制着系统容量的扩大。多址干扰的大小取决于在该频率上工作的用户数及各用户的功率大小。

产生远近效应的原因也是由于地址码之间的不完全正交性，距基站近的移动台所发射的信号有可能完全淹没距离远的移动台所发送来的信号。CDMA 系统中远近效应与多址干扰的解决办法一般是通过控制功率来减轻其影响的。

码分多址扩频通信系统在移动通信和卫星通信中应用较广。

10.6.3　通信加密

数字通信的一个重要优点是容易做到加密，在这方面 m 序列应用很多。利用 m 序列数字加密的基本原理如图 10 - 11 所示。将信源产生的二进制数字消息和一个周期很长的 m 序列模 2 相加，这样就将原消息变成不可理解的另一序列。将这种加密序列在信道中传输，被他人窃听也不可理解其内容。在接收端再加上一个同样的 m 序列，就能恢复为原发送消息。

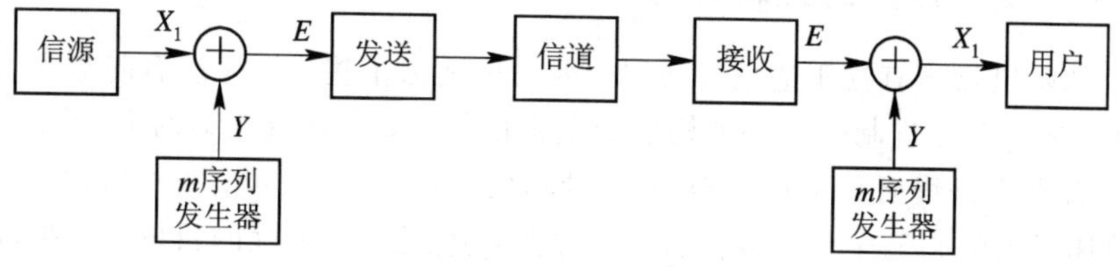

图 10 - 11　利用 m 序列加密的基本原理

设信源发送的数码为 $X_1=\{1011010011\cdots\}$，m 序列 $Y=\{1100001011\cdots\}$。数码 X_1 与 m 序列 Y 的各对应位分别进行模 2 加运算后，获得序列 E，显然 E 不同于 X_1，它已失去了原信息的意义。如果不知道 m 序列 Y，就无法解出携带原信息的数码 X_1，从而起到保密作用。假设信道传输过程中无误码，序列 E 到达接收端后与 m 序列 Y 再进行模 2 加运算，可恢复原数码 X_1，即

$$E \oplus Y = X_1 \oplus Y \oplus Y = X_1$$

上述工作过程如图 10 - 12 所示。

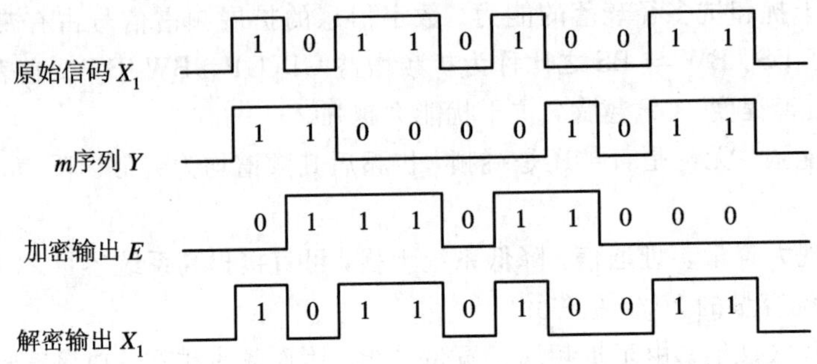

图 10 - 12　数字信号的加密与解密

10.6.4　误码率的测量

在数字通信中误码率是一项主要的性能指标。在实际测量数字通信系统的误码率时，一般测量结果与信源送出信号的统计特性有关。通常认为二进制信号中 0 和 1 是以等概率随机出现的，所以测量误码率时最理想的信源应是随机信号产生器。

由于 m 序列是周期性的伪随机序列，可作为一种较好的随机信源。通过终端机和信道后，输出仍为 m 序列。在接收端，本地产生一个同步的 m 序列，与接收码序列逐位进行模 2 加运算，一旦有错，就会出现“1”码，用误码计数器计数，误码率测试原理框图如图 10 - 13 所示。

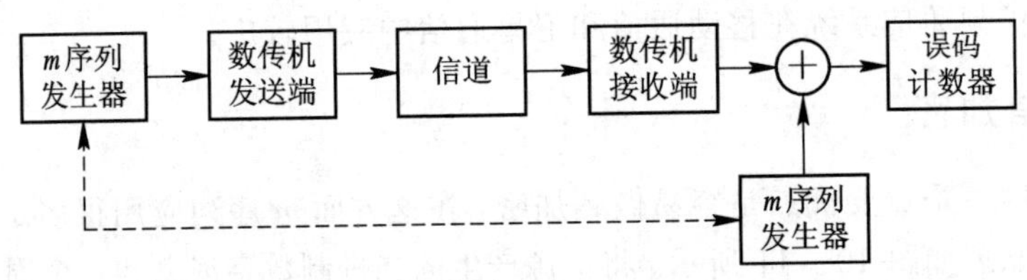

图 10 - 13　误码率测试原理框图

10.6.5　数字信息序列的扰码与解扰

信道中的随机噪声有损于通信的质量，因而称之为干扰。但人们有时也希望得到随机噪声。比如，在一个二进制码元序列构成的基带信号中，存在着连续的全“0”、全“1”序列，这种信号因有固定谱线而会干扰其他信道，同时会造成系统失步。我们可以人为地建造某些干扰，破坏原来的码元序列，形成伪随机序列，达到避免干扰的目的。如果我们能够先将信源产生的数字信号变换成具有近似于白噪声统计特性的数字序列，再进行传输，在接收端收到这个序列后，先变换成原始数字信号，再送给用户，这样就可以给数字通信系统

的设计和性能估计带来很大方便。

所谓扰码技术，就是不用增加多余度而扰乱信号，改变数字信号的统计特性，将输入数据序列中存在的短周期序列或全“0”、全“1”序列，按某种规律变换成长周期的随机序列，使其近似于白噪声统计特性的一种技术。

扰码的作用主要是：

① 避免交调的影响。防止发送端功率谱中因有固定谱线而干扰其他系统。短周期数字信号中含有频率足够高的单音，这种单音能和载波或调制信号发生交调，成为相邻信道内传输信号的干扰。

② 有利于定时恢复。为了在准确的时间点上判定信号，在接收端和再生中继器中都需要一个与发送端完全同步的定时脉冲。扰码的设置，可以防止二进制码组中的全“0”、全“1”序列干扰定时器工作，有利于数据接收设备中的定时恢复。

③ 有利于自适应均衡器的工作。当传输系统中具有时域均衡器时，扰码器能改善数据信号的随机性，从而改善自适应均衡器所需抽头增益调节信息的提取，这样就能保证均衡器总是处于最佳工作状态。

扰码方法有两种：一是用一个随机序列与输入数据序列进行逻辑加；二是用伪随机序列来代替完全随机序列进行扰乱与解扰。实际的数据通信系统中都采用第二种方法。

扰码的原理是基于序列的伪随机性，m 序列是最常用的一种伪随机序列。m 序列发生器由 m 级线性反馈移位寄存器组成。线性反馈移位寄存器的输出是一个周期序列，其周期长短由线性反馈移位寄存器的级数、线性反馈逻辑和初始状态决定。要用 m 级线性反馈移位寄存器来产生 m 序列，关键在于选择哪几级线性反馈移位寄存器作为反馈。

采用扰码技术的通信系统通常在发送端用加扰器来改变原始数字信号的统计特性，而接收端用解扰器恢复出原始数字信号，图 10－14 中给出一种由七级线性反馈移位寄存器组成的自同步加扰器和解扰器的原理方框图。

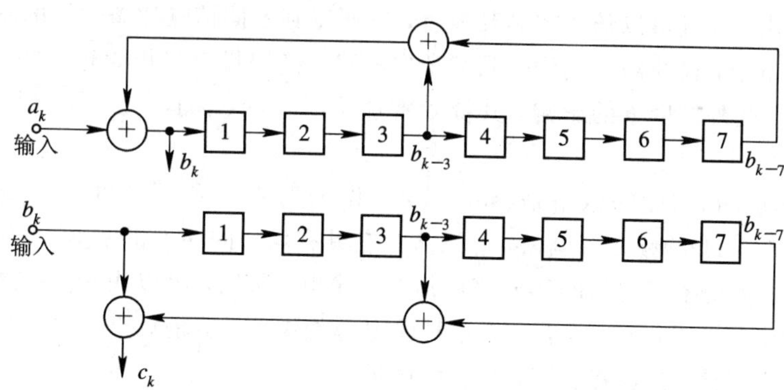

图 10－14　自同步加扰器和解扰器的原理框图

由图 10－14 可以看出，加扰器是一个反馈电路，解扰器是一个前馈电路，它们分别都是由五级移存器和两个模 2 加器组成的。

设加扰器的输入数字序列为$\{a_k\}$，输出为$\{b_k\}$；解扰器的输入数字序列为$\{b_k\}$，输出为$\{c_k\}$。加扰器的输出为

$$b_k = a_k \oplus b_{k-3} \oplus b_{k-7}$$

而解扰器的输出为

$$c_k = b_k \oplus b_{k-3} \oplus b_{k-7} = a_k$$

上两式表明，解扰后的序列与加扰前的序列相同。

这种解扰器是自同步的。因为如果信道干扰造成错码，它的影响只持续错码位于线性反馈移位寄存器内的一段时间，即最多影响连续7个输出码元。

如果断开输入端，扰码器就变成一个线性反馈移位寄存器序列产生器，其输出为一周期性序列，一般设计反馈抽头的位置，使其构成为 m 序列产生器。这样可以最有效地将输入序列扰乱，使输出数字码元之间相关性最小。

加扰器的作用可以看作是使输出码元成为输入序列许多码元的模2和。因此可以把它当作是一种线性序列滤波器。同理，解扰器也可看作是一个线性序列滤波器。

前面所述的通信加密与本节讨论的扰码与解码，实际上都是一种加扰技术，可以用来改变信号的统计特性，达到通信加密的目的。

例10-1 设输入数据序列为1010101010 0000000000，即具有短周期和长连“0”特性。试求该数据序列通过图10-14加扰器后的输出序列。

解 假设如图10-14所示的加扰器的各个移存器的初始状态为0。

将输入数据序列 a_k=10101010100000000000 逐一代入加扰器，则加扰器输出的数据序列 b_k=10111100011101100010。

从数据序列 b_k 可知，短周期已不存在，输入的全“0”序列也被扰乱，其中的“0”“1”个数基本相等，所以起到了扰乱的作用。同样，将数据序列 b_k 输入到图10-14所示的解扰器，其输出就可以恢复出原来的数据序列 a_k。

10.6.6 噪声产生器

测量通信系统的性能时，常常要使用噪声产生器，由它给出具有所要求的统计特性和频率特性的噪声，并且可以随意控制其强度，以便得到不同信噪比条件下的系统性能。

在实际测量中，往往需要用到带限高斯白噪声，使用噪声二极管这类噪声源构成的噪声发生器，由于受外部因素的影响，其统计特性是时变的，因此，测量得到的误码率常常很难重复得到。

m 序列的功率谱密度的包络是 $(\sin x/x)^2$。设 m 序列的码元宽度为 T_1 秒，则大约在 $0\sim(1/T_1)\times 45\%$ Hz的频率范围内，可以认为它具有均匀的功率谱密度。将 m 序列进行滤波，就可取得上述功率谱均匀的部分并将其作为输出。所以，可以用 m 序列的这一部分频谱作为噪声产生器的噪声输出，虽然，这种输出是伪噪声，但是对于多次进行的某一测量，都有较好的可重复性，且性能稳定，噪声强度可控。

10.6.7 时延测量

时延测量可以用于时间测量和距离测量。在通信系统中有时需要测量信号经过某一传输路径所受到的时间迟延，例如，多径传播时不同路径的时延值以及某一延迟线的时间延迟。另外，无线电测距就是利用测量无线电信号到达某物体的传播时延值而折算出到达此物体的距离的，这种测距的原理实质上也是测量迟延。

由于 m 序列具有优良的周期性和自相关特性，利用它作测量信号可以提高可测量的最大时延值和测量精度。图 10－15 所示为这种测量方法示意图。发送端发送一个周期性 m 序列码，经过传输路径到达接收端。接收端的本地 m 序列码发生器产生与发送端相同的周期性 m 序列码，并通过伪码同步电路使本地 m 序列码与接收到的 m 序列码同步。比较接收端本地 m 序列码与发送端的 m 序列码的时延差即为传输路径的时延。

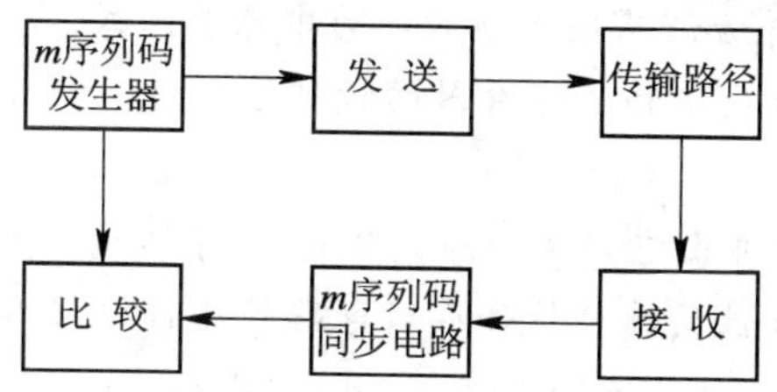

图 10－15　时延测量示意图

一般情况下，这种方法只能闭环测量，即收发端在同一地方。测量精度取决于伪码同步电路的精度及 m 序列码的码元宽度。m 序列码的周期即为可测量的最大时延值。由于伪码同步电路具有相关积累作用，因此，即使接收到的 m 序列码信号的平均功率很小，只要 m 序列码的周期足够大，在伪码同步电路中仍可得到很高的信噪比，从而保证足够的测量精度。

除 m 序列外，其他具有良好自相关特性的伪随机序列都可用于测量时延。

本 章 小 结

线性反馈移位寄存器产生的最长周期序列简称 m 序列。线性反馈移位寄存器结构可用特征多项式描述。产生 m 序列的线性反馈移位寄存器的充要条件是，n 级线性反馈移位寄存器的特征多项式必须是 n 次本原多项式。这样，就可产生周期 $p=2^n-1$ 的 m 序列。

m 序列具有重要的伪随机特性：均衡特性、游程特性、移位相加特性、自相关特性和伪噪声特性。因此，m 序列在实际领域内应用很广泛。

离散沃尔什函数也称沃尔什序列或沃尔什码，沃尔什码的正交特性在移动通信中得到了广泛应用。

1. 函数集的正交性

若有 M 个定义在$(0, T]$上的实变函数 $x_1(t)$，$x_2(t)$，…，$x_M(t)$构成的集合$\{x_1(t), x_2(t), \cdots, x_M(t)\}$满足

$$\int_0^T x_i(t)x_j(t)\,\mathrm{d}t = 0 \qquad i \neq j;\ i, j = 1, 2, \cdots, M$$

则称此集合在区间$(0, T]$上构成正交函数集。

2. 正交编码

如果一种编码中任意两码组之间的相关系数都为零，即两两正交，则称这种编码为正交编码。

思考与练习 10

10－1　m 序列具有哪些特性？

10-2 试构成周期长度为 7 的 m 序列发生器，并说明其均衡性、游程特性、移位相加特性及自相关特性。(注：$x^7+1=(x+1)(x^3+x^2+1)(x^3+x+1)$)

10-3 一个三级线性反馈移位寄存器的特征方程为

$$f(x)=1+x^2+x^3$$

试验证它为本原多项式，并验证其逆多项式亦为本原多项式。

10-4 一个四级线性反馈移位寄存器的特征方程为

$$f(x)=x^4+x^3+x^2+x+1$$

试验证它不是本原多项式(即由它产生的序列不是 m 序列)。

10-5 已知某四级线性反馈移位寄存器电路的递推方程为

$$a_n=a_{n-1}\oplus a_{n-3}\oplus a_{n-4}$$

其初始状态为 $a_{n-4}=1$，其余均为 0。

(1) 试画出该线性反馈移位寄存器电路图。

(2) 求出输出序列。

(3) 验证输出序列的均衡性。

(4) 求输出序列的自相关函数，并讨论其特性。

10-6 一个由八级线性反馈移位寄存器产生的 m 序列，试写出每周期内所有可能的游程长度的个数。

10-7 已知某线性反馈移位寄存器的特性多项式为

$$f(x)=x^5+x^3+1$$

若线性反馈移位寄存器的输出状态为 10000。

(1) 求末级输出序列。

(2) 验证输出序列是否符合 m 序列的性质。

10-8 设自同步加扰器的特性多项式为

$$f(x)=x^5+x^4+x^3+x+1$$

输入信源序列为 11001100…，是一个周期为 4 的序列。加扰器初始状态 $a_{n-5}=1$，其余为 0。

(1) 画出加扰器电路和解扰器电路。

(2) 写出加扰后序列及其周期。

(3) 若解扰器电路的初始状态为全 1，求解扰器输出序列。

(4) 若接收序列第 3 位出错，解扰器电路初始状态为 $a_{n-5}=1$，其余为 0，求解扰器输出序列，此时有几位差错?

10-9 若用一个由九级线性反馈移位寄存器产生的 m 序列进行测距，已知最远目标为 1500 km，求加于线性反馈移位寄存器的定时脉冲的最短周期为多少?(注：发出的测距脉冲以光速传播。)

10-10 写出长度等于 8 的所有沃尔什序列。

10-11 何为扩展频谱通信? 这种通信方式有哪些优点?

10-12 什么是码分多址通信? 这种多址方式与频分多址、时分多址相比有哪些突出的优点?

参考文献

[1] 王兴亮. 通信系统原理教程[M]. 西安：西安电子科技大学出版社，2007.

[2] 张德纯，王兴亮. 现代通信理论与技术导论[M]. 西安：西安电子科技大学出版社，2004.

[3] 樊昌信，曹丽娜. 通信原理[M]. 7版. 北京：国防工业出版社，2013.

[4] 沈振元，聂志泉，赵雪荷. 通信系统原理[M]. 西安：西安电子科技大学出版社，1993.

[5] 冯重熙. 现代数字通信技术[M]. 北京：人民邮电出版社，1987.

[6] 郭世满，叶奕和，钱德馨. 数字通信：原理、技术及其应用[M]. 北京：人民邮电出版社，1994.

[7] 姚彦. 数字微波中继通信工程[M]. 北京：人民邮电出版社，1990.

[8] 孙玉. 数字复接技术[M]. 北京：人民邮电出版社，1991.

[9] 徐靖忠，王钦笙. 数字通信原理[M]. 北京：人民邮电出版社，1993.

[10] 曹志刚. 现代通信原理[M]. 北京：清华大学出版社，1992.

[11] 易波. 现代通信导论[M]. 北京：国防工业出版社，1998.

[12] 陈仁发，张德民，任险峰. 数字通信原理[M]. 北京：科学技术文献出版社，1994.

[13] 张新政. 现代通信系统原理[M]. 北京：电子工业出版社，1995.

[14] 王新梅，肖国镇. 纠错码：原理与方法[M]. 西安：西安电子科技大学出版社，1991.

[15] 郭梯云，邬国扬，李建东. 移动通信[M]. 西安：西安电子科技大学出版社，1995.

[16] 薛尚清，杨平先. 现代通信技术基础[M]. 北京：国防工业出版社，2005.

[17] 李白萍，姚军. 微波与卫星通信[M]. 西安：西安电子科技大学出版社，2006.

[18] 吕海寰，蔡剑铭，甘仲民. 卫星通信系统[M]. 北京：人民邮电出版社，1988.

[19] 杨大成. cdma 2000 技术[M]. 北京：北京邮电大学出版社，2001.

[20] 张孝强，李标庆. 通信技术基础[M]. 北京：中国人民大学出版社，2001.

[21] 张卫钢. 通信原理与通信技术[M]. 西安：西安电子科技大学出版社，2003.

[22] 张宝富，张曙光，田华. 现代通信技术与网络应用[M]. 3版. 西安：西安电子科技大学出版社，2017.

[23] 魏东兴. 现代通信技术[M]. 2版. 北京：机械工业出版社，2003.

[24] [美] PROAKIS J G. 数字通信[M]. 3版. 北京：电子工业出版社，1998.

[25] [美] ZIEMER R E，TRANTER W H. 通信原理：系统、调制与噪声[M]. 5版. 北京：高等教育出版社，2004.

[26] 唐贤远，李兴. 数字微波通信技术[M]. 北京：电子工业出版社，2004.

[27] 彭林. 第三代移动通信技术[M]. 北京：电子工业出版社，2003.

[28] 张贤达，保铮. 通信信号处理[M]. 北京：国防工业出版社，2000.

[29] 刘元安. 宽带无线接入和无线局域网[M]. 北京：北京邮电大学出版社，2000.
[30] 胡健栋. 现代无线通信技术[M]. 北京：机械工业出版社，2003.
[31] 张中荃. 接入网技术[M]. 北京：人民邮电出版社，2003.
[32] 徐澄圻. 21世纪通信发展趋势[M]. 北京：人民邮电出版社，2002.
[33] 周武旸，陆晓文，朱近康. 无线互联网[M]. 北京：人民邮电出版社，2002.
[34] 李昭智. 数据通信与计算机网络[M]. 北京：电子工业出版社，2002.
[35] 陈启美，李嘉. 现代数据通信教程[M]. 南京：南京大学出版社，2000.
[36] 鲜继清，张德明. 现代通信系统[M]. 西安：西安电子科技大学出版社，2003.
[37] 刘少亭，卢建军，李国民. 现代信息网[M]. 北京：人民邮电出版社，2000.
[38] BLACK U. 现代通信最新技术[M]. 苏贺宁，译. 北京：清华大学出版社，2000.
[39] 肖定中，肖萍萍. 数字通信终端及复接设备[M]. 北京：北京邮电大学出版社，1991.
[40] 韦乐平. 接入网[M]. 北京：人民邮电出版社，1997.
[41] 钱宗钰，区惟煦，寿国础，等. 光接入网技术及其应用[M]. 北京：人民邮电出版社，1998.
[42] 王兴亮，李伟. 通信原理学习辅导与考研精析[M]. 西安：西安电子科技大学出版社，2011.